Fujian Endemic Trees

福建特有树种

郑清芳　编著

厦门大学出版社
XIAMEN UNIVERSITY PRESS
国家一级出版社
全国百佳图书出版单位

内容简介

本书分九篇论述。第一篇至第五篇对福建主要森林树种:壳斗科、樟科、桃金娘科、木兰科、木麻黄科、番荔枝科、木樨科、柿树科等进行深入地研究,从中发现并正式命名的新种计 17 种(包括变种、变型)。第六篇调查研究福建竹类植物的分类、分布、新竹种、材用竹(毛竹等)以及中小径竹的笋用竹,论述了福建优良笋用竹种及其丰产技术、观赏竹种及其在园林绿化中的应用及竹类害虫及其防治。第七篇为中国厚皮香亚科(山茶科)和冬青科部分属种的研究。第八篇调查研究福建的珍稀、濒危树种及生物多样性保护的重要性,着重研究福建特有树种的种类及其种苗的收集培育,为建立福建特有树种基因库而努力。第九篇参与园林花卉的实践总结资料。本书共有彩色植物照片 170 幅,黑白植物图片 58 幅,其他照片 108 幅。

本书可供高等院校生物学、植物学、林业、生物多样性保护、园林、花卉等专业及相关领导和工作人员参考。

代　序

　　乡多山,纵横千里;自呈灵秀清婉之态,闻名遐迩。何也? 有耕耘者也。耕耘者谁? 福建农林大学林学院教授郑清芳也。

　　郑清芳教授,1934 年出生于福建省莆田市,1956 年自福建农学院林学系毕业后一直从事林业、经济林、园林的树木学等教学及科研工作。漫漫教学生涯路,甘苦何其多! 五十多年来,他本着严谨治学,精钻深探的精神,将责任与科学兴林意念从三尺讲台延及八闽青山。

　　郑教授是植根理念之人! 是脚板踏遍八闽山山水水的播绿者! 他几十年如一日,不辞辛苦地翻山越岭,对福建植被组成的主要植物,如壳斗科、樟科、木兰科、桃金娘科、木樨科、竹亚科等深入研究——发现了植物新种群如福建含笑、突脉青冈、茫荡山润楠、白果蒲桃、南平倭竹等 17 个新种(含变种变型),并正式命名,同时发现了在福建分布的国家保护的濒危植物——秃杉及福建各地的珍稀濒危植物;增添和丰富福建植物记载的资料。这些硕果,无疑对指导福建本土的自然保护区建设和生物多样性保护,为我国树木学乃至世界植物学增添了绚烂的一笔。

　　郑教授不但是个善于“发现”之人,而且亦是个重视“运用”之人。他在挖掘新种的同时,并十分注重树木资源的开发与利用工作。如对福建含笑、突脉青冈等进行了采种育苗造林试验,并提出了改单纯针叶林为常绿阔叶林或针阔混交林造林的可行措施,为福建本土森林的可持续发展推广了较好的理论依据与实践经验。

　　作为一名国内著名竹类专家,他对“中通外直,不蔓不枝”的竹子钟爱有加。他从竹类的采集与分类入手,对福建本土 140 多种竹类资源进行了深入研究,取得了丰硕的成果。在大力推广福建本土优良经济竹种的同时,郑教授还引种外省的优良竹种,提出大力发展中小型竹种,营造四季笋用竹林,发展“菜竹工程”等开创性建议。所有这些,皆为福建山地综合开发,农民脱贫致富奔小康提供了一条捷径。

　　广博的学识,丰富的实践,精深的造诣,严谨的学风,坚韧的志向,使郑老不仅在讲堂芬芳满园,且在学术研究上硕果累累,独树一帜;他先后参与编著了《福建植物志》、《中国树木志》、《中国农业百科全书》(林业卷)、《福建植被》、《福建生物志》、《福建竹类》、《树木学》(南方本)等十余本书,并在各类杂志发表专题论文数十篇。主持研究各类科研课题十多项。

　　时光荏苒,转眼间,郑清芳教授已步入人生风雨中的第 70 个春秋。年虽古稀,壮志未已,愿将平生心血凝成的科研成果整编结集,公之于世,以飨读者。

　　读郑教授的文选,即是品读福建本土广博、深厚的森林文化与竹文化,品读郑教授艰苦奋斗、无私奉献、桃李芬芳、绚丽多彩的一生——“莫道君行早,踏遍青山人未老,风景这边独好”!

福建农林大学常务副校长

2003 年 11 月 16 日

前　言

　　2003 年,趁福建农林大学林学院的领导、同事及好友们为我作七十大寿并纪念我从教五十周年之际,我将过去发表的一些文章,校内讲座及学术会议上的发言稿,汇编印成《树木树人半世纪——郑清芳文选》,回赠给大家。当时印得太少,供不应求,现在决定正式出版《福建特有树种》一书。

　　我是树木学教师,建立"福建特有树种基因库"是我的长期愿望。因此,几十年来我一直从事福建主要的森林植物研究,如参加福建武夷山自然保护区和梅花山自然保护区的科考,与教研室同事或带研究生到各个山区调查植物,负责编写《福建植物志》里的壳斗科、番荔枝科、樟科、桃金娘科、木樨科、柿树科、竹类等植物。在《全国农业百科全书》林业卷中,我负责编写冬青属和山茶科的一些属种等共七个条目;在《中国树木志》中,我负责全国的厚皮香亚科(山茶科)等植物的编写。这些工作使我对福建主要的森林植物有较深入的研究,发现及正式发表有十七个新种(含新变种新变型)。它们绝大部分是福建的特有树种。

　　从工作中,我深深感到实践的重要性。在退休后十多年时间里,我自建青芳竹种园;规划及协助施工莆田赤港生态观赏竹园;以福州狮子林景观绿化公司为基地,着手福建特有树种种苗的收集与培育工作。这些实践工作既为建立一个福建特有树种的基因库积累了丰富的资料,也为第三世界南南合作培训班的学员提供良好的讲课现场,提高了教学质量。

　　《福建特有树种》一书,以 2003 年《树木树人半世纪——郑清芳文选》为基础,加以修正,删掉一些在《福建植物志》中已有的内容,保留其中重要的检索表及物种在福建的分布,加上退休后实践中得到的成果汇集而成。尤其突出建立"福建特有树种基因库"的重要性。在科研的实践中,我发现新中国成立前后国内外许多植物工作者辛勤探索、发现一些福建特有的新种,现在有些已经不复存在了,因此很有必要对这些幸存的和新发现的物种进行深入研究和加以保护,如我在长期调查观察及亲手栽植的过程中发现一个生长特快的闽西青冈新种,虽然仅是几株大树,但可以看出该种部分的生物学与生态学特性,或者说仅仅是个苗头吧,好让青年一代去继续研究,加以推广。我感到非常有必要建立福建特有树种基因库,既保护福建特有树种,又便于后辈继续研究,以维护和发展福建植物多样性。

　　本书若对高等农林院校的林业和生物多样性保护专业的师生、农林工作者及领导们有参考价值,若对我省林业可持续发展、提高福建森林质量、建设美丽福建、建设美丽中国有一定作用,我此生足矣。

郑清芳

2013 年 12 月

目　录

第五篇　福建木麻黄科、番荔枝科、木榄科和柿树科植物

第六篇　福建竹类(Bambusoideae)植物

第七篇　山茶科（Theaceae）、冬青科（Aquifoliaceae）部分属种的研究

第八篇　福建珍稀、濒危、特有树种及生物多样性的保护

第九篇　园林绿化与花卉

附录

Contents

The First Chapter　Fagaceae Plants from Fujian

The Second Chapter　Lauraceae Plants in Fujian

The Third Chapter　Myrtaceae Plants from Fujian

The Fourth Chapter　Magnoliaceae Plants from Fujian

The Fifth Chapter　Casuarinaceae, Annonaceae, Oleaceae and Ebenaceae from Fujian

The Sixth Chapter　Fujian Bambusoideae

The Seventh Chapter　Study on Part Genus and Species of Theaceae and Aquifoliaceae

The Eighth Chapter　The Rare, Endangered, Endemic Species and Biodiversity Protection in Fujian

The Nineth Chapter　Landscape and Flower

Appendix

第一篇　福建壳斗科(Fagaceae)植物
The First Chapter　Fagaceae Plants from Fujian

一种生长特快的青冈属新种——闽西青冈①

郑清芳　郑世群　郑林　李单琦　翁剑

A Growth Particularly Fast New Species of the Genus *Cyclobalanopsis* —— *C. minxiensis* Q. F. Zheng et S. Q. Zheng ex L. Zheng et al.

摘要:描述了福建青冈属一新种,即闽西青冈(*Cyclobalanopsis minxiensis* Q. F. Zheng et S. Q. Zheng ex L. Zheng et al.)。用 RAPD 分子标记技术对闽西青冈进行辅助鉴定,并研究其部分生物学特性与生态学特性。结果表明,闽西青冈是一种适应性强、生长特快的造林树种。亦是福建的特有树种。

Abstract: A new species of the genus *Cyclobalanopsis* Oerst., *C. minxiensis* Q. F. Zheng et S. Q. Zheng ex L. Zheng et al., from Fujian province of China, is described. The species *C. minxiensis* is auxiliary identified by RAPD molecular marker technology, and its partly biological characteristics and ecological characteristics are studied. The results show that *C. minxiensis* is a strong adaptability, growth particularly fast afforestation tree species.

一、闽西青冈新种描述

闽西青冈,新种[1~4](图 1-1 所示)。*Cyclobalanopsis minxiensis* Q. F. Zheng et S. Q. Zheng ex L. Zheng et al. sp. nov. Fig. 1-1。

Species *C. myrsinaefoliae* Bl. quidam similis, sed duo genera folia saepius apparebis, nervis lateralibus utrinsecus 7~10, subtus puberulentis, basis cupulae zonis concentricis 1~4 leuis lobatis dentes, nuculis summitate griseo-flavis puberulentis. Species *C. gracilis*

---

①　闽西青冈 1976 年在安溪采到标本,其种名与学名早于 1994 年在台湾《现代育林》刊物以《福建特有植物保护与利用》一文用未正式发表(ined)的半裸名报道过,后经笔者亲自栽植试验,经过二十多年的观察研究并得到以上几位同志的参与帮助,于今天正式发表。为此对参与研究帮助的同志致以感谢。

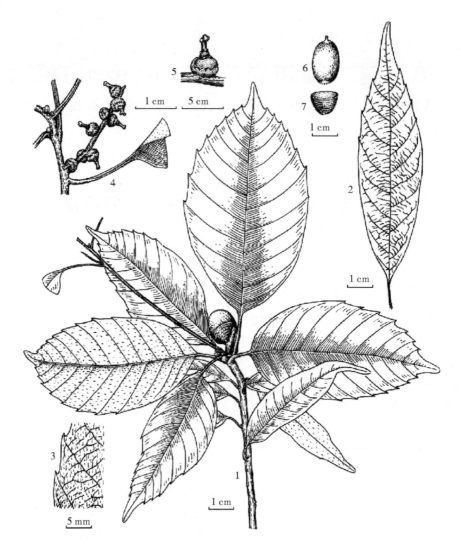

图 1-1　闽西青冈

Fig. 1-1　*Cyclobalanopsis minxiensis* Q. F. Zheng et S. Q. Zheng ex L. Zheng et al. sp. nov.

1. 果枝(fruiting branch)；2. 叶(leaf)；3. 叶背面(back of leaf)；4. 雌花枝(female flowering branch)；
5. 雌花(female flower)；6. 坚果(nut fruit)；7. 壳斗(cupule)

(Rehd et Wils)Cheng et T. Hong quidam similis, sed subtus non densitas album, folia margine supra medium serratae, basis cupulae zonis concentricis 1～4 leuis lobatis dentes, alia margine integra, etc, apparentis differt.

　　Arbor sempervirens, 12 m alta, trunco 40 cm diam. Ramuli cinereo-luteoli, glabri, lenticellis rotundata prominentibus conspicuis. Folia obovate-elliptica, elliptica, anguste elliptico-lanceolata vel anguste ovate-lanceolata, duo genera folia saepius apparebis, apud vernis et aestatis ultra magnis quia pluviam adaequatam，7～10 cm longa, 2.5～4 cm lata. sed autumnus et hibernis ultra angusto quia pluviam non sufficit，6～7 cm longa, 1.8～ 2.5 cm lata. Subtus juveniores sparse incano-pubescentes, sed facilis effundendo, folia adulta puberulentis cinereo, constat apud loupe. Apice acuminata vel caudata, basi cuneata vel subrotundata, margine supra supremus medius undulata serrata vel remote laxus serrulata. Nervis lateralibus utrinsecus 7～10, supra planis vel subimpressis subtus subelevatis, sed non conspicuis. Subtus glaucescentia in sicco atro-cinerea. Petioli 1～2 cm longi glabri. Femina inflorescentia 2～2.5 cm longa. Cupulae calicem informibus, 1/3～1/2 partem nuculis amplectentes, 1.1 cm diam. 5～8 mm altae, extra dense pubescentes. Bracteolis nexus 6～9 circulis concentricis, basis zonis concentricis 1～4 leuis lobatis dentes, Superioribus marginibus integris. Nuculis ovatus vel ellipticus, 1～1.5 cm diam. 1.4～2 cm altae, superficies pubescentes. Fructicat ex oct. ad nov.

Fujian(福建):Changting(长汀),Hongshan Commune(红山公社),Laxi Group(腊溪大队),1984,Zheng Qing-fang(郑清芳)et Lin Mu-mu(林木木)unsigned(Typus,FJFC); Changting(长汀),alt. 700 m,1984,Zheng Qing-fang(郑清芳)et Lin Mu-mu(林木木)84503 (FJFC);Anxi(安溪)Fude(福德),1976,Zheng Qing-fang(郑清芳)et Li Zhen-Qin(李振琴) 76250(FJFC);Anxi(安溪),1980,Zheng Qing-fang(郑清芳)80231(FJFC)。

常绿乔木,高 12 m,胸径 40 cm;小枝灰黄色,无毛,被突起明显的圆形皮孔。叶倒卵状椭圆形、椭圆形、狭椭圆状披针形或狭卵状披针形,常呈二型叶,春夏雨量充足时较宽大,长 7～10 cm,宽 2.5～4 cm,秋冬雨量少时则较狭小,长 6～7 cm,宽 1.8～2.5 cm;叶背幼时被灰白色小柔毛,但易脱落,成长叶则被灰白色微柔毛,在扩大镜下明显可见;先端渐尖至尾状,基部楔形或近圆形,叶缘中部以上有波状锯齿或疏粗锯齿;侧脉每边 7～10 条,在叶面平或微凹,在叶背微凸,但不明显;叶背灰绿色,干后淡暗灰色;叶柄长 1～2 cm,无毛。雌花序长 2～2.5 cm。壳斗杯形,包坚果 1/3～1/2,直径 1.1 cm,高 5～8 mm,外壁密被细柔毛;小苞片合生成 6～9 条同心环,环带基部 1～4 环具浅裂齿,上部全缘。坚果卵形或椭圆形,直径 1～1.5 cm,高 1.4～2 cm,顶部被细柔毛;果期 10—11 月。

该新种与细叶青冈[C. myrsinaefolia(Blume)Oerst]有些相似,但该种叶明显具大小二型叶,侧脉每边 7～10 条,叶背具微柔毛,壳斗基部 1～4 环有浅齿裂,坚果顶部具灰黄色细柔毛;该种又与小叶青冈[C. gracilis(Rehd et Wils)Cheng et T. Hong]有些相似,但该种叶背无厚的白粉,叶缘中部以上有锯齿,壳斗环带仅基部 1～4 环有齿裂,其他的为全缘等,有明显的区别。(见 374 页彩插 1(6):2—4)

二、闽西青冈 RAPD 分子标记技术辅助鉴定

材料是采自南平市的三种青冈新鲜标本,用水桶盛水加以保鲜。进行常规 RAPD 指纹图谱试验,筛选出 S7、S8、S12、S85、S86、S488 共六条引物进行 PCR,得出产物电泳图如图 1-2 所示,扩增结果见表 1-1。

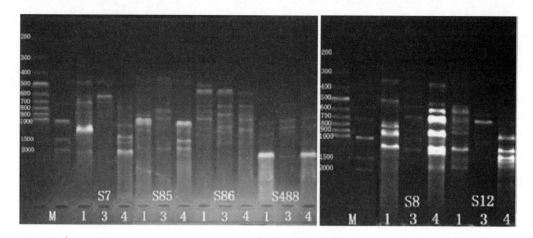

图 1-2   3 种青冈电泳图

Fig. 1-2   Electrophoresis pattern of three kinds glauca

1. 小叶青冈（*C. gracilis*）；3. 闽西青冈（*C. minxiensis*）；4. 细叶青冈（*C. myrsinaefolia*）

表 1-1   引物与扩增结果

Tab. 1-1   Primers and amplification results

	总位点 （The total site）	多态性位点 （Polymorphic loci）	多态性百分比 （Polymorphism percentage）（%）	PIC	PCR 产物大小 （PCR product size） （bp）
S7	11	10	91	0.95	310～2 000
S8	12	10	83	0.95	350～2 000
S12	12	9	75	0.94	360～2 000
S85	8	8	100	0.93	430～1 800
S86	9	7	78	0.93	330～1 500
S488	7	6	86	0.91	700～2 000
平均 （Average）	9.8	8.3	85	0.935	310～2 000

6 个 RAPD 引物在 3 个青冈植物中共得到 99 个重复性较好的 DNA 片段；每个标记得到 7 个（S488）到 12 个（S8 和 S12）位点，平均 9.8 个，3 个标记共得到 59 个 RAPD 位点；其中 50 个表现为多态性，每个标记的多态性位点为 6 到 10 个（平均 8.3）；每个标记多态性比例分布于 75%（S12）到 100%（S85）之间，平均 85%。使用的 6 个引物的 PCR 扩增产物长度介于 310～2 000 bp 之间。6 个标记的 PIC 值从 0.91 到 0.95，平均为 0.935。

59 个 RAPD 位点中有 28 个是材料特有位点，3 种青冈特有的位点分别是 10 个、9 个和 9 个。无论位点扩增出多少，都显示出了青冈相当丰富的多态性。总的来说，三份材料扩增结果及其显示的遗传多样性表明所选用之 RAPD 引物都能扩增出较多的位点，多态性丰富，而且扩增出的位点较为清晰、重复性好。这些 RAPD 引物扩增的特异性 DNA 片段可以用于青冈类植物的物种鉴定。

本实验通过对 31 条随机 RAPD 引物 S7、S8、S12、S17、S43、S45、S60、S65、S85、S86、S87、S93、S97、S129、S130、S133、S141、S143、S146、S380、S397、S404、S427、S486、S488、S1071、S1408、S1414、S1417、S1423、S1471 进行筛选，最后选出 S7、S8、S12、S85、S86、S488

共六条条带清晰,多态性较好的引物进行实验,以期对闽西青冈进行鉴定,以及将其与小叶青冈及细叶青冈区分开来。根据扩增结果可以看出,所选出的六条引物对三种青冈扩增出的条带多态性较好,每条引物都只需单引物即可将三种青冈鉴别区分出。

对于引物 S7:根据 600 bp 片段的出现可以将闽西青冈与小叶青冈、细叶青冈区别开,若 600 bp 出现条带,则可以鉴定为闽西青冈;根据 1 200 bp、2 000 bp 片段的缺失可以区分出闽西青冈、小叶青冈、细叶青冈,若 1 200 bp、2 000 bp 处条带缺失,即可鉴定出闽西青冈。根据 310 bp 片段的有无,可以区分出小叶青冈与闽西青冈、细叶青冈,若 310 bp 处片段出现,则可以鉴别出小叶青冈。结合以上片段便可以将三种青冈区分开来。

对于引物 S8:在 500 bp、900 bp、1 400 bp 及 2 000 bp 处,小叶青冈和细叶青冈均出现条带而闽西青冈未出现条带,并且在 550 bp 处只有闽西青冈出现条带,因此根据上述位点即可鉴定出闽西青冈;在 600 bp 处只有细叶青冈出现条带,因此可以鉴定出细叶青冈。结合以上片段即可区分出三种青冈。

对于引物 S12:在 1 100 bp、1 200 bp 处只有闽西青冈出现条带,在 2 000 bp 处只有闽西青冈条带缺失,由此可鉴定出闽西青冈;在 900 bp 处只有细叶青冈出现条带,因此结合以上片段可将三种青冈区分。

对于引物 S85:根据 800 bp、950 bp 处片段的出现,以及 1 000 bp 处片段的缺失,可以鉴定出闽西青冈;根据 900 bp 处片段的出现可以鉴定出小叶青冈。由此便可将三种青冈区分开。

对于引物 S86:根据片段在 1 500 bp 处出现可以鉴定出闽西青冈,根据片段在 750 bp 处出现可以鉴定出细叶青冈。由此区分出三种青冈。

对于引物 S488:根据片段在 700 处的出现可以鉴定出闽西青冈,根据片段在 800 bp、900 bp 处的出现或者 1 000 bp、1 300 bp 处的缺失可以鉴定出细叶青冈。结合上述片段便可将三种青冈区别出来。

通过 S7、S8、S12、S85、S86、S488 共六条 RAPD 引物,可以根据特定点位上条带的缺失或出现,简单快速地将小叶青冈、闽西青冈以及细叶青冈分别鉴定并区分开。由以上六条引物扩增结果可以得出结论,闽西青冈与小叶青冈、细叶青冈分别属于不同种的青冈属植物。

三、闽西青冈部分生物学特性与生态学特性

闽西青冈新种,作者在编写《福建植物志》"壳斗科"之时(1976 年)就在安溪县福德采到(郑清芳和李振琴 76250 号),直至 1984 年在长汀县红山公社腊溪大队与林木木一起又采到该种标本,更确定它是青冈属的新种,同时已告诉林木木同志准备发表。随后又做了人工栽植观察试验。

(一)长汀河田试验点

在长汀河田水土严重流失区水东坊试验地,由长汀水土保持试验场设计出两个方案,其中一个较成功的方案是马尾松(Pinus massoniana)+刺槐(Robinia pseudoacacia)+闽西青冈+胡枝子(Lespedeza bicolor),结果形成马尾松及闽西青冈的混交林。这个成功长汀县林业局林木木有一定功劳,因原设计要一种乡土树种,这个乡土树种由林木木(现晋升教授

级高工)提供约 2 斤青冈属一种的种子,当时是 1982—1983 年试验场育苗上山造林,1984年笔者去长汀和林木木到红山公社腊溪大队采集标本时,又发现了该新种在长汀有分布,从那时起,河田上山造林的青冈属一个未知种,就叫闽西青冈,水土保持试验场罗学升(高工)总结时,就用闽西青冈这个未发表的新种名[5]。

长汀河田水东坊是个极度水土流失区的试验点,当地年均温 19.8 ℃,极端低温－4.6℃,极端高温 39.8 ℃,地表极端高温 76.6 ℃,年均降雨量 1 700 mm;地形是低丘,高差 20～80 m,坡度 0～30°;土壤为花岗岩风化发育的红壤,风化壳一般 5～8 m,由于地被的严重破坏,地表受到严重冲刷,切割密度达到 0.25～0.30 m,形成各种类型的侵蚀沟,尤其成为大型的切沟和崩岗(似不毛之地),土壤侵蚀模数为 8 000～15 000 t/(km² · a),为极强度水土流失区,土壤贫瘠,有机质含量仅 0.04%,全氮 0.19%,全磷 0.021%;地被物仅有稀疏矮小的小老头马尾松,此外尚有少量的芒萁(*Dicranopteris dichotoma*)、鹧鸪草(*Eriachne pallescens*)及个别的石斑木(*Rhaphiolepis indica*)等[5]。该试验地形成马尾松×闽西青冈针阔叶混交林(见 374 页彩插 1(6):5),闽西青冈生长特快,比同林中的马尾松还大,但因有人工破坏,在另一小山坡上,闽西青冈仅剩两株大树,经 2012 年测定,胸径 30 cm,即 30 年胸径30 cm,平均年胸径生长 1 cm,达到速生树种水平(照片见封底上图)。

(二)南平试验点

1993 年从长汀大横采育场河边一株闽西青冈采得种子育成苗后栽在南平,初期有时加以浇水,有时施一些肥料,前 5～10 年未见其速生,直到 10 年之后开始速生,于 2013 年测定其树高达 12 m,胸径近 40 cm,年平均胸径生长达 2 cm 左右,证明是个生长特快的硬阔(照片见封底下左右两幅)。

(三)福州闽侯南屿试验点

从南平人工种植的闽西青冈采种育苗,用小营养袋,后换成陶盆,至今约 1.5 m 高。其中 2 株换成直径 30 cm 的无纺布袋,然后埋于南屿试验地,经三伏干旱天气,没有灌水,致叶干落、小枝干枯,但树干还活着,经灌水抢救又发出新芽及新叶。发现新叶仅长 2 cm,宽 1.2cm。

从以上三个试验结果可以看出,闽西青冈的确是个速生硬木质的阔叶树。从长汀极严重水土流失区闽西青冈生长状况看,它有耐干旱、抗热、耐贫瘠土壤的习性。并从其天然更新看,因闽西青冈幼苗幼树耐荫,能在自身的树冠下及附近更新形成闽西青冈为主的混交林,而在南平的试验地亦可看到落下的种子会在树下发芽成苗,说明该种幼树幼苗耐荫性强,能天然更新。

闽西青冈对土壤养分要求不高,但土层厚度是其生长的必要条件,从以上试验地看,长汀水土流失严重,地表 A 层全无,仅剩下 B 层,即风化壳有 5～8 m,其胸径生长年平均 1 厘米而南平的土层厚而疏松年均胸径生长 2 cm 左右,可见其所以生长特快。

总之,闽西青冈是种耐旱、耐瘠、耐荫的生长特快的阔叶树种,并能天然更新,适宜为福建的主要造林树种,如能大面积推广,对提高林分质量、促进林业生产可持续发展,具有重大的意义。

参考文献

[1] 福建省科学技术委员会《福建植物志》编写组．福建植物志(第一卷)[M]．福州:福建科学技术出版社,1982,402～411

[2] 中国科学院中国植物志编辑委员会．中国植物志(第22卷)[M]．北京:科学出版社,1998,263～332

[3] 郑清芳．福建壳斗科新植物[J]．植物分类学报,1979,17(3):118～119

[4] 傅立国,陈潭清,郎楷永,等．中国高等植物(第四卷)[M]．青岛:青岛出版社,2000,222～239

[5] 罗学升．河田土壤侵蚀区重建顶级植物群落的探讨[A]．海峡两岸红壤区水土保持研讨会——水土保持与生态文明建设论文集[C]．福建长汀,2012:52～58

[6] 郑清芳,蔡为民,陈世品．福建特有植物及其保护与利用.《现代育林》(第八卷第一期),1994年9月

福建壳斗科新植物^①

郑清芳

Some New Species of the Fagaceae From Fujian

在编写福建植物志壳斗科的过程中,发现了一些新种及新变种,现预报如下。

图 1-3　突脉青冈 *Cyclobalanopsis elevaticostata* Q. F. Zheng
1. 果枝;2. 叶;3. 壳斗一部分

1. 突脉青冈(新种,图 1-3 所示,照片见封面上中)

*Cyclobalanopsis elevaticostat*a Q. F. Zheng sp. nov.

Species C. *myrsinaefoliae* (Bl.) Oerst. et C. longinuci (Hay.) Schottky subsimilis, sed gemmis gracilioribus longioribusque sericeo-villosis. foliis margine basi excepta remote acute dentatis subtus viridulis non pruinosis. costa media supra conspicue elevata, petiolis longioribus 1~25 cm. longis,zonatis concentricis 5~8 crenulatis,glandibus ellipticis vel obovato-ellipticis 1~1. 2 cm. diam. et 1. 5~2. 2 cm. longis differt.

① 原文发表于《植物分类学报》第 17 卷第 3 期,1979 年 8 月。

本工作得到郑万钧教授、徐永椿教授、黄成就、朱政德、林来官、张永田等先生的热情指导或借给资料;参加野外采集工作的有李振琴、黄克福、杨绪明、蔡星泉、吴克儒等同志,特此表示感谢。

常绿乔木,树干端直,高约 20 m,胸径达 100 cm;树皮灰褐色;小枝无毛,紫褐色,有细沟槽,散生灰白色细皮孔;芽尖锥形,芽鳞背脊及边缘有绢状长柔毛。叶狭椭圆形、椭圆状披针形至倒披针状椭圆形,长 5～15 cm,宽 1.5～4 cm,萌芽枝叶长达 20 cm,宽 5.5 cm,先端长渐尖,基部楔形,沿叶柄下延,叶缘中部或下部以上疏生有尖锯齿,齿尖长 1～2 mm,有时末端具黑色腺点,上面绿色,下面淡绿色,无毛,中侧脉在两面均明显突起,侧脉每边 8～12 条;叶柄长 1～2.5 cm。壳斗浅杯状,基部渐狭,包围坚果 1/3,直径 1～1.2 cm,高 0.6～0.8 cm,外被灰黄色短绒毛,环带 5～8 条,边缘有不规则圆齿状缺裂,最上的 2～3 环全缘。坚果椭圆形至倒卵状椭圆形,直径 1～1.2 cm,长 1.5～2.2 cm,近顶端有灰黄色微柔毛,柱座(花柱基部增大成圆锥状的突起)长 1～1.5 mm,有 4～5 条环痕;果脐微凹,径 5 mm。果熟期 11 月。

福建(Fujian):宁德县(Ningde xian)霍童公社,海拔 800 m,吴克儒(Wu Ke-ru)771001(模式标本 Tupus! HFN),同地,郑清芳、黄克福 52,24,29,49;漳平县永福公社三重岭,海拔 1 000 m,林镕 4501,同春大队,郑清芳、蔡星泉 76013;南靖县船场公社,海拔 600 m,张清其 559。

本种与细叶青冈[*C. myrsinaefolia* (Bl.) Oerst.]及长果青冈[*C. longinux* (Hay.) Schottky]近似,其区别在于本种冬芽较细长,有绢状长柔毛。叶缘下部以上有尖锯齿,近基部全缘,下面淡绿色,无白粉,中脉在上面明显突起;叶柄较长,长 1～2.5 cm;壳斗有 5～8 条环带,环带圆齿状缺裂;坚果椭圆形至倒卵状椭圆形,直径 1～1.2 cm,长 1.5～2.2 cm。

该新种比青冈[*C. glauca* (Thunb.) Oerst.]长势好,主干高大而端直,木材坚重,耐腐、耐磨、耐撞击、耐水湿,为动力机械基础垫木、船舶、农具、土油榨木楔、车辆、纺织工业、体育器具等用材,可为福建海拔 1 000 m 左右山地重要造林树种。

2. 倒卵叶青冈(新组合,图 1-4 所示)

Cyclobalanopsis obovatifolia (Huang) Q. F. Zheng, comb. nov. Quercus obovatifolia Huang in Acta Phytotax. Sinica 16(4):75. 1978.

福建:平和县国强公社大芹山顶,海拔 1500 m,郑清芳、蔡星泉 76050、76051、76052;同地,郑清芳、吴克儒 77087。

湖南、广东亦有分布。

3. 梅花山青冈(新种,图 1-5 所示,照片见封面上左)

Cyclobalanopsis meihuashanensis Q. F. Zheng, sp. nov.

Primo aspectu *C. obovatifoliae* (Huang) Q. F. Zheng affinis, sed differt foliis subtus adpresse pilosis et pruinosis deinde leviter pruinosis non stellatim lepidotis cupulis subsessilibus vel brevissime stipitibus (0.5～1.5 mm).

常绿矮乔木或灌木,高约 2～5 m,径达 40～50 cm;树皮黑褐色;芽圆形,芽鳞边缘微有睫毛。叶倒卵形、倒卵状椭圆形或长圆形,长 3～6 cm,宽 1.5～3 cm,先端钝圆,有时为短尖或短渐尖,基部楔形,沿叶柄下延,全缘或近顶部为波状,有时近顶端为不明显或稍明显的波状钝齿,边缘反卷,上面初时被毛后变无毛,下面有平伏柔毛及灰白色腊粉层,较易脱落,中脉在上面微凹,在下面凸起,侧脉 5～8 条,在上面下陷成细凹线;叶柄长 2～6 mm。雄花序长 3～5 cm;雌花序长 1～2.7 cm,花序轴被柔毛,有花 3～7 朵,花柱 3～4,外弯,柱头头状,顶微有凹缺。果序轴长 1.5～3.5 cm。壳斗钟形,基部渐狭,近无柄,或有 0.5～1.5 mm 短柄,径 1.1～1.5 cm,高约 1 cm,环带 7～9 条,上部的环带全缘,下部的有不规则圆齿状缺裂。坚果近球形,长 1.3～1.8 cm,径 1.2～1.5 cm,顶端圆,果脐凸起,径约 8 mm。

图 1-4　倒卵叶青冈 *Cyclobalanopsis*
obovatifolia (Huang) Q. F. Zheng
1. 果枝；2. 叶；3. 叶下面，示鳞片状星毛

图 1-5　梅花山青冈 *Cyclobalanopsis*
meihuashanensis Q. F. Zheng
1. 果枝；2. 叶下面一段，示被毛；3. 壳斗；4. 坚果

福建(Fujian)：上杭县(Shanghang Xian)，梅花山山顶，海拔 1 600 m，郑清芳(Zheng Qing-fang)、吴克儒(Wu Ke-ru)77065(模式标本 Typus! HFN)；同地，郑清芳、杨绪明 76194、76198，张清其 75。

本种与倒卵叶青冈[*Cyclobalanopsis obovatifolia* (Huang) Q. F. Zheng]近似，其不同在于叶下面仅有易脱落的平伏柔毛及白色蜡粉层，无星状鳞枇，壳斗无柄，或仅有 0.5～1.5 mm 的短柄。

4. 上杭锥(新变种，图 1-6 所示)

A var. latmonii differt foliis minoribus ovato-ellipticis ellipticis vel elliptuco-lanceolatis 8 ～ 17 cm. longis et 3.5～6 cm. latis, apice caudatis vel acuminatis, nervis lateralibus (9～10) paucioribus 8, infructescentiarum rhachibus tenuioribus. (0.5～0.6 cm. diam.), cupulis minoribus ovoideis 2.5～3.5 cm. diam. tenuioribus. spinis gracioribus et densioribus.

Castanopsis lamontii Hance var. shanghangensis Q. F Zheng, var. nov.

本变种与狗牙锥(*C. lamontii* Hance)不同在于

图 1-6　上杭锥 *Castanopsis lamonti*
Hance var. shanghangensis Q. F. Zheng
1. 果枝；2,3. 坚果

其叶较小,卵状椭圆形、椭圆形至椭圆状披针形,长 8～17 cm,宽 3.5～6 cm,先端尾状渐尖至渐尖,侧脉较少(9～10),果序轴较细,径 0.5～0.6 cm,壳斗较小,卵球形,连刺直径 2.5～3.5 cm,壁较薄(1.2～2 mm),刺较细密。

　　木材淡灰黄色,纹理直至斜,结构中至略粗,材质中,供建筑、家具等用材,坚果味甜,可食。

　　福建(Fujian):上杭县(Shanghang xian)步云公社,郑清芳(Zheng Qing-fang)、吴克儒(Wu Ke-ru) 77067、77051(模式标本 Typus! HFN),同地,郑清芳、杨绪明 76172、76212,生于海拔 1 400 m 常绿阔叶林中。

福建柯属(壳斗科)一新种①②

郑清芳

A New Species of the Genus *Lithocarpus*(Fagaceae) From Fujian

永福柯(新种,图 1-7 所示,照片见封面上右图)

Lithocarpus yongfuensis Q. F. Zheng,sp. nov.

Speeies *L. pakhaensi* A. Camus similis, sed ramulis hornotinis peduneulis rhachidibusque griseo-albis pulverulento-furfuraceis,petiolis brevioribus I cm longis,glandibus majoribus subglobosis 20～22 mm diam,cicatricibus minoribus 8～9 mm diam. differt.

Arbor sempervirens, 16m alta, trunco 30 cm in diam. Rami tereres, purpureo-brunnei, Ienticellis griseo-albidis dispersis; ramnli hornotini griseo-albi pulverulento-furfuracei. Gemmae ovoideae. Folia subcoriacea, elliptica vel ovato-elliptica. 5～13 cm longa,2～4 cm lata, apice caudata,basi cuneata,secus petiolum leviter decurrentia,integra,supra nitida viridia glabra, subtus griseo-alba pulverulento-furfuracea, costa media supra conspicue elevata sribtus leviter elevata, nervis lateralibus utrinsecus 10～12, supra levifer impressis, subtus leviter elevatis; petioli l cm longi. Amenta pistil-lata 7～15 cm longa, peduneulis rhachidibusque griseo-albis pulvorulen to-furfuraceis. Cupulae solitariae, disciformes, basi . sensim in pedicellos angustatae. c. 8～10 mm altae,superne 16～18 mm lata, squamis minutis imbricatis appressis, deltato-ovatis, dense griseo-albis pulverulento-furfuraceis. Glandes subglobosae,. 20～22 cm in diam. , apice papillatae, cicatrice basilari concava, 8～9 mm in diam.

Fujian（福建）:Zhangping(漳平),Zheng Qing-fang(郑清芳)Wu Ke-ru(吴克儒),77040 (Typus, FJFC)。

常绿乔木,高 16 m,胸径 30 cm。枝圆柱形,紫褐色,散生灰白色皮孔,一年生枝有灰白色糠秕状鳞秕。芽卵圆形。叶薄革质,椭圆形或卵状椭圆形,先端尾状,基部楔形,沿叶柄稍下延,全缘,上面亮绿色,下面存灰白色糠秕状鳞秕,中脉在上面明显突起,下面稍突起,侧脉每边 10～12 条,上面稍凹下,下面微突起;叶柄长 1 cm。雌花序长 7～15 cm,花序轴有灰白色糠秕状鳞秕。壳斗单个散生于果序轴上,盘状,基部变狭呈短柄状,高约 8～10 mm,上部宽 16～18 mm,鳞片三角状卵形,小而呈覆瓦状排列,紧贴,密被灰白色糠秕状鳞秕。坚果近球形,直径 20～22 mm,顶部有乳头状突起,果脐凹陷,径 8～9 mm。

---

① 永福柯亦称永福石栎原文发表于《植物分类学报》第 23 卷第 2 期第 149～150 页。
② 本文蒙黄成就、张永田副研究员热情指导,黄文荣同志绘图,作者敬致谢意。

1 mm

图 1-7 永福柯 *Lithocarpus yongfuensis* Q. F. Zheng
1. 花枝 flowering branch；2. 果枝 fruiting branch；3. 叶片 lamina；
4. 叶下面一部分放大 lower face of lamina, magnified；
5～7. 坚果 nut：5. 侧面 lateral view；6. 纵切面 vertical section；7. 底面 bottom view；
8～9. 壳斗正面及底面 front and bottom view of nut；10. 坚果和壳斗 nut with cupule.

本种与屏金柯 L. pakhaensis. A. Camus 近相似,不同点在其一年生小枝和花序轴具灰白色糠秕状鳞秕,叶柄较短,长 1 cm,坚果较大,近球形,直径 20～22 mm,果脐较小,直径 8～9 mm。

福建壳斗科(Fagaceae)各属种检索表及种的分布^①

The Retrievaltable of Fagaceae Plants and its Distribution in Fujian

一、壳斗科(*Fagaceae*)分属检索表

1. 雄花7～13朵排成下垂的头状花序;壳斗单生,3～4瓣裂,坚果卵状三棱形;叶二列,落叶;子叶出土 ………………………………………………………… 1. 水青冈属 *Fagus*
1. 雄花1～7朵成簇地散生于花序轴上,呈柔荑状或穗状花序;壳斗单个或2～3个成簇地散生于花序轴上;子叶不出土。
   2. 雄花序直立,穗状或有时圆锥状;花柱与柱头界限不明显,柱头点状顶生。
   3. 落叶性,无顶芽,子房6室,壳斗密被长刺 ………………………… 2. 栗属 *Castanea*
   3. 常绿性,有顶芽,子房3室。
   4. 雌花1～7朵生于壳斗中;壳斗单个散生于花序轴上,全包坚果,很少为杯状,外被锐针刺,少有为疣状、肋状突起或鳞片;每壳斗有1～3个坚果 ……… 3. 栲属 *Castanopsis*
   4. 雌花1朵生于壳斗中;壳斗3～5个成簇,少有单个散生于花序轴上,杯状或盘状,很少全苞坚果;每壳斗仅有1个坚果 ………………… 4. 石栎属 *Lithocarpus*
   2. 雄花序为下垂的柔荑花序;花柱与柱头有明显界限,柱头盾状、头状或向花柱内侧下延。
   5. 壳斗外壁有连接成同心环状的环带;叶常绿 ………… 5. 青冈属 *Cyclobalanopsis*
   5. 壳斗外壁有覆瓦状排列的鳞片或线状突起,不连接成同心环状的环带;落叶或常绿 ………………………………………………………………… 6. 栎属 *Quercus*

二、水青冈属(*Fagus L.*)分种检索表

1. 叶下面密被贴伏柔毛,脉上有长毛;壳斗裂瓣外被弯曲的线状突起……福安、柘荣、南平、建阳、武夷山、沙县、连城 …………………………………… 1. 水青冈 *F. longipetiolata*
1. 叶下面除幼时脉上有毛外,均无毛;壳斗裂瓣外壁被三角形鳞片,鳞片顶端骤然缩狭为小尖头……泰宁、武夷山、光泽、浦城 ……………………… 2. 亮叶水青冈 *F. lucida*

三、栗属(*Castanea*)分种检索表

1. 每壳斗具2～3个坚果;坚果至少有一侧近扁平;小枝有绒毛或幼枝有毛;叶下面密被或疏生星状毛,或具腺鳞;壳斗常生于雄花序基部。
   2. 叶下面密被或疏生星状毛或柔毛;壳斗直径6～8 cm;坚果大,直径1.5～3 cm……全省各县市多为栽培 ………………………………………………… 1. 板栗 *C. mollissima*
   2. 叶下面有黄褐色或淡黄色腺鳞;壳斗直径3～4 cm;坚果小,直径在1.5 cm以下……武夷山、浦城、建瓯、建阳、将乐、宁化、建宁、泰宁 ……………… 2. 茅栗 *C. seguinii*

---

① 从福建植物志第1卷摘要而成。

1. 每壳斗仅具 1 个坚果；坚果卵圆形或圆锥形；小枝紫褐色，无毛；叶无毛(栽培品种除外)；壳斗生于雌花序上，直径 3～3.5 cm……南平地区、三明地区、古田 … 3. 锥栗 C. henryi

四、栲属(*Castanopsis*)分种检索表

1. 壳斗外壁无针刺，仅有鳞片、疣状或肋状突起。
 2. 叶较狭小，通常长 10 cm 以下，宽 3 cm 以下；全缘或近顶部边缘有几个浅锯齿。
  3. 壳斗近球形，全包坚果；侧脉在上面平坦或微突，近叶缘处连结……全省各县市…… 1. 米槠 C. carlesii
  3. 壳斗浅碗状，包围坚果 1/2；侧脉在上面有时有裂缝状细凹槽，近叶缘处不连结……南靖、永春、德化、永安、宁化 …… 2. 鳞苞锥 C. uraiana
 2. 叶较宽大，通常长 10 cm 以上，宽 3 cm 以上；叶缘有锯齿，至少中部以上有锐锯齿。
  4. 壳斗外壁有疣状突起的 6～7 个同心环；叶厚革质，侧脉 10～14 对……宁德、永泰、沙县、三明、永安、南平、建瓯、浦城 …… 3. 苦槠 C. sclerophylla
  4. 壳斗外壁有肋状突起的 3～4 条略呈倾斜的环纹；叶薄革质，侧脉 15～20 对……南靖、平和、永春、永泰、德化、仙游、南平、宁德 …… 4. 裂斗锥 C. fissa
1. 壳斗外壁有粗细不等的针刺。
 5. 每壳斗有成熟坚果 1～3 个。
  6. 叶两面不同色，下面幼时有灰黄色鳞秕，后变浅灰色；壳斗小，连刺直径 2～2.5 cm，刺长 4～6 mm……全省各县市 …… 5. 罗浮锥 C. fabri
  6. 叶两面同色，下面淡绿色；壳斗较大，连刺直径 4～5 cm，刺长 5～10 mm……南靖、平和、龙岩地区、三明地区、德化、永泰、南平、建瓯 …… 6. 狗牙锥 C. lamontii
 5. 每壳斗只有成熟坚果 1 个。
  7. 叶全缘，少有近顶端有几个锯齿。
  8. 小枝有黄褐色毛或粉状鳞秕。
   9. 叶柄极短，长 1～3 mm；叶下面密被黄褐色柔毛……全省各县市…… 7. 南岭栲 C. fordii
   9. 叶柄长 5 mm 以上，叶下面密被黄褐色鳞秕或短柔毛。
    10. 叶柄长 1～1.5 cm；壳斗刺较粗短，长 6～10 mm，不完全遮盖壳斗……全省各县市…… 8. 栲树 C. fargesii
    10. 叶柄长 0.5～0.8 cm；壳斗刺较细长，长 8～15 mm，完全遮盖壳斗……漳州地区及龙岩、同安 …… 9. 红锥 C. hystrix
  8. 小枝无黄褐色毛及鳞秕。
   11. 小枝赤褐色，芽鳞无毛；壳斗成熟时规则 4 瓣裂，刺长 1.5～2.5 cm……三元、永安、德化、漳平、长泰、武平、永泰 …… 10. 吊皮锥 C. kawakamii
   11. 小枝灰褐色，芽鳞有微柔毛；壳斗成熟时不规则开裂，刺长 1.5 cm 以下。
    12. 壳斗外壁针刺中部以上分叉，基部合生，并在远轴侧排成 4～5 个鸡冠状刺环；叶下面薄被苍灰色或灰棕色蜡粉层，压干后变黑褐色……沙县、德化以北、以西地区 …… 11. 黑锥 C. nigrescens
    12. 壳斗外壁针刺中部以下分叉或不分叉，不排成鸡冠状刺环；叶下面被光亮蜡质层，

压干后不为黑褐色……全省各县市 ……………………… 12. 甜槠 C. eyrei

7. 叶缘有锯齿。

13. 小枝有毛及鳞秕;叶革质,长 7～14 cm;壳斗连刺直径 1.5～2 cm,不规则开裂
……南平、三明地区及德化、长汀…………………… 13. 东南锥 C. jucunda

13. 小枝无毛及鳞秕;叶硬革质,长 14～30 cm;壳斗连刺直径 6～8 cm,4 瓣裂……全
省各县市 …………………………………………… 14. 大叶锥 C. tibetana

五、石栎属(*Lifhocarpus*)分种检索表

1. 壳斗深碗状或近球形,包围坚果一半以上至全包。

2. 坚果的果脐突起似锅底状,壳斗内壁底部无圆形垫状突起。

3. 果壁较壳斗壁厚,硬角质,位于壳斗下部的鳞片常连成多边形的网状花纹;叶两面同色,
下面有毛。

4. 叶缘有锯齿,下面沿中脉略被柔毛或仅脉腋及中脉上被毛;侧脉 11～12 对……南靖、平
和、永安、龙岩、德化、尤溪 …………………… 1. 烟斗石栎 L. corneus

4. 叶全缘或顶部有少数浅锯齿,下面被长柔毛;侧脉 15 对以上……南靖、永定、上杭、龙
岩、漳平、永安、三明、沙县、南平 ……………… 2. 紫玉盘石栎 L. uvrarifolius.

3. 果壁较壳斗壁薄或近等厚,位于壳斗下部的鳞片或线状突起物不连成网状花纹;叶两面
不同色。

5. 坚果无毛,果脐占坚果基部面积 1/2 以上;叶下面被灰白色细鳞秕……武夷山……
………………………………………………… 3. 包石栎 L. cleistocarpus

5. 坚果有毛,果脐占坚果基部面积 1/3～1/2;叶下面被黄棕色鳞秕或毛。

6. 壳斗外有线状突起物,叶下面被黄棕色绒毛……永定……… 4. 可爱石栎 L. amoenus

6. 壳斗外被三角形而紧贴的鳞片,叶下面无毛。

7. 小枝粗壮,无毛;叶狭椭圆形至倒披针状椭圆形,长 20～30 cm……南靖、漳平、永定
………………………………………………… 5. 大叶苦石栎 L. paihengii

7. 小枝细,有短毛;叶披针形至椭圆状披针形,长 7～10 cm……漳平
………………… 6. 漳平石栎 L. chrysocomus var. zhangpingensis

2. 坚果的果脐稍凹下,壳斗内壁底部有圆形垫状突起。

8. 叶下面无毛,或仅嫩叶下面被细绒毛,老时变无毛;侧脉 9～10 对……永定
………………………………………………… 7. 华南石栎 L. fenestratus

8. 叶下面有毛,侧脉 12 ～15 对。

9. 顶芽被灰黄色绒毛;叶下面被分叉毛或柔毛,侧脉在上面凹下……古田、德化、永安、
将乐、建宁、南平、建瓯、上杭 ……………… 8. 滑皮石栎 L. skanianus

9. 顶芽无毛,略被腊粉;叶下面被贴伏柔毛,侧脉在上面不凹下……永春、三明、永安、
龙岩、上杭 …………………………………… 9. 榄叶石栎 L. oleaefolius

1. 壳斗碟状或盘状,包围坚果基部,或最多包住坚果一半。

10. 壳斗单个散生,少有 2 个并生于果序轴上;壳斗直径不超过 7 mm……永春、三明、
漳平、武平 …………………………… 10. 鼠刺叶石栎 L. iteaphyllus

10. 壳斗 3～5 个簇生于果序轴上,壳斗直径在 1 cm 以上。

11. 壳斗外壁密被向下弯的线状突起物,叶缘向下面显著反卷……永定…………………………………………………………………… 11. 泡叶石栎 *L. haipinii*

11. 壳斗外壁被紧贴鳞片。

12. 小枝有毛。

13. 坚果的柱座长约 3 mm;叶柄通常长 8 mm 以下,叶下面幼时有卷绒毛,老时渐脱落……南靖、武平 ………………………… 12. 卷毛石栎 *L. floccosus*

13. 坚果的柱座长不超过 1.5 mm;叶柄长 1 cm 以上,叶下面无毛。

14. 叶硬革质,上面中脉略凹下,下面常被黄色腊质;坚果圆锥形,稍不对称……南靖、平和、龙岩、上杭、永春、永泰…………… 13. 两广石栎 *L. synbalanus*

14. 叶革质,上面中脉略突起,下面常被灰白色蜡质层;坚果卵形或椭圆形,对称……全省各地 ………………… 14. 石栎 *L. glaber*

12. 小枝无毛。

15. 雄花穗状花序单个腋生,或多个生于有顶芽的枝轴上,排成假的复穗状花序;壳斗碟状,1.5 cm 以下;果脐直径 8 mm 以下;小枝干后灰褐色。

16. 叶厚革质,侧脉间的小脉不平行,常连成突起的蜂窝状网格,下面无鳞秕……全省各县市 ………………… 15. 硬斗石栎 *L. hancei*

16. 叶薄革质,侧脉间的小脉平行,不形成突起的蜂窝状网格,下面被灰白色细鳞秕……全省各县市 ……… 16. 木姜叶石栎 *L. litseifolius*

15. 雄花穗状花序多个生于无顶芽的总轴上,排成圆锥形复穗状花序;壳斗盘状,直径 1.5 cm 以上;果脐直径 8 mm 以上;小枝干后黑褐色。

17. 叶上面中脉略凹下,下面密被黄棕色粉状鳞秕……南靖、永安…………………………………………… 17. 美叶石栎 *L. colophyllus*

17. 叶上面中脉略突起,下面无鳞秕……南靖、上杭、永春、三明及南平地区…………………………………… 18. 东南石栎 *L. harlandii*

六、青冈属(*Cyclobalanopsis*)分种检索表

1. 坚果长圆形,长大于直径 2 倍以上;壳斗壁厚 2～4 mm,密生黄棕色毡状绒毛,包围坚果 1/2 ～2/3。

2. 叶较大,宽 4 cm 以上;壳斗深杯状,直径 3 cm 以上,包围坚果 2/3……南平、三明、德化、漳平、永定 ………………………………………… 1. 饭甑青冈 *C. fleuryi*

2. 叶较小,宽 4 cm 以下;壳斗杯状,直径约 2 cm,包围坚果 1/2……全省各县市 …………………………………………………………………… 2. 卷斗青冈 *C. pachyloma*

1. 坚果扁球形、卵形至椭圆形,长与直径近等长或稍长;壳斗壁薄,厚不及 2 mm,仅稍被短柔毛,包围坚果 1/2 以下。

3. 小枝有绒毛,叶下面密生灰黄色星状绒毛。

4. 坚果扁球形或卵球形,直径 1.2 cm 以上;叶全缘或顶部有波状钝齿,如顶部有几个锯齿则齿尖无短芒。

5. 侧脉 6～9 对;叶柄长 0.6～0.9 cm;壳斗碗状,包围坚果 1/3～1/2……南靖、华安、永定、福清、福州 …………………………………… 3. 岭南青冈 *C. championii*

    5. 侧脉 9～15 对；叶柄长 1～2.2 cm；壳斗盘状，包围坚果 1/4～1/3……闽清、南平、沙
       县、漳平、龙岩 ………………………………………………… 4. 福建青冈 *C. chungii*

   4. 坚果卵形或椭圆形，直径 1.2 cm 以下；叶中部以上有锯齿，齿尖有短芒……建瓯、屏南、
     周宁、福安、柘荣、长汀 ……………………………………… 5. 赤皮青冈 *C. gilva*

  3. 小枝无毛或仅被粉状蜡毛，叶下面有或无柔毛。

    6. 叶两面不同色，下面被灰白色蜡粉层或稍带灰白色。

      7. 果序长 7～10 cm；叶大，通常长 13～31 cm，宽 6～10.5 cm；叶柄长 2～4 cm……上
       杭、永定、德化、建阳、武夷山 …………………………… 6. 大叶青冈 *C. jenseniana*

      7. 果序长 5 cm 以下；叶较小，通常长 15 cm 以下；叶柄长 2.5 cm 以下。

       8. 叶缘基部以上有锯齿，侧脉通常 11～15 对。

        9. 叶下面无毛（或仅幼时被丝质毛，老时脱落），仅被易脱落的灰白色蜡粉，压干后有时
         变暗灰色；壳斗环带全缘……三明、永安、宁化、南平、松溪、武夷山、宁德 …………
         …………………………………………………… 7. 细叶青冈 *C. myrsinaefolia*

        9. 叶下面被灰白色贴伏毛及厚的蜡粉层，压干后不呈暗灰色；壳斗环带边缘有不规则
         齿裂……上杭、武夷山 ………………………………… 8. 多脉青冈 *C. multinervis*

       8. 叶缘中部以上有锯齿或近全缘，侧脉通常 10 对以下。

        10. 叶革质，中部以上有锯齿；叫柄长 1 cm 以上。

         11. 叶较宽大，长 6～18 cm，宽 2.5～8 cm；侧脉较粗而明显；壳斗环带全缘……全省
          各县市 …………………………………………………… 9. 青冈 *C. glauca*

         11. 叶较狭小，长 4.5～9 cm，宽 1.5～3 cm；侧脉较细，至顶端稍不明显；壳斗环带边
          缘常有齿裂……永泰、沙县、大田、将乐、南平、松溪、浦城 ………………………
          ……………………………………………………… 10. 小叶青冈 *C. gracilis*

        10. 叶硬革质，全缘或顶部有波状钝齿；叶柄较短，长 2～8 mm。

         12. 叶下面被鳞片状星毛及易脱落的疏毛……平和…………………………………………
          …………………………………………… 11. 倒卵叶青冈 *C. obovatifolia*

         12. 叶下面无鳞片状星毛，仅被易脱落的贴伏毛……德化、上杭…………………………
          ………………………………………… 12. 梅花山青冈 *C. meihuashanensis*

    6. 叶两面均为绿色，下面不呈灰白色。

      13. 叶柄短，长 0.3～1 cm；叶脉在上面凹下；叶全缘或顶部有 1～6 对锯齿……上杭、
       宁化、将乐、武夷山、浦城、福鼎、宁德、海拔 1 000 m 以上山地 …………………
       …………………………………………………… 13. 云山青冈 *C. nubium*

      13. 叶柄较长，长 1～2.5 cm；叶脉在上面明显突起；叶缘中部或基部以上有细尖锯齿
       ……宁德、漳平、南靖 ………………… 14. 突脉青冈 *C. elevaticostata*

七、栎属（*Quercus*）分种检索表

1. 落叶乔木；叶革质，少有为硬革质。

  2. 叶较狭长，长圆状披针形，狭椭圆形至倒卵状狭椭圆形，顶端长、渐尖，少有急尖，边缘有
   芒尖状锯齿；叶柄长 6 mm 以上。

    3. 叶下面灰白色，密生星状细绒毛；侧脉 13～18 对；壳斗碗状，包围坚果 2/3 以上，鳞片狭

　　披针形,反曲;坚果椭圆形或卵球形……永泰、德化、福州、闽清、南平、武夷山…………
　　………………………………………………………………… 1. 栓皮栎 *Q. variabilis*

3. 叶下面绿色,无毛,或幼时被早落的柔毛,仅脉腋有簇毛。

　4. 叶较大,长 8～13 cm,宽 2.5～4 cm;壳斗较大,直径 2～3 cm,鳞片较长,狭披针形,反
　　曲;坚果近球形……闽清、沙县 ………………………………… 2. 麻栎 *Q. acutissima*

　4. 叶较小,长 7～11 cm,宽 2～3.5 cm;壳斗较小,鳞片在基部的为三角状披针形,较短,上
　　部的为线状披针形,稍长,直伸,或有些稍反曲……三明地区及邵武…………………
　　………………………………………………………………… 3. 小叶栎 *Q. chenii*

2. 叶较宽短,倒卵形、倒卵状椭圆形至长圆形,顶端圆钝、急尖,少有短渐尖,边缘有锯齿或
　波状齿缺但齿端无芒尖;叶柄长 6 mm 以下。

　5. 叶缘有波状钝齿,齿尖圆钝;幼时两面密生灰黄色星状绒毛,老时仅下面有星状绒毛
　　……福州、古田、南平、邵武、建宁、宁化 ………………………… 4. 白栎 *Q. fabri*

　5. 叶缘有尖锯齿或仅顶部有几个细尖齿。

　　6. 小枝近无毛或仅幼枝有毛;叶下面幼时被灰白色贴伏毛,后渐脱落;壳斗鳞片长三角形
　　……武夷山、浦城、光泽、松溪 ………………… 5. 短柄袍 *Q. serrata* var. *brevipetiolata*

　　6. 小枝密被黄褐色绒毛;叶幼时两面密被星状毛,老时仅下面疏被星状毛;壳斗鳞片线状
　　披针形……太宁、武夷山 ………………………………… 6. 尖叶栎 *Q. oxyphylla*

1. 常绿小乔木或灌木;叶硬革质,少有为革质。

　7. 叶柄长 1～2 cm;叶卵形或卵状披针形,全缘或中部以上有疏锯齿……古田、上杭、武
　　夷山 ………………………………………………… 7. 巴东栎 *Q. engleriana*

　7. 叶柄长 2～6 mm。

　　8. 叶较狭,宽 1.5～2.5 cm,倒卵形或倒卵状椭圆形,边缘有细尖锯齿;叶柄长 2～6
　　mm,侧脉 9～11 对,不明显;老时仅两中脉基部有星状毛 ……… 上杭、仙游、德化、
　　大田、沙县、南平、武夷山……………………………… 8. 乌冈栎 *Q. phillyraeoides*

　　8. 叶较宽,宽 3～4.5 cm,椭圆形或近圆形,边缘有刺尖锯齿或全缘;侧脉 6～8 对,在上
　　面凹陷而皱曲,老时仅下面中脉基部有绒毛……德化………… 9. 刺叶栎 *Q. spinosa*

壳斗科 Fagaceae(补充资料)

Supplementary Data of Fagaceae Plants in Fujian

一、修订版补充资料[①]

(一)栲属 *Castanopsis Spach*

黑锥,黑叶锥。

*Castanopsis nigrescen*s Chun et Huang in Guihaia 10(1):4. 1990.

本种在《福建植物志》出版时是作为半裸名,现已在《广西植物》期刊上正式发表。

(二)石栎属 *Lithocarpus* B1.

可爱石栎,悦柯(广西植物)。

Lithocarpus amoenus Chun et Huang in Guihaia 8(1).12, 1988.

本种在《福建植物志》出版时是作为半裸名,现已在《广西植物》期刊上正式发表。

杏叶石栎,杏叶柯。

Lithocarpus amygdali folius (Skan)Hayata Gen Ind Pl Form 72,1916;中国高等植物图鉴 1:427,图 854,1972.——Quercus amygdalifolia Skan in Forbes & Hemsl in journ Linn. Soc. Bot. 26:506,1899.

乔木,高达 30 m,胸径约 2 m,树干通直;树皮灰白色,呈不规则薄片剥落,内皮粉红色;新枝密被黄棕色柔毛,后渐脱落,小枝具棱。叶披针形或披针状长圆形,长 8～15 cm,顶端长渐尖或短突尖,基部楔形,全缘,或近顶部为波状,干时下面带灰色或苍灰色,侧脉 12～18 对;叶柄长 1～2 cm。雄花序单生或 3～4 枚排成圆锥状,花序轴密被棕黄色短毛;雌花 3 朵簇生,极少单朵散生。壳斗球形、椭圆形或扁球形,直径 2～3.5 cm,全包坚果或包绝大部分,鳞片宽三角形或不规则四边形,紧贴。坚果顶部圆,被灰色平伏细毛,果脐锅底状,占坚果面积三分之二以上。花期 7—8 月,果期翌年 7—9 月。

产三明、永安,零星散生于海拔 800 m 以上常绿阔叶林中,分布于广东、广西西南部。

本种和漳平石栎 L. chrysocomus var. *zhangpingensis* 至为近似,区别在于叶下面被灰白色细鳞秕,而不是被棕黄色鳞秕,侧脉 12～18 对而非 10～12 对等。

美叶石栎,美叶柯。

Lithocarpus calophyllus Chun in Guihaia 8(1):27,1988.

本种在《福建植物志》出版时是作为半裸名,现已在《广西植物》期刊上正式发表。

卷毛石栎,卷毛柯。

Lithocarpus floccosus Huang et Y. T . Chang in Guihaia 8(1):20,1988.

本种在《福建植物志》出版时是作为半裸名,现已在《广西植物》期刊上正式发表。

木姜叶石栎,木姜叶柯,甜茶。

---

① 原文发表于《福建植物志第一卷(修订版)》。

Lithocarpus litseifolius (Hance)Chun in journ Arn Arb. 9:152,1928;海南植物志 2：354,1965. ——Quercus litseifolia Hance in journ Bot 22:229,1884. _Lithocarpus polystachys auctt non Rehd:中国高等植物图鉴 1:434,867,1972;福建植物志 1:401,357,1982.

据黄成就先生研究,多穗石栎(*L. polystachys*)仅分布于印度,而长期以来国内外许多作者均把分布于我国长江以南广大省区的木姜叶石栎,错定为多穗石栎。

圆锥石栎,圆锥柯。

Lithocarpus paniculatus Hand. Mztt. ; in Sitzgsana. Akad. Wiss. Wien. 51,1922, et Symb. Sin. 7:29~31. 1929.

乔木,高达 10 m。一年生小枝密被灰黄色短卷毛。叶倒卵状椭圆形、倒披针形或长圆形,长 7~14 cm,顶端突尖或短尖,基部楔形,全缘,极少近顶部有波状浅齿;嫩叶下面中脉两侧及叶柄均密被黄棕色柔毛;老叶下面仅在扩大镜下可见灰白色雾珠状鳞秕,略带苍灰色,小脉不明显,叶柄长 0.6~1.5 cm。雄花序多枚排成圆锥状,花序轴密被灰黄色短卷毛;雌花 3 朵簇生。壳斗近球形或扁球形,直径 1.5~2.2 cm,包被果实三分之二以上有时全包,鳞片三角形;坚果近球形或宽圆锥形,无毛,果脐凹入,深约 1 mm。花期 8—10 月;果期翌年 8—10 月。

产于南平,生于海拔 1 000 m 左右的山地林中。分布于湖南南部、湖北西南部及广东北部。

本种和华南石栎 *L. fenestratus* 近似,但本种叶片中部稍上处最宽,常兼有中部最宽的叶,下面被灰白色,但仅在扩大镜下才可见的雾珠状鳞秕,而华南石栎的叶片中部以下最宽,下面被灰白色可见的细鳞秕等易于区别。

栎叶石栎,栎叶柯。

Lithocarpus quercifolius Huang et Y. T. Chang in Guihaia 8(1):16. 1988.

乔木,高 5~6 m。新枝浑圆,被微柔毛。叶硬纸质,椭圆形或倒卵状椭圆形,长 2~11 cm,宽 0.8~3.5 cm;顶端短尖或急短尖,基部圆或钝,全缘或上部边缘有少数细锯齿状裂齿;两面同色,无毛或下面中脉有时被微柔毛,侧脉 8~11 对,中脉及侧脉在上面均凹陷,小脉纤细,叶柄长 2 ~5 mm。穗状花序短,常雌雄同序,雌花单朵散生于花序的最下部。壳斗蝶状,高 2 ~5 mm,宽 20~25 mm,厚 1~2 mm,包被坚果下半部,鳞片卵状三角形,覆瓦状排列,紧贴,被微柔毛;坚果扁圆形,高 12~16 mm,宽 20~24 mm,被毛,果脐凹陷,直径 16~20 mm。

产于长汀,生于山地林中,分布于广东、江西。

本种和永福石栎 *L. yongfuensis* 以及鼠刺叶石栎 *L. lteaphylllus* 都很相似,但本种雌雄花同序,雌花单生于花序最下部;叶椭圆形或倒卵状椭圆形,叶柄长 2 ~5 mm 以及壳斗较大,直径达 20~25 mm 等易于区别。

卵叶玉盘石栎,卵叶玉盘柯(变种)。

Lithocarpus uvarifolius (Hance) Rehd. var. *ellipticus* (Metc.) Huang . et Y. T. Chang in Guihaia 8(1):16,1988. ——*L. uvarifolius* auctt. non Rehd. :福建植物志 1.394,1982,p. p. ——*L. elliptica* Metc. *Fl. Fukien* 1:64, 1942, sine descr. latin. et in Lingn. Sci. Journ. 20:218,1942.

本变种与紫玉盘石栎 *L. uvarifolius* (Hance) Rehd. 的区别在于叶片卵形,长 4~10 cm,宽 2~5 cm,顶部渐尖,通常全缘,下面被较短的柔毛,叶柄较细长,壳斗较小,高 15~20

mm,宽 20～25 mm。

产于南平、龙岩,分布于广东东部及东北部。

永福石栎,永福柯。

Lithocarpus yongfuensis Q. F. Zheng. 植物分类学报,1985,23(2):149～150.

乔木,高约 16 m,胸径约 30 cm;枝圆柱形,紫褐色;散生白色皮孔,一年生枝被灰白色鳞秕,芽卵圆形。叶薄革质,椭圆形或卵状椭圆形;长 7～9 cm,宽 2～3 cm;顶端尾状渐尖,基部楔形,沿叶柄稍下延,全缘,上面亮绿色,下面被灰白色鳞秕,中脉在上面明显突起,下面稍突起,侧脉 10～12 对,上面稍凹陷;叶柄长约 1 cm。雌花序长 7～15 cm。壳斗单个散生于果序轴上,盘状,基部变狭呈短柄状,高约 8～10 mm,上部宽 16～18 mm,鳞片三角状卵形,小且呈覆瓦状排列,紧贴,密被灰白色鳞秕,坚果近球形,直径 20～22 mm,顶部有乳头状突起的柱座,果脐凹入,直径 8～9 mm。

产漳平、永安,生于海拔 800～1 000 m 的常绿阔叶林中。

本种和鼠刺叶石栎 *L. iteaphyllus* 近似,区别在于本种的叶卵状椭圆形或椭圆形,长 7～9 cm,壳斗较小,直径 16～18 mm 等。

二、2013 年补充资料

褐叶青冈

Cyclobalanopsis stewardiana(A. Camus) Y. C. Hsu et H. W. Jen in Acta Bot. Yunnan. 1:148. 1979;贵州植物志 1:109. 1982;中国树木志 2:2321. 1985.——Quercus stewardiana A. Camus. Chines 1:273. 1936—1938,Atlas1. Pl. 10. f(8～1 0.) 1934;中国高等植物图鉴,补编 1:124. 1982.

常绿乔木,高 12 m。小枝无毛。叶片椭圆状披针形或长椭圆形,长 6～12 cm,宽 2～4 cm,顶端尾尖或渐尖;基部楔形,叶缘中部以上有疏浅锯齿,侧脉每边 8～10 条,在叶面不明显,在叶背凸起,幼叶两面被丝状单毛,老时无毛或仅叶背有疏毛,叶面深绿色,叶背灰白色,干后带褐色;叶柄长 1.5～3 cm,无毛。雌花序生于新枝叶腋,长约 2 cm,壳斗杯形,包着坚果 1/2,直径 1～1.5 cm,高 6～8 mm,内壁被灰褐色绒毛,外壁被灰白色柔毛,老时渐脱落;坚果宽卵形,高、径约 0.8～1.5 cm,无毛,顶端有宿存短花柱,果脐凸起。花期 7 月,果期翌年 10 月。

分布浙江、福建、江西、湖北、湖南、广东、广西、四川、贵州等省区。生于海拔 1 000～2 800 m 的山顶、山坡杂木林中。

《福建植物志》出版后,我们在长汀采到该种标本,其最大特征是标本压干后呈褐色带黄,易与类似种区别。据郑世群说戴云山自然保护区亦有该种分布。

永安青冈

Cyclobalanopsis yonganensis(L. Lin et Huang)Y. C. Hsu et H. W, Jen in Journ Bei. j. Forest. Univ. 15(4):45. 1993——Quercuas yonganensis L. Lin et Huang in Guihaia 11(1):5～10. 1991.

乔木,高 20 m,胸径 30～50 cm。叶厚纸质,披针形或长圆形,长 13～18 cm,宽 4～6 cm,顶端渐尖,基部近于截平,幼叶两面同色,成长叶背面有灰白色粉霜,无毛,叶缘有锐齿,中脉在叶面凹陷,侧脉每边 14～17 条;叶柄长 2.5～4 cm。雌花序 5～6 花,壳斗呈上宽下窄的漏斗状,高 9～12 mm,直径 1.4～1.8 cm,有环带 6～7 条,基部 2～3 环有不规则浅裂齿,其余全缘,外面被黄褐色微毛及蜡鳞,内壁密被黄棕色长伏毛。坚果卵状椭圆形,长 15～

18 mm,宽 14～16 mm,或扁圆形,高 12～15 mm,宽 14～18 mm,顶部有不甚明显的 1～2个环的果柱,果脐径 9～11 mm。

　　产福建永安,生于海拔 1 000～1 370 m 的山地森林中。《福建植物志》出版后,于 1992年福师大林来官教授采自永安天宝岩保护区。

突脉青冈造林技术①

Afforestation Technology of *Cyclobalanopsis elevaticostata*

突脉青冈,*Cyclobalanopsis elevaticostata* Q. F. Zheng,属于壳斗科 (Fagaceae)。青冈属 (*Cyclobalanopsis* Oerst.),是福建省特有的优良材用常绿阔叶树种,同时也是亚热带珍稀树种之一,是由福建林学院郑清芳教授于 1979 年在宁德市霍童镇支提寺发现并命名。该新种,后来在漳平、南靖等地亦有发现。树冠庞大,枝繁叶茂,主干高大通直,长势优良,其木材利用价值高;同时该树种落叶量大,易于腐烂,是理想的维护地力的阔叶树种,也是改善造林地生态环境的优良树种,具备很高的开发和利用价值;同时可为天然林保护工程新的树种,因此选择突脉青冈作为主要树种进行造林显得尤为重要[1~6]。

一、形态特征

突脉青冈是常绿乔木,高达 20 m,胸径达 1 m,树皮灰褐色。小枝紫褐色,无毛,有细沟槽,散生灰白色小皮孔。芽尖锥形,芽鳞背部及边缘有绢状长柔毛。叶片狭椭圆形、椭圆状披针形,长 5~15 cm;宽 1.5~4.0 cm,萌芽枝叶长达 20 cm,宽达 5.5 cm,顶端长渐尖,基部楔形,沿叶柄下延,叶缘中部或下部以上疏生尖锯齿,有时齿端有腺,中脉、侧脉在叶片两面均明显凸起,侧脉每边 8~12 条,叶面绿色,叶背淡绿色,无毛;叶柄长 1.0~2.5 cm。壳斗浅杯形,包着坚果 1/3,直径 1.0~1.2 cm,高 0.6~0.8 cm,外壁被灰黄色短绒毛;小苞片合生成 5~8 条同心环带,除顶端 2~3 环全缘外其余有不规则圆齿状裂齿。坚果椭圆形至卵状椭圆形,直径 1.0~1.2 cm,高 1.5~2.2 cm,近顶端有灰黄色微柔毛,柱座凸起,长 1.0~1.5 mm,有 4~5 条环纹;果脐微凸起,直径 5 mm。果期 11 月[7~8]。

本种与细叶青冈 [*Cyclobalanopsis myrsinaefolia* (Blume) Oerst.] 及长果青冈 [*Cyclobalanopsis longinux* (Hayata) Schott.] 近似,其区别在于本种冬芽较细长,有绢状长柔毛,叶缘下部以上有尖锯齿,近基部全缘,下面淡绿色,无白粉,中脉在叶面明显凸起;叶柄较长,长 1.0~2.5 cm;壳斗有 5~8 条环带,环带圆齿状缺裂;坚果椭圆形至倒卵状椭圆形,直径 1.0~1.2 cm,长 1.5~2.2 cm。

二、分布

突脉青冈是福建特有树种,自然分布范围较小,20 世纪 70 年代末,郑清芳等教授先后在福建宁德、漳平、南靖等地发现突脉青冈,此树种生于海拔 600~1 000 m,其中宁德市霍童镇,海拔 800 m;漳平市永福镇,海拔 1 000 m;南靖县船场镇,海拔 600 m[9]。之后通过对突脉青冈的引种试验,在南平、三明等地成功造林,分布范围不断扩大。

三、生物学特性

突脉青冈喜温暖、湿润、微酸性至中性的土壤。主干高大端直,种子成熟期在 12 月份中

① 本文由陈礼光、荣俊冬、傅成杰等同志提供,特此致谢。

旬,是采种最适的时间,一年生苗木高生长受月平均温、月积温影响较大,胸径与树高生长比较迅速,持续时间长。突脉青冈的树高速生期长,8年生的突脉青冈树高连年生长量和平均生长量最大值均未出现,树高还处于速生阶段。胸径速生期长,8年生突脉青冈的胸径连年生长量与平均生长量还未达最大值,仍在继续增长。材积速生期长,8年生的突脉青冈材积连年、平均生长还处于上升阶段,均未达到最大值[10]。

四、造林技术

(一)选育良种

1. 自然选种

通过利用自然界中已有的优良类型或单株进行良种选育,这是一种可行性高且迅速有效的途径。从现有的突脉青冈群体中选取优良个体,进行培养和繁殖。优良个体必须是生长旺盛,树冠发育匀称,树干端直,自然整枝好且无病虫害。目前对于自然选种,主要有以下两种方法:

一是苗木选优,选优的主要指标为苗木的速生性,抽样调查苗木的树高、胸径生长量,按照生物统计学的方法计算平均值、标准差,进而选出超级苗。

二是林分选优,在优良林分中,按表型特征选出的优良单株,称为"优树"。在相同条件下,优树的生长速度、木材质量及抗性等方面都优于周围林木,并达到一定标准。材积生长量作为树种选优的主要指标,一般采用优势木比较法和小标准地法。

优势木比较法是在优树周围25 m范围内,选五株最大优势木,而优树材积要比这五株最大优势木的平均材积大50%,且其他条件良好。小标准地法是在优树周围测量40～60株树,优树的材积应大于标准地林木平均材积的250%[11]。

2. 培育母树林

建立突脉青冈母树林来生产优质种子,一是可利用现有生长良好的幼、中林分,通过精细管理,留优去劣培育而成;二是可选用超级苗营造母树林。

母树林应选择当地突脉青冈优良类型比重大、生长健壮、枝繁叶茂且无病虫害的10～20年优良林分。突脉青冈林分对立地条件要求比较严格,母树林应选择在Ⅱ级立地以上,在山坡的中下坡进行营造[10]。母树林选址时要求附近没有生长低劣的突脉青冈林,以防止劣质花粉混杂,降低母树林种子质量。

母树林的疏伐要分次进行,每次疏伐后郁闭度应保持0.5～0.6左右,树冠间距0.5～1.5 m,疏伐要留优去劣、留大去小,保留植株要分布均匀。每年应进行1～2次松土,在有条件的地方,对母树林应适当施加复合肥。最好的办法是间种多年生、萌芽或宿根性绿肥,注意对病虫害的及时防治[11]。

3. 建立种子园

目前我国各地主要是用优树枝条作接穗来建立嫁接种子园,但也有利用优树种子建立实生种子园的。建立嫁接种子园包括选择园址,定植砧木,采集接穗,嫁接,无性系配置,抚育管理,无性系鉴定等。

(1)园址选择

确保种子园的母树生长旺盛,发育正常,开花结实早,种子产量高,选择适宜的区域是十分重要的。突脉青冈是风媒授粉树种,选择园地时,周围要有300 m以上宽度的隔离带,以防止不良花粉参与授粉,最好选择有天然屏障的小地形、其他树种集中连片的林中空地或采伐迹地,也可以在种子园周围营造常绿树种作隔离带,种子园的地形土壤要求与母树林相同。

（2）砧木准备

砧木用的突脉青冈苗,于春季移植。移植前,林地必须劈草、清理石块等硬物,定点后挖好移植穴,洞穴的大小根据苗木而定,定植时间在1—2月初,砧木定植距离一般为5 m×5 m。移植后,苗木经过7～8年的生长时间,胸径达到10～15 cm,可作为砧木进行嫁接。

砧木应采用良种壮苗,最好选自优树种子育成的超级苗或一级苗,有利于提高嫁接成活率和形成完整直立树形。

（3）采集接穗

于春季时,从优良母树的树冠中上部的侧枝上剪下1～2年生的健壮枝条（直径1 cm）作为接穗,长度在15～20 cm,留存2～3个芽,顶端削两刀使呈屋脊状,便于排水,在接穗下端,由上而下斜削约1 cm。

为便于无性系排列,接穗以优树为单位,包扎标签。远地采集的接穗,贮藏包装运输时要注意保湿通气,防止切口干燥。在生产中要尽可能减少接穗的贮藏时间。

（4）嫁接

嫁接技术近年来有很大发展,由髓心形成层对接法,发展到切接、劈接、皮下切接、髓心合接、片状芽接和套接等多种方法,成活率都很高,目前在生产中采用最多的是枝接法。

突脉青冈枝接成活率高,生长较快,春夏秋三季都可进行,以春季最好。其中髓心形成层对接的成活率达90%～95%,切接成活率亦在90%以上[11]。在砧木距离地面60～70 cm处锯断,再用刀削平断面,然后按接穗粗细,在砧木横切面的边缘皮部,往下削一刀（长约7～8 cm）,将接穗插入皮下,用专用的锡箔纸或竹皮以及塑料纸条紧扎牢固,再用稻草在砧木周围扎成一草杯,将林地上疏松土壤填入杯中,到盖密接穗顶端为止,最后,用稻草将上部扎起,使土壤不致散开。嫁接过程中,操作要规范并且迅速,有利于提高嫁接成活率。

嫁接后要注意管理。愈合组织老化时,及时解带有利于提高保存率。一般在接后30～50天后进行,解带时去掉砧木主梢,保持切口与接口上方平整。砧木嫁接后,容易萌发萌条,影响接穗生长,应经常抹除。当接穗长到5 cm高时,要进行捆缚扶正。随着接穗的增长不断调整捆缚位置,促使长成直立树干。

（5）无性系配置

从一株母树上采下来的枝条,属于同一无性系。突脉青冈嫁接种子要有10～15个无性系,须采用错位排列配置,使同一无性系分散,同时被其他无性系隔离,营造种子园良好的异花授粉条件,避免自花或近亲授粉。

（6）抚育管理

为了提高种子的产量和质量,除松土除草,间种绿肥,合理施肥以及防治病虫害外,还需做好树形管理,调整母树营养分配,促使结实均匀等。要求嫁接3～5年后,树形基本定型,每年适当修剪,去除病虫枝和过密衰弱的枝条。

（7）无性系的鉴定

优树是按表型选出的,要通过鉴定,把优秀的家系选出来,建立高一级的种子园。种子园除采种外,还可以利用人工控制授扮（有性杂交）,培育出遗传性更加优良、生产力更高的突脉青冈新品种。

(二)培育壮苗

1. 采集良种

(1)选好母树

选取 10～20 年生,树形端直、无病虫害的健壮母树进行采种[10]。植株矮小、树形弯曲以及受病虫侵害的母树不宜进行采种。

(2)适时采种

种子开始成熟的时间一般在立冬前后,种皮颜色由青转棕褐色时即可采集。采集时间对种苗的生长有重要影响,12 月中旬和 11 月下旬采集的两批种子其常规室内发芽试验结果表明:12 月采集种批的平均室内发芽率为 78.0%、发芽势为 62.0%,分别比 11 月采的提高了 134.2% 和 86.2%[12]。采种方法一般是等种子自然脱落时拣拾,或用竹竿敲击或震动树枝,促使种子脱落于地上拣拾。种子采集后必须进行水选,除去空粒、坏粒和早期落果不成熟的种子等[13]。

(3)妥善贮藏

种子采集后应及时放在通风的室内薄薄的摊开,阴干 5～10 天,切忌不能在阳光下暴晒,造成种子脱水或种壳开裂而影响发芽能力,也不能长期放在过于干燥的地方。可随采随播或种子采回后,混入沙层积贮藏[14]。

(4)种子检验

为合理使用种子,保证苗木的产量和质量,种子品质检验显得尤为重要。检验项目根据生产需要,主要的检验指标有:纯度、千粒重、实验室发芽率、场圃发芽率以及种子含水量等,其中最重要的是发芽率。突脉青冈种子千粒重 1 100 g,每千克约 900 粒,发芽率 80%～90%[10]。突脉青冈种子质量差异显著,尤其体现在发芽率及发芽势上,所以应当在播种前进行种子分级,选择大小均匀、颗粒饱满、无病虫害的成熟种子[15]。

2. 培育苗木

(1)选好圃地

突脉青冈幼苗喜阴耐湿,圃地选择在土层深厚、疏松、肥沃、阴蔽、便于排水的山垄地段,或选择在平缓的山坡下部。

(2)细致整地

整地前可洒农药,消灭地下害虫并施足基肥。整地时,苗床可高些,一般 25 cm 以上,条播行距 15～25 cm,播种沟深为 3～8 cm。

(3)适时播种

突脉青冈春播或冬播育苗均可,播种沟内的播种量以 35～40 粒/m 为宜,播种量大致 1 350 kg/hm²。播种后用火烧土、细沙覆盖,并覆盖一层稻草保湿。覆土厚度 2～3 cm,覆土厚度对发芽率有影响,覆土过薄不利于种子充分发育,覆土过厚则出苗推迟,覆土过厚和过薄都会使苗圃发芽率降低[14]。

(4)苗期管理

根据突脉青冈生长发育的特点以及对环境的要求,苗期管理可分为 3 个时期:生长初期、生长盛期和生长末期。

生长初期:指幼苗出土后的 3 个月内(3—5 月),这段时期苗木高生长缓慢,主要是地下部分扎根,而后进入盛期。

生长盛期:突脉青冈苗木生长的高峰期在6—9月,此期高生长迅速,其生长量占全年生长量的51%,而8月份的生长量占全年的11%,而后进入生长末期。

生长末期:苗木的生长末期在10—12月,苗木进入后期时,高生长明显减慢,最后进入休眠期[15]。

上述苗木生长各个时期的具体管理措施如下:

①及时揭草:幼苗出土三分之一时就应及时揭草。揭草过迟幼苗容易被杂草挤压,导致苗茎弯曲影响生长及苗木质量[14]。

②截断主根:幼苗根系不发达,仅有一发达的主根,育苗时在幼苗初期截断主根,促进侧根发育,提高造林成活率。

③松土除草:幼苗出土后即开始拔草,要除早、除小、除了,最好在雨后或灌溉后连根拔除。苗木进入生长盛期(6—9月),应进行松土,深度初期宜浅,后期稍深,以不伤苗根为准。用化学除草剂,可选用对苗木无药害的30%可湿性扑草净粉剂,或25%可湿性除草醚等。

④追肥:幼苗初期多施氮磷肥,以促进苗木早期发育生根,增强抗病力;中期多施氮、磷、钾,或几种肥料配合使用。生长盛期过后,则应停施氮肥,酌施磷钾肥,以促进苗木的木质化,提高抗性和造林成活率。追肥种类以速效性肥料为主,如尿素、硫酸铵、腐熟农家肥等,先稀后浓,少量多次,各种肥料交替使用,液体化肥施后要用清水洗苗,以免"烧苗"。磷钙类化肥还可根外喷施。9月以后即应停止追肥。

⑤间苗:当苗木进入生长盛期时,应开始间苗,之后的间苗则以生长情况和苗木密度为依据,进行不定期的间苗,最后一次定苗在11—12月期间,每次间苗数量不宜过多,定苗密度应根据各地苗木规格要求,一般保留株数为40株/m²左右。间苗宜在雨后土壤湿润时进行,对缺苗断条的苗木可就近补植;晴天间苗时,要进行灌溉或追肥。

⑥防涝防病:突脉青冈苗木生长初期在3—5月,这是正逢雨季,容易发生猝倒病,要注意排水防涝,要做到大雨时,水不淹苗床,小雨时,步道不积水。为了预防病害发生,在幼苗出土后7~10天就应定期喷洒0.1%的敌克松或0.5%~1.0%的硫酸亚铁溶液,以后10天左右一次。

⑦遮阴:因幼苗初期生长很缓慢,易发生日灼,所以应搭阴棚遮阴,遮阴棚的透光度为40%~50%。当幼苗盛期生长时(6—9月),应根据天气情况,不定时的遮阴,从而避免夏日高温致苗木脱水。同时也应适宜让幼苗接触阳光,因为1年生苗木高生长与月平均气温、月积温存在显著的线性正相关联系[16]。

⑧防冻:在幼苗阶段应防止倒春寒冻害,前期加盖塑料薄膜,后期搭盖霜棚,防止冻害,未搭霜棚的苗木容易遭受冻害,使叶片变色、干枯,影响苗木成活率[15]。

⑨起苗出圃:起苗时,应对苗木进行调查,分级统计单位面积产苗数。起苗时如床土干燥,要提前1~2天灌溉,便于挖掘,注意不伤苗木,尤其是芽和根系。起苗后应进行分级选苗,留优去劣,并打浆包装。突脉青冈产苗量通常为15~30万株/hm²。一般2年生苗木方可出圃造林[10]。

(三)造林地选择

1. 气候条件

首先要根据造林地区的地理位置和气候特点,着重选择适合突脉青冈生长的小气候条件,尤其是水湿条件。突脉青冈是福建特有树种,造林地应属亚热带大陆性和海洋性兼并的东南季风气候,此树种适宜选择在海拔 1 000 m 以下,湿润的山坡中下部或山谷进行造林。

2. 立地条件

在适宜的气候条件下,要着重选择土壤肥力。突脉青冈(8 年生)林分对立地条件有较严格的要求,对不同立地条件下的胸径、树高、胸高总断面积、单株平均材积和蓄积量指标进行比较,其指标均随立地条件的提高而增大,且Ⅰ、Ⅱ立地级的林分生长量远大于Ⅲ、Ⅳ立地级的林分[17]。在营造纯林时,对土壤要求深厚、肥沃、润潮,立地应Ⅱ级以上;Ⅲ立地级可勉强造林,但须加强栽培措施,提高土壤肥力;Ⅳ立地级一般不适宜进行造林。营造混交林一般在Ⅲ立地级以上的宜林地即可。

对突脉青冈进行造林,要做到适地适树,根据树种特性和立地条件,因地制宜,合理布局,与其他阔叶树种混交有利于水土保持和病虫害防治。

(四)细致整地

细致整地是营造速生丰产林的基础,立地条件越差,对整地的质量要求也就越高。突脉青冈的细致整地可分为林地部分和穴内部分。

1. 林地

对突脉青冈造林地的整地,一是对林地进行劈草,可从上到下依次把杂草除清;二是清除林地上的石块等硬物;三是对硬土块进行整碎,有助于挖穴。

2. 洞穴

穴内部分:整地挖穴规格:长宽高分别为 60 cm× 50 cm× 40 cm,洞穴挖好后,拣尽穴内的树枝、石块,打碎土块,施基肥。

(五)造林密度

1. 密度适宜

造林密度直接影响突脉青冈的生长发育和单位面积产量。过密,林分郁闭早,林木相互挤压,导致树干细长纤弱,自然整枝和自然稀疏剧烈,需提早间伐,间伐次数多;过疏,林冠久不郁闭,尽管单株生长量大,但林分产量不高,这与郁闭度是植物群落太阳能转化效率的重要影响因素有关[18]。适当的造林密度,使幼树有适宜的营养空间进行充分发育,林分有足够数量的良好林木进行生长,进而得到最大的产量。

2. 密度选择

造林密度应从造林目的、立地条件、造林区域等方面进行全面考虑。

在造林目的方面,营造用材林的造林密度是 1 800～2 250 株/hm²,营造薪炭林 2 500～3 600 株/hm²,营造水源涵养林 2 250～2 500 株/hm²。

在立地条件方面,立地条件好的林地,造林密度可稍微大些,立地条件差的林地则造林密度应该小些。

在造林区域方面,造林密度与不同区域地理条件有关。对屏南县突脉青冈(8 年生)的造林密度研究表明:密度为 3 000 株/hm² 的林分,其生物量最高为 6 832 kg/hm²,林分林冠层持水量最大为 9 404 kg/hm²,该密度下,林分营养空间分布比较合理,有利于促进林分的生长[19～20]。

(六)造林方法

突脉青冈的造林方法主要有实生苗造林、直播造林、截干造林等。实生苗可以大量培育,造林成活率高,早期生长快,后期历久不衰,有利于培育速生优质木材,是主要的造林方法,不足之处在于运输和劳力成本较高。直播造林适合陡坡地、偏远地造林,其操作简单,造林成本小,造林成活率较高,不足之处在于幼苗后期管理费工、费时,管理不当,很难达到预期的造林效果。截干造林有利于提高苗木成活率,加速林木速生丰产,截干的时机和强度很关键,操作不当容易影响苗木的成活率。

1. 实生苗造林

造林时间一般在春季,在初春时造林最佳,因为此时气温较低,蒸发量小,苗木地上部分处于休眠状态,起苗、栽苗不致过多失水,有利于提高成活率。突脉青冈幼苗主根发达,侧根稀少,必须严格掌握栽植技术。造林前对苗木进行修剪枝叶,剪去三分之二的枝叶和过长的主根,选择阴天或小雨天,一边起苗一边栽植,根部打泥浆,并深栽打紧,埋土可至根茎上 5 cm 处。

2. 直播造林

直播分为春播和冬播。造林宜在土壤疏松的山地进行,每穴种子 5 粒,成梅花形排列,覆土 3～5 cm。冬播的覆土应厚些,有利于提高种子的萌发率。

3. 截干造林

截干造林实践一般选择在春季。对于粗壮的苗木可采用截干造林,切苗干部位离苗基 10 cm 为宜,截干造林的苗木萌条应生长健壮、生长快、抗逆性强,截干时,切除主干上端,保留二盘枝叶,沾黄泥浆,注意幼弱苗木不可采取截干造林方式[21]。

突脉青冈幼树耐荫且生长易分叉,采取营造混交林的方式,可提高物种多样性指数,增强树种的生态适应能力,进而促进主干生长[22～23]。营造突脉青冈林时,可选用细柄阿丁枫、罗浮栲作为次要树种与突脉青冈进行混交[24]。

(七)幼林抚育

林分郁闭之前,每年抚育 1～2 次。立地条件好的,可以林粮间种,套种株形不大的粮、油植物,以耕代抚。幼林抚育时间在 5—6 月或 8—9 月进行,采取除草松土、扩穴、深翻,并适当施肥。注意病虫害的防治以及人畜破坏。

(八)抚育间伐

随着林龄的增加,各林木要求的营养空间也不断增大,相互挤压,引起强烈的分化和自然稀疏。抚育间伐就是适时适量地清除部分生长不良的林木,以合理调节林分各时期的密度,改善林内气候土壤条件,扩大保留木的营养空间,增强其抗病虫害、抗风雪的能力,进而提高林分的生产率。

突脉青冈林分郁闭后,当林木出现分化,应根据经营目的不同,结合林木生长状况,进行透光伐或疏伐。间伐时间根据不同造林密度而异,一般在 10 年左右,密度大的间伐时间可适当提早。按照留优去劣,留稀去密的原则,对被压木、弯曲木、被害木进行间伐。

(九)突脉青冈的主伐与更新

1. 主伐

(1)主伐年龄

根据突脉青冈生长过程和木材利用目的,一般要求达到数量成熟和工艺成熟,即林分材积平均生长量要达到最大数量,同时要达到国民经济对材种规格的要求[25]。由于数量成熟年龄正是林分生长旺盛或刚超过旺盛年龄,木材的径级还不够大,材质也不够理想,因此主伐年龄一般要比数量成熟年龄大些。突脉青冈主伐年龄一般在 25～30 年。

(2)主伐方式

目前生产上多采取小面积皆伐,伐区面积应根据采伐条件和立地条件而定,采伐方便则采伐面积可大些;立地条件好,易于更新造林,采伐面积也可增大。在混交林中,应利用择伐为主伐方式。

2.更新

林分主伐后,为保持物种多样性、合理利用土地,应及时更新,更新的主要方式为栽苗造林更新,即在全面皆伐且运出木材后,对造林地清理,按照突脉青冈造林方法,重新通过实生苗进行栽植,经抚育管理后恢复成林。

五、主要病虫害防治

(1)白粉病:此病多发生在圃地幼苗上。因气温高、湿度大、苗木过密,造成通气不良,此条件下最易发生白粉病。主要症状为:嫩叶背面主脉附近出现灰褐色斑点,之后蔓延整个叶背,并出现一层白粉。严重时,嫩枝和主干都会有白粉。

防治方法:①保持苗圃空气流通,同时适当疏苗;②及时拔除病株并烧毁;③可用波美 0.3%～0.5% 的石硫合剂,每 10 天喷洒一次,连续喷洒 3～4 次。

(2)黑斑病:种子发芽出土,长出 1～4 片叶时,容易发生此病。主要症状为:从苗尖蔓延到根部,变成黑褐色而死亡。

防治方法:播种时做好种子、土壤等消毒工作。在发病时,拔除、烧毁病苗,并用 0.5% 的过锰酸钾溶液或福尔马林喷洒 2～3 次,即可防止蔓延。

(3)地老虎:又名土蚕。幼虫夜间活动,咬断幼苗嫩茎,啃食叶芽,造成苗木死亡。幼虫有假死性,成虫有趋光性。

防治方法:①清除杂草,减少产卵和幼龄幼虫食料;②用烟末 2.5 公斤加草木灰 20 公斤混合后撒于苗木根部,或用 90% 敌百虫 800～1 000 倍稀疏液喷洒于苗床上。

六、木材性质及用途

该新种比青冈[*Cyclobalanopsis glauca*（Thunb.）Oerst.]长势好。主干高大而端直,木材气干密度 0.719 g/cm³,综合强度中等,干缩率低,其均值比青冈、卷斗青冈、福建青冈小,能耐腐、耐撞击、耐水湿,为优良的建筑用材,也可应用于土木工程及运动器械方面;木材硬度大耐磨损,油漆性好、花纹美丽,可用于装饰及地板木等;木材纤维长度大,纤维含量高,可作为林产工业的纤维材料,同时也是薪炭林的好材料,树皮及壳斗可提取单宁,用于栲胶生产[26]。

参考文献

[1] 陈瑞杰,盖新敏,翁怀锋,等.突脉青冈天然林主要种群直径分布结构特征的研究[J].福建林业科技,2005,32(2):27～30

[2] 吴勇,盖新敏,李大岔,等.突脉青冈的分布格局[J].浙江林业科技,1997,17(4):26～29

[3] 刘金顺,盖新敏,郑松昭,等.突脉青冈栽培生物学的研究[J].福建林学院学报,1994,14

（2）：163～169

[4] 吴勇,盖新敏,李大岔,等.突脉青冈的空间分布格局[J].浙江林业科技,1997,17(4):26～29

[5] 李海燕.亚热带山地突脉青冈种群生态学研究[D].福州:福建农林大学,2007:1～5

[6] 陈新兴,郑郁善,张炜银,等.突脉青冈群落学结构特征研究[J].福建林学院学报,1998,18(4):306～309

[7] 中国科学院中国植物志编辑委员会.中国植物志(第二十二卷)[M].北京:科学出版社,1996

[8] 《福建植物志》编写组.福建植物志(第一卷)[M].福州:福建科技出版社,1987

[9] 郑清芳.福建壳斗科新植物[J].植物分类学报,1979,17(3)

[10] 陈存及,陈伙法主编.阔叶树种栽培[M].北京:中国林业出版社,1999;223～224

[11] 中国树木志编委会主编.中国主要树种造林技术(上册)[M].北京:农业出版社,1978:1～28

[12] 罗仲春,徐玉书.赤皮青冈造林应用技术研究[J].中南林业调查规划,1995,53(3):23～25

[13] 陈德叶.青冈人工栽培技术研究[J].林业勘察设计,2007,02:103～105

[14] 刘金顺,盖新敏,郑松昭,等.突脉青冈育苗试验小结[J].闽东农业科技,1990,2:5～8

[15] 盖新敏,陈淮秋.突脉青冈苗木月生长与气象要素的灰色关联分析[J].农业系统科学与综合研究, 1995 11(1):13～15,19

[16] 郑郁善,陈礼光,陈新兴,等.突脉青冈造林效果与土壤特征研究[J].福建林学院学报,1999,19(1):54～57

[17] 郑郁善,陈礼光.亚热带山地突脉青冈群落能量的研究[J].热带亚热带植物学报,1999,7(4):282～288

[18] 陈礼光,郑郁善,林金国,等.突脉青冈林分水文效应研究[J].福建林学院学报,1999,19(2):1～5

[19] 郑郁善.突脉青冈人工林合理密度的研究[J].林业科技开发,1988,4:30～31

[20] 刘金顺,盖新敏,沈明泉,等.突脉青冈人工造林[J].福建林业科技,1990,2:61～65

[21] 朱传县.支提山突脉青冈天然林的数量特征[J].江西林业科技,2005,4:4～5

[22] 盖新敏.支提山突脉青冈天然林主要植物种群生态位研究[J].中南林学院学报,2005,25(3):21～24

[23] 郑郁善.突脉青冈群落主要种群分布格局研究[J].西南林学院学报,1998,18(3):204～208

[24] 赵忠主编.造林规划设计教程[M].北京:中国林业出版社,2006:1～2

[25] 郑清芳,蔡为民,陈世品.福建特有植物及其保护利用[J]《现代育林》1994.第10卷第1期(台湾);福建林业科技,1994,21(增刊):129～131

[26] 郑郁善.突脉青冈纤维特征和化学成分研究[J].江西农业大学学报,1998,20(4):505～506

第二篇　福建樟科(Laraceae)植物
The Second Chapter　Lauraceae Plants in Fujian

福建润楠属一新种——茫荡山润楠[①]

One New Species of *Machilus* Nees from Fujian——
Machilus mangdangshangensis

茫荡山润楠(新种,图 2-1)

Machilus mangdangshanensis Q. F. Zheng in Addenda。

图 2-1　茫荡山润楠 *Machilus mangdangshanensis* Q. F. Zheng
1. 果枝;2. 枝一段放大,示顶芽芽鳞疤痕;3. 花序轴一段;4~5. 宿存花被片

---

① 原文发表于《福建植物志》第 2 卷 117~118 页,1985 年。

灌木或小乔木,高约 4 m;当年生枝紫褐色,老时黑褐色,干时有纵向皱纹,当年生二三年生枝顶均有顶芽芽鳞疤痕 5～6 环。叶革质,倒卵状长圆形或倒披针状椭圆形,长 12～20 cm,宽 3.8～7 cm,顶端渐尖至尾状,基部楔形或稍钝,上面绿色,下面粉绿色,上面无毛,下面疏被灰黄色绢状微柔毛至几无毛,中脉在上面稍凹,下面明显凸起,侧脉 10～12 对,在两面凸起,小脉纤细,结成网状,在两面构成浅窝穴,叶柄长 1.4～2.6 cm。圆锥花序顶生,长 5～8 cm,疏被灰黄色短柔毛,近顶部分枝;最下分枝长 0.5～1.5 cm,分枝末端常具 1～3 花,花绿黄色,花梗长 4～5 mm,花被裂片长圆形,长 6～7 mm,宽约 4 mm,外轮的较狭。两面疏被灰黄色微绢毛,第三轮雄蕊基部具 2 个有柄腺体,花丝基部无毛;退化雄蕊箭头形;子房卵球形,长约 1.5 mm,花柱为子房 2 倍长。核果球形,直径 0.8～1 cm,鲜时绿带红色,干时黑色;果梗稍增粗,长约 5 mm,宿存花被长约 7 mm,宽约 4 mm,两面疏被绢状微柔毛。

福建:南平市后坪,海拔 400 m,1984 年 4 月 10 日,游水生、郑清芳 84008 号(模式标本存福建林学院植物标本室);同地,1983 年 5 月 21 日,游水生 831549 号。

木材浸水产生粘液,可为造纸、薰香的粘料。

Machilus mangdangshanensis Q. F. Zheng, sp. nov.

Species M. cicatricosi S. Lee affinis, sed differt foliis maioribus 12～20 cm. longlis 3.8～7 cm. latis, apice acuminatis vel caudatis, perianthiis segmentis oblongis 6～7 mm longis, filamentis basi glabris, baccis globosis 0.8～1 cm. diam.

福建(Fujian)南平市(Nanpin Shi),后坪(Houpin),海拔 400 m,1984 年 10 月 4 日,游水生、郑清芳(You Shuisheng et Zheng Qingfang) 84008(模式标本存福建林学院标本室)(typus in Herbarium of Fujian College of Foresrty);同地点,游水生(You Shuisheng) 831549。

福建樟科各属种检索表及种的分布[①]

The Retrievaltable of Lauraceae Plants and its Distribution from Fujian

樟科 Lauraceae 分属检索表

1. 乔木或灌木。
 2. 圆锥花序或短缩成团伞花序;苞片小,不形成总苞。
  3. 花药 4 室。
   4. 果时花被筒形成杯状、钟状或圆锥状的果托,仅部分地包被果的基部。
    5. 圆锥花序,常绿性,叶全缘 …………………………………………… 1. 樟属 Cinnamomum
    5. 总状花序,落叶性,叶常 3 浅裂 ………………………………… 2. 檫木属 Sassafras
   4. 果时花被筒不形成果托。
    6. 果时花被宿存,果小型。
     7. 宿存花被较软,较长,反曲或开展,不紧贴果实基部 ………… 3. 润楠属 Machilus
     7. 宿存花被片较硬、较短,直立或开展,紧贴果实基部 ………… 4. 楠属 Phoebe
    6. 果时花被脱落;果大型,长 8～18 cm ………………………… 5. 鳄梨属 Persea
  3. 花药 2 室。
   8. 果不为花被筒所包被 …………………………………………… 6. 琼楠属 Beilschmiedia
   8. 果完全为增大而贴生的花被筒所包被,顶端仅具一小开口
    ……………………………………………………………………… 7. 厚壳桂属 Cryptocarya
 2. 伞形花序或团伞花序,稀为单花或总状至圆锥状,苞片大,形成总苞。
  9. 花 2 出数,花被 4 裂。
   10. 雄花具 12 枚雄蕊,排成 3 轮,全部或第二、三轮雄蕊具腺体,花药 2 室;雌花具 4 枚
    退化雄蕊 …………………………………………………………… 8. 月桂属 Laurus
   10. 雄花具 6 枚雄蕊,排成 3 轮,仅第三轮雄蕊具腺体,花药 4 室;雌花具 6 枚退化雄蕊
    ……………………………………………………………………… 9. 新木姜子属 Neolitsea
  9. 花 3 出数,花被 6 裂。
   11. 花药 4 室 …………………………………………………………… 10. 木姜子属 Litsea
   11. 花药 2 室 …………………………………………………………… 11. 山胡椒属 Lindera
1. 缠绕寄生草本;叶退化为鳞片;花序穗状、总状或头状,无总苞片;能育雄蕊 9 枚,花药 2
室 ………………………………………………………………………… 12. 无根藤属 Cassytha

1. 樟属 Cinnamomum 分种检索表

1. 果时花被完全脱落;芽鳞明显,覆瓦状;叶互生,羽状脉,稀为离基三出脉,下面脉腋常有腺窝。

① 本文从《福建植物志》第 2 卷中摘要而成。

2. 离基三出脉,下面脉腋有明显的腺窝;叶卵形或卵状椭圆形,下面干时常带白色……全省
  各地 …………………………………………………………………………… 1. 樟 *C.camphora*

2. 羽状脉,下面脉腋腺窝较不明显;叶长圆形、椭圆形至椭圆状卵形,下面干时不带白色。

  3. 叶干时上面草绿色,下面黄褐色,仅侧脉脉腋有毛;果椭圆形,长 1.5 cm,直径约 1 cm,
  果托壶形,自长宽 2 mm 窄圆柱形向上骤然喇叭状增大,而顶端宽达 9 mm……南靖、安
  溪以北地区 ………………………………………………………… 2. 沉水樟 *C.micranthum*

  3. 叶干时上面不为草绿色,下面不为黄褐色;果球形,直径 6～8 mm,果托长倒圆锥形,顶
  端宽仅 4 mm……南靖、平和、永安、宁化 …………………………… 3. 黄樟 *C.porrectum*

1. 果时花被宿存,或上部脱落下部留存在花被筒的边缘上;芽裸露或芽鳞不明显;叶对生或
  近对生,三出脉或离基三出脉,下面脉腋无腺窝。

  4. 叶两面无毛,或下面幼时略被毛,老时明显无毛或变无毛。

    5. 花序仅有(1) 3～5 朵花,常为近伞形或伞房形。

      6. 花被外面无毛,边缘具乳突小纤毛;叶披针形或长圆状披针形……武夷山 …………
  …………………………………………………………………… 4. 野黄桂 *C.jensenianum*

      6. 花被外面密被灰白色短丝毛,边缘不具乳突小纤毛;叶卵圆形或卵圆状披针形……永
  安、建阳、武夷山 ………………………………………………… 5. 少花桂 *C.pauciflorus*

    5. 花序有多数花,近总状或圆锥状,具分枝,分枝末端为 1～3～5 朵花的聚伞花序。

      7. 叶下面幼时疏被灰白色丝状微柔毛;果托具不规则齿裂;叶卵状椭圆形或长圆状披针
  形……南平、建瓯、邵武 ………………………………………… 6. 浙江桂 *C.chekiangense*

      7. 叶下面幼时无毛,果托具整齐的齿裂。

        8. 圆锥花序比叶短,长仅 2～6 cm,被灰白色微柔毛;叶卵形、椭圆形至椭圆状披针形,
  长 5～10 cm,宽 2～5 cm……安溪、永春、福州、永安、南平、福安多用于绿化 ………
  ……………………………………………………………………… 7. 阴香 *C.burmannii*

        8. 圆锥花序比叶长或等长,被灰白色短柔毛或微柔毛;叶卵圆形或卵状披针形,长 11～
  16 cm,宽 4.5～5.5 cm(栽培植物)……厦门有引种 …… 8. 锡兰肉桂 *C.zeylanicum*

  4. 叶两面尤其是下面幼时明显被毛,老时毛不脱落或渐变稀薄,极少(如辣汁树)最后变无
  毛,但其幼时下面密被灰白色或银色绢毛或绢状微柔毛。

    9. 叶长圆形或椭圆形,较大,老叶长 10 ～16 cm,宽 4.5～7.5 cm。

      10. 三出脉或近离基三出脉,侧脉自 0～5 mm 处生出;叶椭圆形,顶端渐尖或短尾状,
  尖头长 5～10 mm……永泰、永春、德化以北各县市 … 9. 华南桂 *C.austrosinense*

      10. 离基三出脉,侧脉自 5～10 mm 处生出;叶长圆形至椭圆状披针形,顶端稍急尖
  ……华安及闽南沿海县市有引种 ………………………………… 10. 肉桂 *C.cassia*

    9. 叶披针形,长圆状披针形至卵状椭圆形,较小,老叶常长在 10 cm 以下,宽在 4.5 cm
  以下。

      11. 小枝、芽、叶柄疏被银白色绢毛;叶披针形或长圆状披针形,长 5～10 cm,宽 1.5～
  2.5 cm,幼时下面密被浅褐色绢毛,老时变无毛 …………………… 11. 辣汁树 *C.tsangii*

      11. 小枝、芽、叶柄密被污黄色绢毛或柔毛;叶卵状椭圆形、椭圆形至披针形,长 4～
  13.5 cm,宽 2～5 cm,幼时下面密被黄色平伏绢状短柔毛,老时毛渐脱落,但仍可
  见……福州、南平、三明等地区及南靖 ………………………… 12. 香桂 *C.subavenium*

2. 檫木属 *Sassafras*

檫木 S. *tsumu*(Hemsl.)Hamsl. ……产德化、闽侯、大田、永安、三明、沙县、尤溪、福安、福鼎、寿宁、南平、建阳。

3. 润楠属 *Machilus* 分种检索表

1. 花被裂片外面无毛。
 2. 叶厚革质,椭圆形或长圆形,基部钝或近圆形,侧脉弧曲延伸至近叶缘时上弯;叶柄粗壮
  ……南靖、南平、建阳、武夷山 ………………………………… 1. 凤凰润楠 M. *phoenicis*
 2. 叶革质,倒卵形或倒卵状披针形,基部楔形,侧脉斜向直伸至近叶缘时上弯;叶柄较纤细
  ……平和、上杭、武平、连城、德化、三明、南平、建阳、光泽、柘荣 …………………
  ………………………………………………………………………… 2. 红楠 M. *thunbergii*
1. 花被裂片外面有毛。
 3. 花被裂片外面密被绒毛。
  4. 叶倒卵形或倒卵状披针形,基部楔形,芽、小枝、叶柄及叶下面被锈色绒毛;叶柄较纤细,
   秋冬开花……全省各地 ………………………………… 3. 绒毛润楠 M. *velutina*
  4. 叶倒卵状长圆形,基部多少圆形,芽、小枝、叶柄及叶下面被黄褐色短绒毛;叶柄粗短,春
   季开花……全省各地 ………………………………… 4. 黄绒润楠 M. *grijsii*
 3. 花被裂片外面被小柔毛或绢毛。
  5. 果序腋生于新枝下端。
  6. 叶下面有毛。
   7. 叶下面有小柔毛,微柔毛或绢毛,在扩大镜下可见。
    8. 嫩枝被棕色绒毛;叶狭椭圆形或倒披针形,侧脉 10～12 对;叶柄长 8～10 mm……南
     平、漳平 ………………………………… 5. 广东润楠 M. *kwangtungensis*
    8. 嫩枝无毛。
     9. 顶芽芽鳞外被棕色或黄棕色小柔毛;叶椭圆形或狭椭圆形或倒披针形,长 7～15 cm,
      宽 2～4.5 cm,侧脉 12 ～17 对,木材薄片浸水有黏液……南靖、龙岩、福州、三明、南
      平等地区山地林中 ………………………………… 6. 刨花润楠 M. *pauhoi*
     9. 顶芽芽鳞外被微绢毛;叶倒卵状长圆形,长 10～30 cm,宽 3.5～7 cm,侧脉 14～24
      对……南靖、武平、连城、福州、宁化、南平、武夷山 … 7. 薄叶润楠 M. *leptophylla*
   7. 叶下面有柔毛,小柔毛,肉眼可见。
    10. 叶倒卵形或倒卵状椭圆形,宽 2.8～6.3 cm,果序最下分枝长为 1.5～2.5 cm……
     南靖 ………………………………… 8. 闽桂润楠 M. *minkweiensis*
    10. 叶披针形,狭椭圆形或倒披针形,宽 1.5～3 cm,果序最下分枝长为 1～1.5 cm。
     11. 叶披针形,侧脉 8～10 对,叶柄长 1～1.5 cm……南靖、安溪、永泰…………………
      ………………………………………………………………………… 9. 建润楠 M. *oreophila*
     11. 叶狭椭圆形,长 7～10.5 cm,侧脉 6～8 对,叶柄长 0.8～1 cm……福清…………………
      ………………………………………………………………………… 10. 闽润楠 M. *fukiensis*
  6. 叶下面无毛,倒披针形,侧脉 10 ～12 对……福州、永安、大田…………………………………

  ……………………………………………………… 11. 浙江润楠 *M. chekiangensis*
 5. 果序顶生或近顶生。
   12. 叶狭椭圆形至倒披针状椭圆形,宽 3~4（~5）cm,小枝顶芽芽鳞疤痕少数而不成
    环,果序长 7~10 cm,宿存花被长 5~6 mm……南靖、南平………………………
         …………………………………… 12. 黄枝润楠 *M. versicolora*
   12. 叶倒卵状长圆形或倒披针状椭圆形,宽 3.8~7 cm,小枝顶芽芽鳞疤痕有 5~6
    环,果序长 5~6 cm,宿存花被长 7 mm……南平…………………………………
      …………………13. 茫荡山润楠 *M. mangdangshanensis*

4. 楠属 *Phoebe* 分种检索表

1. 叶倒卵形,倒卵状椭圆形或倒卵状披针形,最宽部在中部以上。
 2. 叶较小,长 8~13 cm,宽 3.5~5 cm,顶端突渐尖或尾状渐尖;果椭圆状卵形,较长,长
  1.2~1.5 cm,花被片紧包果实基部;种子两侧不对称,多胚性……南平、松溪…………
        ………………………… 1. 浙江楠 *P. chekiangensis*
 2. 叶较大,长 12~18 cm,宽 4~7 cm,顶端短突尖;果卵形,较短,长约 1 cm,花被片常松
  展;种子两侧对称,单胚性……南平地区、三明地区及南靖、德化、屏南 ………………
        ………………………………… 2. 紫楠 *P. sheareri*
1. 叶披针形或倒披针形,最宽处常在中部,叶长 7~13 cm,宽 2~3（~4）cm……南靖、大
 田、清流、古田、屏南、宁德及南平地区 ……………………… 3. 闽楠 *P. bournei*

5. 鳄梨属 *Persea*

鳄梨 *P. americana*……厦门、泉州、漳州、福州有引种。

6. 琼楠属 *Beilschmiedia*

广东琼楠 *B. fordii Dum*……产南靖。

7. 厚壳桂属 *Cryptocarya* 分种检索表

1. 叶为三出脉,果球形或半球形。
 2. 果扁球形,长 12~18 mm,直径 15~25 mm,表面光滑或有不明显纵棱;叶长圆形或椭
  圆状卵形,长 10~15 cm,宽 5~8.5 cm;幼枝、叶柄、叶下面多少有锈色毛……闽西南
    …………………………………………… 1. 丛花厚壳桂 *C. densiflora*
 2. 果球形或扁球形,长 7.5~9 mm,直径 9~12 mm,有纵棱 12~15 条;叶片长椭圆形,长
  7~13 cm,3~5.5 cm;幼枝、叶柄、叶下面通常渐变无毛……南靖、平和、华安、永春、永
  泰、福州 ……………………………………………… 2. 厚壳桂 *C. chinensis*
1. 叶为羽状脉,果椭圆形……全省各地 …………………… 3. 硬壳桂 *C. chingii*

8. 月桂属 *Laurus*

月桂 *L. nobilis L.* ……厦门、漳州、泉州、福州有引种。

9. 新木姜子属 *Neolitsea* 分种检索表

1. 叶脉为羽状脉或有时近似离基三出脉。

  2. 枝、叶无毛;叶卵形至卵状披针形,长 5～9 cm,宽 1.7～3.5 cm……连城、永安………… 1. 巫山新木姜子 *N. wushanica*

  2. 幼枝密被锈黄色绒毛;叶长圆状椭圆形至长圆披针形,长 10～17 cm,宽 3.5～6 cm。

    3. 叶片下面密被锈黄色绒毛……武平、漳平、安溪、闽清、沙县、建宁、南平、建瓯………… 2. 锈叶新木姜子 *N. cambodiana*

    3. 叶片下面灰白色,基部幼时疏被锈黄色柔毛,后脱落变无毛……沙县、南平、建瓯、建阳、武夷山 ……………… 2a. 香港新木姜子 *N. canbodiana* var. *glabra*

1. 叶脉为离基三出脉。

  4. 叶下面有毛或至少在幼时有毛。

    5. 叶下面被金黄色、棕黄色或淡黄色绢状毛。

      6. 幼枝、叶柄有毛。

        7. 叶椭圆形、卵状椭圆形或长圆状椭圆形,长 9～15 cm,宽 2.5～5 cm,下面被褐色或黄褐色平伏绢状毛……南靖、平和、龙岩、武平、长汀、三明、沙县、南平 ……………… 3. 新木姜子 *N. aurata*

        7. 叶披针形或倒披针形,长 4～12 cm,宽 1～3 cm,较窄,下面被金黄色或棕黄色平伏绢状毛,老时常脱落……连城、永安、三明 ……………… 3a. 浙江新木姜子 *N. aurata* var. *chekiangensis*

      6. 幼枝、叶柄均无毛……武夷山 ……… 3b. 浙闽新木姜子 *N. aurata* var. *undulatula*

    5. 叶下面被柔毛,非绢状毛。

      8. 叶大,长 12 cm 以上,最长达 35 cm……南靖、平和、武平、长汀、永安 ……………… 4. 大叶新木姜子 *N. levinei*

      8. 叶较小,长 10 cm 以下,最长不超过 13 cm。

        9. 叶厚革质,上面极光亮,边缘干时无或稍呈波状皱折,叶卵形或卵状披针形,顶端尾尖……南靖 ……………… 5. 美丽新木姜子 *N. pulchella*

        9. 叶薄革质,上面不甚光亮,边缘干时有波状皱折,叶卵形、倒卵形或卵状椭圆形,顶端尾尖或突尖……沙县、将乐、南平、建瓯、建阳 ……… 6. 短梗新木姜子 *N. brevipes*

  4. 叶两面幼时无毛,下面被白粉,长圆形或倒卵状椭圆形,长 10～17 cm,宽 3～7 cm……南靖、平和、上杭、武平、龙岩 ……………… 7. 鸭公树 *N. chuii*

10. 木姜子属 *Litsea* 分种检索表

1. 落叶;叶纸质或膜质;果实为球形,无杯状果托。

  2. 小枝及叶无毛……全省各地 ……………… 1. 山鸡椒 *L. cubeba*

  2. 小枝及叶下面有毛,或幼叶下面有柔毛,后脱落渐变无毛。

    3. 芽鳞被短柔毛,二年生枝和叶下面有毛,花序梗有毛,果梗长 3～4 mm……全省各地 ……………… 1a. 毛山鸡椒 *L. cubeba* var. *formosana*

    3. 芽鳞无毛,二年生枝和叶下面变无毛,花序梗无毛,果梗长 1～2.5 cm……武夷山 ……………… 2. 木姜子 *L pungens*

福 建 特 有 树 种

1. 常绿;叶革质或薄革质;果实为椭圆形,稀为球形,多具杯状或盘状果托,稀无杯状或盘状果托。

  4. 花被裂片不完全或缺,雄蕊通常 15～30 枚。

    5. 叶倒卵形,倒卵状长圆形,长 6.5～20 cm;果球形,直径约 7 mm,果梗长 5～6 mm……
厦门、漳州……………………………………………………… 3. 潺槁木姜 *L. glutinosa*

    5. 叶形同上,但较小,长 3.5～6.5 cm;果球形,直径约 5 mm,果梗 3 mm……漳州、南靖
…………………………………………… 3a. 白野槁树 *L. glutinosa* var. *brideliifolia*

  4. 花被裂片 6～8,雄蕊通常 9～12 枚。

    6. 花被筒在果时不增大或稍增大;果托扁平或浅碟状,不包住果实。

      7. 伞形花序及果序几无总花梗,亦无花梗和果梗;叶卵状长圆形或椭圆形,长 2～5.5 cm
……厦门至福州闽南各县市,南靖、平和 ………………………………………
………………………………………… 4. 豺皮樟 *L. rotundifolia* var. *oblongifolia*

      7. 伞形花序及果序有总梗,花、果也有梗,如花序及果序几无总梗,但也有花梗和果梗。

      8. 嫩枝及幼叶均无毛。

        9. 叶倒卵状椭圆形或倒卵状披针形,上面稍光亮,幼时中脉无毛;叶柄无毛……永安、
建瓯 …………………………………………………… 5. 朝鲜木姜子 *L. coreana*

        9. 叶长圆形或披针形,上面较光亮,幼时沿中脉有柔毛;叶柄上面有柔毛,下面无毛
……永安、建瓯、建阳、武夷山 ………… 5a. 豹皮樟 *L. coreana* var. *sinensis*

      8. 嫩枝有灰黄色柔毛,幼叶两面均有灰黄色长柔毛,叶柄有长柔毛……武夷山……
…………………………………………5b. 毛豹皮樟 *L. coreana* var. *lanuginosa*

    6. 花被筒在果时增大,成盘状或杯状果托,多少包住果实。

      10. 幼枝无毛或近无毛,叶柄幼时通常无毛。

        11. 叶中脉两面均显著突起;果长圆形,较大,长 15～25 mm,直径 10～14 mm,果托
盘状,直径约 1 cm,常呈不规则开裂……华安、永定、武平、三明、永安及屏南地区
…………………………………………………… 6. 大果木姜子 *L. lancilimba*

        11. 叶中脉上面凹陷或平,下面突起;果椭圆形,长 7～8 mm,直径 4～5 mm,果托杯
状,直径 5～6 mm,常不开裂 ………………… 7. 桂北木姜子 *L. subcoriacea*

      10. 幼枝有毛,叶柄幼时也有毛。

        12. 幼枝、叶柄被短柔毛,二年生枝近无毛;叶椭圆形或近倒披针形,长 4～13.5 cm,
宽 2～3.5 cm,叶下面网脉明显……华安、永安、三明、武平及南平地区…………
…………………………………………………… 8. 华南木姜子 *L. greenmaniana*

        12. 幼枝、叶柄被绒毛或柔毛,二年生枝仍有较多的毛。

          13. 伞形花序数个簇生于短枝上;果梗长约 10 mm;叶披针形,倒披针形或长圆状披
针形……南靖、德化 ………………………… 9. 尖脉木姜子 *L. acutivena*

          13. 伞形花序多单生;果梗较短,长约 2～3 mm。

            14. 叶长圆形、长圆状披针形至倒披针形,长 6～22 cm,宽 2～6 cm,顶端钝或短渐
尖;花序总梗较粗短,长 2～5 mm……长汀、永春、德化、三明、武夷山 ………
……………………………………………………… 10. 黄丹木姜子 *L. elongata*

            14. 叶长圆状披针形或窄披针形,长 5～16 cm,宽 1.2～3.5 cm,顶端尾尖或长尾
尖;花序总梗较细长,长 5～10 mm……武夷山 ………………………………
………………………………………………… 10a. 石木姜子 *L. elongata* var. *faberi*

11. 山胡椒属 *Lindera* 分种检索表

1. 叶为羽状脉。
　2. 花果序明显有总梗,总梗通常长于 4 mm。
　　3. 叶集生于枝端,通常长 15 cm 以上;果椭圆形,果托扩大成浅杯状……龙岩、连城、仙游、
　　　永春、德化、宁德、屏南、南平、沙县 ……………………… 1. 黑壳楠 *L. megaphylla*
　　3. 叶子枝上疏生,通常长 12 cm 以下,果圆球形,果托不扩大。
　　　4. 总梗短于花果梗,落叶灌木或小乔木。
　　　　5. 叶倒披针形,菱状椭圆形,幼枝灰黄色,粗糙,有明显的皮孔……武夷山、建阳、浦城
　　　　　………………………………………………… 2. 红果山胡披 *L. erythrocarpa*
　　　　5. 叶卵圆形,倒卵状椭圆形或椭圆形,幼枝绿色,光滑,无皮孔……长汀、宁化、建宁、武夷
　　　　　山、浦城 ………………………………………………… 3. 山櫃 *L. reflexa*
　　　4. 总梗长于花果梗或至少与花果梗等长,常绿乔木或灌木。
　　　　6. 叶下面苍白色,侧脉在两面不明显……南靖 …… 1. 广东山胡椒 *L. kwangtungensis*
　　　　6. 叶下面稍灰绿色,侧脉明显凸起……南靖、永春、南平 ………………………………
　　　　　………………………………………………… 5. 滇粤山胡椒 *I. metcalfiana*
　2. 花果序无总梗或有 3 mm 以下不明显总梗。
　　7. 幼枝黄绿色或灰白色,稍粗糙;叶纸质或近革质;落叶绿灌木或小乔木。
　　　8. 叶宽卵形至椭圆形,枝灰白色,芽鳞无脊,花时为混合芽……全省各地 ………………
　　　　………………………………………………… 6. 山胡椒 *L. glauca*
　　　8. 叶椭圆状披针状椭圆形,枝黄绿色,芽鳞有脊,花时不为混合芽……连城、三明、清流、
　　　　武夷山 ………………………………………… 7. 狭叶山胡椒 *L. angustifolia*
　　7. 幼枝绿色,干后棕黄色,平滑;叶革质或厚革质;常绿乔术或灌木。
　　　9. 幼枝及叶下面密被锈色长柔毛,老时在脉上或枝条仍残存有长柔毛……三明、尤溪、
　　　　将乐、宁化、南平、建瓯、建阳 ………………… 8. 绒毛山胡椒 *L. nacusua*
　　　9. 幼枝及叶下面密被锈色短柔毛,老时脱落变无毛或近无毛……南靖、龙岩、连城、福
　　　　安、古田、南平及泉州地区、三明地区 ………… 9. 香叶树 *L. communis*
1. 叶为三出脉
　　10. 常绿灌木或小乔木;叶顶端长渐尖或近尾状,叶柄长 1.5～2.5 cm。
　　　11. 叶卵圆形至椭圆形,果椭圆形……南靖、长汀、德化、永安、沙县、屏南、宁德、南平
　　　　……………………………………………… 10. 乌药 *L. aggregata*
　　　11. 叶披针形至椭圆状披针形,果近球形……平和 ………………………………………
　　　　………………………………… 11 香粉叶 *L. pulcherrima* var. *attcnuata*
　　10. 落叶灌木或小乔木;叶顶端急尖或渐尖,叶柄长 1.5 cm 以下。
　　　12. 叶近圆形或卵圆形,通常 3 裂,顶端急尖……武夷山 ………………………………
　　　　……………………………………………… 12. 三桠乌药 *L. obtusiloba*
　　　12. 叶宽卵形或卵形,全缘,顶端渐尖……武夷山 …… 13. 绿叶甘櫃 *L. fruticosa*

12. 无根藤属 *Cassytha*

无根藤 *C. filiformis* L. ……产全省沿海各地。

福建樟科植物的补充资料(2013)

Supplementary Data of Lauraceae Plants from Fujian(2013)

1. 汀州润楠(图 2-2)

Machilus tingzhourensis M. M. Lin, T. F. Que et Sh. Q. Zheng, sp nov. 《植物研究》2005 年第 22 卷第一期 5~6 页。

图 2-2 汀州润楠 *Machilus tingzhourensis* M. M. Lin, T. F. Que et Sh. Q. Zheng
1. 花枝；2. 果实；3. 外轮花被片(腹面)；4. 内轮花被片(背面)；5. 第三轮雄蕊；6. 雌蕊

灌木或小乔木,高 3~5 m。小枝绿色,干后变黑色。叶革质,倒卵状椭圆形或椭圆形,长 5~6 cm,宽 2~4 cm,先端急尖或渐尖,少为钝,基部阔楔形或楔形,上面深绿色,无毛,下面灰白色或灰绿色,被微柔毛;中脉在上面下陷,下面凸起;侧脉纤细,每边 7~9 条,上面略可见,下面明显,两面具蜂窝状小穴,叶柄长 1~2 cm,无毛。圆锥花序顶生,长 2~5 cm,被小柔毛;花梗长 3~4 mm;花被片长圆形,长 5~6 mm,宽约 2 mm,内面三个较长,两面被小柔毛;雄蕊长 3~3.5 mm,花丝无毛,第三轮雄蕊腺体有柄,基生;子房无毛,花柱无毛,果序顶生,红色,被稀疏微柔毛,果扁球形,蓝黑色,直径 8~10 mm;果梗红色;宿存花被片两面被微柔毛,不反曲。花期 3 月,果期 5 月。

本种与华润楠[*M. chinensis* (Champ. ex Benth) Hemsl]相似,但本种叶背及花序被微柔毛,果扁球形,花被裂片宿存,可以区别。

2. 网脉琼楠(图 2-3)

Beilschmiedia tsangii Merr.

图 2-3　网脉琼楠

　　乔木树枝灰褐色、顶芽、细枝密被黄褐色绒毛或短柔毛,叶互生或有时近对生,椭圆形或长椭圆形,长 6~14 cm,宽 1.5~4.5 cm,先端短尖,尖头钝或圆。基部楔形或近圆形,叶柄 0.5~1.4 cm,密被黄褐色绒毛,花序长 3~5 cm,微被短柔毛,果椭圆形,长 1.5~2 cm,径 0.9~1.5 cm,有小斑点,果 7—12 月熟。

　　产广西、广东、海南、台湾、云南。福建德化亦于 2012 年采到标本(林彦云 12859 号,标本存泉州市科技馆)。

发现黄枝润楠在福建一个新分布和其苗木的推荐书

Letter of Recommendation on New Distribution and Seedlings of *Machilus versicolora*

2012 年 2 月 15 日承省林业厅种苗站的邀请,前往南靖和溪镇联桥高山村民小组,因该地农户育有 60 万株营养袋苗,说是"金丝楠木",买苗者存有疑虑,苗木难以卖出。为此省厅种苗站邱进清站长和漳州市林业局邹国明调研员,市种苗站站长韩金发一行 8 人前往现场调查。到他们育苗的山场,采到所育该种苗木的母树,经鉴定为樟科的黄枝润楠,又发现该种在我们福建一个新分布,于是我给写了一封黄枝润楠苗木的推荐书。其推荐书如下:

关于南靖和溪产有黄枝润楠苗木的推荐书

受省林业厅种苗总站的委托,2012 年 2 月 15 日省林业厅种苗总站丘进清站长,漳州市林业局邹国明调研员,市局种苗站韩金发站长等一行 8 人,前往南靖县和溪镇联桥村高山村民小组进行调查。经刘以斌、包建义等人的协助,采到一枝有顶生花序的樟科植物,经鉴定为黄枝润楠,其学名为 *Machilus versicolora* S. Lee。(照片见彩插 2—3:1—2)

记得二十多年前,在南平三千八百坎,采有一份花序顶生的樟科植物,经查阅了国内外文献,没有结果。于是笔者带着这份标本,前往广西桂林—广西植物研究所,找到了全国樟科分类专家——李树刚教授。李树刚先生看到这份标本后,说:"这是新种,我们广西有,怎么福建也有呢!"于是李树刚教授就把它定为黄枝润楠。原发现于南平,现南靖也有天然分布。

黄枝润楠生长快速,是高大的乔木。我省南平有一株高约 20 m,胸径 1.5 m 的大树。黄枝润楠是生长快速、分布地点稀少的珍贵阔叶树种。因是近几年才发现的新种,其材性尚未有研究记载,但据群众反映,该树种心材浅黄带红,有虎斑纹,光滑亮丽。我们还到南靖高山组一位刘姓农家,在二楼大厅,见到三块装饰板,由黄枝润楠制成,已有 20～30 年历史,尚未见有翘、裂现象。虽然木工刨工技术不高,但这三块板心材浅黄带红,有虎斑花纹,不翘不裂,光滑亮丽,并有一定的香味。所以,我们决定去现场取材,进行材性检验。

综上所述,黄枝润楠是速生珍稀贵重的阔叶树种亦是福建准特有树种,其材性不翘不裂,有香味,并有虎斑花纹,光洁亮丽,适用制作板材,或者旋切为板材的贴面材料。(照片见375 页彩插 2—3:1—3)

建议设立采种基地,进行营养袋育苗,适宜在地位级 I、II 类低产林分进行改造或者在肥沃潮湿山地中、下坡,采用林冠下造林,不炼山,大块状整地造林(但必须经常砍灌、劈枝,使苗木顶上透光),使苗木直上生长,全面提高林分质量。所形成的黄枝润楠群落不仅增强土壤肥力,改善生态环境,并获取一定的高质量用材,值得大力推广。

福建农林大学教授
2012 年 2 月 16 日

第三篇　福建桃金娘科(Myrtaceae)植物

The Third Chapter　Myrtaceae Plants from Fujian

蒲桃属一新种——白果蒲桃[①][②]

A New Species of *Syzygium*—*Syzygium album* Q. F. Zheng

郑清芳

白果蒲桃(图 3-1 所示,照片见封面下左或见 381 页彩插 8—图 29)

Syzygium album Q. F. Zheng sp. nov. in Addenda.

图 3-1　白果蒲桃 *Syzygium album* Q. F. Zheng
1. 果枝;2. 叶片

---

① 原文发表于《福建植物志》第 4 卷 101~102 页。

② 补注:2013 年在云霄采到白果蒲桃花及果,花期约在 5—6 月,花瓣白色,幼果亦是白色,11 月果熟但近熟时果转为青绿色,核果状,内有 3~4 粒种子。特此补充。

乔木,高 15 m,嫩枝纤细,圆柱形,干后红褐色。叶革质,卵状披针形至椭圆形,长 5～9 cm,宽 1.5～3 cm,顶端尾状渐尖,尖尾长达 2 cm,基部阔楔形,上面干后红褐色,具光泽,有多数下陷腺点,下面色较浅,侧脉 11～14 对,彼此相隔 3～4 mm,在上面不明显,在下面凸起,以 70°开角斜向上,边脉离叶缘不及 1 mm;叶柄长 2～4 mm。花末见。果球形,直径 8～12 mm,成熟时白色。

产于云霄,生于常绿阔叶林中。

本种与香蒲桃 [*Syzygium odoratum*(Lour.)DC]相近,但嫩枝干后红褐色,叶较大,长 5～9 cm,宽 1.5～3 cm,侧脉彼此相隔 3～4 mm,果较大,直径 0.8～1.2 cm 等,根据这些特点易于区别。

Syzygium album Q. F. Zheng sp. nov

Species *S. odorati* (Lour.) DC. affinis sed ramulis in sicco rubro-brunneis;foliis majoribus 5～9 cm. longis,1.5～3 cm. latis. ncrvis Iateralibus 11～14 jugis,trabeculatis inter se 3～4 mm. remotis,a costa sub. angulo 70° abeuntibus. fructibus majoribus ad 0.8～1.2 cm. diam. differt.

福建(Fujian):云霄县(Yunxiao Xian)1985 年 4 月 12 日叶国栋(G. D. Ye) 2526,模式标本藏于福建省亚热带植物研究所标本室(Typus, in Herb. Inst. . Subtrop. Bot. Fujian. Conserv) ibid. log. 刘剑斌(J. B. Liu)87005。(在模式树上所采标本存福建林学院树木标本室)

福建桃金娘科植物各属种检索表及种的分布[①]

The Retrievaltable of Myrtaceae Plants and its Distribution from Fujian

桃金娘科分属检索表

1. 叶小,线形,顶端尖,宽不超过 1 mm,对生;雄蕊 5 ～10 枚;果为蒴果……………………………………………………………………… 1. 岗松属 *Baeckea*

1. 叶非线形,雄蕊多数。

　2. 叶互生或在小枝上部的叶近轮生(桉属幼叶常为对生);果为蒴果,开裂。

　　3. 花萼与花冠合生成一帽状体,环裂成盖状脱落;花排成伞形花序或聚伞状圆锥花序……………………………………………………………… 2. 桉属 *Eucalyptus*

　　3. 花萼与花冠在开花时分离,花排成密集的穗状花序。

　　　4. 雄蕊之花丝分离或少有在基部合生,树皮不易剥离 ………… 3. 红千层属 *Callistemon*

　　　4. 雄蕊之花丝合生成束,且与花瓣对生;树皮呈薄纸片状剥离 … 4. 白千层属 *Melaleuca*

　2. 叶对生;果为浆果,不开裂。

　　5. 叶具离基 3～5 出脉 ……………………………………… 5. 桃金娘属 *Rhodomyrtus*

　　5. 叶具羽状脉。

　　　6. 胚有丰富胚乳,球形或卵圆形,少为弯棒状。

　　　　7. 花单生于叶腋;种皮平滑,与果皮分离 ………………… 6. 番樱桃属 *Engenia*

　　　　7. 花 3 朵至数朵排成聚伞花序;种皮粗糙,疏松或紧贴在果皮上………………………………………………………………… 7. 蒲桃属 *Syzygium*

　　　6. 胚无胚乳或有少量胚乳,肾形或马蹄形,少直生。

　　　　8. 萼片在花蕾时连合,胚珠每室多数,子叶较短小 ……… 8. 番石榴属 *Psidium*

　　　　8. 萼片在花蕾时离生,胚珠每室数个,子叶较大,叶状 ……… 9. 南美稔属 *Feijoa*

1. 岗松属 *Baeckea*

岗松 *B. frutescens*……产漳州、同安、泉州、上杭、长汀。

2. 桉属 *Eucalyptus* 分种检索表

1. 树皮薄,光滑,条状或片状剥落,有时树干基部有斑块状宿存树皮。

　2. 具顶生或腋生圆锥花序;帽状体比萼管短;蒴果壶形或球形,蒴口稍收缩或很窄。

　　3. 成熟叶披针形或狭披针形,无毛;蒴果壶形,蒴口收缩……闽南沿海县市引种…………………………………………………………………………… 1. 柠檬桉 *E. citriodora*

---

　① 从原文《福建植物志》第 4 卷 78～105 页中摘要而成。

  3. 成熟叶卵形,有粗毛;蒴果球形,蒴口很窄……南平、来舟林场引种 ……………………………………………………………………………… 2. 毛叶桉 *E. torelliana*

2. 具腋生伞形花序;帽状体长或短,蒴果钟形或圆锥形,少为壶形;有时为单花。

  4. 花大,无梗或有极短的梗,常单生或有时 2～3 朵聚生于叶腋;花蕾表面有小瘤,被白粉 ……安溪半岭林场引种 ……………………………………………… 3. 蓝桉 *E. globulus*

  4. 花小,有梗,多朵排成伞形花序;花蕾表面平滑。

   5. 果缘突出于萼管口外,花梗长 3～6 mm。

    6. 幼态叶卵圆形或阔披针形;帽状体长角状,长为萼管 8～4 倍。

     7. 果缘突出萼管 2～2.5 mm,伞形花序有花 4～8 朵,总花梗圆柱形……福建各地有引种 ………………………………………………… 4. 细叶桉 *E. tereticornis*

     7. 果缘突出萼管 1～1.5 mm,伞形花序有花 7～20 朵,总花梗扁平或有棱……长乐、三明有引种 ……………………………………………… 5. 广叶桉 *E. amplifolia*

    6. 幼态叶阔披针形;帽状体短圆锥形,常呈喙状,长为萼管 1～2 倍,少有达 8 倍……全省各地有栽培 ………………………………………… 6. 赤桉 *E. canaldulensis*

   5. 果缘不突出,或仅稍突出(1 mm 以下);花梗较短。

    8. 花无梗或仅具 1～2 mm 极短梗,果缘不突出萼管外……福州、邵武有引种………………………………………………………………… 7. 柳叶桉 *E. saligna*

    8. 花有梗,果缘稍突出于萼管或与萼管平齐。

     9. 总花梗扁平;蒴果大,钟形,长 7～10 mm,直径 6～8 mm …… 8. 斑叶桉 *E. punctata*

     9. 总花梗圆柱形;蒴果较小,半球形,长约 5 mm,直径 5～6 mm……晋江、福州、长乐、邵武有引种 ……………………………………… 9. 帕拉马桉 *E. parramattensis*

1. 树皮厚,粗糙,常有裂沟,宿存。

    10. 总花梗扁平,有棱。

     11. 帽状体渐狭成角锥形,长为萼管 2～3 倍;蒴果半球形,长 5～8 mm……………………………………………………………………… 10. 树脂桉 *E. resinifera*

     11. 帽状体中部稍收缩,多少成喙状,稍长于萼管。

      12. 蒴果高脚杯状,长 10～15 mm,直径 10～12 mm,果瓣内藏……全省各地………………………………………………………… 11. 大叶桉 *E. robusta*

      12. 蒴果钟形,长 7～10 mm,直径约 8 mm,果瓣突出 …… 12. 斜脉胶桉 *E. kirtoniana*

    10. 总花梗圆柱形。

     13. 蒴果近球形,果缘突出萼管 2～3 mm;幼态叶狭披针形……全省各地………………………………………………………………… 13. 窿缘桉 *E. exserta*

     13. 蒴果钟形或倒圆锥形,果缘窄,微突出于萼管;幼态叶卵圆形……福州、南平…………………………………………………………………… 14. 野桉 *E. rudis*

3. 红千层属 *Callistemon*

红千层 *C. rigidus* R. Br. ……福州、泉州、漳州、厦门有引种。

4. 白干层属 *Melaleuca* 分种检索表

1. 叶长在 4 cm 以上,有纵脉 3～5 条,有时 7 条……漳州、厦门、泉州、福州、南平、三明引种
………………………………………………………… 1. 白干层 *M. leucadendron*

1. 叶长在 1.8 cm 以下,有极纤细纵脉 7～9 条……厦门有引种……………………
…………………………………………………… 2. 细花白干层 *M. parviflora*

附:金叶白千层(黄金宝树) M. brectaeta F. Muell 'Revolution Good'……各地用于园林绿
化。(照片见 375 页彩插 2—3:5)

5. 桃金娘属 *Rhodomyrtus*

桃金娘 *R. tomentosa*(Ait.)Hassk.产福建东南沿海各县市及西南部,多生于海拔 300 米以
下。

6. 番樱桃属 *Engenia*

红果子 *E. uniflora* L.……厦门引种。

7. 蒲桃属 *Syzygium* 分种检索表

1. 花大;萼齿肉质,长 3 ～10 mm,宿存;果大,肉质,果皮稍厚;种子大,具丰富胚乳。
　2. 叶基部楔形,叶柄长 6～8 mm……漳州、厦门、泉州、福州有栽培…………………
　　　　　　　　　　　　　　　　　　　　　　　　 1. 蒲桃 *S. jambos*
　2. 叶基圆形或微心形,叶柄长不超过 4 mm……漳洲、厦门、泉州…………………
　　　　　　　　　　　　　　　　　　　　　　　 2. 洋蒲桃 *S. samarangense*
1. 花小;萼齿不明显,长 1～2 mm,花后脱落;果较小,果皮薄;种子中等大或较小;胚乳较薄。
　3. 嫩枝有棱。
　　4. 叶常 3 叶轮生,狭披针形或狭长圆形……福建各地　………… 3. 轮叶赤楠 *S. grijsii*
　　4. 叶对生。
　　　5. 叶长 1～4 cm,叶柄长 2 mm……全省各地　………… 4. 赤楠 *S. buxifolium*
　　　5. 叶长 4～7 cm,叶柄长 3～6 mm。
　　　　6. 圆锥花序顶生,花梗长 2～5 mm;叶干后绿褐色……三明、南平、建瓯、武夷山……
　　　　　………………………………………… 5. 华南蒲桃 *S. austrorinense*
　　　　6. 圆锥花序腋生,无花梗;叶干后变黑褐色……平和、南靖　…… 6. 红鳞蒲桃 *S. hancei*
　3. 嫩枝圆形,或有时稍压扁。
　　7. 花瓣连成帽状体。
　　　8. 果长圆形,成熟时紫黑色;花序长 1～2 cm……南靖、长汀、上杭、德化……………
　　　　………………………………………………… 7. 红枝蒲桃 *S. rehderianum*
　　　8. 果球形,成熟时由白色转变为青绿色;花序长 3～5 cm……云霄……………
　　　　………………………………………………… 8. 白果蒲桃 *S. album*

7. 花瓣离生。

  9. 圆锥花序长 4 ~11 cm,叶片长 6~13 cm······厦门、福州引种 ··· 9. 乌墨 *S. cumini*

  9. 聚伞花序长 1~2 cm,叶片长 3~9 cm。

    10. 叶片阔椭圆形,干后灰绿色;花梗长 1~1.5 cm······南靖、仙游······
·················· 10. 卫矛叶蒲桃 *S. euonymifolium*

    10. 叶片狭椭圆形至长圆形,或为倒卵形,干后黑褐色;无花梗··············
··········· 6. 红鳞蒲桃 *S. hancei*

8. 番石榴属 *Psidium*

番石榴 P. guajava L. ······福建漳州、厦门、泉州、福州、宁德、永泰、德化、上杭有栽培。已驯化,有时逸为野生。

9. 南美稔属 *Feijoa*

南美稔 *F. sellowiana* Berg. 福建厦门、福州有引种。

福建引种桉树概况与展望[①]

The Outline and Outlook of Transplanting Eucalyptus in Fujian

摘要:桉树是桃金娘科桉树属(*Eucalyptus*)的总称,别名"有加利"。桉树种间极易杂交,形态变异大,种类繁多,全世界有桉树六百多种,大多数原产于澳洲,是澳大利亚植被构成的主要树种。桉树是世界著名的速生树种,适应性强,轮伐期较短,经济价值高,用途十分广泛。桉树自1779年发现以来,世界各国竞相引种(目前已有近百个国家引种),面积约占世界人工林的五分之一,已成为世界性造林树种。

桉树也是我国引种成功的主要速生树种之一。自1890年引种到我国以后,很受群众欢迎。目前已发展到南方十五省(区),造林面积近七百万亩,四旁植树七亿多株,已跃居世界桉树人工林的第二位。福建引种桉树时间很长,群众经验丰富,福建水热资源丰富,非常适合桉树的生长,发展速生的桉树,是解决纸浆、纤维板和造船等用材及薪炭的主要途径之一。

Abstract: Eucalyptus was introduced to Fujian province over ninety years ago. People has been a rich experience in Eucalyptus cultivating and utilizing. Plantation of Eucalyptus has gone from large scale to small scale and then from small scale to large scale here. Now Eucalyptus has become a main species of timber forest, They offer oil, protect forestry and green four sides in the south-eastern of Fujian.

Up to the present, 260 species of Eucalyptus have been introduced, of which more than 80 species have survived. Among the species of Eucalyptus which were early introduced, 25 species have been preliminiaryly identified, every one of it has been distributed all over Fujian. E. citriodora and E. camaldulengis grow excellent, then E. exserta, E. crawfordi and E. rudis etc. The natural conditions of Fujian are favourable for the growth of many species of Eucalyptus. It is proposed that Eucalyptus might be an ideal species to cultivate more widely in Fujian.

一、福建引种桉树的历史与现状

(一)引种历史

我省引种桉树已有90多年的历史。最早于1894年引种野桉到福州魁岐,1912年厦门引种赤桉,后引种到福州、长乐、南平等地;1916年南平引种野桉和细叶桉;柠檬桉约于1917年引种到福州,继而引种到闽南一带。解放初,闽南已有不少柠檬桉大树供省内外采种。早期桉树的引进皆系海外华侨和外国传教士,先是引种到福州、厦门等沿海城市,然后引种到闽西北内地。当时曾在建安道(建阳)、闽海道(福州)、汀漳龙道(漳州)、厦门道建立专事培

---

①　陈存及、郑清芳、罗国芳。原文发表于《福建林学院学报》第5卷第2期1985年11月。

育外引树种的苗圃。早期引种的桉树，现保存下来虽已不多，且历经沧桑，但仍高耸挺拔，长势旺盛，表现出极强的适应性(见表 3-1)。

表 3-1　早期引种若干大桉树

树种	地点	树龄	树高 m	胸径 cm	单株林积 m³	备注
柠檬桉	尤溪地委	45	37	65.9	3.95	山坡上,现保存 3 株
	福州北郊畜牧场	45	35.5	78.5	5.36	路边,现保存 6 株
	永春县水文站	47	36.8	100.3	8.86	平地
	龙岩地委院内	36	37	79	5.52	平地,现保存 23 株
野桉	福州魁岐	70	36.6	153.4	18.32	江边,原协和大学
赤桉	长乐一中	66	34.5	99	8.23	平地保存 6 株
	莱舟林场	64	38.6	96.5	8.52	路边 6 株,林文明引种
	长汀县城	48	31.6	116	10.5	汽车站街道两旁都是
	顺昌县政府	40	29.5	103.5	8.0	街道两边,倪有烈引种
大叶桉	南安市莲塘小学	52	24.5	98.4	6.32	操场
薄皮大叶桉	诏安县梅州	29	29.7	74.2	4.21	公路边

(二)新中国成立后发展桉树的概况

大致经历了由高潮——低潮——高潮的几个发展阶段,五十年代是鼎盛时期。1953 年林业部通令南方各省大力发展桉树以后,我省各地特别是闽东南的四旁绿化几乎全是大叶桉,并发展为较大规模的上山造林(如林下林场,角美铁路山场都是万亩以上),到 1960 年全省桉树造林面积已达 112 万亩。但当时山地造林较为盲目,不注意适地适树,不少地方把大叶桉(要求较高的水湿条件)栽种在贫瘠的荒山上,又缺乏抚育管理,导致生长不良。于是,人们怀疑桉树是否适合上山造林?

20 世纪 60 年代至 70 年代中期,闽东南一带普遍重视发展柠檬桉和大叶桉,多在平原四旁、台地或者作为防护林、油料林栽培,山地造林面积不大。但闽南有些地方选择山坡中下部栽种柠檬桉,生长尚好。部队营区绿化几乎全是柠檬桉,独树一帜,造林成效卓著。由于十年动乱,造林少,破坏多,加上误传大叶桉会传染癌症,使许多桉树(特别是大叶桉)遭到严重破坏。但在此期间,林下林场和厦门植物园先后又引种二百多种桉树,为我省桉树引种试验做出了贡献。

党的十一届三中全会以后,广大群众认识到柠檬桉生长快,用材和蒸油兼用,收益很大,造林积极性很高。如龙海县有的群众一年就种了六七千株,各人争相育苗出售,苗木仍供不应求,形成不推自广之势。容器育苗也有了较大的发展。省林业厅因势利导,于 1981 年组织龙海、惠安、仙游等七县,三年营造柠檬桉三万亩,要求 15 年成材,亩产 20~25 m³,1984 年全国第七次桉树学术讨论会在漳州召开,对我省桉树的发展起了很大的推动作用。目前省厅正在积极引进外资,计划在闽东南营造较大面积的柠檬桉速生丰产林。

二、福建主要桉树种类和生长状况

我省先后引种 260 种桉树,成活 80 多种,多数是 20 世纪 70 年代引种的。早期引种保留下来的,经初步鉴定有 25 种(见名录),比较常见的只有少数几种,其中柠檬桉和赤桉生长最好,其次是窿缘桉、薄皮大叶桉、野桉、细叶桉、斜脉胶桉等。

影响桉树分布的主导因素是温度,各种桉树的分布界限随其耐寒性而异。如赤桉耐寒,分布全省各地;柠檬桉畏寒,北缘只能到南平,在极端低温－9.5 ℃的建宁、太宁和周宁、寿宁(海拔 700 m 以上)一带,桉树分布少,大叶桉亦时有冻梢现象。全省除上述两个低温区没有或甚少有桉树以外,其余各地都有。现将我省主要桉树栽培种类介绍如下:

(一)柠檬桉 *E. citriodora* Hook. f.

原产澳大利亚昆士兰中部,树干通直如柱,树姿优美。以树皮颜色分有灰青、灰白、棕红、斑块状四种类型。以灰青、灰白品种生长最好,棕红色类型干形较差。

在本省的分布与年均温度 19 ℃的等温线几乎吻合。从福安、霞浦、永春、漳平到龙岩、上杭一线以南的丘陵山区,柠檬桉生长最好,最高可达 40 m 以上。

喜光树种,边缘效应明显,自然整枝良好,透光度大,在闽南适宜和马尾松、台湾相思、杉木等混交造林。深根性,较耐干旱瘠薄。对土壤肥力不苛求,但喜疏松湿润的土壤,在填方土,冲积土上生长快速,成材早(如南靖和溪 8 年生,最大树高 25.5 m,胸径 26.5 cm,)适合在南亚热带的缓坡丘陵、台地,海滨风沙土、泥炭土以及四旁空地,除石灰性土壤以外的各种土类栽种。其遗传性能比较稳定,不易形成杂交变种,因而继代培养仍表现出速生,高干通直等优良特性。

(二)窿缘桉 *E. exserta* F. V. Muell 和小果窿缘桉 *E. exserta. var. parvula*

这个种与其变种除果实大小略有差异外,树形无明显差别。窿缘桉耐寒,分布全省各地。易产生杂交变异,良莠混杂,需选择表型优良的植株作为采种母树。孤立木树干多分叉,稍密的行道树通直。生长快、萌芽力强,适合在缓坡丘陵台地营造用材林。漳浦 15 年生亩蓄积可达 20.7 m³(平地),年生长 1.38 m³。闽南多作为建筑家具用材。

(三)大叶桉 *E. robusta* 和薄皮大叶桉 *E. crawfordii* Maiden et Blakely

分布全省各地。大叶桉树皮厚、深裂、宽叶型,树干常扭曲;薄皮大叶桉皮稍薄、浅裂、叶阔披针形至披针形,干形通直,较耐寒,适应性强,生长也快,较前者优。

大叶桉繁殖容易,成活率高,萌芽力极强,萌芽林生长比第一代(实生)旺盛。是薪炭林和山区公路绿化的优良树种。但要求较高水湿条件,山地造林应慎选林地。

(四)赤桉 *E. camaldulensis* Dehnhardt

赤桉是我省最早引种,生长快速又耐寒的优良桉树。长汀、顺昌、南平等地均有不少树高 30 m、胸径 1 m 左右,单株体积 7 m³ 以上的大赤桉,至今仍生机盎然。林下林场新引进 8 种桉树,其中巴基斯坦赤桉生长最快,树高年生长 2.7 m,胸径 3.1 cm。浙江引种试验也证明赤桉是最有前途的优良桉树种,但我省尚未重视,后期几乎没有发展。

喜光树种,耐干旱又较耐水湿,喜温耐热又耐寒抗霜,极端低温－9 ℃时,一般不受冻害。深根性,适应性强,较适合闽西北低山丘陵引种栽培。福建引种的赤桉有短喙,渐尖、钝盖、垂枝等四个变种,以渐尖和短喙赤桉为优良品种。

(五)野桉 *E. rudis* Endl.

我省最早引种,现保存最大的桉树。林学特性与赤桉相似,较耐寒(稍差于赤桉),适应性强,耐酸性和碱性土壤,也较耐水湿。生长快速,南平莱舟林场山地造林(Ⅱ类地)7年生最大单株高 14.4 m,胸径 17.1 cm。很适合闽西北引种栽培。

三、栽培与利用的主要经验

(一)栽培方面

闽南早在 20 世纪 60 年代就推广营养砖、营养杯容器育苗。近几年仙游县苗圃大量采用营养袋育苗,克服营养砖较笨重,搬运困难,雨天起苗"砖"易破损的缺陷,对提高柠檬桉造林成活率取得明显的效果。同安县苗圃床播育苗,坚持圃地不重茬,施足基肥,适时播种,苗木质量年年提高。

桉树一般不苟求土壤肥力,但喜欢土壤深厚疏松,因此细致整地,适当施肥是速生丰产的关键措施。龙海县林下林场采取机耕全翻,分层施肥(一层稻草,一层土杂肥),24 年生柠檬桉创下亩产 57 m³ 的丰产纪录。惠安县有的地方挖 100 cm×100 cm×50 cm 的大穴,东山县西埔采取撩壕整地施海泥都获得速生丰产的效果。

各种桉树造林成活率差别很大:大叶桉、窿缘桉易成活,群众多采取裸根全苗栽植;柠檬桉成活率不稳定,如未能采用容器苗造林,群众习惯切干或修剪 2/3 枝叶栽植。龙海紫泥乡1978 年在堤岸边直播柠檬桉定植 45 万株,5 年生最大树高 15.6 m,胸径 13.9 cm。东山县在滨海风沙土采取客土(黄土或海泥),以笼络流沙,提高造林成活率。但沙地采用容器苗造林,易遭到地下害虫(蝼蛄等)贴地咬断,应注意防治。

桉树速生,灌溉和施肥效果显著。惠安县不少地方采取田园式培育柠檬桉,适时灌溉和施肥,生长量比一般快 1~2 倍。龙海一带群众经营柠檬桉油料林,年年翻土施肥,促进枝叶生长,产量不断提高。

在南方各省中,我省山地种桉树时间早,比例大,已积累一定经验。据调查柠檬桉和窿缘桉生长最好,大叶桉最差。如角美铁路山场山坡中下部,20 年生柠檬桉亩蓄积 16.2 m³,年生长达 0.82 m³/亩,而 27 年生大叶桉,亩蓄积仅 6.04 m³,说明有些桉树能够上山造林。如采用混交造林,效果更好。例如长太县柠檬桉和杉木、马尾松、相思树、木荷等混交造林,对于保持地力,提高造林成效的作用是明显的。

(二)利用

桉树材质硬重韧强,广泛应用于工矿、建筑、造纸、胶合板等。闽南群众常用桉树盖房、做家具。漳浦县经验是大叶桉浸水干燥做家具,自然的栲红色光亮照人。柠檬桉是造船优质材,入海水不被寄生物侵蚀,坚固耐用。东山县渔业造船厂每年以 300 元/m³ 的高价购买柠檬桉造船。仙游县普遍用柠檬桉小径材培养白木耳,每担可收干白木耳 1.5 斤。

桉树枝叶、根、皮均具有较高的利用价值,不仅是优质燃料,还是鞣料、香料、医药的重要原料。如柠檬桉枝叶富含芳香油,含醛量 70%~80%,每担鲜枝叶蒸馏桉油 1~1.2 斤。近几年闽南群众的桉油收入很大,如龙海县程溪乡 1981 桉油收入达 60 万元,占社队副业收入 70％以上。

桉树四旁绿化,具有杀菌、驱蚊、净化空气、医疗保健作用。例如从大叶桉提取的没食子酸、酸类留醇,对黄色葡萄球菌、肺炎球菌、伤寒杆菌等 12 种病菌均有抑制作用,具有去腐生新、抗菌消炎、祛风活血、祛热解毒之功能;对治疗感冒、肺炎、痢疾、丹毒、痈肿、烫伤、溃疡、鼻炎等均有显著疗效。

桉树根系深广、抗风力强。诏安、云霄、漳浦、惠安等地,营造桉树防风林,对保护农田和橡胶生长起了明显的作用。由此可见,桉树是一种既可培育用材林,防护林,薪炭林,又可经营油料林、材油兼用和四旁绿化,多林种结合的优良树种,特别是闽南群众非常喜爱的主要造林树种之一。

四、建议

(1)福建自然条件十分适合各种桉树的生长,几种主要桉树生产潜力很大。我省应考虑规划桉树纸浆、纤维板等造林基地。各地林业部门应重视桉树引种工作,将桉树列为造林规划。

(2)桉树种类繁多,适应性与生产潜力差异很大。由于各地自然条件的明显差别,应合理区划引种栽培区,以便分区指导。如闽东南、闽南用材紧张,荒山面积大,立地较差,发展杉木受一定限制,但桉树速生高产,是本省大量发展的重点区,树种以柠檬桉、窿缘桉为主;闽南可引种柠檬桉、赤桉、薄皮大叶桉、葡萄桉等。

(3)我国早期引种的大多数桉树并非来自澳大利亚,要想提高桉树的巨大生产力,必须认识到从原产地取得种子的重要性。鉴于我省桉树科研工作比较落后,建议成立桉树推广站或良种繁育站(浙江桉树良种繁育站成绩斐然),有成效地引进新种和良种繁育,筛选适合我省的桉树良种以及推广国内外先进的栽培和利用技术。省科委、林业厅应重视桉树引种工作,并提供必要的经费,组织协作攻关,把我省桉树科研搞上去。

(4)发展同澳大利亚的合作关系,积极争取外援和外资发展福建桉树生产。加强桉材利用以及桉油的二、三次加工,提高产值,使桉树产品优势转化为商品优势。

(5)桉树边行效应明显,四旁植树单株高产潜力很大,如龙岩地委院内 32 m² 平地有 22 株 37 年生的柠檬桉(树荫蔽半亩),立木蓄积 23.9 m³。各地在充分挖掘四旁植树潜力的基础上,也应规划山地造林或混交试验。山地造林应强调适地适树适类型(品种与地理种源),按标准化措施集约经营,定向培育,提高产量。

五、福建引种桉树名录(部分)表 3-2

表 3-2　福建引种桉树名录(部分)

中文名	学名	中文名	学名
白桉	*Eucalyptus alba*	秀叶桉	*E. consmophylla*
△ 广叶桉	*E. amplifolia*	皱褶桉	*E. corrugata*
橙桉	*E. bancrofii*	△ 薄皮大叶桉	*E. crawfordi*

续表

中文名	学名	中文名	学名
巴氏桉	E. baxteri	筒果桉	E. cylindrocarpa
△莱因葡萄桉	E. botryoides var. lyneli	大桉	E. delegatensis(E. gigantea)
有孔黑马里桉	E. calcicultrix var. porpsa	灌木桉	E. dumosa
红花丝桉	E. erythronema	△赤桉	E. camaldulensis
特桉	E. eximia	△渐尖赤桉	E. camaldulensis var. acuminata
△窿缘桉	E. exserta	△短喙赤桉	E. camaldulensis var. brevirostris
△小果窿缘桉	E. exserta var. parvula	△蓝桉	E. globulus
△钝盖赤桉	E. camaldulensis var. obtusa	棒头桉	E. gomphocephala
△垂枝赤桉	E. camaldulensis var. pendula	柳枝纤细桉	E. gracilis var. viminea
△斜脉胶桉	E. kirtoniana	△柠檬桉	E. citriodora
综桉	E. intertexta	深红马里桉	E. lansdowneana
△斑叶桉	E. punctata	△雷林1号桉	E. leichow No. 1
王桉	E. regnans	白木桉	E. leucoxylon
△树脂桉	E. resinifera	大果白木桉	E. leucoxylon var. macrocarpa
△大叶桉	E. robusta	△野桉	E. rudis
△黑木桉	E. melanoxylon	△柳桉	E. saligna
△阔叶赤桉	E. mcintyrenrensia	△健康桉	E. salubris
诺曼顿桉	E. normantonensis	△谷桉	E. smithii
斜叶桉	E. obliqua	△细叶桉(圆角桉)	E. tereticonis(E. umbellata)
油桉	E. oleosa	△柏拉马桉	E. parramattensis
珊瑚桉	E. torquata	异叶阔柄桉	E. playpus var. heterophylla
伞形桉	E. umbra	白杨桉	E. populifolia
绿桉	E. viridis		

△ 系早期引种的桉树

参考文献

[1] 侯宽昭.1954 中国栽培的桉树.中国科学院华南植物研究所丙种专刊第 1 号

[2] J. W. 汤恩布(J. M. Tumbull).中国的桉树.林卓、林明星译自《澳大利亚林业》,1981 年 44 卷第 4 期

[3] 广东省雷州林业局.桉树栽培与利用.北京:农业出版社,1978

[4] M. F. 布莱克利著.徐燕千等译.桉属树种检索.中南林学院,1965

[5] A. R. Penfold and J. L. Willis. *The Eucalypts*, *London Leonard Hill*(*Book*). Limited Interscience publish, New York 1961

[6] J. H. Simmonds. *Eucalypts in New Zealand*. The Brett Printing and Publishing Company. New Zealand,1927

近年来福建新引种的桉树及其杂交种

Eucalyptus and its Hybrides Introduced to Fujian Province in Recent Years

洪长福[①]

一、我国桉树栽培与利用概况

桉树具有速生、丰产、适应性强、生产周期短、用途广泛、经济效益生态效益较好的特点,特别是作为纸浆材的大量使用,已被世界上 90 多个国家和地区广泛栽种,成为世界上著名的人工栽培树种。当前桉树人工林生长量大的国家有巴西、印度、中国、阿根廷、马达加斯加、以色列、南非、刚果等;生长量中等的国家有西班牙、葡萄牙、智利等;生长量小的国家有土耳其、意大利等。

我国桉树引种始于 1890—1896 年,在广州和福州等地栽种,到 1933 年,有记载的引种品种有 11 种,新中国成立以前,桉树基本上是作为庭院观赏树种,没有形成规模种植。我国桉树规模种植始于 50 年代初,广东湛江地区率先建立起粤西桉树林场(现在的雷州林业局)。至今,已先后引进桉树树种 300 多种(含变种和杂交种),进行过育苗和栽植的有 200 多个树种,有 180 多种进行了树种或种源试验,目前保存的约有 200 种。近 20 年,在桉树人工林树种应用方面有了很大的改进,特别是通过开展树种、种源家系、无性系多层次引种选育工作和遗传研究,以及丰产栽培配套技术研究,选择出了适合各省区的树种种源及无性系,淘汰了早期引种、已衰退的、生长慢的、萌蘖力差的一些树种。桉树育种技术栽培技术的深化,使我国桉树人工林产量较大幅度提高,从 20 世纪 70 年代年生长量 10 m³/公顷,提高到现在年生长量 12～30 m³/公顷,少数无性系年生长量高达 45 m³/公顷。现有 20 多个省(区)600 多个县市营造了桉树人工林,栽培面积约 170 万公顷。一些速生树种、杂交无性系,如尾叶桉、巨桉、蓝桉、赤桉、尾巨桉、巨尾桉等已成为南方重要的造林树种。目前桉树已成为我国造纸、纤维板、胶合板、刨花板锯材等工业生产的重要原料来源和矿山水土保持绿化、四旁快速绿化的重要树种。

二、福建省桉树栽培状况

早期引种的桉树多作为庭园观赏,福建省最早引种桉树的年份是在清光绪二十年(1894年),引种在福州魁岐,引种树种为野桉;1912 年,厦门引种赤桉;1916 年,南平引种野桉和细叶桉;1917 年,福州引种柠檬桉。早期引种的桉树,现保存下来的虽已不多,但仍高耸挺拔,长势旺盛,表现出极强的适应性。

桉树在福建的发展大致经历了 3 个阶段:20 世纪 50 年代后期桉树得到迅速发展,引种树种有大叶桉(*E. robustas*)、柠檬桉(*E. citrodora* Hook f)、赤桉(*E. camaldulensis*)和窿缘桉(*E. exserta* F. Muell)等,栽培大叶桉人工林面积达 0.67 万 hm²,由于科学水平,经营水

---

① 洪长福是漳州市林业局教授级高工。本资料由他提供特此感谢。

平等历史条件的限制,基本以失败告终,如在龙海县林下林场大叶桉大面积上山造林失败。70—80 年代再次掀起桉树栽培热潮,选用材油两用的柠檬桉,发展油料林、薪炭林和防护林,获得了较好的经济效益。但基本种植在路旁、沟旁、河旁、宅旁及少量立地较好的山洼地。1986 年,方玉霖等人从澳大利亚引种 12 种桉树 64 个种源,试验种植于长泰县,为福建引种速生桉树奠定基础;1991 年 3 月,福建长泰岩溪国有林场从广西转引国外巨尾桉优良无性系,开展山地造林技术研究,当年造林、当年郁闭成林,促进福建林业学术界再次形成研究桉树热,漳州等地市的国有林场进行桉树中试获得成功,为推广种植打下较好的应用基础;2002—2003 年,福建省林业厅在长泰县良岗山建设桉树速生丰产林示范基地,并相继出台许多相关优惠政策,推动漳州速生丰产林基地的建设。

100 多年来,福建先后引入 260 种桉树,获得成功并保存下来有 30 多种,其中早期引种的以柠檬桉和赤桉生长较好,其次是窿缘桉、薄皮大叶桉、大叶桉、野桉、细叶桉、斜脉胶桉等,但这些都属于较慢生的树种,速生桉树的树种种源试验始于 1986 年后,先后有漳州、泉州、三明、福州等地市开展了巨桉、赤桉、柳桉、尾叶桉、粗皮桉、邓恩桉、史密斯桉、树脂桉、小果灰桉、斑叶桉、白桉、托里桉、昆士兰桉、弹丸桉、细叶桉、白桃花心桉、苯沁桉、扫枝桉、卡美昆桉等约 40 个树种、100 个种源、1 000 多个家系和 60 多个无性系的引种试验。特别是上世纪 90 年代后,福建省的桉树引种与栽培技术研究进入了高峰期,形成了一批科研成果,许多林场、育苗基地自发开展了良种壮苗培育技术、优良品种无性繁殖技术、杂草控制技术、白蚁防治技术、施肥技术等实用技术研究,所有这些研究成果对推动南方适宜地区桉树事业的发展都起到了积极的作用。

三、近年来桉树主要栽培树种、杂交种

桉树种类繁多,Blakely 于 1934 年以桉树花药的特征为基础,将桉树分为 522 个种 150 个变种;K. D. Hill 和 L. A. Sjohnson 认为,桉树应该泛指怀果木属,伞房属和桉树属 3 个属的树种,截至 1998 年得到确认的桉树有 808 种和 137 亚种或变种,总共 945 个分类群(祁述雄)。

由于冬雨型的桉树基本不能适合我国的气候条件,我国目前引进的大多数为夏雨型的桉树,下面介绍引种栽培较为广泛的树种及杂交种。

(一)近年来我国南方引种栽培的主要桉树树种

1. 巨桉(*Eucalyptus grandis*)

高大乔木,高达 40~60 m,干形直,分枝高、树皮全部脱落后光滑,银白色,被白粉。幼态叶椭圆形,灰青色,叶缘有波纹,质薄,柄短;成熟叶披针形,镰状而下垂,先端急尖,长 13~20 cm,宽 2~3.5 cm,主脉明显,侧脉不明显,主脉与侧脉 40°交角,边脉分布于叶缘,整齐明显,白色。伞形花序,有花 3~10 朵,花序柄扁平,长 1.0~1.2 cm,花蕾梨形,长 0.8~1.0 cm;萼筒为圆锥形,长 0.6~0.7 cm,宽 0.5~0.6 cm;帽状体圆锥形,长 0.4~0.6 cm。花绿白色,长 0.6~0.8 cm,花药灰黄色,口裂。果梨形,灰青色,果皮具灰色而凸起的条纹,果盘凹陷,果瓣 3~4 裂,凸出在果缘之上,锐尖直立。

木材桃红色,结构粗,纹理直,易开裂。可供矿柱、建筑、包装箱板以及纸浆等用。

原产澳大利亚东部沿海、新南威尔和昆士兰。地理位置南纬 22°~32°,海拔 0~300 m,夏雨型,年降水量 1 000~1 700 mm,最热月温度 29~32 ℃,最冷月温度 5~6 ℃,引种其他国家后表现出可耐−3~−4 ℃的低温。喜温暖湿润肥沃土壤。

世界上很多国家引种栽培，我国广东、广西、福建、海南、云南、四川等省均有种植，四川作为主要栽培种。引种福建后，表现较好的速生性和抗寒性，长泰岩溪国有林场 15 年生的巨桉优树胸径达 34 cm，树高 28 m。近年来，福建省巨桉种源家系试验研究有了长足的进展，从中选育出的巨桉无性，适应性、抗寒能力强、生长快、干型好，很受种植者欢迎，巨桉优良无性系品种种植面积正在迅速扩大。

2. 尾叶桉 *Eucalyptus urophylla*

大乔木，高达 50 m，干形较通直，树冠较开阔；基部树皮宿存，上部薄片状剥落，灰白色，有些种源树皮粗糙。叶宽披针形，长 12~18 cm，宽 0.3~0.4 cm，中脉明显，侧脉稀疏清晰平行，边脉不够清楚；叶柄微扁平，长 2.5~2.8 cm。花序腋生，花梗长 2 cm 左右，有花 3~5 朵或更多；帽状体钝圆锥形，与萼筒等长或近似，5—6 月孕蕾，10—11 月开花，翌年 5—6 月果熟。果杯状，果径 0.6~0.8 cm，果柄长 0.5~0.6 cm。

木材紫红色，坚硬耐腐。

原产印度尼西亚帝纹岛和其他岛屿，南纬 8°~16°，海拔高达 3 000m。夏雨型，年降水量 1 000~1 500mm。最热月平均温度 29℃，最冷月平均温度 8~12℃，不耐霜冻。20 世纪 80—90 年代，福建漳州也引种中试，为生长最快的桉树树种，但由于其耐寒性能较差，易受冻（-2℃），所种种源树皮粗糙且较厚，商品材出材率相对较低而未能大面积推广。目前，南方各省桉树种植区，主要以尾叶桉作为母本与巨桉、赤桉、细叶桉杂交，由于杂交优势明显，已广泛推广栽培。

3. 昆士兰桉（又名大花序桉、澳洲金皮楠）*Eucalyptus. cloeziana*

大乔木，高达 45 m，干形直、树皮粗糙宿存，灰黑色，有纵裂浅纹，松软，表层小片状剥落后褐黄色。成熟叶镰状披针形，前端急尖，长 9~11 cm，宽 2~3 cm，叶柄长 1 cm，叶面黄青色，叶缘有黄色块状斑点，叶背苍白，叶脉明显，侧脉与主脉成 45°交角，叶面的边脉不明显，叶背边脉明显。伞状圆锥花序顶生，小伞形花序具花 6~12 朵，花梗长 1~2 cm；萼筒环形，长 4~6 mm，帽状体半球形，长 0.2~0.3 cm，花丝白色，花药黄色二裂，花期长，每丛花时间不一致。果半球形，褐色，果盘凹平而中间呈褐红色，果瓣三裂，微凸出于果缘之上。种子浅黄色，粒较大。

干形直、木材黄褐色、纹理通直、结构均匀、沉重（比重 0.617~0.753）坚固耐久、抗白蚁；生产硬木板材料、可制作高档实木家具，与巴西桃花心木较相似，被认为是自然界的高贵木材。2009 年，漳州市林业局用 6 年生的大花序桉试制家具（普通技术烘干），制作沙发、茶几并雕刻花纹，至今不开裂、不变形。

原产澳大利亚，为昆士兰树种。原产地南纬 16°~26.5°，海拔 60~900 m，年降雨量 1 000~1 600 mm，干旱季节 3~4 个月，最热月温度 29 ℃，最冷月温度 8~12 ℃。在土层深厚、排水良好、潮湿的土壤上生长发育好。我国广东、广西、四川均有栽培。

1986 年，王豁然、方玉霖等人将该树种引入福建长泰，经 10 年观察，生长速度与巨桉持平，也是优良的速生树种。况且木材为所引 12 个树种中质地最坚硬之一，但由于其前期生长速度比巨桉、尾叶桉稍慢而被多数人忽视，2004 年后，福建漳州又有零星引种，2013 年，漳州逐步推广该树种。

4. 托里桉 *Eucalyptus. Torelliana*（又名托里斯桉、澳洲梧桐）

乔木，主干上部树皮脱落后呈灰青色，树干 20~35 cm 以下的树皮宿存，褐色，具浅裂

纹。幼枝淡黄色,幼态叶稍具毛,盾形;成熟叶卵形,长 8～10 cm,宽 5～6 cm,叶柄圆形,长
1.0～1.2 cm;中脉突起,侧脉明显而稀疏,与中脉成 60°～70°交角;幼枝、叶芽、嫩叶、成熟叶
和叶脉均具密集的黄色茸毛,茸毛长 0.1～0.2 cm。伞房形圆锥花序顶生,伞形花序具花 3
～4 朵,花蕾半卵球形,长 0.8～1.0 cm;萼筒钟形基部膨大,长 0.6～0.8 cm,宽 0.7～0.8
cm;帽状体半球形,顶端略尖,稍短于萼筒;花丝白色,长 0.4～0.8 cm;花药淡褐色。果坛状
或壶状,果缘收缩,果盘凹陷,果瓣 3 个。

木材浅褐色,沉重,木材基本密度 905～1 010 kg/m³,纹理直,是优良用材树种,可用于
制造车轮。

原产澳大利亚,为北昆士兰树种,生长于沙壤土上。原产地为南纬 16°～19°,海拔 100
～800 m,夏雨型,年降水量 1 000～1 500 mm,最热月温度 29 ℃,最冷月温度 10～16 ℃。
我国广东、广西、台湾均有栽培,香港作为四旁植树。福建漳州近年来也有少量引种,长势良
好,由于其成熟叶和叶脉具密集的茸毛,具有吸尘能力,可作为公路绿化树种之一。

5. 邓恩桉(*Eucalyptus dunnii*)(**照片见 375 页彩插 2—3:4.**)

原产澳大利亚,大乔木,一般高达 40 m 以上,生长在年降雨 1 000 mm 以上的湿润肥沃
的立地上,夏雨型,耐寒,速生,可耐-5～-7 ℃的低温。在澳大利亚,木材用于轻结构建
筑,金龟子造成的严重叶限制了这一树种在均匀和夏季降雨地区的大面积栽培。但邓恩桉
在巴西气候合适的地区和南非,是最速生的桉树之一,尽管在适合邓恩桉的立地上,巨桉通
常也能生长良好,但是邓恩桉具有更抗寒的优点。我国广东北部、福建西北部、四川、湖南、
江苏等省均有引种栽培,福建北部正进行耐寒引种试验。

(二)近年我国南方选育的主要杂交种和无性系

1. 桉树杂交种名称

由于桉树树种间容易进行杂交,杂交优势明显,且多数杂交种无性繁殖容易,因此,国内
外的林业科技工作者广泛开展杂交育种工作,筛选出许许多多的优良无性系,大面积推广应
用于林业生产,获得了巨大的增产效益。

杂交种俗名通常取 2 个树种的第一个字进行组合,母本在前,父本在后。例如巨尾桉表
示用巨桉作母本,用尾叶桉作父本而产生的杂交种;尾巨桉则表示用尾叶桉作母本,用巨桉
作父本而产生的杂交种。学名则由两个树种的学名表示,中间加"×"号。

在杂交工作中,人们通常选择生长最好的优树进行杂交,而优树又常用阿拉伯数字编
号,因此,又出现了如"32-29""32-16"等类的阿拉伯字组合,而杂交产生的种子并不完全应
用于推广造林,而是营造试验林,从中选优,再经无性系间的比较试验,最终确定可以推广的
优良无性系(优良单株)。而选定推广的这个无性系,由于在我国没有统一的命名规则,往往
随意性较大,有的采用 2 个树种的第一个拉丁文字母,有的采用选育单位的第一个拼音字母
或第一个汉字,有的用育种人的姓或名的拼音字母,同时又常将杂交种的俗名省略。因此,
桉树的杂交种命名也有点抽象化。例如,在广西、广东、海南、福建大面积推广的"DH32-
29",行内人士都知道它是广西东门林场选育的尾巨桉,行业外人士则无从理解。又如在广
东、广西、沿海大面积推广的抗风抗青枯病无性系"U6",有的认为它是尾叶桉,有的认为它
是尾细桉,无从定论。

2. 桉树杂交种的生物学特性

我国桉树杂交育种工作始于广西、广东、海南等低纬度的省份,受地理条件的限制,育种

地很难摸清杂交种具备的所有生物学特性,特别是耐寒性能,而较高纬度的省份也只能采用"瞎子爬山法",由南向北逐步北移。例如巨尾桉的耐寒能力问题。

但也有不成熟的经验可供参考:一般而言,杂交种的生长速度都快于父母本,耐寒性能则介于父母本之间。有例为证,1999年冬,福建省遭遇50年一遇的寒害,福建长泰同一造林地的尾叶桉冻死,巨桉安然无恙,巨尾桉轻稍冻害。

因此,在大规模推广应用外引的桉树无性系之前,应先进行引种试验。林农要大面积发展,最好到林业科技部门咨询,以免造成重大经济损失。

3. 桉树杂交种的形态特征

杂交种的形态特征一般都介于其父母本之间,例如,引种我国的尾叶桉多数为树皮粗糙,巨桉则树皮光滑,而巨尾桉、尾巨桉则多数表现为下部树皮有些粗糙,上部树皮则显得光滑。

同一个杂交种内的不同无性系,其形态特征具有很多相似之处,也有某些独特之处,业外人士已很难辨认,业内人士主要从叶子长宽比,叶脉变化、枝条长短及树冠状态,树皮粗细等综合进行判断,有些无性系之间的差别甚至只能依赖于"分子测定"才能判别。

4. 主要无性系

(1)巨尾桉、尾巨桉系列无性系

早期选育推广的多为巨尾桉,近年选育推广的多为尾巨桉。

巴西、南非、中国等许多国家都从杂交种中选育推广优良无性系,我国广西东门林场,国家林业局桉树研究开发中心,中国林科院热带林业研究所选育推广的无性系较多。目前推广面积最大的有尾巨桉DH32-29。广林9号、EC1、EC4等,这些无性系保持了父母本的优良性状,速生、丰产、优质、适应性广、抗逆性强,可耐$-2℃$的低温,适宜在闽南种植。广东、广西、海南、云南等省则已经大面积推广种植。

(2)巨桉无性系

近年来,福建在巨桉种内无性系选育方面开展了大量的工作,多数用"A"开头编号,如A1、A2……A6等,这类无性系生长迅速,但比巨尾桉小,由于较耐寒,适度抗风,较适宜在南亚热带北缘和中亚热带推广。

(3)尾赤桉

为尾叶桉和赤桉的杂交种,容易繁殖,扦插繁殖系数较高,广西、广东、福建、湖南、江西南部和四川、云南等省有试验推广种植。

前几年,在福建推广的尾赤桉无性系为201,由于抗寒性能、抗风能力差、易感染桉树枝瘿姬小蜂等问题,已逐步淘汰。

(4)尾圆桉

为尾叶桉和圆角桉的杂交种,速生且干形良好,材质优,抗逆性强,可耐$-3℃$的低温。容易繁殖,扦插繁殖系数较高。如尾圆桉184。

(5)柳窿桉

最早由广西壮族自治区林业科学研究所在1978年人工控制受粉育成的杂种,具有父母本的优良特性,杂交优势明显,生长迅速。二年生平均树高10.14 m,平均胸径7.36 cm,单株平均材积比双亲增长83.6%,比最大亲本增长32%,比对照增长235.7%。

(6)刚果12号桉 *Eucalyptus* ABL12

这是赤桉与细叶桉的一个自然杂交种(也有学者认为是白桉与尾叶桉的自然杂交种),

我国于1972年从马达加斯加岛引种栽培于广东、广西及海南岛部分地方,表现生长迅速,抗风力强,以叶子狭长形的生长比阔叶形的好,但要求土壤较深厚,疏松,水肥条件较好的立地。种植后植株的个体间变异大,须注意选取优良母树采种,苗期淘汰劣苗定植。

(7)雷林1号桉 *Eucalyptus* leizhou No.1

雷州林业局20世纪60年代初从30多种桉树的101株树中,选出的自然杂交良种之一。有干形直、速生、抗性较强等特点。广东、广西、浙江、四川、云南均有栽培,是华南推广的速生造林树种之一。

(8)蓝大桉 *Eucalyptus globulus* × *Eucalyptus robusta*

本树种由四川省林业科学研究所从自由授粉的蓝桉母树上采种育苗,从中选出形态变异的特殊苗木培育而成。

(三)杂交桉无性系对照表

无性系号	杂交树种	选育单位	适生范围
W5	刚果12号桉	雷州林业局	南亚热带
EC1	尾巨桉	桉树中心	南亚热带
EC2	尾巨桉	桉树中心	南亚热带
EC3	巨尾桉	桉树中心	南亚热带
EC4	尾巨桉	桉树中心	南亚热带
EC6	尾巨桉	桉树中心	南亚热带
EC7	巨尾桉	桉树中心	南亚热带
EC8	尾巨桉	桉树中心	南亚热带
EC15	韦塔桉	桉树中心	南亚热带
U6	尾叶桉,尾细桉	湛江市林业局	南亚热带
MLA	尾叶桉	雷州林业局	南亚热带
ZH1	巨尾桉	雷州林业局	南亚热带
ZH3	巨尾桉	雷州林业局	南亚热带
SH1	雷林1号桉	雷州林业局	南亚热带
U9	尾叶桉	热林所	华南热带
U1	尾叶桉	热林所	华南热带
DH33-21	尾巨桉	东门林场	
DH33-9	尾巨桉	东门林场	
DH32-26	尾巨桉	东门林场	
DH32-29	尾巨桉	东门林场	
DH32-11	尾巨桉	东门林场	
DH30-1	尾巨桉	东门林场	
DH33-20	尾巨桉	东门林场	
DH30-7	尾巨桉	东门林场	
DH32-30	尾巨桉	东门林场	
DH32-22	尾巨桉	东门林场	
DH23-2	尾叶桉	东门林场	
DH26-2	尾叶桉	东门林场	
DH29-10	尾叶桉	东门林场	
DH29-7	尾叶桉	东门林场	

续表

无性系号	杂交树种	选育单位	适生范围
DH19-7	尾叶桉	东门林场	
DH43-1	巨尾桉	东门林场	
BHF2-3	巨尾桉	东门林场	
DH4-3	巨尾桉	东门林场	
DH21-1	巨赤桉	东门林场	
LPT	雷林1号选育	雷州林业局	
LH1	尾细桉		
闽桉9号	赤桉	福建漳州	中亚热带
闽桉7号	小果灰桉	福建漳州	中亚热带
9113	尾细桉	热林所	
9211	尾细桉	热林所	
9224	尾赤桉	热林所	
9117	尾细桉		
9211	尾细桉		
D65(4)	尾叶桉		
D50(8)	尾叶桉		
A195(15)	尾叶桉		
D2(17)	尾叶桉		
D41(8)	尾叶桉		
A38(26)	尾叶桉		
TH9211-LH5	尾细桉		
A105(20)	尾叶桉		
A33-Ⅳ-13	尾叶桉		
TH9211-LH1	尾细桉		
DH167-2	尾细桉		
DH101-2	尾细桉		
DH201-2	尾赤桉		
DH184-1	尾赤桉		
184	尾园桉		
Sh1	尾细桉		
D9(DH33-9)	尾巨桉	东门林场	
D13(DH32-13)	尾巨桉	东门林场	
D26(DH32-26)	尾巨桉	东门林场	
D27(DH33-27)	尾巨桉	东门林场	
D28(DH32-28)	尾巨桉	东门林场	
D2		东门林场	
D1		东门林场	
D3		东门林场	
D4		东门林场	
D5		东门林场	
D6		东门林场	
D7		东门林场	
D17		东门林场	
钦州5号	巨尾桉		
钦州6号	巨尾桉		
F8	巨尾桉		
A1～A6	巨桉		

注:上表所列无性系号、杂交树种名称、选育单位等,仅供参考。

第四篇　福建木兰科(Magnoliaceae)植物
The Fourth Chapter　Magnoliaceae Plants from Fujian

福建含笑属一新种——福建含笑[①]

郑清芳

A New Species of Michelia from Fujian——
Michelia fujianensis Q. F. Zheng

福建含笑(新种,图 4-1 所示,照片见封面下中图)
Michelia fujianensis Q. F. Zheng. sp. nov.

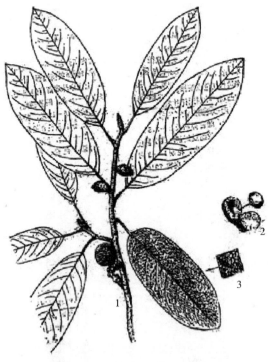

图 4-1　福建含笑 *Michelia fujianensis* Q. F. Zheng
1. 果枝;2. 开裂的蓇葖;3. 叶下面一部分

---

① 原文发表于《植物研究》第一卷第三期 1981 年 7 月。

Species M. macclurei Dandy subsimilis, sed differt foliis oblongis vel anguste obovato-ellipticis, 6～11cm longis, 2.5～4 cm latis, apice acutis, basi rotundatis, petiolis brevioribus 1～1.5 cm longis, pedicellis fructiferis brevioribus 5 mm longis, tepalis 15～16.

Arbor ad 15 m alta trunco 50 cm in diam., cortice cinereobrunneo; ramuli gemmae petioli pedicellique dense cinnamomeo-tomentosi. Stipulae a petiolo liberae. Folia tenuiter coriacea oblonga vel anguste obovato- elliptica, 6～11 cm longa 2.5～4 cm lata, apice acuta, basi rotundata, supra ad costam dense breviter tomentosa. subtus dense ferruginea vel brunneo-flavescentia appressa sericea; nervi laterales utrisecus 8～9, crebre reticulatis venulis elevatis; petioli excicatricosi 1～1.5 cm longi. Tepala 15～16, spathulato-oblonga glabra. Fructus ad 3 cm longus, carpellis pubescentibus plurimes abortivis; pedicellus feuctifer circ. 5 mm longus; gynophoum 2～2.5 mm longum; carpella matura 1～4, obovoides. l.5 cm longa circ. 1.2 cm lata. apice rotundata, lenticellis conspicuis notata. Semina in quoque carpello 1, rubra compressa globosa, 9～10 mm longa 8～9 mm lata.

Fujian: Sanming Shi, K. R. Wu 79100(Typus in Herb. Fujian Forestry College).

常绿乔木,高达 15 m,胸径 40 cm,树皮灰褐色;小枝、芽、叶柄及果梗密被黄棕色绒毛。叶薄革质,长圆形或窄倒卵状椭圆形,长 6～11 cm,宽 2.5～4 cm,顶端尖,基部圆形,上面中脉残留有短绒毛,下面密被锈红色或淡棕黄色平伏绢毛;侧脉每边 8～9 条,网脉稠密,在两面均凸起;叶柄无托叶痕,长 1～1.5 cm。花被片 15～16 枚,排成 3～4 轮,匙形或倒卵状长圆形,无毛;心皮被柔毛。聚合果长 3 cm,果梗长 5 mm;雌蕊群柄长 2～2.5 mm;成熟心皮 1～4 枚,倒卵形,顶端圆钝,基部收缩成短柄,具明显皮孔。种子扁球形,红色,长 9～10 mm,宽 8～9 mm。花期 1—2 月,果期 10 月。

福建:三明市,吴克儒 79100(模式标本,存福建林学院植物标本室)。生于常绿阔叶林中。

本种与醉香含笑(*Michelia macclurei* Dandy)相近似,但不同在于其叶长圆形或窄倒卵状椭圆形,长 6～11 cm,宽 2.5～4 cm;顶端尖,基部圆形,叶柄较短,长 1～1.5 cm;果梗较短,长 5 mm,花被片 15～16 枚。

《植物研究》第 7 卷第 1 期,1987 年 1 月

VoI. 7. No. 1 jan. 1987

中国含笑属一新种——悦色含笑[①]

郑清芳　　林木木[②]

A New Species of Michelia from China——*Michelia amoenna* Q. F. Zheng

悦色含笑,新种(图 4-2 所示)。

Michelia amoenna Q. F. Zheng et M. M. Lin, sp. nov.

Species M. crassipetis Law similis, sed differt foliis brevioribus 3～6 cm Iongis, petiolis ad medium cicatricasis：tepalis majoribus obovato-ellipticis vel obovato-lanceolatis 2. 1～2. 3 cm longis, 0. 8～1 cm latis,gynophoro extra androecium. etiam sub-similis M. skannerianae Dunn, sed differt floribus purpurascentibus. tepalis glabris, gynophoro breviore Imm longo.

Frutex vel arbor parva, 2～4 m alta. Gemmae, ramuli. juveniores, petiola et pedicelli dense flavo-brunneotomentosi. Folia tenuiter coriacea, obovato vel obovato-elliptica, 3～6cm. longa,2～3 cm lata, apice breviter caudata, basi cuneata supra leviter nitida, subtus flavor-brunneo-pilosa. nervis lateralibus 6～8 petioli ad medium cicatricosi 2～3 mm longi. Flores purpurascentes fragrantes peclicello 5～7 mm longo tepala 6(7) obovato-elliptica vel obovato-lanceolata glabra,2～3 cm longa,1 cm lata, interiora minora gymnophorum l m longum；gynoecium extra androecium 8mm longum dense flavo-brunneo-tomentosum. Fructus apocarpus 3～4 cm longus pedicello fructifero 1. 5 cm longo 2 mm crasso,gynophorum in fructu 5 mm longum carpella matura late ovoidea vel comprece globulos 8 mm longa 12 mm lata. breviter rostrata. Semina in quoque carpello 1 rubra.

Fujian Chang-ting in sylvis, alt. . 700 m Zheng Qing fang et Lin Mu mu 84504 (Typus,in Herb. Fujian Frestry College)cod. loco. ,Lin Mu mu 84001.

灌木或小乔木,高 2～4 m。芽、幼枝、叶柄及花梗密被黄褐色绒毛。叶薄革质,倒卵形或倒卵状椭圆形,长 3～6 cm,宽 2～3 cm,先端骤狭成短尾尖,基部楔形,上面深绿色,无毛,下面淡绿色,疏被黄褐色长柔毛,尤以中脉更密,侧脉 6～8 对,叶柄长 2～3 mm,托叶痕达叶柄中部。花淡紫色,芳香;花梗长 5～7 mm,花被片 6～7 片,无毛,倒卵状椭圆形或狭倒卵状披针形,长 2.3 cm,宽 1 cm,内轮 3 片较狭小,雌蕊群柄长仅 1 mm,雌蕊群长 8 mm,伸出于雄蕊群之外,密被黄褐色绒毛;聚合果长 3～4 cm,果梗长 1. 5 cm,粗 2 mm,雌蕊群柄果

---

　　① 补注:悦色含笑在中国植物志英文版,已并入野含笑。作者近年了解到花农在生产上已从山上野生的开不同花色的树上,培育出会开金黄瓣、红瓣、紫红瓣及墨紫瓣(黑瓣)等不同品种的含笑。而其树皮颜色有灰白或黑褐两色,叶型亦有所变化,它们与野含笑或含笑之间有什么关系,有待进一步研究。

　　② 林木木:长汀林业局(现为教授级高工)。

图 4-2　悦色含笑 *Michelia amoenna* Q. F. Zheng et M. M. Lin
1. 果枝；2. 花；3. 内轮花被片；4. 外轮花被片；5. 雌、雄蕊群；6. 叶下面一部分

时长 5 mm，成熟心皮宽卵形或扁球形，长 8 mm，宽 12 mm，具短喙；种子每心皮 1 粒，红色。

　　本种与紫花含笑（*M. crassipes* Law）近似，但其不同在于本种叶较短，长 8～6 cm，托叶痕达叶柄中部；花梗较细长，长 5～7 mm，粗 2 mm，花被片较宽大，倒卵状椭圆形或倒卵状披针形，长 2.1～2.3 cm，宽 0.8～1 cm，雌蕊群突出于雄蕊群等特征。本种又与野含笑（*M. skanneriana* Dunn）相似，但其不同在于本种花为淡紫色，花被片无毛，雌蕊群柄长仅 1 mm。

　　福建：长汀，生于森林中，海拔高 700 m。郑清芳、林木木 84504（模式标本，存福建林学院植物标本室）；同地点，林木木 84001。

新的珍贵阔叶树种——福建含笑[①]

New Valuable Broadleaved Tree——*Michelia fujianensis* Q. F. Zheng

福建含笑（*Michelia fujianensis*, Q. F. Zheng.）是木兰科含笑属的一个新种,树干高大通直,材质优良,亦是一种优良的珍贵阔叶树种或福建准特有树种（照片见 376 页彩插 4—5:1）

一、形态

常绿乔木,树干通直,高达 16 m,胸径 100 cm,树皮灰白色;小枝、芽、叶柄、果梗皆密被黄棕色绒毛。叶薄革质,长圆形或窄倒卵状椭圆形,长 6～11 cm,宽 2.5～4 cm,顶端尖,基部圆形,上面中脉残留有短绒毛,下面密生锈红色或淡棕黄色平伏绢毛;侧脉每边 8～10 条,网脉稠密,在两面均凸起;叶柄无托叶痕,长 1～1.5 cm。花单生叶腋,直径约 2.5 cm,花梗粗短,长仅 5 mm;花被片 15～16 枚,排成 3～4 轮,白色,倒卵形或倒披针形,外轮的 3 片长1.7 cm,宽 8 mm,往内轮的逐渐变窄,无毛;离生心皮多数,卵形,被柔毛;雌蕊群柄长 1～2 mm;成熟心皮 1～4 枚,倒卵形,顶端圆,基部收缩成柄,具白色皮孔。种子扁球形,红色,长9～10 mm,宽 8～9 mm。花期 1～2 月,果熟 10—11 月。

二、产地

三明、永安、建瓯、南平。

三、生态

多散生于常绿阔叶林中,在海拔 500 m 左右,常与木荷（*Schima superbar*）、甜槠［*Castanopsis eyrei*(Champ)Tutch],栲树（*C. fargesii*)、南岭栲（*C. fordii*)等混生;其下木有黄润楠（*Michelia grijsii*)、华南术姜子（*Litsea greenmaniaria* Allen)、山鸡椒［*L. cubeba*(Lour) Pers],鸭公树（*Neolitsea chuii* Merr.)、山油麻（*Trema dielsiana*. Hand-Mztt.)、白背叶野桐[*Mallotus apelta*(Lour.)Muell-Arq.]、刘氏野桐（*M. lianus* Crioe)、连蕊茶（*Camellia fraterna* Hance)、白藤（*Calamus tetradactylus*. Hance),狗骨柴[*Tricalysia dubia*(Lindl.)Ohwi]、大叶臭椒（*Zanthoxylum rhetsoides* Drake)、惚木（*Aralis. chinensis* L)、毛叶山矾（*Symplocos fulvipes* Brand)、黄瑞木 [*Adinandra. millettii*. (Hook. et. Arn.)Benth.]、杜茎山（*Msesa japonica*),尚有闽粤栲[*Castanopsis fissa*(Champ) Rehd. et Wils.浙江桂（*Cinnamomum chekiangense* Nakai)]等幼树;层外植物有毛花猕猴桃（*Actinidia eriantha* Benth)、香花鸡血藤（*Millettia dielsiana* Harms)、拔锲（*Smalix china* L)等。

草本植物尚有五节芒[*Miscanthus fioridulus*. (Labilt.)Warb.]、黑莎草（*Gahnia tristis* Nees.)、淡竹叶（*Lophatherum gracilis*. Brongn)

---

① 原文发表于《福建林学院科技》1981 年第 1 期。

喜光,幼树稍耐荫,喜生于湿润、土层深厚、腐植质多的红壤土,山坡下部生长更好,中上部亦能生长。一般生势旺盛,冠幅宽大,树干通直,常为上层优势木。

四、木材识别

树皮厚,中年树皮光滑或细浅裂,老年呈条状纵深裂,外皮灰白色,皮孔横行,中层树皮红褐色,柔韧纤维体坚实交错,不易剥离,内皮红褐色,质松脆;材表光滑,具纵向通直细浅纹。

散孔材,心边材区别明显,心材小,占直径 1/8,淡黄绿色或紫红色,边材淡黄微带灰色;年轮略明显,每厘米有 2～3 轮,早晚材区别不明显;木射线细密肉眼可见,导管极细密,散生,木薄壁组织不见。

五、利用价值

木材纹理通直,结构细致均匀,材质稍轻软,强度中,干燥后不开裂,亦不变形,稍耐腐,加工容易,切面光滑,油漆后光亮,适于上等家具,车船内部结构,文具及其他细木工用材,亦可作乐器,并适于旋刨加工为胶合板面材。

含笑属及观光木属在福建所产的各种木材除含笑(*Michelia figo* Spreng)外,其心材多为黄褐带绿色或紫红色,通称"紫心",为群众所喜爱的一类板材。而福建含笑群众称为"假紫心",其管孔极微细,结构更细致均匀,较观光木(*Tsoongiodendrono doru*m Chun)、深山含笑(*Michelia mauaiae* Dunn)、野含笑(*M. skinneriana* Dunn)材质为佳,是优良的建筑及家具用材。

福建含笑树干高大通直,生长快,材质优良,是个优良的珍贵阔叶树种,可用以营造用材林,混交林,其树冠宽大浓密,冬季开花,亦可为庭园绿化树种。(照片见 376 页彩插 4—5:2—3)

第五篇 福建木麻黄科、番荔枝科、木樨科和柿树科植物

The Fifth Chapter Casuarinaceae, Annonaceae, Oleaceae and Ebenaceae from Fujian

福建木麻黄科(Casuarinaceae)植物的引种[①]

Introduction of Casuarinaceae Plants in Fujian.

木麻黄科为常绿乔木或灌木,小枝细长,绿色或灰绿色,有节及沟槽,形态似麻黄。叶甚小,退化呈鳞片状,4～6片轮生于小枝的节上,基部连合为鞘状。花单性,雌雄同株或异株,无花被,雄花多数,着生于小枝顶部,排成顶生柔荑花序,纤细而直立,雌花着生于短侧枝的顶端,排成头状花序,雄花有侧生与腹背生的小苞片各2片,轮生于杯状苞内,雄蕊1枚,很少2～3枚,花丝在花期伸出,花药2室,纵裂,雌花腋生于1片苞片及2片小苞片内,子房细小,1室,胚珠2个,仅1个发育,花柱短,顶生,柱头2枚,少有1枚,细长,线状。球果近球形或椭圆形,宿存小苞片木质,成熟后开裂,小坚果细小,扁平,顶端有薄翅,种子单生,无胚乳。仅一属。

一、木麻黄属 *Casuarina L.*

特征与科同。

约65种,主要分布于大洋洲,现扩展至亚洲热带地区及非洲东部。我国台湾、广东、广西、浙江南部都有引种栽培。福建引种栽培主要的有3种。

二、分种检索表

1. 小枝短,长8～20 cm,较柔嫩,极易自节处拔断,每节有鳞叶7片,少有6或8片;球果大,椭圆形,长2 cm,直径约1.5 cm,外被柔毛 ·················· 1. 木麻黄 *C. equisetifolia*

1. 小枝较长,长20 cm以上,较坚韧,不易自节处拔断,每节有鳞叶8片以上;球果较小,长不及2 cm,直径0.8～1.3 cm。

2. 小枝等长,长15～25 cm,节间短,长仅5～7 mm,每节有鳞片叶8～10片;球果狭椭圆形,直径约8 mm,无毛 ·················· 2. 细枝木麻黄 *C. cunninghamiana*

2. 小枝长,长20～100 cm,节间长10～15 mm,每节有鳞片叶14～16片;球果阔椭圆形,直

---

① 原文发表于《福建植物志》,第一卷第348～349页。

径约 13 mm,有柔毛 ……………………………………………… 3. 粗枝木麻黄 *C. glauca*

1. 木麻黄

Casuarina equisetifolia Forst. Gem Pl Auster. 103 f. 52 1776 中国植物志 20(1)2198 *Casuarina equisetifolia* L. Amoen. Acad. 4:143. 1759,海南植物志 2:366. 图 475. 1965,中国高等植物图鉴 1:339. 图 677. 1972.

常绿乔木,高达 20 m,胸径约 70 cm;树皮较薄,坚韧,幼时环状脱落,老时不规则条裂,枝红褐色,小枝较短,长 8～20 cm,纤细,末端稍下垂,灰绿色,节间短,长 5～8 mm,极易从节处拔断,幼时被短柔毛,不久除沟槽外变无毛。鳞片叶狭三角形,压扁,每节有 7 片,很少 6 或 8 片,边有缘毛。雄花序生于小枝顶端,或有时侧生,棍棒状圆柱形,长 1～4 cm,与雌花序并立。球果椭圆形,长约 2 cm,直径约 1.5 cm,顶端平截,基部钝,具短梗,小坚果连翅长 4～6 mm,倒卵形;木质苞片广卵形,顶端钝尖,外面被短柔毛。花果期全年。

原产大洋洲东北部、北部及太平洋岛屿的近海沙滩和沙丘上。福建东南沿海各地普遍栽培,生长良好。

木材红褐色,硬重,耐腐力强,可作枕木,但作建筑横梁有下弯现象。树皮富含单宁,作渔具染料或提取烤胶。此外,主根较深,侧根发达,抗风力强,耐干旱、盐碱,为沿海海岸抗风固沙的造林优良树种之一。

2. 细枝木麻黄

Casuarina cunninghamiana Miq. Rev. 56,t. 6,f. A. 1860;海南植物志 2:366. 1965.

常绿乔木,高达 15 m,胸径约 40 cm;枝细密,深褐色,小枝长 15～25 cm,纤细而下垂,绿色,节间短,长 5～7 mm,较坚韧,不易从节处拔断。鳞片叶狭披针形,压扁,每节 8～10 片;幼时基部被柔毛,后变无毛。雄花组成柔荑花序生于小枝顶端,长 4～8 cm。球果狭椭圆形,长 0.7～1.4 cm,直径约 8 mm,两端钝或平截,具梗;小坚果连翅长约 3 mm,倒卵形;木质苞片圆卵形,顶端圆钝或钝尖,外面近无毛,花期 4 月,果期 8 月。原产大洋洲东部。我省厦门,福州有引种栽培。

3. 粗枝木麻黄(坚木麻黄)

Casuarina glauca Sieb. in Spreng. Syst. 3:803. 1826;海南植物志 2:366. 1965.

常绿乔木,高达 15 m,胸径约 35 cm;树皮黑褐色,幼时粗糙不裂,老时作片状脱落,枝粗壮,近直立而疏散,小枝较粗长,长 20～100 cm,上举,末端多少下垂,蓝绿色或被白粉,无毛,节间长 1～1.5 cm,较坚韧,不易从节处拔断。鳞片叶狭披针形,每节 14～16 枚,有柔毛。雄花序长 1～2.5 cm。球果阔椭圆形或扁球形,长 1～1.5 cm,直径约 1.3 cm,两端平截,具梗;小坚果连翅长约 5 mm;木质苞片椭圆形或卵圆形,顶端圆钝或钝尖,外面被柔毛。

原产大洋洲南部和西部的沿海海滩地或沼泽地带。我省东山、厦门、三明均有栽培。心材黄褐色,边材色较浅,纹理细致,可作枕木、家具等用材。此外,本种性喜湿润土壤,较能耐寒,抗病虫害能力也较强,可作农田防护林、行道树等绿化树种。

三、近年来发现木麻黄的栽培新品种

福建引种木麻黄已有近百年历史,成功地建成沿海防护林带。在群众栽培过程中,亦发现有下列两种栽培品种,现补充如下。

福 建 特 有 树 种

1. 多头木麻黄

Casuarina. equisetifolia. 'Do-tao' 是木麻黄的栽培品种,树形低矮,小枝较短,丛生状,形成平顶状树冠,可为盆栽或绿篱供观赏。(照片见 376 页彩插 4—5:4)

2. 垂枝木麻黄

垂枝木麻黄(*Casuarina. glauca* 'Chu-zhi')是粗枝木麻黄的一个栽培品种,树形低矮,小枝等长、下垂。供观赏。(照片见 376 页彩插 4—5:5)

福建番荔枝科植物(Anonaceae)

福建番荔枝科植物各属种检索表及其种的分布①

The Retrievaltable of Annonaceae Plants and its Distribution from Fujian

1. 花瓣 6 片,排成 2 轮,镊合状排列,叶片被柔毛、绒毛或无毛。
　2. 果细长,呈念珠状 ……………………………………………… 1. 假鹰爪属 Desmos
　2. 果不细长,也不呈念珠状。
　　3. 成熟心皮离生。
　　4. 攀援状灌木。
　　　5. 总花梗和总果梗均弯曲呈钩状 ……………… 2. 鹰爪花属 Artabotrys
　　　5. 总花梗和总果梗均直伸 ……………… 3. 瓜馥木属 Fissistigma
　　4. 乔木或直立灌木 ……………………………… 4 依兰属 Cananga
　　3. 成熟心皮合生成肉质的聚合浆果 …………… 5. 番荔枝属 Annona
1. 花瓣 6 片,排成 2 轮,内、外轮或仅内轮为覆瓦状排列;叶片被星状毛或鳞片…………
　…………………………………………………………… 6. 紫玉盘属 Uvaria

1. 假鹰爪属 Desmos. Lour

假鹰爪 D. chinensis Lour.……产漳州、华安。

2. 鹰爪花属 Artabotrys R. Br. et. Ker.

鹰爪花 A. hexapetalus (L. f) Bhandari……厦门、泉州、福州有栽培。

3. 瓜馥木属 Fissistigma 分种检索表

1. 叶下面无毛或疏被褐色平伏毛。
　2. 叶下面非为苍白色,柱头全缘……南靖、三明等地 ………… 1. 香港瓜馥木 F. uonicum
　2. 叶下面苍白色,柱头 2 裂……南靖、平和、三明、南平 …………
　………………………………………………………… 2. 白叶瓜馥木 F. glaucescens
1. 叶下面密被淡黄色柔毛……全省各地常见 ……………… 3. 瓜馥木 F. oldhamii

4. 依兰属 Cananga

依兰 C. odorata(Lam.)Hoox et Thoms

5. 番荔枝属 Annona 分种检索表

1. 侧脉两面凸起;花蕾卵圆形或近圆球形,内轮花瓣存在。

―――――――――――――――――

　① 从原文《福建植物志》第 2 卷 88—96 页中摘要而成。

  2. 果心形,表面无刺……厦门引种 ……………………………… 1. 圆滑番荔枝 A. *glabra*

  2. 果近圆球形,幼时有下弯的刺,刺随后渐脱落……厦门引种…………………………

………………………………………………………… 2. 刺果番荔枝 A. *muricata*

1. 侧脉在上面扁平,在下面凸起;花蕾披针形,内轮花瓣退化成鳞片状。

  3. 叶下面苍白绿色;总花梗有花 1～4 朵,与叶对生或顶生;成熟心皮稍相连,但易分开

………厦门引种 ………………………………………… 3. 番荔枝 A. *squamosa*

  3. 叶下面绿色;总花梗有花 2 ～10 朵,与叶对生或互生;成熟心皮连成一整体,不易分开

………厦门引种 ………………………………… 4. 牛心番荔枝 A. *reticulata*

6. 紫玉盘属 *Uvaria L.*

紫玉盘,*U. microcarpa* Chang ex Benth.

产诏安,生低山灌丛或疏林中,分布于广东、广西和台湾。

福建木樨科植物（Oleaceae）

福建木樨科植物各属种检索表及其种的分布[①]

The Retrievaltable of Oleaceae Plants and its Distribution from Fujian

1. 果为翅果或蒴果。
　2. 果为翅果。
　　3. 单叶，翅在果实周围，花序间有叶 ………………………………………… 1. 雪柳属 *Fontunesia*
　　3. 复叶，翅在果实顶端伸长，花序间无叶或有叶状小苞片 ………… 2. 白蜡树属 *Fraxinus*
　2. 果为蒴果；种子有翅，枝空心或有片状髓；花黄色，先叶开放 ……… 3. 连翘属 *Forsythia*
1. 果为核果或浆果。
　　4. 果为核果，内果皮骨质或硬壳质。
　　　5. 花冠裂片在芽中呈覆瓦状排列，花簇生于叶腋或组成短圆锥花序或聚伞花序…………
　　　………………………………………………………………………… 4. 木樨属 *Osmanthus*
　　　5. 花冠裂片在芽中呈镊合状排列。
　　　　6. 花瓣分离或仅基部合生，4～6 片，长条形 ……………… 5. 流苏树属 *Chionanthus*
　　　　6. 花瓣合生，有短的或长的花冠管，花冠裂片 4 裂 ……………… 6. 木樨榄属 *Olea*
　　4. 果为浆果，内果皮膜质或纸质，少有近核果状而室背开裂。
　　　7. 单叶，灌木或乔木，花冠小，漏斗状，具 4 裂片 ………………… 7. 女贞属 *Ligustrum*
　　　7. 单叶、三出复叶或羽状复叶，叶柄近基部具关节；灌木或攀援状灌木；花冠大，高脚碟
　　　状，具 4～10 裂片 ……………………………………………… 8. 素馨属 *Jasminum*

1. 雪柳属 *Fontanesia Labill.*

雪柳 *F. fortunei* Garr. 福建北部地区有栽培。

2. 白蜡树属 *Fraxinus* 分种检索表

1. 花序轴被柔毛或初时被黄褐色长曲毛，果时脱落变无毛。
　2. 小叶全缘，侧生小叶柄长 5～6 mm；翅果长圆形或倒卵状长圆形，宿存萼齿平截，或不规
　　则浅裂……永安、南平 ………………………………………………… 1. 光蜡树 *F. griffithii*
　2. 小叶有锯齿；侧生小叶无柄或有极短柄；翅果倒披针形，被微柔毛……福清、福鼎、武夷山
　　………………………………………………………………………… 2. 庐山白蜡树 *F. mariesii*
1. 花序轴无毛。
　3. 花无花瓣。
　　4. 小叶通常 7 片，少有 9 片，椭圆形或椭圆状卵形，长 3～10 cm，宽 1.2～4.5 cm，近无柄

---

　① 从原文《福建植物志》第 4 卷 360—388 页中摘要而成。

　或有极短柄……南靖、南平、建阳、武夷山 ……………………… 3. 白蜡树 *F. chinensis*

　4. 小叶通常5片,少有3或7片,宽卵形或倒卵形,少有椭圆形,长5～12 cm,宽5～6 cm,
　　侧生小叶柄长5～8 mm……永安 ……………… 4. 大叶白蜡树 *F. rhynchophylla*

　3. 花有花瓣,少有因早落或败育而缺如。

　　5. 翅果长披针形或匙形;宿萼阔钟状或杯状,裂片三角形,顶端尖锐……武夷山………
　　　………………………………………………… 5. 尖萼白蜡树 *F. odontocalyx*

　　5. 翅果条形;宿萼杯状,近平截或有4钝齿……永安、南平、建瓯………………………
　　　…………………………………………………………… 6. 苦枥木 *F. insularis*

3. 连翘属 *Forsythia*

金钟花 *F. viridissima* Lindl ……南平、拓荣、福安有栽培。

4. 木樨属 *Osmanthus* 分种检索表

1. 聚伞花序组成短小圆锥花序,药隔在花药顶端不延伸。

　2. 叶椭圆形、宽椭圆形或狭椭圆形,基部宽楔形或楔形,厚革质;花序排列紧密……建宁、武
　　夷山 ………………………………………………………… 1. 月桂 *O. marginatus*

　2. 叶披针形、倒披针形或倒卵形,基部狭楔形,革质或厚纸质;花序排列疏松。

　　3. 叶倒披针形,少有倒卵形,长5～15 cm,宽1.5～5 cm,通常上半部具锯齿;叶柄长1.5
　　　～3 cm……长汀、屏南、武夷山、建宁、建阳 ………… 2. 牛矢果 *O. matsumuranus*

　　3. 叶狭椭圆形至狭倒卵形,少有倒披针形,长5～10 cm,宽1～3 cm,全缘;叶柄长1～1.5
　　　cm……南靖、长汀、永安 ……………………………… 3. 小叶木犀 *O. minor*

1. 聚伞花序簇生于叶腋;药隔在花药顶端延伸,呈小尖头状突起。

　4. 小枝、叶柄均被微柔毛,侧脉在两面均不明显……建宁、泰宁、松溪、政和……………
　　……………………………………………………………… 4. 宁波木犀 *O. cooperi*

　4. 小枝、叶柄均无毛,叶脉在两面明显。

　　5. 苞片被柔毛;叶脉呈网状,在两面明显凸起;叶倒卵状披针形、倒卵状椭圆形至椭圆形,
　　　边缘常具尖锐锯齿……武夷山 ………………………… 5. 短丝木犀 *O. serrulatus*

　　5. 苞片无毛;侧脉在上面凹陷,下面凸起;叶椭圆形或椭圆状披针形,全缘或上半部疏生
　　　细锯齿……全省各地栽培 …………………………………… 6. 桂花 *O. fragrans*

5. 流苏树属 *Chionanthus* L.

流苏树 *C. retusus* Lindl et Paxt. ……产上杭、连城、福州、永安、宁化、建宁、泰宁、武夷山。

6. 木樨榄属 *Olea* 分种检索表

1. 花冠深裂,裂片长于花冠管;叶全缘。

　2. 叶顶端稍钝,有小凸尖,下面被银灰色秕鳞……全省曾有引种但生长不好………………
　　………………………………………………………………… 1. 油橄榄 *O. europaea*

　2. 叶顶端锐尖,下面被锈色鳞秕……南平有引种 ……… 2. 尖叶木樨揽 *O. ferrugenea*

1. 花冠浅裂,裂片短于花冠管;叶全缘或具不规则疏锯齿……福清、南平………………………

·························· 3. 异株木樨榄 *O. dioica*

7. 女贞属 *Ligustrum* 分种检索表

1. 花冠管与花冠裂片近等长,雄蕊伸出花冠或与花冠顶平齐。
　　2. 叶披针形至条状披针形,少有长圆状披针形,宽 0.3～2.5 cm··········上杭梅花山·············
　　　　·· 1. 纤细女贞 *L. gracile*
　　2. 叶卵形、椭圆形或长圆形。
　　　3. 叶小,长 1～5.5 cm,宽 0.5～3 cm,顶端微凹、钝或急尖,下面无毛,革质。
　　　　4. 叶下面具明显的褐点腺点,顶端急尖······长乐 ········· 2. 斑叶女贞 *L. puncti folium*
　　　　4. 叶下面腺点不明显,顶端微凹······平潭　·········· 3. 凹叶女贞 *L. retusum*
　　　3. 叶大,长 2.5～17 cm,宽 2～8 cm,顶端尖至渐尖,小蜡(*L. sinense*)及其变种的叶有时长
　　　　小于 2.5 cm,宽小于 2 cm,纸质,下面被毛。
　　　　5. 果非近球形。
　　　　　6. 果不弯曲,长圆形或椭圆形;叶上面具明显凹陷腺点······上杭、安溪、永泰、德化及三
　　　　　　明、南平地区 ······································· 4. 李氏女贞 *L. lianum*
　　　　　6. 果多少弯曲,倒卵形、椭圆形或肾形;叶上面无腺点。
　　　　　　7. 植物体多少被毛,果倒卵状长圆形······泰宁、邵武 ····· 5. 粗壮女贞 *L. robustum*
　　　　　　7. 植物体无毛,果近肾形······全省各地 ············· 6. 女贞 *L. lucidum*
　　　　5. 果近球形······全省各常见 ························· 7. 小蜡 *L. sinense*
1. 花冠管长为花冠裂片 2 倍以上,雄蕊仅伸至花冠裂片 1/2～2/3 处,叶顶端急尖,花序长
　　1.5～4 cm······上杭、永安、武夷山 ··················· 8. 蜡子树 *L. molliculum*

8. 素馨属 *Jasminum* 分种检索表

1. 单叶。
　　2. 花萼裂片短小,钝三角形或尖三角形 ·················· 1. 短萼素馨 *J. brevidentatum*
　　2. 花萼裂片较长,线形······福建各地区多有栽培 ··········· 2. 茉莉花 *J. sambac*
1. 三出复叶。
　　3. 小枝圆柱形,叶柄多具关节,花冠全为白色;花冠裂片较花冠管短,胚珠每室 1 个。
　　　4. 顶生小叶长为侧生小叶 2 倍或近 2 倍,花萼裂片锥尖或尖三角形······长汀、连城、三明、
　　　　永定及南平地区 ································· 3. 华素馨 *J. sinense*
　　　4. 顶生小叶与侧生小叶同大或略大于侧生小叶;花萼裂片甚小,不明显······全省各地常见
　　　　······································· 4. 清香藤 *J. lanceolarium*
　　3. 小枝四棱形或具角棱,叶柄无关节,花冠黄色······全省各地均有栽培·············
　　　　··································· 5. 云南黄素馨 *J. mesnyi*

福建柿科植物（Ebenaceae）

福建柿科植物柿属种检索表及其种的分布①

The Retrievaltable of Diospyros Plants and its Distribution from Fujian

1. 小枝有刺。

  2. 半常绿或落叶小乔木，果近球状，果时萼片较短有直脉纹，侧脉 5～10 对……福州 ……
    …………………………………… 1. 福州柿 *D. cathyensis* var. *foochowensis*

  2. 落叶灌木，高达 2～3 m；果卵球形；萼片具明显直脉纹……永泰、福州、罗源、柘荣、三明
    …………………………………………………… 2. 老鸦柿 *D. rhombifolia*

1. 小枝无刺。

  3. 果实表面有柔毛或绣色毛。

    4. 树皮灰白色，光滑，片状剥落，叶两面密被灰黄色绒毛；果蒂反卷……长汀、屏南、沙县、
      永安、泰宁及南平地区 …………………………………… 3. 油柿 *D. oleifera*

    4. 树皮鳞片状开裂，暗褐色。

      5. 叶披针形，上面深绿色，有光泽；下面沿叶脉有稀疏红褐色长柔毛，侧脉 5～7……南靖、
        平和、云霄 …………………………………………… 4. 乌材 *D. eriantha*

      5. 叶长圆或圆状椭圆形，上面淡橄榄绿色；几乎无光泽，下面仅被绣色短柔毛或近无毛，
        侧脉约 4 对……同安、连城、屏南、周宁、南安、南平、武夷山 …… 5. 延平柿 *D. tsangii*

  3. 果实表面无毛。

    6. 宿萼 4 浅裂。

      7. 小乔木或灌木；叶革质，长椭圆形或卵状披针形，长 2～11 cm，下面绿色；果成熟暗成
        黄色……全省各地 …………………………………… 6. 罗浮柿 *D. morrisiana*

      7. 落叶乔木；叶近革质，椭圆形、卵形或卵状披针形，长 10～15 cm，下面灰白色，果成熟
        时红色……武平、连城、永安、泰宁 …………………… 7. 粉叶柿 *D. glaucifolia*

    6. 宿萼 4 深裂。

      8. 雄花萼裂片宽卵形，长 8 mm，果球形，直径 1～1.5 cm，成熟时蓝黑色，果很短，长 2～
        3 mm，无毛……长汀、建宁 …………………………… 8. 君迁子 *D. lotus*

      8. 雌花萼裂片披针形，长 6～8 mm。果卵球形或扁球形，直径 8 mm，成熟时橙黄色，果
        梗长 1 cm，被短柔毛……全省各地栽培………………………… 9. 柿 *D. kaki*

---

① 从原文《福建植物志》第 4 卷 314—322 页中摘要而成。

第六篇　福建竹类(Bambusoideae)植物
The Sixth Chapter　Fujian Bambusoideae

福建玉山竹属新种[①]

郑清芳　黄克福

New Species of Yushania (Bambusoideae) from Fujian

1. 长耳玉山竹新种(图 6-1 中 1a~1f)

Yushania longiaurita Q. F. Zheng et K. F. Huang, sp. nov.

Rhizoma sympodialis; collum culmi elongatum c. 27 cm longum, 2~5 mm crassum. Culmi diffusi, 1. 5 m alti, 0. 4~0. 6 cm crassi; internodia usque ad 14 longa, cylindrica velsecus latus ramorum basi leviter plana, infra nodum initio dense albo-farinosa, tandem, nigrescentia; nodi aliquantum inflati, intranodis 3mm longis. Rami ad quumque nodum 1~5 vaginae culmi breviores quam internodia, chartaceae, flavo-virentes, dorso glabrae, margine brunneae ciliatae; laminae angustae lanceolatae, reflexae; auriculae evolutae, falcatae vel semiorbiculatae, reflexae, tomentosae, Setis oralibus radiatis 6~8 mm longis; ligulae circa 1 mm altae, leviter arcuatae. Folia in quoque ramulo 5~9; vaginae foliorum glabrae; laminae lanceolatae, 7~12 cm longae, 1~1. 5 cm latae, subtus glabrae, nervis secundariis 4~5 jugis; auriculae evolutae, falcatae vel semiorbiculatae; setae orales radiatae. Inflorescentia incognita.

Fujian(福建), Dehua(德化), Daiyun Shan(戴云山), alt. 1 500 m, Wu Danjian(吴当鉴) 001 (Typus, FJFC), 009.

地下茎合轴散生。秆柄长约 27 cm, 粗约 2~5 mm, 淡黄色。秆高 1.5 m, 径 0.4~0.6 cm, 最长节间达 14 cm, 圆筒形或生枝一侧基部微扁, 幼秆节下初时被白粉, 后变成一圈黑色粉垢, 节环稍隆起, 节内长 3 mm。每节有 1~5 分枝。箨鞘短于节间, 淡黄绿色, 纸质, 背面无毛, 边缘具淡棕色纤毛; 箨叶狭披针形, 外折; 箨耳发达, 镰形或半圆形, 反转, 被短绒毛, 具长 6~8 mm 的放射状繸毛; 箨舌微弧形, 高约 1 mm。每枝有叶 5~9 枚, 叶鞘无毛; 叶片披针形, 长 7~12 cm, 宽 1~1.5 cm, 下面无毛, 次脉 4~5 对; 叶耳发达, 镰形或半圆形, 反转,

①　原文发表于《植物分类学报》, 1984, 22(3):217~220。

本文承南京大学王正平副教授审阅; 游水生、戴宗垒及武夷山保护区何建元等同志参加标本采集, 黄文荣同志绘图, 特此感谢。

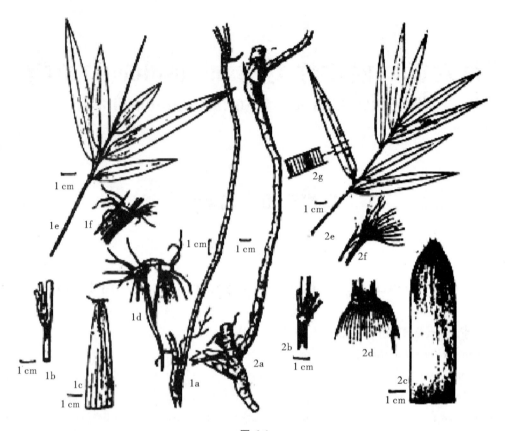

图 6-1

1a~1f. 长耳玉山竹 *Yushania longiaurita* Q. F. Zheng et K. F. Huang

2a~2g. 撕裂玉山竹 *Y. lacera* Q. F. Zheng et K. F. Huang

a. 地下茎 rhizome；b. 秆之一节 a node of culm；c. 秆箨 culm-sheath；

d. 秆箨先端之背轴面 apex of culm-sheath abaxial aspect；e. 叶枝 leaf branch；

f. 叶鞘之上部 upprt part of leafsheath；g. 叶片之一部(放大) a part of blade beneath(enlarged)

具放射状繸毛。花未见。

本种以箨耳和叶耳发达,镰形或半圆形,反转,具放射状繸毛,秆箨背面无毛,叶下面无毛等特征与本属其他种易于区别。

2. 撕裂玉山竹(新种,图 6-1 中 2a~2g)

Yushania lacera Q. F. Zheng et K. F. Huang, sp. nov.

Rhizoma sympodialis；collum culmi elongatum, c. 27 cm longum, 5~7 mm crassum；culmi diffusi, 2. 1 m alti, 0. 8 cm crassi；internodia usque ad 23 cm longa, cylindrica vel secus Iatus ranaorum basi leviter plana；infra nodum initio dense albo-farinosa tandem nigrescentia, supra medium brevissime albo-stimulosa, scabra；nodi aliquantum inflati, intranodis 4 mm longis. Rami ad quumque nodum 3~6. Vaginae culmi breviores quam intcrnodia, serodeiduae vel infernae persistentes, tenuiter coriaceae, stramineae vel super purpuratae, dorso stimulis purouratis brevibus retropatentibus obtectae, margine purpuratae ciliatae；laminae lineari-lanceolatae, 1. 5 cm longae, reflexae；auriculae non evolutae vel valde parvae; setaeorales non evolutae; ligulae circa 1. 5 mm aItae, pubentes. apice lacerae et purpuratae ciliatae. Folia in quoque ramulo 3～8; laminae foIiorum Iineari-lanceolatae, 10～13 mm longae et 1～1. 2 cm latae, subtus pubescentes et secus costam densissime, nervis secundariis 4～5 jugis, auriculae non veoIutae vel vaIde parvae; setae 2～6 c. 3～8 mm longa; ligulae truncatae 1 mm altae. Inflorescentia incognita. Turiones Maio germinantes.

Species *Y. niitakaymensi* (Hayata) Keng f. et *Y. frainosae* Z. P. Wang et G-H Ye similis, sed vaginis culmi tenuiter coriaceis, dorso stimulis brevibus purpuratis obtectis, ligulis apice lacerie 1. 5 mm altis, culmis primo brevissmis stimulosis, scabris differt.

Fujian(福建):Jianyang(建阳),Wuyi shan(武夷山),Zhumugang,(猪母岗) alt. 1 750 m, Huang Zhi-qiang, He Jian-yuan(黄志强、何建元) 124 (Typus,FJFC).

地下茎合轴散生,秆柄长约 27 cm,粗约 5～7 mm,黄白色。秆高约 2 m,直径 0.8 cm,最长节间达 23 cm,圆筒形或生枝一侧基部微扁,幼秆节下初时被厚白粉,后变成一圈黑色粉垢,节间上半部被极短白色刺毛,粗糙;秆环稍隆起,节内长 4 mm。每节 3～6 分枝。籜鞘薄革质,短于节间,迟落或于秆基部者宿存,新鲜时草黄色,上部带紫色,籜鞘背面具倒向紫色短刺毛,边缘具紫色纤毛;籜叶条状披针形,长约 1.5 cm,外折;无籜耳或仅有小突起,鞘口无繸毛;籜舌高约 1.5 mm,被短绒毛,顶端撕裂状,有长短不一的紫色纤毛。每小枝有叶 3～8 枚,叶片披针形,长 10～13 cm,宽 1～1.2 cm,下面被短柔毛,近中脉更密,次脉 4 对;无叶耳或仅有微小突起,鞘口有 2～6 条繸毛,繸毛长 3～8 mm;叶舌平截,高 1 mm。花未见。笋期 5 月。

本种与玉山竹 *Y. niitakayamensis* （Hayata) Keng f. 及湖南玉山竹 *Y. farinosa* Z. P. Wang et G. H. Ye 相似,但本种秆籜薄革质,背面被紫色短刺毛,籜舌高 1.5 mm,顶端撕裂状,幼秆被极短白色刺毛,粗糙等易于区别。

3. 武夷玉山竹(新种,图 6-2)

Yushan wuyishanensis Q. F. Zheng et K. F. Huang, sp. nov.

Rhizoma sympodialis; collum culmi elongatum. c. 23 cm longium, 3～5 mm crassum. Culmi diffusi, 4 m alti, 1 cm crassi; internodia usque 29. 5 cm longa, cylindrica vel secus latus ramorum basi leviter plana, infra nodum intio dense albo-farinosa, superiora, papillosa, scabra; nodi aliquantum inflati, intranodis 5 mm longis. Rami ad quumque nodum 3～5. Vaginae culmi breviores quam internodia. sero deciduae vel infernae persistentes, tenuiter coriaceae, stramineae sed super purpuratae, basi stimulis densis purpuratis retropatentibus obtectae, margine purpuratae ciliatae; laminae lineari-lanceolatae 1～1. 5 cm longae, erectae; auriculae non evolutae vel parvae; setae orales 1～2 c. 3～5 mm longae; ligulae 1 ～1. 5 mm altae; pubentes, apice truncatae et dentatae breviter ciliatae. Folia in quoque ramulo 6～8, laminae foliorum lineari-lanceolatae, 10～13 cm longae, 1. 1～1. 2 cm latae, subtus glabrae, nervis secundariis 4～5 jugis; auriculae non evolutae; seae orales 4～7 mm longae; ligulae truncatae 1 mm altae. Inflorescentia incognita. Turiones in Maio germinantes.

Species *Y . lacerae* Q. F. Zheng et K. F. Huang similis, sed vaginis culmi basi stimulis purpuratis Obtectis, ligulis apice truncatis et dentatis, foliis in quoque ramulo 6～8, laminis

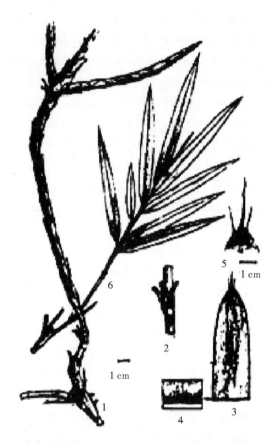

图 6-2 武夷玉山竹 Y. wuyishanensis Q. F. Zheng et K. F. Huang
1. 地下茎 rhizome；2. 秆之一节 a node of culm；3. 秆箨 culm-sheath；
4. 秆箨基部之背轴面 lower part of culm-sheath abaxial aspect；
5. 秆箨先端之背轴面 apex of culm-sheath abaxial aspect；6. 叶枝 leaf bransh

foliorum subtus glabris differt.

Fujian(福建)：Jianyang(建阳)Wuyi Shan(武夷山)，zhumugang(猪母岗)，alt. 1 780 m，Huang Zhi-qiang，He Jian-yuan(黄志强、何建元)123(Typus：FJFC).

地下茎合轴散生，秆柄长约 23 cm、粗约 3～5 mm，淡黄色。秆高 4 m，直径 1 cm，最长节间 29.5 cm，圆筒形或生枝一侧基部微扁，幼秆节下初时被厚白粉，节间上部具矽质小疣点，粗糙，节环稍隆起，节内长 5 mm。每节有 3～5 分枝。秆箨薄革质，短于节间，迟落或于秆基部者宿存，新鲜时草黄色，上部带紫色，箨鞘背面仅基部具倒向紫色刺毛，其余无毛或仅有粉质毛，边缘有紫色纤毛；箨叶条状披针形，长 1～1.5 cm，直立；无箨耳或仅见小突起，两侧具鞘口繸毛 1～2 条，繸毛长 3～5 mm；箨舌高 1～1.5 毫 m，背面被绒毛，顶端截形，或缺齿状，有紫色短纤毛。每小枝有叶 6～8 枚，叶片条状披针形，长 10～13 cm，宽 1.1～1.2 cm，下面无毛，次脉 4～5 对；无叶耳，叶鞘鞘口有繸毛 4～6 条，繸毛长 5～7 cm；叶舌平截，高 1 mm，花未见，笋期 5 月。

本种与撕裂玉山竹(Y. lacera Q. F. Zheng et K. F. Huang)相似，但本种秆箨仅基部被紫色短刺毛，箨舌高 1～1.5 mm，顶端截形成缺齿状，具较短纤毛，每小枝具叶 6～8 枚，叶片下面无毛等易于区别。

福建竹类三新种①

郑清芳　黄克福

Three New Species of Bamboo from FuJian

This paper gives descriptions of three new species of bamboo from Fujian province. Type specimens are deposited in the Herbarium of Fujian College of Forestry.

几年来,在参加《福建植物志》的编写过程中,我们对福建及武夷山的竹类植物进行调查,发现若干新种,现记载如下。模式标本存于福建林学院树木标本室。

1. 南平倭竹(新种,图 6-3,照片见封面下右图)

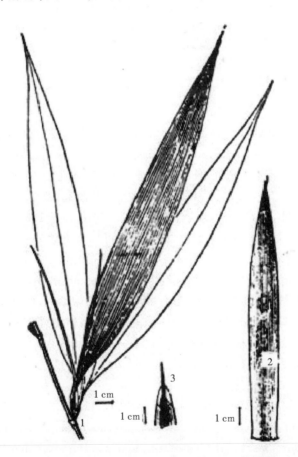

图 6-3　南平倭竹 *Shibataea nanpinensis* Q. F. Zheng et K. F. Huaag sp. nov.
1. 枝叶;2. 秆箨(背面);3. 秆箨顶部示箨叶与箨舌

①　原文发表于武夷科学(第 2 卷)1982 年 12 月

Shibataea nanpinensis Q. F. Zheng et K. F. Huaag sp. nov.

Culmi ad 1~1. 7 m. alti et 4~5 mm. diam. virides erecti,internodia 25~41 cm. longa. Cylindrica vel secus latus ramosum plana valde sulcata. Ramuli in quoque nodo 3, breves, tantum 2-internodiis. ad 1.5~1.7 cm. longi; nodi elevatissimi. intranodis 5 mm. longis. Vaginae culmorum breviores quam internodia. dorso dense albo-puberulae, mox deciduae;laminae virides lineari-lanceolatae 3~6 mm. longae, auriculae et setae orales non evolutae;ligulae conspicue elevatae 1.5~4 mm. altae. convexae. apice ciliolatae. Folia in quoque ramnlo l, laminae foliorum elliptico-lanceolatae,17~25 cm. longae et 2.5~3 cm. latae. apice acuminatae basi cuneatae. supra atro-virides,glabrae. subtus glabrae, vel glabresentes. nervis secundariis 7~8 jugis. utrique tessellatae. margine serulotae. Flores et fructus non visi.

Species *Shibataea kumasacae* (Zollinger) Makino similis. sed internodiis longissimis usque (30~41) cm. longis. vaginis culmorum puberulis,mox deciduis. Foliis subtus glabris. utrique conspicue tessellatis differt. Etiam Sh. chinensis Nakai similis. sed plantis majoribus 1~1.7 m. altis,. vaginis culmarum longioribus. setis et oralibus haud evolatis, foliorum laminis majoribus. elliptico-lanceolatis 17~25 cm. longis et 2.5~3 cm. latis. basi cuneatis differt.

Fujian, Nan-pin Shi. Hou-pin. alt. 700 m. Zheng-You 285.

秆高 1~1.7 m,直径 4~5 mm,绿色;基部秆圆柱形,着枝一侧扁平,有沟槽,每节有 3 分枝,分枝短,仅具 2 节,长约 1.5~1.7 cm,节间长 25~41 cm,箨环稍隆起,秆环极隆起,节内长 5 mm,秆箨短于节间,淡绿色,外被白色细柔毛,基部尤密,毛很快脱落,或仅留有毛基;箨叶绿色,条形,长 3~6 mm,无箨耳及繸毛,箨舌甚隆起,高 1.5~4 mm,先端弧形,有小纤毛。每小枝具 1 叶,叶片椭圆状披针形,长 17~24 cm,宽 2.5~3 cm,先端长渐尖,尾状,基部楔形,略下延;下面具微柔毛,放大镜下明显可见。侧脉 7~9 对,两侧均可见到方格状小横脉,边缘有小锯齿。花果未见。

本种与五叶笹 *Shibataea kumasaca* (Zallinger) Makino 相似,其不同在于节间极长,长达 25~41 cm,秆箨初被毛,很快脱落变无毛,叶片下面具微柔毛,两面均可见到方格状小横脉,本种与鹅毛倭竹 *Shibataea chinensis* Nakai 也很相似,但植株较大,高 1~1.7 m。箨鞘较长,鞘口无繸毛,叶片较大,椭圆状披针形,长 17~24 cm,宽 2.5~3 cm,基部楔形等。

采自福建南平市后坪,海拔 700 m,郑、游 285 号。

2. 武夷山苦竹(新种,图 6-4)

Pleioblastus wuyishanensis Q. F. Zheng et K. F. Huang. sp. Nov.

Culmi erecti. 5 m. alti et 3.5 cm. crassi; internodia usque 33 cm. Ionga, cylindrica vel secus latus ramosura basi leviter plana. primo dense farinosa. demum nigrescentia;nodi leviter inflati. in cicatrice basim vaginae suberosam remanentes,intranodis 5~6 mm. longis; rami ad quemque nodum 3~7. subaequicrassi. arrecti, basi ad culmum appressi. 'Vaginae culmi internodia aequantes; vel brevriorae, coriaceae. flavovirentes. persistentes, dorso glabriusculis vel paulueum stimulosis deciduis obtectae, basi parce pubescentes. auriculae parvae semiorbiculatae vel flacatae. setae orales 3~5 mm. longae; liguae trunca-

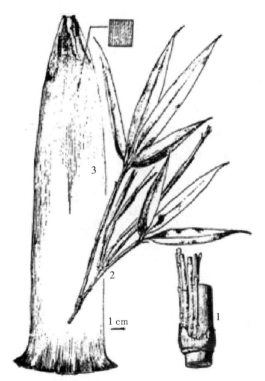

图 6-4 武夷山苦竹 *Pleioblastus wuyishanensis* Q. F. Zheng et K. F. Huaag sp. nov.
1. 秆；2. 枝叶；3. 秆箨（背面）

tae, 1 mm. altae. purpureae. margine ciliatae vel glabrae; laminae Ianceolatae 2. 5～6 cm. longae. Folia in quo-que ramulo 3～4. vaginae foliorum glabrae. Iaminae lanceolatae 8～14 cm. longae et 1. 5～2. 2 cm. latae. subtus basi albo-puberulae, nervis secundariis 4～5 jugis, auriculae et setae orales haud evolatae; liguae truncatae 1. 5 mm. altae. Flores et fructus non visi.

Species ob omnibus speciebus sinensibus culmis primo dense farinosis demum nigrescent-ibus, ramis arrectis, ad culmum appressis, vaginis culmi internodia aequantibus vel brevioribus. persistentibus, auriculis parvis. setis oralibus brevioribus 3～5 mm. longis. foliorum auriculis et setis oralibus haud evolutis.

Fujian: Chong-an Xian. Wuyigong. alt 200 m Huang . Ke-fu 006.

地下茎复轴型，秆高 5 m，直径 3.5 cm，秆壁较厚，可达 7 mm，全秆节数达 21 节，节间最长达 33 cm，圆筒形，髓隔笛膜状，分枝一侧基部微凹，幼秆厚被白粉，老秆变为深黑色粉垢；秆环稍隆起，节内长 5～6 mm，箨环具突起之鞘基，呈木栓质的阔圆环状，与秆环等高或略低，分枝 3～7，枝大小略相等，直立，紧贴节间，小枝的基部数节初被白粉，后变为深黑色粉垢。箨鞘革质，黄绿色，与节间等长或略短，宿存至腐烂，故在箨环上有大片残留物，背面被白粉，几无毛或有极少脱落性紫色刺毛，基部微被灰色短柔毛，边缘疏被纤毛或无毛；箨耳小，半圆形或镰刀形，高 1 mm，宽 5 mm，繸毛短，长 3～5 mm；箨舌截形、紫色，高 1 mm，顶端具短纤毛或无毛，箨叶披针形，长 2.5～6 cm，伸展或反摺，基部具粉质短毛。每枝有叶

3～4枚,叶鞘无毛,微被白粉;叶片披针形,长 8～14 cm,宽 1.5～2.2 cm,叶缘一边有锯齿,一边近全缘,次脉 5～6 对,叶背基部微被白色短柔毛;无叶耳及繸毛;叶舌截形,高 1.5 mm。花、果未见。

本种与国产其他种的明显区别在于:幼秆厚被白粉,老秆变为深黑色粉垢,侧枝直立,紧贴节间,秆箨与节间等长或略短,宿存至腐烂,箨耳小,繸毛短,长 3～5 mm,无叶耳及繸毛等。

采自福建崇安县武夷宫,海拔 200 m,黄克福等 006 号。

3. 长鞘玉山竹(新种,图 6-5)

Yushanla longissima K. F. Huang. sp. nov.

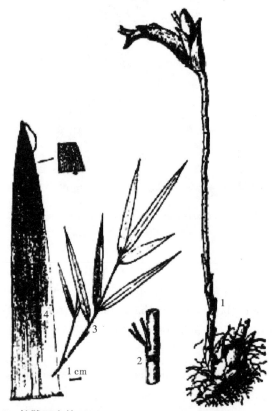

图 6-5 长鞘玉山竹 *Yushanla longissima* K. F. Huang. sp. nov.
1. 地下茎;2. 秆;3. 枝叶;4. 秆箨(背面)

Rhizoma sympodialis;Collum culmi elongatum usque 30 cm. longum;culmi diffusi, erecti. 1. 6 m. alti et 0. 8 cm. crassi; internodia usque 11 cm. longa. cylindrica vel secus latus ramosum basi leviter plana. primo dense farinis albis et tandem nigrescentibus infra nodum insttucta; nodi aliquantum inflati, basim vaginae in cicatrice remanentes; rami ad quemque nodum 3～7. Vaginae culmi longiores quam internodia, sero deciduae. stramineae vel purpuratae, stimulis atro purpuratis, crassis breibusque. retropatentibus. versus apiccm dense obLectae. Margine ciliatae; laminae linearilanceolatae usque 10 cm. longae; ligulae levitar arcuatae 5 mm. altae, apicet ciliolatae; auriculae non evolutae. setae orales 3～4. circa 0. 8～1 cm. longae. Folia in quoque ramulo 5～6; laminae foliorum linear lanceolatae. 4～9 cm. longae et 0.5～0.8 cm. latae. apice longe acuminatae. Basi cunetae, nervis secundaris 3～4 jugis; auriculae non evolutae; setae orales 3～4. Flores et fructus non, risi.

Species Yushania farifnosae Z. P. Wang et G. H. Ye similis; sed vaginis culmorum longioribus quam internodiis; ligulis arcuaeis 5 mm. altis; laminis foliorum minoribus 4～9 cm. longis et 5～8 mm. latis differt.

Fujian: Chong-an Xian; Huang Gang Shan; alt. 2 135 m. Huang Ke-fu 25.

地下茎合轴散生,秆柄最长达 30 cm,近实心或中空极小,多节,节间长 1.5 cm 或更小,直径 3～7 mm,枯草色,无毛,有光泽,每节有一宿存箨鞘,箨鞘长于节间,淡黄色有光泽,厚纸质,秆高 1.66 m,直径 0.8 cm,节间最长达 11 cm,直立,圆筒形,着枝一侧微扁,每节 3～7 分枝,秆环稍隆起,新秆于箨环下具一白粉圈,老秆白粉圈变黑色,箨鞘迟落,箨环微具残留物,箨鞘长于节间,长达 23 cm,枯草色或带紫色,外面被紫黑色、倒向的粗短刺毛,此毛有时簇生,向箨鞘上端渐密,脱落后留有紫色刺疣,箨鞘边缘有纤毛,箨叶条状披针形,长可达 10 cm;箨舌高达 5 mm,先端微弧形,有短纤毛,无箨耳或仅有微小突起,具 3～4 条繸毛,繸毛长 0.8～1 cm。每枝有叶 5～6 枚,叶片条扶披针形,长 4～9 cm,宽 0.5～0.8 cm,先端长渐尖,基部楔形,下面无毛,侧脉 3～4 对,无叶耳,具 3～4 条繸毛。花、果未见。

本种与湖南玉山竹 Yushania farinosa Z. P. Wang et G. H. Ye 相似,不同在于秆箨长于节间,箨舌高达 5 mm,先端微弧形,叶较小,长 4～9 cm,宽 5～8 mm。

采自福建崇安县黄岗山,海拔2 135 m,黄克福等25号。

少穗竹属一新种——永安少穗竹^①

A New Species of *Oligostachyum*——*O. yonganensis*

永安少穗竹,新种(图6-6)

图6-6 永安少穗竹 *Oligostachyum yonganensis* Y. M. Lin et Q. F. Zheng
1. 枝叶;2. 箨的背腹面;3. 秆一段

Oligostachyum yonganensis Y. M. Lin et Q. F. Zheng,sp. nov. in Addenda.

秆高3~4 m,直径1.8 cm,幼秆绿色,被柔毛及薄白粉,老时黄绿色;节间长 20~25 cm,秆环高隆起,呈环状棱脊;箨环稍突起。秆箨薄革质,淡紫绿色,箨背具明显的纵脉,被黄褐色绒毛和棕红色刺毛,刺毛脱落后留有毛基,箨鞘边缘具长纤毛;箨耳小,狭条状,自箨片基部下延,具向上直立的繸毛,繸毛长 8~10 mm;箨舌拱形,高 1.5~2.5 mm,顶端边缘具短纤毛;箨片三角状披针形,背面密被黄棕色糙伏毛。每节3分枝。每分枝有叶 2~3 片;叶鞘细长,长 4~5 cm,无叶耳及繸毛;叶舌高拱形,高 3 mm;叶片条状披针形,长 8~15 cm,

---

① 林益明、郑清芳发表于《福建植物志》六卷竹亚科 少穗竹属。

宽 1~1.5 cm,基部渐窄。顶端长尾尖,上面绿色、无毛,下面灰绿色。被不明显微柔毛,次脉 4~5 对,叶缘一侧全缘,另一侧有细锯齿。笋期 3—4 月。

本种特征与云和少穗竹 *O. lanceolatum* 相近,区别在于本种繸毛直立,长达 8~10 mm,箨片三角状披针形,背面密被黄色糙伏毛等。

产于永安,生于山地灌丛中。

Species *O. lanceolata* G. H. Ye et. Z. P. Wang affinis,sed seties vaginae apice erectis 8~10 mm. Longis,laminis vaginae triangule. lanceolatis,dorso,basi dense fulvo-strigosis.

Fujian：Yongan Shi. (永安市) 1982. April. 2. Sanmin. team (三明组) 823455 (Typus)in Herb. Fujian forestry College.

近实心茶秆竹新变型——花叶近实心茶秆竹[①②]

郑建官　陈成和　胡明芳

A New Form of *Pseudosasa subsolida*——*P. subsolida f. auricoma* J. G. Zheng et Q. F. Zheng ex M. F. Hu et al.

摘要：在福建省古田县发现近实心茶秆竹新变型——花叶近实心茶秆竹。与原种不同之处在于叶片有一至多条宽窄不一的浅黄色至近白色彩条自基部至先端，黄绿相间，箨背及两侧边有浅褐色细纤毛。

Abstract：A new form of *Pseudosasa subsolida* S. L. Chen et G. Y. Sheng was found in Gutian County of Fujian Province. It is different from original kind in having one or more light yellow or white-like colorful lines with different breadth from the leaf-base to the leaf-apex. Yellow and green is alternate. There are some thin light brown cilia on the back and two flanks of the culm-sheath. It is named P. subsolida S. L. Chen et G. Y. Sheng f. auricoma J. G. Zheng et Q. F. Zheng. f. nov. Fujian Gu-tian County.

A. typo differt laminis foliorum viridibus et striis aureis longitudinalibus notatis.

2003 年 10 月，在福建省古田县西部山区独角公山场进行采伐山场检查时，在该山场偶然发现了一种与众不同的竹子，其最主要的特点是叶片有浅黄色的彩条。2004 年 5 月，我们再次到该山场进行样方调查、采集标本，并且发现个别竹株有抽穗开花，经查对竹类检索表和有关竹类资料，初步定为茶秆竹属的一个新种或某个种的变种。2004 年 10 月我们邀请福建农林大学退休树木分类学教授郑清芳先生到现场观察，一起研究，认为目前发现的面积较小（约 0.25 hm²），确定为近实心茶秆竹的新变型，定名为花叶近实心茶秆竹 *Pseudosasa subsolida* S. L. Chen et G. Y. Sheng f. *auricoma* J. G. Zheng et Q. F. Zheng（图 6-7）。

花叶近实心茶秆竹秆高 0.5～2.2 m，粗 0.6～1.2 cm。秆环比箨环略大。下部 1～2 分枝，中部以上常为 3 分枝，并有次生枝而形似多分枝。分枝较短，基部常贴秆。箨鞘薄革质，浅黄色，迟落。箨背及两侧边有浅褐色细纤毛，秆箨长于节间。箨片狭披针形，长 2～5 cm；宽 0.15～0.3 cm，直立。箨舌膜质，长 0.2～0.4 cm，箨耳繸毛状或缺。叶片长 10～18 cm，宽 1.2～2.4 cm。大多数叶片有一至多条宽窄不一的浅黄色至近白色彩条自基部至先端，黄绿或白绿相间；彩条宽的可达 0.4 cm，窄的只有头发粗细。叶鞘长 4～5 cm，有白色细绒

①　原文发表于《广西植物》2006，26(5)：579～580。

②　补注：该新变型由笔者鉴定并用植物拉丁语写出其与原种的区别要点。2004 年由胡明芳等同志发表，本文笔者稍加修改。特别图注，不再用 Figure-leaf 而应该用其正式学名，考虑到以上情况，现把正式学名改为 *Pseudosasa subsolida* f. *auricoma* J. G. Zheng et Q. F. Zheng. ex M. F. Hu et al.（郑清芳于 2013.10.05. 福州）

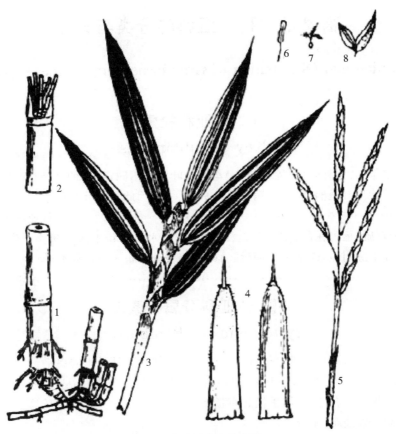

图 6-7 花叶近实心茶秆竹

Pseudosasa subsolida. *f.* **auricoma J. G. Zheng. et Q. F. Zheng ex M. F. Hu et al.**

1. 地下茎与秆;2. 节与分枝;3. 枝、叶;4. 秆箨背、腹面;5. 花序;6. 雄蕊;7. 雌蕊;8. 外稃与内稃。

1. Rhizome and stem; 2. Node and branch; 3. Leafage; 4. Back face and venter of culm-sheath;
5. Inflorescence; 6. Stamen; 7. Pistil; 8. Lemma and glumose.

毛。叶舌膜质,长 0.4～0.6 cm。圆锥花序或总状花序着生于侧枝或竹秆顶端,总花穗及小穗有柄,每小穗有小花 5～15,左右排列紧密,成压扁状。外稃长于内稃,外被白色绢毛。雄蕊三枚,偶见一枚,花药舌状长条形,雌蕊柱头 2～3 分叉,绒毛状。鳞被仅见 2 片,膜质阔卵形。

本变型与近实心茶秆竹不同之处主要在于叶片上有一至多条宽窄不一的浅黄色至近白色彩条自基部至先端,黄绿或白绿相间;箨背及两侧边有浅褐色细纤毛。产福建省古田县西部海拔 550 m 的山地(模式标本暂存古田县林业局)。郑清芳已在模式产地挖取其竹苗移至福州种植。(照片见 374 页彩插 1(6):1 图)

福建禾本科竹亚科的分类与分布[①]

Classification and Distribution of Gramineae Bambusoideae from Fujian

Ⅰ. 分亚科检索表
Key of subfamilies

1. 秆木质,多年生;主秆叶(秆箨即笋壳)与普通叶明显不同;秆箨的叶片(箨片)常缩小而无中脉;普通叶片有短柄,且与叶鞘相连处成一关节,因此易自叶鞘脱落 ······
······· Ⅰ.竹亚科 Bambusoideae

1. 秆一般为草质,稀可在芦竹族、黍族、蜀黍族带有木质多年生或一年生主秆,叶时即普通叶,其叶片中脉明显,通常无叶柄(淡竹叶属等例外),也不自叶鞘脱落(隐子草属例外)
······· Ⅱ.禾亚科 Gramindeae

Ⅱ. 竹亚科分属检索表
Key to genus of Bambusoideae

1. 地下茎为合轴型,不具真鞭;秆圆筒形,少有于着枝一侧具纵沟或扁平。

  2. 秆柄不延伸,地上秆丛生;每节多分枝;具续次发生的假花序,小穗无柄。

   3. 秆的节间显著含有硅质,用手摸之有糙涩感 ············· 1. 思劳竹属 Schizostachyum

   3. 秆的节间不含硅质,光滑。

    4. 秆箨宿存,少有迟落,无箨耳,叶较窄长,长 10～20 cm,宽 7～12 mm;小穗含 2～3 花,唯顶端尚有退化不孕花;果皮硬壳质 ··················· 2. 条竹属 Thyrostachys

    4. 秆箨脱落,有箨耳或无;叶宽多为 1 cm 以上;小穗含有多花,如含 1～3 朵时,则顶端并无退化的不孕花;颖果或囊果,果皮不为硬壳质。

     5. 小穗具明显的小穗轴,小穗轴在花成熟时容易逐节折断,同一小穗中的各外稃几等长;鳞被通常 3 枚;箨耳常存在。

      6. 箨片基部宽度几与箨鞘顶端宽相同,如箨片基部较箨鞘顶端甚窄,则其箨片外翻,秆壁薄,节间甚长(长可达 45 ～100 cm);小穗较延长,小花疏离,小穗轴节间较长,在外方即可见 ················· 3. 簕(莿)竹属 Bambusa

      6. 箨片基部较其箨鞘顶端为窄,或只有它的宽度一半;箨片直立,秆壁一般较厚;小穗简短,小穗轴节间甚短,不易在外方见到 ············· 4. 绿竹属 Dendrocalamapsis

     5. 小穗具短缩而不易逐节断落的小穗轴,同一小穗中各外稃之大小甚不相同,自下向上逐渐增大或以位于小穗中部者较大;箨耳常不存在或存在而甚小。

      7. 中型竹类,高不超过 10 m,秆壁薄(在 5 mm 之内);主枝不甚明显粗壮;小穗古铜色或棕紫色,外稃较内稃宽甚,其先端不具刺状小尖头;鳞被 3～4 枚 ·············
      ···················· 5. 慈竹属 Neosinocalamus

---

① 本文从《福建植物志》第六卷竹亚科资料摘要而成。

7. 秆较大型,秆壁厚在 5 mm 以上;小穗绿色或黄绿色,外稃与内稃等宽或较内稃宽,先
端常具刺状或针状之尖头;鳞被缺失 ···················· 6. 牡竹属 Dendrocalamus

2. 秆柄在地下延伸成各节上无芽、无根的"假鞭",长达 20～30 cm 或更长,地上秆散生;秆
每节 3～5 分枝;具单次发生的真花序,小穗具柄,为高海拔(福建 1 200 m 以上)生长的
灌木状竹类 ·············· 12. 玉山竹属 Yushania

1. 地下茎为单轴型或复轴型,具真鞭,秆圆筒形,着枝一侧具纵沟。

8. 秆每节分枝 1～2 枚。

9. 秆每节分枝 1 枚,分枝粗细与主秆几相同,少数于秆顶数节有 2～3 分枝;叶片大型
··············· 17. 箬竹属 Indocalamus

9. 秆每节分枝 2 枚,分枝常 1 大 1 小而较主秆细 ············· 9. 刚竹属 Phyllostachys

8. 秆每节 3 分枝或更多。

10. 植株一般较高大,分枝可再次反复分枝,每小枝有叶 2 枚以上。

11. 秆节内有气生根刺或瘤点,箨鞘三角形;箨片极小,仅具一尖头··············
··············· 11. 寒竹属 Chimonobambusa

11. 秆节内无气生根刺或瘤点,箨鞘各式,箨片较大。

12. 地下茎单轴型,秆散生。

13. 小穗无柄,具续次发生的假花序。

14. 秆髓片状分隔 ··············· 8. 短穗竹属 Brachystachyum

14. 秆髓屑状或海绵状 ··············· 7. 唐竹属 Sinobambusa

13. 小穗具柄,具单次发生的真花序。

15. 雄蕊 6 枚,叶片大小有变化,宽一般 2～3 cm,次脉 6～11 对··············
··············· 13. 酸竹属 Acidosasa

15. 雄蕊 3～4 枚,叶片较狭长,宽不超 1.5 cm,次脉 4～5 对··············
··············· 14. 少穗竹属 Oligostachyum

12. 地下茎复轴型。

16. 秆中部每节分枝为 1～5 枚,分枝贴秆后再外展,箨环不具箨鞘基部残留物··············
··············· 16. 茶秆竹属 Pseudosasa

16. 秆中部每节分枝 3～7 枚,分枝角度较大;箨环具箨鞘基部残留物··············
···············15. 苦竹属 Pleioblastus

10. 植株矮小,高不及 2 m,分枝不再分次枝,每小枝仅具叶 1～2 枚··············
··············· 10. 倭竹属 Shibataea

Ⅲ. 各属分种检索表及种的分布
Key to species for each genus of bamboo species and its distribution

1. 思劳竹属 Schizostanchum

1. 箨鞘之鞘口刚毛长可达 10 mm,其毛基部光滑;箨舌边缘为整齐之流苏状纤毛······华安
福州有引种 ··············· 1. 思劳竹 S. pseudolima

1. 箨鞘之鞘口刚毛长可达 5 mm,其毛基部粗糙;箨舌边缘具割裂状之窄长裂片或为不整齐
之流苏状纤毛······华安福州有引种 ··············· 2. 沙罗单竹 S. funghomii

2. 条竹属 *Thyrsostachys*

条竹(南洋竹)……福州、漳州、厦门有引种栽培 ………………………… *T. siamensis*

3. 簕（簕）竹属 *Bambusa*

1. 箨片常直立,少在全秆上个别箨片可外翻,箨片基部宽度几与箨鞘顶端宽度相同,秆基具
    硬化刺或不具硬化刺。

2. 枝具刺或无明显之刺,但小枝明显呈曲膝状;箨鞘厚革质。

3. 箨耳左右近相等。

4. 箨鞘背面密生暗紫色小刺毛……(安溪、南安、南靖、漳州、厦门、云霄)…………………
    …………………………………………………………… 1. 簕（簕）竹 *B. blumeana*

4. 箨鞘背面除基部有毛外,余均无毛,秆基部主枝各节硬化成刺,常 2～3 枚连成"丁"字型
    ……安溪、永定 ……………………………………………… 2. 车筒竹 *B. sinospinosa*

3. 箨耳左右不相等或极不相等。

5. 枝刺水平伸出,箨鞘背面无刺毛,箨耳大小极不等且剧烈皱折,叶舌先端细齿裂或具纤
    毛……永定、莆田、福州 …………………………………………… 3. 木竹 *B. rutila*

5. 枝刺斜立;节、节间和箨被明显的小刚毛;箨耳大小不等,无皱折;叶舌顶端全缘……长
    汀 …………………………………………… 4. 毛簕竹 *B. dissemulator* var. *hispida*

2. 枝无刺;箨鞘常硬纸质而质地甚脆。

6. 植物体具二型,除正常秆之外,尚有畸形肿胀之秆。

7. 箨鞘背面光滑无毛,顶部作对称之弧形隆起……全省各地有栽培,但注意防寒措施
    …………………………………………………………… 5. 佛肚竹 *B. ventricosa*

7. 箨鞘背面密生暗棕色刺毛,顶部两肩高起而呈弓形……全省各地有栽培…………………
    …………………………………………………… 6b. 大肚竹 *B. vulgaris* cv. *Waminu*

6. 植物体只有正常之秆。

8. 秆之节间具黄色间以绿色条纹,或绿色间以黄色、白色及紫色条纹。

9. 秆之节间具黄色间以绿色条纹。

10. 箨片基部两侧沿箨鞘两肩而下延,箨鞘背面无毛;箨耳缺如或甚小……全省各地有
    栽培 ……………………… 9b. 花孝顺竹 *B. multiplex* cv. *Alphonsokarri*

10. 箨片基部两侧弧形收缩而不下延,箨鞘背面密被暗棕色短刺毛;箨耳近等大……全
    省各地有栽培,注意防寒 ……………… 6. 黄金间碧竹 *B. vulgaris* cv. *Vittata*

9. 秆之节间具绿色间以黄、白、紫色条纹。

11. 箨片基部两侧沿箨鞘两肩下延;无箨耳……建瓯全省各地栽培…………………
    ……………………………… 9. 小叶琴丝竹 *B. multiplex* cv. *Stripestem*

11. 箨片基部作弧形收缩而不下延,箨耳明显或微小。

12. 秆节间与箨鞘基都具紫色条纹……南靖全省各地栽培…………………
    …………………………………… 10. 紫斑竹 *B. textilis* cv. *Maculata*

12. 秆基部几个节间具黄或白条纹。

13. 基部几个节间具黄白色纵条纹,节间及箨背无毛;箨耳窄椭圆形,近相等……福
    州、闽南沿海各县市及漳州地区 ……………… 7. 花竹 *B. albo-lineata*

13. 基部几个节间具黄绿色纵条纹,基部数节的箨环上环生一圈黄白色毛环;箨耳发达,不等大,具皱折……厦门、泉州、宁德、福鼎、龙溪、龙岩……………………
…………………………………………………………… 8. 撑篙竹 B. *pervariabilis*

8. 秆之节间绿色或黄色,但不间以黄色或绿色条纹。

　14. 箨耳微弱或不明显。

　　15. 箨片基部与箨鞘顶部同宽,不作心形收缩。

　　　16. 箨鞘背面被淡黄色粗毛,秆节间被细柔毛……南靖、三明、顺昌、德化…………
………………………………………………… 9. 河边竹 B. *multiplex* var. *strigosa*

　　　16. 箨鞘背面无毛,秆节间幼时有刺毛后脱落留有细凹痕。

　　　　17. 植株较高大,叶片较大,长 4～12 cm,宽 5～10 mm,常 5～10 枚生于小枝上
……全省各地 ……………………………………… 9. 孝顺竹 B. *multiplex*

　　　　17. 植株较矮小,叶片较狭小,长 2.5～7.5 cm,宽 5～8 mm,常 10 多枚生于小枝上
……各地多有栽培 ……… 9d 凤尾竹(观音竹)B. *multiplex* var. *rivrerum*

　　15. 箨片基部较箨鞘顶部稍窄,并作心形收缩。

　　　18. 秆及箨鞘光滑无毛……屏南、宁德等 ……… 10. 黄竹 B. *textilis* var. *glabra*

　　　18. 箨鞘背面被刺毛或柔毛。

　　　　19. 箨鞘背面被疏毛。

　　　　　20. 箨鞘背面幼时紧贴柔毛,老时脱落……南靖、泉州、福州、德化、顺昌、漳平、龙岩 ………………………………………………… 10. 青皮竹 B. *textilis*

　　　　　20. 箨鞘背面通常近内侧一边或有时近两侧边缘疏被暗红色贴生刺毛……南靖、南安、晋江、福州 ………………………………… 12. 藤枝竹 B. *lenta*

　　　　19. 箨鞘背面密被棕色小刺毛,几盖满箨鞘。

　　　　　21. 竹秆中型,节间幼时密生小刺毛并被白粉……南安、永泰、闽清、福州、永安、三明、南平、建阳、上杭 …………………………………………………
………………………… 11. 长毛木筛竹 B. *pachinensis* var. *hirsutissima*

　　　　　21. 竹秆较细,节间被疏毛或近无毛,秆表面有波状凹凸,手摸之具暗节感……德化、福鼎 ……………………… 10. 崖州竹 B. *textilis* var. *gracilis*

　14. 箨耳明显极为发达,大小不相等。

　　22. 箨鞘背面无毛……永定(福州有引种) …………… 13. 青秆竹 B. *tuldoides*

　　22. 箨鞘背面多少被毛或仅幼时具小刺毛,后变无毛。

　　　23. 秆箨背面幼时密生黑紫色小刺毛,后变无毛……永春、福州…………………
………………………………………………………… 14. 长枝竹 B. *dolichoclada*

　　　23. 秆箨背面近内缘处幼时贴生棕色易脱落小刺毛,其余无毛……南靖、泉州、福鼎 ………………………………………… 15. 硬头黄 B. *rigida*

1. 箨片外翻,其基部较箨鞘顶端窄甚;秆及枝条均无刺化枝;秆壁薄而节间甚长(45～100 cm)。

　24. 秆节间密布白粉。

　　25. 箨鞘背面遍生微毛,箨叶深黑色……南靖 ……… 16. 单竹 B. *cerosissima*

　　25. 箨鞘背面疏生贴伏刺毛,不久脱落或仅在基部存留;箨叶淡黄绿色……
福州、厦门有栽种 ……………………………………… 17. 粉单竹 B. *chungii*

24. 秆节间无白粉或仅幼秆具白粉。

  26. 秆大型;节间长 37～50 cm,壁厚达 1.6～2 cm,箨耳缺如或微弱……福鼎至厦门沿海各县市 ……………………………… 18. 大木竹 *B. wenchouensis*

  26. 秆中小型;节间长 50～100 cm,壁厚仅 2～3 mm;箨耳狭长明显……南靖 ……………………………… 17. 水粉单竹 *B. chungii var. barbellata*

4. 绿竹属 *Dendrocalamopsis*

1. 箨鞘背面具刺毛。

 2. 箨舌短,叶舌也短。

  3. 叶片无毛,外稃具网脉……南靖、厦门、漳州、晋江、福州、德化、宁德、龙岩 ……………………………………………… 1. 绿竹 *D. oldhami*

  3. 叶片两面具硅质毛而粗糙,外稃无网脉……福鼎、永春、安溪、三明、闽清 ……………………………………………… 2. 苦绿竹 *D. basihirsuta*

 2. 箨舌显著伸出,高达 5 mm;叶舌也较长。

  4. 箨鞘顶端不凹陷,箨片直立或外反……南平、三明有引种 …………………………………………………… 4. 吊丝球 *D. beecheyanus*

  4. 箨鞘顶端深凹,箨片外反…… 永春、福州有引种 ……………………………………………… 4. 大头典竹 *D. beecheyanus* var. *pubescens*

1. 箨鞘背面无毛……南靖、漳州、厦门 ……………………… 3. 光箨绿竹 *D. atrovirens*

5. 慈竹属 *Neosinocalamus* 仅一种

慈竹 *N. affinis*(Rendle)Keng f. ……(产长乐、福鼎)

6. 牡竹属 *Dendrocalamus*

1. 秆箨之箨叶卵状披针形,叶鞘上部贴生黄棕色柔毛……南靖、漳州、晋江、连江、福州、福鼎 ……………………………………………… 1. 麻竹 *D. latiflorus*

1. 秆箨之箨叶三角状披针形;叶鞘无毛,其中基部边缘生有微毛……福州、厦门有引种 ……………………………………………………… 2. 吊丝竹 *D. minor*

7. 唐竹属 *Sinobabusa*

1. 箨鞘近长圆形,先端较圆钝,通常不具直立螫人刺毛;花柱较短,鳞被 3 枚。

 2. 箨耳较小,或中等发达;幼秆、箨鞘与箨舌被厚白粉……建瓯 …………………………………………………………… 4. 石灰苦 S. *farinoesa*

 2. 箨耳发达,幼秆与箨鞘无白粉或有不明显之白粉。

  3. 箨鞘背面被平伏刺毛,箨耳斜举并具粗长之刚毛。

   4. 幼秆无毛,箨舌高达 4 mm,箨鞘基部刺毛较短。

    5. 鳞被具 3 脉,箨片常为绿色。

     6. 箨舌边缘平整,被流苏状长纤毛……安溪、福州、三明、屏南 …… 1. 唐竹 S. *tootsik*

     6. 箨舌先端有尖齿或稍有重锯齿……福鼎 …… 1b. 福鼎唐竹 S. *tootsik* var. *dentata*

    5. 鳞被具 7 脉,箨片常紫色……福州、安溪、三明 … 1a. 满山爆竹 S. *tootsik* var. *laeta*

   4. 幼秆被细柔毛;箨舌较短,被糙毛,箨鞘基部刺毛长……云霄、三明、南平、顺昌、邵武、龙岩 …………………………………………… 2. 望衫竹 S. *intermedia*

3. 箨鞘背面光滑无毛,箨耳直立上举……松溪、周宁 ……………… 3. 胶南竹 *S. semiruda*

1. 箨鞘近三角形或狭三角形,先端狭,通常具直立蜇人刺毛;花柱较长,鳞被3～5枚。

　7. 叶耳发达,镰刀状……福鼎分水关 ………………………… 5. 尖头唐竹 *S. urens*

　7. 叶耳缺如,冬季出笋……屏南、邵武 …………………………… 6. 冬笋竹 *S. scabrida*

8. 短穗竹属 *Brachystachyum Keng*

短穗竹 *B. densiflorum* (Rendle) Keng 产邵武

9. 刚竹属 *Phyllostachys*

1. 箨鞘背部具斑点,箨片基部远窄于箨舌,假花序成穗状。

　2. 秆箨无箨耳和鞘口刚毛,箨鞘背面通常无毛。

　3. 秆环下在放大镜下可见猪皮状凹穴。

　4. 分枝以下秆环不明显,或秆环低于箨环;箨舌新鲜时边缘有淡绿或白色纤毛。

　5. 秆全为绿色……安溪、闽清、上杭、三明、龙溪、宁德、屏南、建瓯、邵武、浦城 ………

　　……………………………………………………………… 1. 刚竹 *P. viridis*

　5. 秆非绿色,着枝一侧黄色;或秆黄色,有绿色纵条。

　6. 秆绿色,着枝一侧的纵槽黄色……建瓯 …………………………

　　……………………………… 1a. 绿皮黄筋竹 *P. viridis* cv. *Houzeauana*

　6. 秆黄色,间有少数绿色纵条,节下有绿色环带,叶片有淡黄色纵纹……南平、福州引

　　种 ………………………… 1b. 黄皮绿筋竹 *P. viridis* cv. *Robert*

　4. 分枝以下秆环明显或与箨环同高,箨舌新鲜时边缘有紫红色纤毛……永定、福州地

区、南平、建瓯、武夷山、宁德 ………………… 2. 台湾桂竹 *P. makinoi*

3. 秆环下无猪皮状凹穴。

　7. 新秆箨环和箨鞘底部均有白色纤毛或短毛。

　8. 箨舌边缘具短于本身的白色纤毛,秆节间正常……德化、宁德、福鼎、南平、政和、

松溪、武夷山 ………………………………………… 3. 毛环竹 *P. meyeri*

　8. 箨舌边缘具长于本身的白色纤毛,秆基部有些节间极为短缩,呈不对称的肿胀

　　……闽清、平和、永春、德化、三明、南平、龙岩、上杭、福州 …………………

　　……………………………… 4. 罗汉竹(人面竹) *P. aurea*

　7. 新秆箨环和箨鞘底部无毛。

　9. 箨舌具长纤毛(最少长在0.2 cm以上)。

　10. 箨舌宽,弧形或山峰状,边缘具0.5 cm以上纤毛。

　11. 箨鞘紫红色,无毛;箨舌弧形,先端具紫红色长纤毛;新秆中下部有些节间具不

规则黄绿色条纹……浙江、福建、长汀及各地有引种 …………………………

　　……………………………… 5. 红哺鸡竹 *P. iridenscens*

　11. 箨鞘绿色带红褐,背被脱落性疏毛;箨舌山峰状突起,两边下延,有时略呈弓状,

先端具1 cm长流苏状屈曲纤毛;秆无条纹……产浙江顺昌、尤溪、屏南有引种

　　……………………………… 6. 角竹 *P. fimbriligula*

　10. 箨舌较狭,截平,边缘具长0.5 cm白色纤毛……永安、南平、屏南 …………

　　……………………………… 7. 黄古竹 *P. angusta*

9. 箨舌具不及 0.2 cm 长的短纤毛。

　　12. 箨片平直或略皱,箨舌先端截平或弧形。

　　　13. 新秆无紫色斑纹,箨鞘不粗糙,但有时疏生硬毛。

　　　　14. 秆无白粉或稍被白粉;箨鞘绿色,有密集的大小不等的斑点,箨舌两侧多少下延而于中部隆起,绿紫色……三明、尤溪 …………… 8. 尖头青竹 P. acuta

　　　　14. 新秆厚被白粉或有时仅节下有白粉环;箨鞘红褐色或黄褐色,箨舌截平或弧形,两侧不下延。

　　　　　15. 箨鞘无白粉,箨舌截平。

　　　　　　16. 秆绿色,无斑纹……龙岩、上杭、武平、永定、德化、闽清、龙溪、福鼎、南平…………………………………………………… 9. 淡竹 P. glauca

　　　　　　16. 秆渐次出现紫褐色斑点或斑纹……宁德、屏南 …… 9a. 筠竹 P. glauca f. yuozhu

　　　　　15. 箨鞘有白粉;箨舌弧形,淡紫色……永春、德化、福鼎…………………………………………………………………… 10 早圆竹 P. propinqua

　　　13. 新秆下部有紫色斑纹,成长的秆无斑纹;箨鞘上部脉间有短小疣刺而多少粗糙……南靖、永安、福州 …………………… 11. 石竹 P. nuda

　　12. 箨片强烈皱折;箨舌强隆起,有时呈弧形,向下或向两侧延伸。

　　　17. 新秆无白粉;箨舌弧形,边缘波状……屏南 …… 12. 花哺鸡竹 P. glabrata

　　　17. 新秆有白粉;箨舌强隆起,两侧常明显下延。

　　　　18. 中部节间最长达 25 cm 以上,新秆绿色,微被白粉,节不呈紫色……三明、龙溪、屏南、武夷山 ………………………… 13. 乌哺鸡竹 P. vivax

　　　　18. 中部节间最长达 20~25 cm,新秆被厚白粉,节紫色。

　　　　　19. 节间向中部不变细;叶片披针形,分枝与主秆开角较大……尤溪各地有引种……………………………………… 14. 早竹 P. praecox

　　　　　19. 节间向中部多少变细;叶片狭披针形,分枝与主秆开角较小……屏南、柘荣、霞浦、尤溪、武夷山、连城、龙岩有栽培 ………………………………………………… 14a. 雷竹 P. praecox f. prevernalis

2. 秆箨有箨耳或箨耳不发达者则有长达 10 mm 以上的鞘口繸毛,箨鞘背部多少有硬毛。

　20. 箨耳小或近于无,但具鞘口长刚毛;箨舌有长 5 mm 或更长的流苏状纤毛。

　　21. 分枝以下节环不明显;箨舌隆起呈尖拱形;新秆节间无柔毛,手摸之粗糙感不明显。

　　　22. 秆节间缩短、肿胀交互成斜面……福州、永安、三明地区 …………………………………………………………… 15. 龟甲竹 P. heterocycla

　　　22. 秆节间正常。

　　　　23. 秆全为绿色……全省各地 ……… 15a. 毛竹 P. heterocycla cv. Pubescens

　　　　23. 秆节之间及主枝黄色间有绿色纵条纹……宁化等毛竹林中常有发生 …………………………………………… 15b. 花毛竹 P. heterocycla cv. Tao kiang

　　21. 分枝以下秆环明显;箨舌截形或弧形;新秆节间密被柔毛,手摸之粗糙感明显……福州、永安、南平 …………… 16. 假毛竹 P. kwangsiensis

　20. 箨耳常发育良好,较长,常呈镰形;箨舌边缘的刚毛较短。

　　24. 新秆箨环有毛,箨舌强隆起。

25. 新秆绿色,老秆紫黑色……南靖、福州、永泰、德化、屏南、建瓯、顺昌、武夷山
　　……………………………………………… 17. 紫竹 *P. nigra*

25. 新秆、老秆皆为绿色……永泰、德化、闽清、南平、邵武、顺昌 ………………
　　……………………………………… 17a. 毛金竹 *P. nigra* var. *stauntoni*

24. 新秆箨环无毛,箨舌弧形。

26. 箨舌狭而高,山峰状或弧形,其宽为高的 6 倍或不及 6 倍,边缘有长纤毛。

27. 箨舌多少呈山峰状隆起,秆无明显的纵条纹……安溪、三明 ……………
　　…………………………………………… 18. 粉绿竹 *P. viridiglaucescens*

27. 箨舌呈弧形,秆有明显的纵条纹……建宁、顺昌、德化…………………
　　…………………………………………… 19. 甜笋竹 *P. elegans*

26. 箨舌宽而低,截形或弧形,其宽为高的 6 倍以上,有时两侧下延。

28. 箨片平直或微皱折,箨耳小形,秆节微隆起。

29. 秆及主枝无斑点……龙岩、德化、闽清、三明、建宁、福鼎、南平、武夷山……
　　…………………………………………… 20. 桂竹 *P. bambusoides*

29. 秆及主枝具黑色斑点……厦门、福州、南平 ……………………………
　　…………………………… 20. 斑竹 *P. bambusoides* cv. *Lacrima-deae*

28. 箨片强烈皱折;箨耳常大,作弯镰形;秆节多少强烈隆起。

30. 箨耳绿色,箨舌淡褐色有短纤毛,秆节隆起……福鼎、屏南、浦城……………
　　……………………………………………… 21. 白哺鸡竹 *P. dulcis*

30. 箨耳紫褐色或黑紫色,箨舌有长纤毛,秆节强烈隆起……福州、顺昌……………
　　…………………………………………… 22. 高节竹 *P. prominens*

1. 箨鞘背部无斑点,箨片基部与箨舌的宽度近相等或至少为箨舌的 1/2,假花序紧缩成头状。

31. 箨耳较宽大,窄镰形;箨舌中部隆起;箨鞘具黄白色纵条纹……………………
　　…………………………………………… 23. 毛壳竹 *P. varioauriculata*

31. 箨耳无或有小形箨耳。

32. 箨耳小,但明显可见,或仅上部的秆箨具箨耳;如箨耳不明显时,则鞘口刚毛长达 0.5
　　cm 或更长。

33. 箨耳明显可见,常有较短的刚毛数条;箨舌有短纤毛。

34. 箨鞘背部有紫色条纹和脱落性硬毛,尤以近基部的箨鞘上的毛较密集……顺昌 …
　　…………………………………………… 24. 漫竹 *P. stimulosa*

34. 箨鞘背部无紫色条纹,无毛或偶见疏生硬毛。

35. 秆正常不实心……福州、永安、南平、松溪、武夷山 ………………………
　　…………………………………………… 25. 水竹 *P. heteroclada*

35. 秆实心或近实心……建宁、邵武 ……………………………………………
　　…………………………………………… 25a. 实心木竹 *P. hetarocada* f. *solida*

33. 箨耳不甚明显,或无箨耳,但具长达 0.5 cm 或更长的鞘口刚毛……福鼎、顺昌
　　…………………………………………… 26. 芽竹 *P. robustiramea*

32. 箨耳无,或仅有不明显的痕迹;鞘口刚毛柔弱。

36. 新秆具白色柔毛,秆箨背部常有褐色小斑点及不明显的紫色条纹……松溪、武

99

夷山、长汀、上杭 ·· 27. 河竹 *P. rivalis*

36. 新秆节间无毛,秆箨无斑点或斑纹······福鼎、闽清、德化、顺昌、永安、上杭及三明地区 ·································· 28. 红后竹 *P. rubicunda*

10. 倭竹属 *Shibataea*

1. 秆箨之箨鞘背面有毛。

2. 每节有 2~6 分枝,叶小横脉不甚明显······永安 ·········· 1. 倭竹 *S. kumasasa*

2. 每节有 3 分枝,叶小横脉明显。

3. 叶背密被明显可见柔毛······南平、顺昌、永安 ············ 2. 福建倭竹 *S. fujianica*

3. 叶背在扩大镜下可见极短微柔毛······沙县、南平、武夷山、顺昌、宁德············ 3. 南平倭竹 *S. nanpinensis*

1. 秆箨之箨鞘背面无毛。

4. 秆箨无箨耳和鞘口刚毛,叶背有毛······沙县、武夷山······· 4. 狭叶倭竹 *S. lanceifolia*

4. 秆箨无箨耳,但有鞘口刚毛;叶背无毛······福州、宁德 ······ 5. 鹅毛竹 *S. chinensis*

11. 寒竹属 *Chimonobambusa*

1. 秆圆筒形,基部节有明显根眼,无气根状刺瘤。

2. 秆节间光滑无毛,箨鞘密被紫色大理石状斑纹,一般无毛,少有极稀的粗毛,基部被棕色粗毛······福鼎、沙县、三明、顺昌、武夷山 ·············· 1. 寒竹 *Ch. marmorea*

2. 秆节下密生白色细柔毛,箨鞘具白色圆斑和棕色小刺毛······武夷山·················· 2. 武夷方竹 *Ch. setiformis*

1. 秆方形,粗糙,基部数节有气根状刺瘤······南靖、上杭、永春、德化、福州及南平、三明地区·················· 3. 方竹 *Ch. quadrangularis*

12. 玉山竹属 *Yushania*

1. 箨耳发达。

2. 叶下面被柔毛;箨耳椭圆形或微呈镰形,斜上举······武夷山·················· 1. 毛秆玉山竹 *Y. hirticaulis*

2. 叶下面无毛;箨耳镰形或半圆形,反转······德化、戴云山·················· 2. 长耳玉山竹 *Y. longiaurita*

1. 箨耳缺如或仅具小突起。

3. 秆箨背面无毛······南平、后坪 ··········· 3. 百山祖玉山竹 *Y. baishanzuensis*

3. 秆箨背面被刺毛、粗毛或柔毛。

4. 箨鞘长于节间······武夷山、黄岗山 ············ 4. 长鞘玉山竹 *Y. longissima*

4. 箨鞘短于节间。

5. 幼秆无毛也无疣点;箨鞘纸质;箨舌高 1 mm;叶次脉 5 对,叶柄无毛······建阳猪母岗·················· 5. 湖南玉山竹 *Y. farinosa*

5. 幼秆有白色刺毛或硅质疣点;箨鞘薄革质;箨舌高 1~1.5 mm;叶次脉 4 对,叶柄被柔毛。

6. 箨鞘背面全部被紫色倒刺毛;箨舌撕裂状,边缘具粗细不等的长纤毛,叶片下面被柔毛······建阳猪母岗 ·················· 6. 撕裂玉山竹 *Y. lacera*

6. 籜鞘背面仅基部被倒刺毛;籜舌平截或缺齿状,边缘具较短纤毛,叶片下面无毛……建阳猪母岗　………………………………………… 7. 武夷玉山竹 *Y. wuyishanensis*

13. 酸竹属 *Acidosasa*

1. 秆籜之籜鞘背面无斑点。
 2. 叶面无毛,背面具细柔毛,且秆节下具猪皮状凹孔。
  3. 幼秆除节下外无白粉;籜舌基部与籜片之间无长繸毛……古田、莆田、龙岩及福州地区 …………………………………………… 1. 黄甜竹 *A. edulis*
  3. 幼秆全部被白粉,籜舌基部与籜片之间有长繸毛……建瓯、将乐、顺昌、邵武…… …………………………………………… 2. 橄榄竹 *A. gigantea*
 2. 叶两面无毛,且秆节下无猪皮状凹孔……建瓯 ……… 3. 粉酸竹 *A. chienouensis*
1. 秆籜之籜鞘背面具褐色斑点……顺昌、南平 ……… 4. 福建酸竹 *A. notata*

14. 少穗竹属 *Oligostachyum*

1. 籜鞘背面具淡紫红色斑点,叶舌膜质,强烈歪斜 ……… 1. 糙花少穗竹 *O. scabriflorum*
1. 籜鞘背面无斑点。
 2. 秆环一般隆起或只有中度隆起。
  3. 具叶耳及繸毛。
   4. 籜耳常卵状,边缘具多条直立繸毛 ……………… 2. 四季竹 *O. labricum*
   4. 籜耳缺如或微弱,边缘偶具 2~3 根繸毛 ……… 3. 屏南少穗竹 *O. glabrescens*
  3. 无叶耳及繸毛。
   5. 籜耳及繸毛缺如。
    6. 秆环一般隆起,幼秆光滑无毛 ……………… 4. 少穗竹 *O. sulcatum*
    6. 秆环中度隆起,幼秆密被白色细柔毛 ……… 5. 斗竹 *O. spongiosa*
   5. 籜耳无,或仅极微弱,但繸毛发达,直立长达 8 mm…………………… ……………………………………… 6. 永安少穗竹 *O. yongannensis*
 2. 秆环一边强隆起而呈肿胀状 ……… 7. 肿节少穗竹 *O. oedogonatum*

15. 苦竹属 *Pleioblastus*

1. 籜耳常缺如或小。
 2. 籜鞘背面无刺毛,叶片长达 26 cm,宽达 4.9 cm……南平、顺昌………… …………………………………… 2a. 光籜苦竹 *Pl. amarus* var. *subglabratus*
 2. 籜鞘背面被刺毛,叶片宽 3 cm 以下。
  3. 秆高 2~3 m;叶片狭长,宽 2 cm 以下……厦门、龙岩有引种………… …………………………………… 1. 长叶苦竹 *Pl. chino* var. *hisanchii*
  3. 秆高 5 m 以上;叶片较宽,2 cm 以上。
   4. 无叶耳及繸毛……南靖、龙岩、德化、福州、闽清、龙溪、顺昌、邵武、武夷山…… …………………………………… 2. 苦竹 *Pl. amarus*
   4. 叶耳繸毛发达。
    5. 叶舌尖凸状,高达 5 mm……武夷山 ……… 3. 华丝竹 *Pl. intermedius*
    5. 叶舌平截,高 1~2.5 mm……政和、松溪 ……… 4. 绿苦竹 *Pl. incarnatus*

1. 有较明显之箨耳。

  6. 箨鞘背面无刺毛或仅基都、边缘被毛。

   7. 叶耳存在,耳缘具发达繸毛。

    8. 秆壁较薄,厚约 3 mm,秆上分枝角度小……南平 …………………………………
                          …………………………………… 5. 硬头苦竹 *Pl. longifimbriatus*

    8. 秆中空小,近实心,秆上分枝角度大……南靖、德化、莆田、南平、顺昌、武夷山……
         ……………………………………………… 6. 仙居苦竹 *Pl. hsienchuensis*

   7. 叶耳缺如,无繸毛或仅在叶鞘鞘口具繸毛。

    9. 箨鞘背面被棕色斑点,有光泽……福鼎、沙县、南平、邵武、武夷山、连城……
         ……………………………………………………… 7. 斑苦竹 *Pl. maculatus*

    9. 箨鞘背面无斑点。

     10. 箨耳大,半月形,耳缘着生发达繸毛,叶耳发达……南平、顺昌、武夷山……
          ………………………………………………… 8. 巨县苦竹 *Pl. juxanensis*

     10. 箨耳小,椭圆形,或无箨耳,亦无叶耳……永春、安溪、闽清、南平、武夷山……
          ……………………………………………………… 9. 油苦竹 *Pl. oleosus*

  6. 箨鞘背面被刺毛。

   11. 叶耳存在,耳缘着生发达繸毛。

    12. 箨鞘背面具明显的紫褐色斑块……三明、平和、永春……………………………
         ………………………………………………… 10. 三明苦竹 *Pl. sanmingensis*

    12. 箨鞘背面无斑点……永春、南平、顺昌、武夷山、龙岩…………………………
         ………………………………………………… 11. 宜兴苦竹 *Pl. yixingensis*

   11. 无叶耳及繸毛或仅具几根繸毛。

    13. 幼秆具毛,秆实心……南平、顺昌 ……………… 12. 实心苦竹 *Pl. solidus*

   13. 幼秆无毛,秆中空。

    14. 箨鞘尖塔形,中部较宽,只在箨鞘背面中部簇生脱落性的棕黄色刺毛……南平、
       顺昌 ……………………………………… 2b. 胖苦竹 *Pl. amarus var tubatus*

    14. 箨鞘背面几无毛……武夷山 ……………… 13. 武夷山苦竹 *Pl. wuyishanensis*

16. 茶秆竹属 *Pseudosasa*

1. 箨鞘背面无斑点。

2. 箨片带状披针形。

 3. 箨鞘厚革质,质脆,背面密被棕褐色细长刺毛;箨舌高约 3 mm……南平、武平、邵武……
         ……………………………………………………… 1. 茶秆竹 *P. amabilis*

 3. 箨鞘薄革质,背面疏被刺毛;箨舌较短。

  4. 箨鞘两侧顶端隆起,箨舌背被白粉……三明、政和 ………………………………
         ………………………………………… 1a. 福建茶秆竹 *P. amabilis* var. *convexa*

  4. 箨鞘两侧顶端稍隆起,箨舌短且无白粉……三明、建宁、建瓯、武夷山…………
         ………………………………………… 1b. 薄箨茶秆竹 *P. amabilis* var. *tenuis*

2. 箨片狭披针形或卵状披针形。

 5. 秆近实心……南平、建瓯 …………………… 2. 近实心茶秆竹 *P. subsolida*

　　5. 秆中空。

　　　6. 秆纤细,箨片与箨鞘近等长;叶片下面被柔毛……上杭、永安 ………………………

　　　………………………………………………………… 3. 纤细茶秆竹 *P. gracilis*

　　　6. 秆较粗大,箨片明显较箨鞘短;叶片下面无毛。

　　　　7. 箨耳及叶耳均为半月形,箨片基部宽度约为箨鞘顶端 1/2～3/5………………

　　　　………………………………………………………… 4. 托竹 *P. cantori*

　　　　7. 箨耳镰刀形,抱秆;箨片基部仅略窄于箨鞘顶端,无叶耳 ………… 5. 慧竹 *P. hindsii*

　1. 箨鞘背面具褐色小斑点或斑块 ………… 6. 南平茶秆竹 *P. Concava*(已并入福建酸竹)

17. 箬竹属 *Indocalamus*

1. 箨耳发达,叶耳发达。

　2. 箨耳和叶耳为长镰形……全省各地 ………………………… 1. 箬叶竹 *I. longiauritus*

　2. 箨耳和叶耳为半镰形……三明、永安、南平…………………………………………

　　………………………………………………… 1a. 半耳箬竹 *I. longiauritus* var *semifalcatus*

1. 无箨耳或箨耳不明显,无叶耳。

　3. 箨片远短于箨鞘。

　　4. 叶片大,长达 40 cm 以上,下面中脉一侧有 1 行毡毛……南靖、上杭、永安、德化、邵武、

　　　武夷山………………………………………………………… 2. 箬竹 *I. tesselatus*

　　4. 叶片长在 40 cm 以下,下面中脉一侧无毡毛。

　　　5. 秆箨不抱紧秆,一般短于节间……德化、永定、上杭、福鼎、南平、顺昌、邵武…………

　　　………………………………………………………… 3. 阔叶箬竹 *I. latifolius*

　　　5. 秆箨之全部箨鞘包秆,长于节间……建宁 ………… 4. 毛鞘箬竹 *I. hirtivaginatus*

　3. 箨片长于箨鞘,且为箨鞘 1～1.5 倍……漳平 ………… 5. 同春箬竹 *I. tongchunensis*

福建玉山竹属(*Yushania*)的研究[①]

郑清芳　黄克福

Study on Yushania from Fujian

近年来,在调查福建植物资源,编写福建植物志过程中,对福建的竹类进行了初步调查,经鉴定,福建产的玉山竹属有 9 种,其中除毛秆玉山竹、百山祖玉山竹 2 个新种为王正平、叶光汉两位先生发现外,尚有 6 个新种,1 个新记载,现就福建玉山竹属植物的分类、分布和生态的研究结果报告如下(新种拉丁描述将另文发表)。

一、福建玉山竹属分种检索表

1. 箨耳发达。
 2. 叶下面被柔毛 ……………………………………………………… (1)毛秆玉山竹 *Y. hirticaulis*
 2. 叶下面无毛。
  3. 秆箨背面无毛,箨耳长;幼秆无毛,叶耳镰状,发达,耳缘具放射状缝毛,次脉 4～5 对
    …………………………………………………………………………… (2)长耳玉山竹 *Y. longiaurita*
  3. 秆箨背面被棕褐色短刺毛,箨耳较短;幼秆被细刺毛;无叶耳,有鞘口缝毛 4～6 条,次脉 3～4 对 ……………………………………………………………… (3)德化玉山竹 *Y. dehuaensis*
1. 箨耳缺如或仅具小突起。
 4. 秆箨背面无毛 ……………………………………… (4)百山祖玉山竹 *Y. baishanzuensis*
 4. 秆箨背面被刺毛、粗毛或柔毛。
  5. 箨鞘长于节间。
   6. 秆较高大(1.6 m),箨鞘背面被紫黑色倒向具疣基的粗短刺毛,鞘口具 3～4 条长 0.8～1 cm 的缝毛,箨舌高 5 mm ………… (5)崇安玉山竹 *Y. chonganensis*
   6. 秆较低矮(0.6 m),箨鞘背面被灰黄色粗毛或柔毛,鞘口无缝毛,箨舌高 1 mm……
     ………………………………………………………………………… (6)矮玉山竹 *Y. pumila*
  5. 箨鞘短于节间。
   7. 幼秆无毛亦无疣点;箨鞘纸质,箨舌高 1 mm,叶次脉 5 对,叶柄无毛………………
     …………………………………………………………………………… (7)湖南玉山竹 *Y. farinosa*
   7. 幼秆有白色刺毛或矽质疣点;箨鞘薄革质,箨舌高 1～1.5 mm,叶次脉 4 对,叶柄被柔毛。
    8. 箨鞘背面全部被紫色倒刺毛,箨舌撕裂状,顶具粗细不等长纤毛,叶片下面被柔毛
      …………………………………………………………………… (8)撕裂玉山竹 *Y. lacera*

---

① 发表于《福建林学院科技》1983 第 1 期。
　该文曾在山西太原召开的中国植物学会五十周年年会上交流并被收录成会议摘要专集刊出,2013 年作者稍加修正。

8. 箨鞘背面仅基部被倒刺毛,箨舌平截或缺齿状,顶有较短毛,叶片下面无毛⋯⋯⋯⋯⋯⋯⋯⋯⋯⋯⋯⋯⋯⋯⋯⋯⋯⋯⋯⋯⋯⋯⋯⋯(9)武夷玉山竹 *Y. wuyishanensis*

二、福建玉山竹种的记述

1. 毛秆玉山竹

Yushania hirticaulis Z. P. Wang et G. H. Ye 南京大学学报(自然科学版)1:94 1981

福建:崇安县黄岗山海拔约 1 860 m。黄克福等 026 号。

2. 长耳玉山竹(新种,图 6-8)

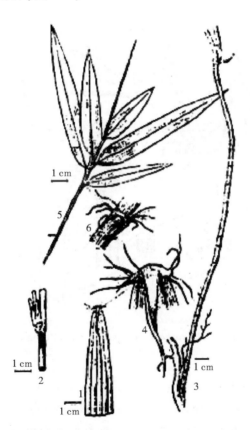

图 6-8 长耳玉山竹 *Yushania longiaurita* Q. F. Zheng et K. F. Huang(inep)
1. 秆柄;2. 秆与分枝;3. 秆箨;4. 秆箨上部;5. 叶枝;6. 叶鞘

Yushania longiaurita Q. F. Zheng et K. F. Huang(ined).

地下茎合轴散生,具细长延伸、长约 37 cm、粗约 2~5 mm 的秆柄,淡黄色。秆 1.5 m,径 0.4~0.6 cm,最长节间达 14 cm;在海拔较高山顶者植株矮小。秆高仅为 0.35 m,径 0.3~0.4 cm,节间长 3~5 cm,圆筒形或着枝一侧基部微扁,幼秆被白粉,尤以节下为甚,老时节下有一圈粉垢。节环稍隆起,箨环微具箨鞘基部残留物,节内长 3 mm。每节有 1~5 分枝。箨鞘短于节间,淡黄绿色,纸质,背面无毛;边缘具淡棕色纤毛;箨叶狭披针形,外折;箨耳发达,镰形或半圆形,反转,被短绒毛,具长 6~8 mm 的放射状繸毛;箨舌微弧形,高约 1 mm。每枝有叶 5~9 枚,叶鞘无毛,叶片披针形,长 7~12 cm,宽 1~1.5 cm,下面无毛,次脉

4～5 对;叶耳发达镰形或半圆形反转,具放射状繸毛。花未见。

本种以箨耳和叶耳发达,镰形或半圆形,反转,具放射状繸毛,秆箨背面无毛,叶下面无毛等特征与本属其他种易于区别。

福建:德化县戴云山,海拔 1 500 m,吴当鉴等 001(模式标本,存福建林学院植物标本室)。

3. 德化玉山竹(新种,图 6-9)

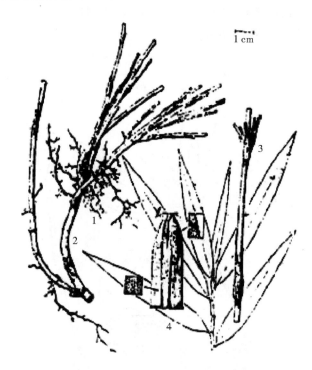

1 cm

图 6-9 德化玉山竹 *yushania dehuaensis* Q. F. Zheng et K. F. Huang
1. 地下茎;2. 秆箨;3. 秆与分枝;4. 叶枝

Yushania dehuaensis Q. F. Zheng et K. F. Huang(ined).

地下茎合轴散生,具细长延伸、长达 20 cm、粗约 2～4 mm 的秆柄。秆高 0.65 m,径 0.4 cm,节间长达 14 cm,圆筒形或着枝一侧基部微扁,幼时被极短刺毛,粗糙,节下具一圈白粉环,老时变黑色粉垢,节环稍隆起,箨环留有箨鞘基部残留物,节内长 2～3 mm。每节具 3～4 分枝。箨鞘短于节间,纸质,迟落或于下部者宿存,背面被棕褐色短刺毛,尤以中、下部更密,边缘被棕褐色纤毛,箨叶长 1～1.2 cm,反折;箨耳镰形或半圆形,短,上举或稍反转,繸毛放射状;长 5～8 mm,箨舌截形或微凹,高约 1 mm,顶端具短纤毛。每枝有叶 4～7 枚,宽 0.7～0.9 cm,下面无毛,次脉 3～4 对,无叶耳或仅有小突起,叶鞘鞘口有繸毛 5～6 条,繸毛长 0.7～1 cm,直立。花未见。

本种与长耳玉山竹(*Yushania longiaurita* Q. F Zheng et K. F Hugng)相似,但本种幼秆被极短刺毛,箨鞘背面被棕褐色短刺毛,箨耳较短,无叶耳,有鞘口繸毛 4～6 条,次脉 3～4 对等,易于区别。

福建:德化县九仙山,海拔 1 630 m,吴当鉴等 005(模式标本,存福建林学院植物标本室)。

4. 百山祖玉山竹

Yushania baishanzuensis Z. P. Wang et G. H. Ye(ined).

地下茎合轴散生,具细长延伸、长达 20 cm、粗约 2～5 mm 的秆柄。秆高 2 m,直径 0.5 cm,最长节间达 24 cm,圆筒形或着枝一侧基部微扁,节间上部具矽质疣点,粗糙,秆环稍隆起,箨环留有箨鞘基部残留物,节内长 5 mm。每节 3～7 分枝。箨鞘比节间短,迟落,纸质,背面无毛,边缘具棕褐色纤毛,箨叶条状披针形,长 1～2 cm,外折或开展;无箨耳,也不具繸毛;箨舌高 1 mm,微弧形或截形。每枝有叶 4～8 枚,叶鞘无毛,叶片条状披针形,长 8～11 cm,宽 0.9～1.2 cm,下面沿中脉基部被柔毛,次脉 4～5 对,无叶耳,具鞘口繸毛 4～5 条,繸毛长 5～6 cm,叶舌高 1 mm,微弧形。花未见。

本种与玉山竹(*Yushania niitakayamensis* (Hayata) Keng f.)相似,但本种节间较长,上半部具矽质疣点,粗糙,秆箨鞘口无繸毛,叶片下面沿中脉基部被柔毛,次脉 4～5 对等,易于区别。

福建:南平市,后坪,海拔 1 250 m,游水生等 012 号。浙江亦产。

5. 崇安玉山竹(新种,图 6-10)

Yushania chonganensis K. F. Huang (ined).

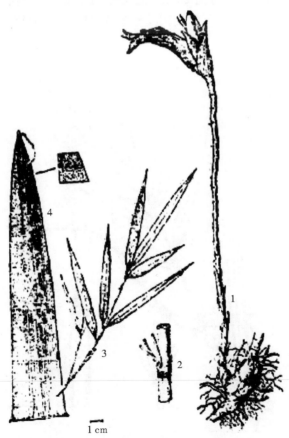

图 6-10 崇安玉山竹 *Yushania chonganensis* K. F. Huang
1. 秆柄;2. 秆与分枝;3. 叶枝;4. 秆箨

地下茎合轴散生,秆柄最长达 30 cm,近实心或中空极小,多节,节间长 1.5 cm 或更小,径 3～7 mm,枯草色,无毛而有光泽,每节有一宿存箨鞘,箨鞘长于节间,淡黄色,有光泽,厚纸质。秆高 1.66 m,直径 0.8 cm,节间最长达 11 cm,直立圆筒形,着枝一侧基部微扁,每节 3～7 分枝,秆环稍隆起,新秆子箨环下具一白粉圈,老秆白粉圈变黑色,箨鞘迟落,箨环微具残留物。箨鞘长于节间,长达 23 cm,枯草色或紫色,外面被紫色倒向的粗短刺毛,此毛有时簇生,向箨鞘上端渐密,脱落后留有紫色刺疣,箨鞘边缘有纤毛;箨叶条状披针形,长可达 10 cm;箨舌高达 5 mm,先端微弧形,有短纤毛,无箨耳或仅有微小突起,具 3～4 条繸毛,繸毛长 0.8～1 cm。每枝有叶 5～6 枚,叶片条状披针形,长 4～9 cm,宽 5～8 mm,先端长渐尖,基部楔形,下面无毛、侧脉 3～4 对,无叶耳,具 3～4 条繸毛。花、果未见。

本种与湖南玉山竹(*Yushania farinosa* Z. P. Wang et G H. Ye)相似,但秆箨长于节间,箨舌高达 5 mm,先端微弧形,叶较小,长 4～9 cm,宽 5～8 mm。

福建:崇安县黄岗山,海拔 2 100 m,黄克福等 025 号(模式标本存福建林学院植物标本室)。

6. 矮玉山竹(新种,图 6-11)

Yushania pumila Q. F. Zheng et K. F. Huang(ined).

地下茎合轴散生,秆柄最长可达 22 cm,近实心,节间短,一般在 1 cm 以下,枯草色,无毛,每节均具疏松的箨鞘,箨鞘三角形,纸质,无毛,先端具微小的箨叶。秆高 60 cm,直径 4

图 6-11　矮玉山竹 *Yushania pumila* Q. F. Zheng et K. F. Huang
1. 地下茎;2. 秆与分枝;3. 秆箨;4. 叶枝

～5 mm,节间长 3～5 cm,直立,基部呈弧曲状,圆筒形,分枝一侧基部微具纵沟,黄绿色,无毛,幼秆被厚白粉,节微隆起,秆环与箨环几等高,箨环具箨鞘残留物。每节 1～3 分枝,枝长15～20 cm。秆箨迟落,箨鞘长于节间,箨鞘背面纵纹明显,具脱落性灰黄色粗毛或柔毛,边缘具脱落性纤毛;不具箨耳或具微小突起,无繸毛。舌高 1 mm,先端截形或微弧形,微被短柔毛;箨叶条状披针形,先端狭尖,长 0.5～2 cm,无毛。叶每枝 3～5 枚。叶鞘无毛,具鞘口繸毛 3～4 条,叶舌高 0.5～1 mm,先端微被短柔毛,叶片披针形或条状披针形,长 2～6 cm,宽 5～8 mm,基部圆,次脉 2～3 对,横脉明显,叶缘具芒状齿。花、果本见。

本种与毛秆玉山竹(*Yushania hirticaulis* Z P Wang et,G. H. Ye)近似,株矮小,秆箨枯草色,外被易脱落的灰黄色粗毛或柔毛,箨耳不发育或仅具微小突起,无毛,叶片较小,长 2～6 cm,宽 5～8 cm,基部圆,次脉 2～3 对等易于区别。但本种根据《南京大学学报》(自然科学版)《中国竹亚科杂记》一文的意见,可能与毛秆玉山竹相同,是否因生境不同而形态有差异,现在他们正在做种植实验,新种能否成立,待定。

福建:崇安县黄岗山,海拔 2 150 m,黄克福等 28 号(模式标本存福建林学院植物标本室)。

7. 湖南玉山竹

Yushania farinosa Z. P. Wang et. G. H. Ye 南京大学学报(自然科学版)1:93,1981。

福建:建阳县猪母岗,海拔 1 820 m,黄志强等 021 号。

本种为福建新记载,湖南亦产。

8. 撕裂玉山竹(新种,图 6-12)

Yushania lacera Q. F. Zheng et K. F. Huang (ined).

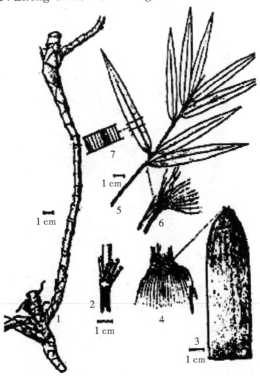

图 6-12 撕裂玉山竹 *Yushania lacera* Q. F. Zheng et K. F. Huang
1. 秆柄;2. 秆与分枝;3. 秆箨;4. 秆箨上部(放大);5. 叶枝;6. 叶鞘

地下茎合轴散生,具细长延伸、长约 27 cm,粗约 5~7 mm 的秆柄,黄白色。秆高 2.1 m,直径 0.8 cm,最长节间达 23 cm,圆筒形,着枝一侧微扁,幼秆被白粉,尤以箨环下形成一明显的白粉圈,老时尚留有一圈黑色粉垢,节间上半部被极短白色刺毛,粗糙;秆环稍隆起,箨环微具箨鞘基部残留物,节内长 4 mm,每节 3~6 分枝。箨鞘薄革质,短于节间,迟落或于秆基部者宿存,新鲜时草黄色,上部带紫色,箨鞘背面具倒向紫色短刺毛,边缘具紫色纤毛,箨叶条状披针形,长约 1.5 cm,外折;无箨耳或仅有小突起,不具鞘口繸毛;箨舌高约 1.5 mm,被短绒毛,顶端撕裂状;有长短不一的紫色纤毛。每小枝有叶 3~8 枚。叶片条状披针形,长 10~13 cm,宽 1~1.2 cm,下面被短柔毛,尤以中脉处更密,次脉 4 对;无叶耳或仅有微小突起,鞘口有 2~6 条繸毛,繸毛长 3~8 mm;叶舌平截,高 1 mm。花未见。笋期 5 月。

本种与玉山竹(*Yushania niitakayamensis* (Hayata) Keng f.)及湖南玉山竹(*Yushania farinose* Z. P. Wang et G. H. Ye)相似,但本种秆箨薄革质,背面被紫色短刺毛,箨舌高 1.5 mm,顶端撕裂状,幼秆被极短白色刺毛,粗糙等易于区别。

福建:建阳县武夷山,猪母岗,海拔 1 750 m,黄志强、何建元等 124 号(模式标本存福建林学院植物标本室)。

9. 武夷玉山竹(新种,图 6-13)

Yushania wuyishanensis Q . F. Zheng et K. F Huang (ined).

图 6-13　武夷玉山竹 *Yushania wuyishanensis* Q . F. Zheng et K. F Huang
1. 秆柄;2. 秆与分枝;3. 秆箨;4. 秆箨基部(放大);5. 秆箨上部;6. 叶枝

地下茎合轴散生,具细长延伸、长约 30 cm、粗约 3～5 mm 的秆柄,淡黄色。秆高 4 m,直径 1 cm,最长节间达 29.5 cm,圆筒形或着枝一侧基部微扁,幼秆具白粉,尤以节下一明显的白粉圈,老时尚留有一圈黑色粉垢;节间上部具矽质小疣点,粗糙,节环稍隆起,箨环留有箨鞘基部残留物,节内长 5 mm,每节有 3～5 分枝。秆箨薄革质,短于节间,迟落或于秆基部者宿存,新鲜时草黄色,上部带紫色,箨鞘背面仅基部具倒向紫色刺毛,边缘被紫色纤毛;箨叶条状披针形,长 1～1.5 cm,直立;无箨耳或仅具小突起,两侧具鞘口繸毛 1～2 条,繸毛长 3～5 mm;箨舌高 1～1.5 mm,背面被绒毛,顶端截形或缺齿状,有紫色短纤毛。每小枝有叶 6～8 枚。叶片条状披针形,长 1.1～1.2 cm,下面无毛,次脉 4～5 对,无叶耳;叶鞘鞘口有繸毛 4～6,繸毛长 5～7 mm;叶舌平截,高 1 mm。花未见。笋期 5 月。

本种与撕裂玉山竹(*Yushania lacera* Q. F. Zheng et K. F. Huang)相似,但本种秆箨仅基部被紫色短刺毛,箨舌高 1～1.5 mm,顶端截形或缺齿状,具较短纤毛,叶片下面无毛等易于区别。

福建:建阳县,武夷山猪母岗,海拔 1 780 m,黄志强,何建元等 123 号(模式标本存福建林学院植物标本室)。

三、福建玉山竹属的分布与生态

福建省地处东南沿海,境内群峰连绵,山岭蜿蜒,丘陵起伏,河谷与盆地错综其间,西北部有武夷山系,包括闽浙边界的仙霞岭,闽赣边界的武夷山和杉岭组成,其主峰黄岗山海拔为 2 158 m,为我国东南大陆最高峰,中部有戴云山系。包括闽江以北的鹫峰山,九龙溪以南的博平岭山脉及闽江、九龙江之间的戴云山,其主峰戴云山海拔为 1 856 m。在 1 000 m 以上中山,由于海拔较高,气候温凉,雨量充沛,空气湿度大,适于玉山竹属植物生长,仅武夷山主峰黄岗山及附近的猪母岗两个山体,就分布有毛秆玉山竹、崇安玉山竹、矮玉山竹、撕裂玉山竹、武夷玉山竹和湖南玉山竹等 6 个种,位于中部的戴云山主峰及附近的九仙山亦分布有长耳玉山竹和德化玉山竹 2 个种。福建玉山竹属分布最高的是矮玉山竹,在黄岗山海拔 2 150 m 之山顶成单优势群落;分布较低的是百山祖玉山竹,产于南平茫荡山海拔 1 250 m 左右,混生于灌丛之中。

据调查玉山竹属在福建一般组成四个群落类型:一种是分布在山顶的由玉山竹属竹类成单优势群落,如黄岗山顶由矮玉山竹组成的单优势群落和在戴云山顶由长耳玉山竹组成的单优势群落,这两个群落高度一般都在 0.6～0.8 m 左右,由于山顶风大,太阳辐射强,蒸发量大,所以植株多矮小密集,枝叶焦黄,总盖度达 80%～95% 左右。土壤均属山地草甸土,土层厚度仅 30～40 cm,腐殖质层较厚,质地疏松,植物根系密集。群落中混生有野青茅 *Calamarostis arundinacea*、野古草 *Arundinella hirta*、牡蒿 *Artemisia Japonica*、沼原草 *Moliniopsis hui*、条叶蓟 *Cirssium lineare*、风毛菊 *Saussurea* sp. 等等。在较稀疏的地段还见到数株较矮小的黄山松 *Pinus taiwanensii* 及江南山柳 *Clethra cavaleriei*、茶条果 *Symplocos ernestii* 等树种混生其间。第二种群落类型是分布在近山顶和其他树种组成的山地苔藓矮林,如在黄岗山海拔 1 800～1 950 m 的缓坡和沟谷地带的苔藓矮林就出现了不少的崇安玉山竹,由于崇安玉山竹分布不甚均匀,有的地段崇安玉山竹成为优势种,有的地段则成为次优势种或伴生种,林内极为潮湿,附生苔藓极多。土层较薄,约 50 cm 左右,有的地段尚有岩石裸露;腐殖质层约 10 cm 厚。群落平均高度 4～5 m。总盖度 80%,分木本层、草本层和地被层三层。木本层又可分为两个层片,以江南山柳、云锦杜鹃 Rhododendron fortunei、野茉莉 Styrax japonica、中华石楠 Phottinia beaulverdiana、薄毛豆梨 Cacleryana f tomentilla、圆锥绣球 Hydrangea paniculata 等组成的落叶层片和以崇安玉山竹、小叶黄杨 Buxus sinica var. parvifolia、猫儿刺 Ilex pernyi、茶条果、岩岭 Eurya saxicota 等组成的常绿层片。草本层主要有苔草属 Carex sp.、麦冬 Ophiopegon japonicus 等。地被层苔藓相当发达,有的高度可达 5 cm 以上。第三种群落类型是组成以玉山竹属为主的中山灌丛,群落总盖度 80%,高度 1～1.5 m,伴生植物有柃木 Eurya nitida、乌药 Lindera strychnifolia、卡氏乌饭 Vaccinium carlesii、钝齿冬青 Ilex crenata、毛杨桐 Andinandra glischroloma 等,土壤为山地黄棕壤,土层厚约 1 m,腐殖质层较厚,质弛疏松,灌丛下有少量禾草类杂草。第四种群落类型是分布于针阔叶混交林下成为灌木层的优势种或次优势种,如在黄岗山海拔 1 600 m 的地段以南方铁杉 Taxus chinensis var. tchekiangensis、亮叶桦 Betuh luminifera、包槲石栎 Lithocarpus cleistacarpus、云锦杜鹃等为主的针阔混交林,群落总盖度 90%,灌木层有毛秆玉山竹、江南山柳、三桠乌药 Lindera. obtusiloba、波缘红果树 Stanvaesia davidiana var. undulata、纯齿冬青等。高度为 2～3 m,毛秆玉山竹较密集,草被层不发达,地被层有苔藓、地衣等。土壤为山地黄棕壤,腐殖质层较厚,群落处于向亚高山矮林过渡阶段。

四、结语

玉山竹属 1957 年建立以来,先后发表了 8 个新种和 7 个新组合,加上属的模式种玉山竹,已发表的有 11 个种,这次我们的资源调查,又发现了 6 个新种和 1 个王正平先生等未发表的百山祖玉山竹新种,这样全世界到现在为止已知的玉山竹属约有 18 个种,其中分布于中国的有 13 个种,福建产有 9 个种(表 6-1)。

表 6-1　国产玉山竹属植物在各省区分布①

省份 / 植物名称	西藏	云南	四川	贵州	广西	广东	湖北	湖南	江西	浙江	福建	台湾	江苏	安徽	广东	附注
1. 玉山竹 Y. niitayamensis												+				
2. 长耳玉山竹 Y. longiaurita											+					
3. 德化玉山竹 Y. dehuaensis											+					
4. 百山祖玉山竹 Y. baishanzuensis										+	+					
5. 崇安玉山竹 Y. chonganensis											+					
6. 矮玉山竹 Y. pumila											+					
7. 撕裂玉山竹 Y. lacera											+					
8. 武夷玉山竹 Y. wuyishanensis											+					
9. 毛捍玉山竹 Y. hirticaulis											+					
10. 湖南玉山竹 Y. farinosa								+								
11. 鄂西玉山竹 Y. confusa							+		+		+					
12. 毛玉山竹 Y. basihirsuta				+					+							
13. 峨眉玉山竹 Y. chnngii		+														
合计		1		1			1	1	2	1	9	1				

---

① 补注:该文是 1983 年以前完稿,全国竹类志未出来,各地区玉山竹属亦均未调查。在刊物上亦找不到他省有关玉山竹属更多的资料,本文仅就福建调查的玉山竹进行分析。

竹亚科 2013 年补充资料

Supplementary Data of Bambusoideae from Fujian in 2013

1. 武夷山茶秆竹(图 6-14)

Pseudosasa wuyiensis S. L. Chen et G. Y. Sheng Bull Bot. Res. Harbin 11(4):46, 1991.

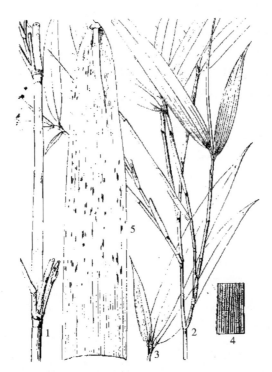

图 6-14　武夷山茶秆竹 *Pseudosasa wuyiensis* S. L. Chen et G. Y. Sheng
1. 部分竿,示分枝;2. 小枝;3. 小枝顶端;4. 叶片下面放大示密被细毛;5. 箨背面观

　　秆高 2.5～3.5 m,径粗约 8 mm,节间基部具沟槽并稍带粉迹,节下具黑色粉污,节稍隆起,箨鞘基部宿存,节内约 4 mm,秆箨具紫色斑点,无毛,基部偶见有稀疏刺毛,边缘具纤毛,无箨耳与繸毛,箨舌顶部拱形,高 3～4 mm、无毛,箨片反转,狭线状披针形,宽为箨鞘顶部的 1/2,两面被细微柔毛,基部稍紧缩,边缘具柔毛,先端尖。叶每枝 3～4 枚,叶鞘密被白霜,基部被毛边缘具小纤毛,无叶耳与繸毛,叶舌山字形或拱形,高约 3 mm,叶柄约 3 mm,叶片狭披针形,长 11～17 cm,宽 0.6～0.7 cm,叶背密被小柔毛,基部阔楔形,叶缘具刺毛状锯齿,先端渐尖或长渐尖。花序未见,笋期 6 月。

　　产福建北部,模式标本采自武夷山老鼠峰,生于山坡谷地。

2. 花叶近实心茶秆竹(照片见 374 页彩插 1(6)-1 图)

Pseudosasa subsolidis f. *auricoma* J. G. Zheng et Q. F. Zheng ex M. F. Hu et al(新变型). 发表于《广西植物》2006 年 9 月第 26 卷第 5 期 579～580 页。

该变型不同于原种在于叶片绿色间有白色或金黄色纵条纹。产自古田,模式标本郑建官采于古田县山地灌丛中,郑清芳从模式标本产地挖取母竹移到福州栽植。

高仅 1 m 左右,可作庭园绿化、绿篱或盆花等。

3. 将乐茶秆竹

Pseudosasa jiangleensis N. X. Zhao & N. H. Xia in Z. Yu Li, Pl. Longqi Mountain, Fujian, China. 600. 1994.

秆高 7～12 m,径 1～5 cm,节间圆柱形长约 40 cm,壁厚 6～8 mm,节不突起,被白粉,节内高约 7 mm,每节 3 分枝,圆筒形近基部压扁,秆箨脱落,绿色,不被斑点,长比节间稍长,厚纸质,无毛,箨背具脱落性刚毛,边缘无毛,先端截形或近凹形,箨耳近卵形,边缘具纤毛或无毛、无繸毛,箨舌高 4～5 mm,膜质边缘无毛或被纤毛,箨叶反转,线状披针形,两面被密柔毛,基部稍紧缩。每小枝有叶 4～7 片,无毛,叶箨无毛,无叶耳与繸毛,叶舌高约 2 mm,膜质边无毛,叶片线状披针形或狭披针形,长 9～20 cm,宽 1～2.5 cm,坚纸质,叶背近基部被柔毛,次脉每边 4～6 对,横脉明显,边缘反卷,先端尾状渐尖,花序未见,笋期 5 月。

产福建西部(陇西山),海拔 400～500 m,林缘。

4. 花叶唐竹(新变种)

Sinobambusa tootsik Makino et Nakiai var. *luteolo-albo-striata* S. H. Chen et Z. Z. Wang.,《竹子研究汇刊》2005 年第 24 卷第 4 期。

本变种与原变种的区别在于叶绿色,具有许多宽窄不等的黄白色条纹;箨鞘新鲜时绿色,具黄白色纵条纹,尤其两边缘的条纹更为宽大。本变种叶和箨鞘色彩鲜艳,花纹美丽,极具观赏价值。

模式标本采摘于厦门万石植物园百花厅(从广东引入栽培)。

笔者 2013 年在浙江农林大学(临安)参观其竹种园,见到一片亦叫花叶唐竹。据介绍人说是从日本或其他地方引来的,因没有详细近距离观察研究,故无法判断是否与福建引种同一个变种,具体情况有待今后进一步研究。

5. 天鹅绒竹(火管竹,福建华安)新变种

Bambusa chungii McClure var. *velutina*(Yi et J. Y. Shi) Y. G. Zou—Lingnania chungii(McClure) Mc-Clure var. *velutina* Yi et J. Y. Shi,《植物研究汇刊》2005 年第 24 卷第 2 期。与原变种区别在于幼秆下部节间除节内、节下一环带外,均密被紫黑色至棕黑色厚层短绒毛和小刺毛,秆中部以上节间其毛变为稀疏黄褐色或淡黄色小刺毛,毛脱落后留有瘤基而显著粗糙。笋期 6 月。

本变种幼秆具有如黑天鹅般的美丽厚层绒毛,节上下各具一圈厚白蜡粉,非常奇特,具有很高的观赏价值,是园林植物中新近发现的珍稀品种,为适生地区不可多得的优美新竹种。竹材篾性好,可供编织器具,也可作造纸原料。

模式标本,邹跃国 04020,采自华安县新圩镇棉治村甘塘坑,海拔 350 m 的小灌丛中。

6. 箳节竹(福建华安)新种,图 6-15

Bambusa fujianensis (Yi et J. Y. Shi) Y. G. Zou—Lingnania fujianensis Yi et J. Y. Shi,《四川林业科技》2005 年第 26 卷第 5 期。

本种近似料慈竹 *B. distegia* (Keng et Keng f.)Chia et N. H. Xia)但本种节间较短,长达 45 cm,淡绿色,微被薄白粉,光亮,平滑,无毛或有时幼时在节下疏被小刺毛;幼秆下部节

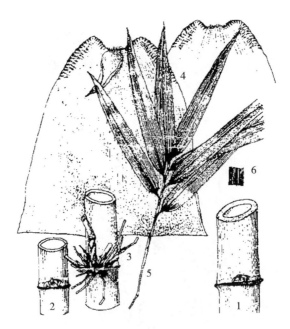

图 6-15　冇节竹 *Bambusa fujianensis*(Yi et J. Y. Shi) Y. G. Zou
1. 秆下部一段,示节内绢毛;2. 秆中部一段,示秆芽;3. 秆一段示分枝;
4. 秆箨;5. 具叶小枝;6. 叶片一部分,示细锯齿

内具灰白色紧密厚层绢毛;箨鞘顶端肩部及近边缘波状皱褶;箨片直立或外倾,无毛或有时腹面基部疏被褐色小刺毛;叶片基部楔形,不对称,背面无毛明显可以区别。也近似于粉单竹(*Bambusa chungii* McClure),但本种节间较短,淡绿色,幼时微被薄白粉、光亮,无毛或有时幼时在节下疏被小刺毛;幼秆下部节内具灰白色紧密厚层绢毛;枝条在秆的每节上数量较少,较粗壮;箨片直立或外倾,基部不成颈状收缩,无毛或有时腹面基部疏被褐色小刺毛;叶片基部楔形可以区别。秆材供编织竹器或造纸。鲜笋味苦,可煮熟用清水浸泡去苦味后食用。模式标本采自华安县华丰镇华丰村岐头连梅厝,海拔 200～300 m,灌木林中。

　　关于该种学名的定名人问题,这里要加以说明:即 2009—2010 年,承北京国际竹藤组织的委托,作者有两次去华安竹种园采集竹类标本。据邹跃国同志说他发现两个新竹种,易先生来此照竹种照片。邹先生告诉他发现有两个新竹种,易先生就以 Lingnania 属发表,本文按我国竹类志所采用系统,归 Bambusa 属,而其定名人应当为邹跃国同志。因邹跃国同志长期从事华安竹种园管理技术工作并从国内外引入许多竹种。自己努力学习理论并亲自实践,有丰富的竹类栽培经验及分类的知识,在福建竹类引种栽培工作方面有重大的成就和贡献。

7. 罗公竹(长汀,图 6-16)

Pleioblastus guilongshanensis M. M. Lin.《植物研究》2009 年第 29 卷第 3 期,第 257～259 页。

　　秆直立,高 2～5 m,直径 1～2 cm,绿色;节间圆筒形,但在分枝的一侧上略扁平,幼时被微柔毛,仅节下有一圈白粉,15～30 cm 长,壁厚 3～4 mm;箨环被绒毛;节内宽约 5 mm,光滑,偶尔下部分枝及其以下各节上有 8～12 个圆形根眼。箨鞘淡黄绿色,或在小秆上为淡紫红色,脱落或在秆下部的近宿存,革质,脆,背面疏生有带瘤基的刺毛,脱落后仍可见凹陷的

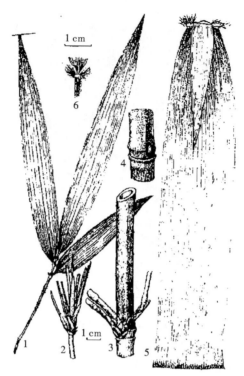

图 6-16　罗公竹 Pleioblastus guilongshanensis M. M. Lin
1. 叶枝；2. 分枝；3. 分枝；4. 节和芽；5. 箨鞘背面；6. 叶鞘顶端和叶片基部

痕迹,基部有倒生的密髯毛,边缘无纤毛或生于小竿上的有纤毛;竿每节具 3～5 枝,枝与主竿成 40°的夹角。箨耳明显,椭圆形或半圆形,边有曲膝的繸毛,箨舌拱起,紫黑色,2～3 mm 高,边缘有纤毛;箨片披针形,直立,淡绿色,略皱,边有细锯齿。每小枝有叶 3～5 枚;叶鞘背面被刚毛,毛开展或贴伏,老时脱落,边有较密纤毛,叶耳明显,大小不一,边缘有直繸毛,叶舌弧形,约 2 mm 高,膜质;叶片披针形,长 8～22 cm,宽 1～2.5 cm,上面绿色,无毛,下面淡绿色,有疏白毛,边有小锯齿,次脉 5～7 对。笋期 5—8 月。

本种与宜兴苦竹(*Pleioblastus Yixingensis* S. L. Chen et S. Y. Chen)相似,但本种节间较长,幼时被微柔毛,仅节下有一圈白粉;竿箨上部无焦边,箨耳明显,椭圆形或半圆形,边缘有曲膝的繸毛,叶鞘被开展刚毛等特征可以区别。

模式标本采自长汀圭龙山保护区。作者引到福州栽植。

8. 米筛竹(八芝兰竹台湾)

Bambusa pachinensis Hayata

竿高 3—8 米,直径 3—4.5 厘米,竿基部有时弧曲而斜出,尾稍稍下垂,节间长 30—70 厘米。幼时薄被白色蜡粉,或贴生小刺毛。竿壁较长毛米筛竹稍厚,分枝常于第 8—10 节以上开始。第 1—5 节箨环的上下方有一圈灰白色绢毛。竿箨早落,背被棕暗色刺毛。但易脱落,箨耳大小不等。大者长圆形或披针形,小者卵形为大者的 1/3。箨叶卵状三角形,为箨鞘之 1/3—1/2,箨舌高仅 1 毫米,边缘呈齿裂。叶长 8—18 厘米,下面被长柔毛。

分布于江西、台湾、广东、广西等地。福建永泰有产,常栽培于江河两岸,或村庄附近,竿节间长,材质柔韧,为编制各种竹器的优良用竹。

福建竹林①

Fujian Bamboo Forestry

　　竹林是由某种竹类构成单优势种的群落,原属阔叶林型植被组内一个独立的植被型。竹林的群落结构、植物的种类组成、外貌和地理分布等特征都很特殊,形成一种木本状多年生常绿植物群落类型。

一、竹林的种类组成成分

　　竹类属禾本科的竹亚科(Bambusoideae),为多年生木本植物。全世界竹类植物约70属1 000种以上。我国是世界上竹类最多的国家之一。全国约有30多属,300多种,多分布在长江流域及其以南各省。福建是全国重点竹林区之一,竹种资源丰富。

　　现根据最近的《中国植物志》英文版(Flora of China)的分属标准统计,引种的不计入,福建的竹类植物分属种统计如表6-2。

表 6-2　福建竹亚科属种统计

序号	属名	世界种数	中国种数		福建				备注
			原生	引种	原生种数	引种	占世界种数%	占全国种数%	
1	簕竹属 Bambusa(含单竹亚属及绿竹亚属)	100	67	13	21	4	21	30.4	
2	新慈竹属 Neosinocalamus	1	1		2				
3	思劳竹属 Schizostachyum	60	10		2				
4	条竹属 Thyrsostachys	2	1		2				
5	唐竹属 Sinobambusa	10	9	1	6	2	60	66.6	
6	茶秆竹属 Pseudosasa	90	17	1	6		6.66	35.3	
7	苦竹属 Pleioblastus	40	17	15	13		32.5	86.6	
8	少穗竹属 Oligostachyum	15	15		7		49	49	
9	倭竹属 Shibataea	7	7		5		71.4	71.4	
10	刚竹属 Phyllostachys	51	49	2	3.5		49.02	51	
11	方竹属 Chimonobambusa	37	31	3	3		8.1	9.3	
12	箬竹属 Indocalamus	23	22		5		21.73	22.6	
13	酸竹属 Acidosasa	11	10		4		36.6	40	
14	短穗竹属 Semiarundinaria	10	2	1	2		20	100	
15	玉山竹属 Yushania	80	57		7		8.75	13.38	

　　表6-2可以看出福建的竹类资源非常丰富。虽然统计时,把变种也列入。但这些变种有的生长好,且面积大,所以可以列入种的统计,同时可明显地看出,由于福建的地理位置及生长环境有以下几个属种特多,有的可算是福建的特有竹种,如倭竹属福建有5种(包括变

――――――――――――

　　① 原文发表于《福建植被》第八章1990年8月,本文部分内容作者稍加修正。

种),占全国或世界的 71.4%;唐竹属有 6 种(包括变种),占世界的 60%,占中国的66.6%;苦竹属有 13 种(含变种),占世界的 32.5%,占中国的 86.6%;又如少穗竹福建有 7 种,占全国或世界的 49%。这些说明福建适合复轴型竹类生长。从表面上看 3 分枝竹类较多。由于福建地处南亚热带及亚热带地区,散生的类型亦不少,如刚竹属有 25 种(包括变种),占世界 49%,全国 51%;而丛生竹亦不少,如箣(簕)竹属亦有 21 种(不包括引种),占世界的 21%,占全国 32%。由于部分地区地处南亚热带,所以热带地区的丛生竹亦可引种,如思劳竹属、条竹属等等。福建有些地方海拔高在 1 000 m 以上,玉山竹属的竹类也可生长,所以玉山竹属有 7 种,占世界的 8.75%,全国的 13.78%。福建的特有竹种有 10 多种,如藤枝竹、纤细茶秆竹、屏南少穗竹、三明苦竹、武夷方竹、南平倭竹、福建倭竹、同春箬竹、武夷玉山竹、长耳玉山竹等等。

二、竹林的外貌结构及其生物学特性

竹林大多是单优势种组成的群落,特别是人工竹林常为纯林。其外貌整齐,竹林高度及胸径大小一致。整个群落结构一般仅有二层。乔木层为某一种竹组成,高 3~15 m,成单层水平郁闭。林下灌木稀少,多不成层次,下面仅有草本层。常见的有毛竹林、篓竹林、绿竹林及麻竹林等。天然竹林多呈混交林,乔木层中除某种竹子外,尚混生有针叶树或常绿阔叶树,常见的有杉竹、松竹或阔竹混交。另有一些中小型竹种,常混生在针叶林或常绿阔叶林下,在灌木层中形成一个层片,如箬竹属、倭竹属、玉山竹属等一些竹种。

竹类植物为多年生的单子叶植物,呈乔木或灌木状,有时为藤本。福建的竹类皆是常绿的。由于各种竹类的生物学特性不同,使其外貌及结构亦有明显的差异。

竹类的繁殖主要是无性繁殖,以其地下茎在土中蔓延而使竹林不断扩大。根据其地下茎分生繁殖特性和形态特征可将其分为以下 4 类型:(1)合轴丛生型。秆基状如烟斗,秆柄在地下甚短,从秆基上的芽眼长笋成竹。因秆柄甚短,所以长成的竹秆密集成丛。这类竹种统称丛生竹,如箣(簕)竹属、慈竹属、单竹亚属、思劳竹属、条竹属的各种竹林。(2)合轴散生型。与合轴丛生型相似,唯其秆柄较长,可在土内延伸横走,其上有节,但无芽无根,笋芽仍从秆基长出,地面的竹秆较为稀疏分散,如玉山竹属的竹林。(3)单轴散生型。有细长横走的地下茎,俗称竹鞭。鞭有节,节上生根长芽,芽可抽成新鞭蔓延生长,有时出土成竹散生地面。这类竹种称散生竹类,如刚竹属、方竹属、酸竹属。(4)复轴混生型。兼有单轴散生和合轴丛生型的地下茎,既有细长横走的竹鞭,鞭上的芽出土成竹,稀疏散生,又能从秆基芽眼萌发成笋、长出成丛的竹秆。这类竹种称混生竹类,如苦竹属、茶秆竹属、箬竹属等。它们所形成的竹林外貌呈簇状散生,林内竹秆疏密不均。

竹类为多年生一次开花植物,凡开花后的竹株,一般就会枯死。所以竹类开花时对竹林的外貌、结构和演替影响极大。竹类营养生长的持续期和开花的发生,因竹种的不同而有差异。据国内外观察记载的资料,有下列几个类型:(1)每年有个别植株开花,如思劳竹属、刚竹属的篌竹(*Phyllostchys nidularia*)、水竹(*P. heteroclada*)、桂竹(*P. bambusoides*)、绿竹(*Sinocalamus oldhami*)及麻竹(*S. latiflorus*)。这类竹林开花,不会使整个竹林死亡。(2)周期性开花。它们每隔 1 年、3 年、7 年、11 年、15 年、30 年、48 年、60 年甚至 120 年后大量开花,如毛竹 50~60 年一次,紫竹 40~50 年一次,桂竹 60 年一次(兼有常年零星开花特性)。这类竹林开花,往往使整个竹林衰亡。(3)不定期或无规则开花,甚至有些竹种至今未有人见其开花的。竹类开花除以上3种类型外,还受各地气候及土壤条件的改变而提前开花,如干旱、缺肥、人工损坏其根鞭等等亦会促使其开花。

竹秆没有次生生长,其高和直径生长在竹笋出土后的很短时间内即完成。成竹生长不再是竹秆体积的增大,而是其细胞壁的加厚,干物质的增加,竹材力学性质的改进,以及合成器官的更新——换叶。如毛竹每隔一年换叶一次,换叶前整片竹林呈淡黄绿色。

总之,竹秆连地下茎,地下茎生笋,笋长成竹,竹又养地下茎,如此循环增殖、不断扩大,相互影响,与有机营养物质的合成、积累、分配和消耗等生长活动,形成竹林的自动调节系统,使整片竹林构成一个统一体,这是竹类个体生长发育的特点,亦是竹林种群发展更新的规律。

三、竹林的生境特点及地理分布

(一)竹林的生境特点

竹类植物适应性较强,从河谷平原到丘陵山地都有分布,除了干燥的沙漠、重盐碱土壤和长期积水的沼泽地外,几乎在各种土壤上都可生长。但绝大多数竹种喜温暖湿润气候和肥沃深厚的土壤,需要年平均气温14～22 ℃,最冷月均温3～23 ℃,年降雨量1 000～2 000 mm,且集中在夏秋两季。因各类竹林的生物学特性不同,所要求的生境亦有差异。

丛生竹类的地下茎入土较浅,而且发笋时间多在夏秋季节,新竹秆在冬季到来之前尚未足够木质化,容易遭受冻害。因此它特别要求秋末至初春(10月至翌年3月)期间有较高的气温和不使它受冻的极端最低温度。有人于1973年曾把23种丛生竹移到浙江舟山和杭州两地做引种试验,结果在舟山初获成功,其中麻竹及黄金间碧竹(*Bambusa vulgaris* cv. vittata)除发现在冬季地上部分冻枯外,其他季节生长良好。而杭州则引种失败。舟山的年均温为16.3 ℃,极端最低气温－6 ℃,杭州年均温为16.1 ℃,极端最低温－9.6 ℃,且冬春季节的月均温都比舟山低1～2.5 ℃。由此可见丛生竹类是喜热的竹类,其生长发育要求较高的气温,其北移的限制因子不是降水量和土壤条件,而是冬季的低温。从其分布状况和引种范围来看,可以认为年均温在16 ℃以下,最冷月均温在5 ℃以下,极端最低温度在－9 ℃以下,丛生竹类则不能生长。福建东南沿海一带气温较高适宜丛生竹生长,而闽西北地区虽有较耐寒的孝顺竹、青皮竹(*B. textilis*)等丛生竹类生长,但稍喜暖的麻竹、绿竹只能引种至南平、三明、龙岩、上杭一带,且有时冬季竹秆受冻。

散生竹有入土较深的竹鞭,笋期多在春夏多雨季节(方竹属除外),新竹秆当年开枝放叶并木质化,对寒冷有良好的适应能力。毛竹在年均温13.3 ℃,最冷月均温－4 ℃,极端最低温－21.7 ℃的河南安阳尚可勉强生存;淡竹在年均温约14 ℃,最冷月均温－1 ℃,极端最低温度－20 ℃左右的山东等地尚是乡土竹种。它们对土壤的要求亦不如丛生竹高。散生竹多在春夏之间生笋,这段期间由于竹秆生长快,蒸腾作用强,需要充裕的水湿条件,所以对散生竹类的生长和分布的影响,水分则比温度更为重要。福建气候温暖,雨量充沛,除闽东或闽南沿海某些地区年雨量低于1 000 mm外,其他各地皆适合散生竹类生长。

复轴混生竹类兼有丛生竹和散生竹的特点。这类竹种对生境的要求亦处于丛生竹类与散生竹类之间。中亚热带南部是它们适生的地区。

从垂直分布看,海拔1 300 m以上的中山或亚高山地区,由于气温低,风雪大,紫外线辐射强烈,土壤多为山地草甸土,在这种特殊的生境下,一般竹类不宜生长,而仅有一些适应高海拔气候的竹类形成一种特殊的顶极群落。这类竹种多为合轴散生型的玉山竹属,以及茶秆竹属等少量种类。它们的植株矮小,笋箨宿存;抗风寒能力强,常形成矮小的纯林或为针叶林下的一个层片。

(二)全省竹林分区

福建地势高低起伏,高山丘陵绵延,河谷盆地交错,局部地区小气候特殊,可适应各种不同习性的竹类生长。由于福建中部的鹫峰山——戴云山——博平岭一线山脉从东北向西南构成一条天然屏障,使全省分隔为东南沿海及西北两部分显然不同的气候型,它们两地分别生长着不同的竹类。根据全国竹林区划(见表6-3),全省竹林大致可划分为如下两个区。

表 6-3 中国竹类区划表

竹类	竹类区划	地理分布
散生竹类	(一)华中、亚热带散生竹林区	暖温带、北亚热带和中亚热带、北部中亚热带南部
混生竹类	(二)华中、亚热带混生竹林区	南亚热带和热带北部
丛生竹类	(三)南方热带——亚热带丛生竹林区	南亚热带和热带北部
	1. 华南丛生竹林区	
	2. 西南丛生竹林区	
攀援竹类	(四)琼滇热带攀援竹林区	热带南部

1. 南亚热带丛生竹林区

本区即沿鹫峰山——戴云山——博平岭一线的东南地区,东南界为海岸线。境内海拔450 m以下,因受海洋暖湿气流的调节,地形致雨作用强烈,加上山脉对冬季南侵寒潮的阻屏影响,使境内形成湿热环境。年均温在20 ℃以上,绝对最低气温在0 ℃以上,某些地点在个别年份可低达-2 ℃,但为时极短,基本上全年无冬。年降水量除沿海地区较少(1 000 mm)外,一般为1 400~2 000 mm,属南亚热带气候。土壤为砖红壤性红壤。其地带性植被为南亚热带雨林(季风常绿阔叶林)。

境内竹林以丛生竹类为主,散生竹较少。在平原丘陵地区以人工竹林为多,栽培面积较大的蔑用竹有簕(簕)竹属的花竹(*Bambusa albo-liniata*)、青皮竹(*B. textilis*)等,笋用竹有慈竹属的绿竹、麻竹,观赏用的有大佛肚竹(*B. vulgar* var. *wamnii*)、黄金间碧竹。野生的竹林有大木竹(*B. wenchouensis*),簕竹属的簕竹(*Bambusa stenostachya*)。在漳州、厦门还成功地引种有条竹(*Thyrsostachys siamensis* 亦称泰国竹),生长良好。

本区散生竹分布较少,一般分布在本区较高海拔的丘陵山地。南靖、平和等地雨量充沛则毛竹林面积较大,而在闽东的一些地区因雨量较少,则毛竹亦较少。

2. 中亚热带混生竹林区

本区南自南亚热带丛生竹林区的北界,北连浙江省、江西省。年均温18~20 ℃,年降水量1 200~1 800 mm,土壤类型多样,河谷地带以水稻土为主,丘陵山地以红壤为主,海拔800 m以上多为黄壤。地带性植被为中亚热带照叶林(常绿阔叶林)。

本区竹林自南至北为丛生竹类向散生竹类的过渡地带。混生竹类的比例较大,可以认为是混生竹类的分布中心。

区内有少量丛生竹,且多为丛生竹中较耐寒的广布种,如孝顺竹、青皮竹等。混生竹较多,如倭竹属有 5 种,占全世界该属种数的 71.4％以上,为全国该属种数的 71.4％,是该属的种类分布中心,常见的有南平倭竹(*Shibataea nanpinensis*)、倭竹(*S. Kumasana*)、倭叶竹(*S. lancifolia*)。常见的还有面秆竹(*Pseudosos orthotropa*)、薄箨茶秆竹(*P. amabilis var. tenus*)、托竹(*P. contori*)等。散生竹类的种数亦不少,但比起浙江一带则种数较少。如刚竹属有 28 种、2 变种、7 变型,占全世界该属种数的 49％,为全国该属种数的 51％,常见的有毛竹、篓竹(*Phyllostachvs makinoi*)、桂竹(*P. barnbusoides*)、淡竹(*P. glauca*)、紫竹(*P. nigra*)、刚竹(*Pviridis*)等。唐竹属亦有 8 种、2 变种,为世界或中国该属的种数的 6％～60％左右。此外尚有少量方竹属的方竹(*Chimonobambsa quadragutaris*)及酸竹属的福建酸竹(*Acidosasa notata*)。

本区海拔 1 300 m 以上的山顶,气温低,风雪大,紫外线辐射强烈、立地环境特殊,生长着温性竹林。它们以玉山竹属为主,计有 6 个新近发现的新种,如南平茫荡山海拔 1 300 m 的百山祖玉山竹(*Yushania baishanzuensis*),武夷山海拔 1 500 m 以上的长鞘玉山竹(*Y. longissima*)、撕裂玉山竹(*Y. lacera*)和武夷玉山竹(*Y. wuyishanenis*),戴云山海拔 1 800 m 的长耳玉山竹(*Y. longiaurita*)。此外,在武夷山 1 500 m 以上还分布有茶秆竹属的长鞘茶秆竹(*Pseudosasa lognivaginata*)。

四、福建竹林的主要类型

竹林类型基本上与建群种在植物分类学上的属、种及其生活型相一致,其类型亦就是按建群种的生物学特性和生境特点来划分的。福建竹林有以下类型。

(一)热性竹林

本类型主要分布在我国热带和南亚热带地区,包括台湾、广东、广西、贵州、云南和西藏等省区的南部以及福建的东南沿海地区。竹林类型多是以丛生竹类为主,主要有篓竹属、思劳竹属、慈竹属、单竹亚属、茶秆竹属。根据其生境特点可划分为河谷平地竹林和丘陵山地竹林两个群系组。

1. 河谷平地竹林群系组

(1)麻竹林

麻竹(*Sinocalanmus latiflorus*)是我国南方主要笋用竹种之一,分布于台湾、广东、广西、云南和贵州等省(区)的南部。福建的龙岩南部、漳州、南靖、泉州、永春、福州、罗源、宁德、福鼎皆有分布,而以漳州、龙海、南靖、永春等地为栽培中心。全省约有 0.7 万公顷。近年来南平、三明亦在试种。

麻竹多为人工纯林。福鼎等地有半野生状态的竹丛。人工麻竹林每丛控制在 5 ～8 株竹秆高大,高 15～20 m,径粗 5～15 cm,秆梢作弧形弯垂,主枝粗壮;叶特别宽大,长 14～40 cm,宽 4～7 cm。因集约经营管理,竹林下灌木及草本植物稀少。

麻竹是著名的夏季笋用竹种,笋期长(5—10 月)、产量高(每公顷高达 22.5 吨),笋肉厚实细嫩,清脆味美,为夏季上等佳肴,亦可加工为笋干,罐头。其竹秆粗大,可为建筑材料及造纸原料。竹叶宽大,可制斗笠、船篷等防雨具。

(2)绿竹林

绿竹(*Sinocalanmus oldhamii*)是南方优良笋用竹之一,分布于台湾、广东、广西和浙江南部。福建东南沿海各县及闽江、九龙江下游两岸皆有分布。绿竹较麻竹稍耐寒,闽西北引种至龙岩、漳平、上杭等地,中部引至三明,北部达建瓯。漳州、龙海、南靖、福州为其栽培中心,栽培面积约有 0.7 万公顷。

绿竹林多为人工经营的纯林,每丛约 12～14 株。其秆高 6～9 m,胸径 6～8 cm,秆基部稍弯曲后而斜升;叶长 12～20 cm,宽 1.8～4.5 cm,因多有人工管理,林下灌木及草本植物稀少。

绿竹笋品质最佳,比麻竹笋更细嫩、清甜,但比麻竹笋个体小,产量较低(每公顷产 2 250～4 500 公斤)。绿竹林枝叶繁茂,竹秆青翠,亦可为庭园绿化植物。

(3)花竹林

花竹林以漳州地区为主要栽培区,仅这地区就栽培有 2 700 多公顷。其中以诏安栽植最多,面积达 2 000 多公顷。其他如漳浦、平和、长泰及龙海等地各有 130 多公顷,龙海、泉州、莆田、福州等地亦有零星栽培。

花竹林冠整齐,外貌呈黄绿色,秆高达 10 m 以上,径粗 5～6 cm,每丛 20 多株。秆基几节节间具黄白色细纵纹,秆梢稍下垂,节间长 30～60 cm,竹壁薄。因多为人工经营的纯林,林内灌木和草本植物稀少。

花竹耐水湿,对土壤水肥条件要求较高,宜植于溪河两岸冲积土或低丘缓坡地。

花竹适应性广、生长快,产量高,竹材节间长,竹篾柔韧、拉力特强,为优良的篾用竹种之一,适用作油麸篾及编竹缆绳、竹织品等。竹秆绿色且间有黄白色细纵纹,可为庭园绿化竹种。

(4)藤枝竹林

藤枝竹(*Bambusa lenta*)该竹种较为耐寒,浙江南部、江西南部及福建皆有分布。福建主要栽培区在南安、安溪、永泰等地,种植面积 130 多公顷。

藤枝竹林相整齐,每丛 20～30 株,秆高 5～12 m,径粗 4～7 cm,节间长 30～50 cm,竹壁较薄 3 ～5 mm。它喜生于溪河两岸冲积土及丘陵缓坡地,多为人工经营的纯林,林下灌木及草本植物稀少。

藤枝竹生长快、产量高、节间长,竹节平滑,竹篾柔韧,拉力较强、伸缩性小,劈篾性能好,为竹编织品的上等竹材,专供制竹席、枕席、垫席、漆篮、灯笼以及各种竹编工艺品用。

(5)大木竹林

大木竹(*Bambusa wenchoensis*)亦称毛单竹,为簕竹属单竹亚属之一竹种,分布于福建东南沿海及浙江温州等地。福建自厦门至福鼎一线有零星成片分布。

大木竹林相高低不整齐,秆高达 16 m,径粗 8～10 cm,节间长 37～50 cm,多为野生、丛生溪河两岸或混生于灌丛中。大木竹秆壁厚达 16～20 mm,福鼎群众亦称"九层脑",意即可劈九层篾。其竹篾可编制农具及下海捕捞用之缆索,笋可食用,但味微苦。

2. 丘陵山地竹林群系组

簕竹(*Bambusa blumeana*)亦是喜热的一种竹类。它不耐严寒,分布子福建省诏安云霄漳浦、南靖、龙海、漳平、安溪、福州等地,为一野生的丛生竹,秆高 15～20 m,径粗 8～10 cm,秆壁厚,分枝低、秆基部数节侧枝退化成锐刺,竹秆密集成丛状。其多见于河溪两岸及丘陵山地,喜肥沃湿润土壤,但亦能耐干旱瘠薄土壤。

簕竹林根深秆密,分枝低,抗风力强,是固堤、防风的优良竹种。

(二)暖性竹林

本类型主要分布在亚热带常绿阔叶林区,即黄河流域以南,从长江流域到南岭山地,相当于北纬 25～37 ℃之间。福建省则位于鹫峰山——戴云山——博平岭以北的中亚热带区,是丛生竹向散生竹过渡地带,同时亦是混生竹类适生地区。根据生境条件亦可分为两个群系组。

1. 河谷平地竹林群系组

(1)孝顺竹林

孝顺竹也称凤凰竹、观音竹,是丛生竹类中最耐寒的竹种之一。它主要分布于福建中亚热带地区,其北界可分布至浙江北部之杭州、绍兴等地,多野生于溪河两岸或丘陵坡地,对土壤要求不严。

孝顺竹秆高 3～7 m,径粗 5～20 mm,秆梢稍弯垂,秆壁稍厚,节间长 20～40 mm,每丛 50～60 株,小枝叶排列不整齐,树冠参差不齐。孝顺竹秆材柔韧,劈篾可编篮篓及作绑扎孝顺竹秆,纤维长,亦为造纸原料。

另有一种河边竹(*B. strigosa*),其林冠外貌与孝顺竹相似,唯箨背被淡黄色粗毛,分布于三明、南平等地。

(2)小黄竹林

小黄竹(*Bambusa textiles* var. *glabra*)又称光秆青皮竹,是青皮竹的一个变种,也是较耐寒的丛生竹种之一,它分布遍及全省,对土壤要求不严,耐干旱瘠薄,多生于溪河两岸,山谷水沟两旁或丘陵山地,为野生丛生竹林,常成丛地混生于灌丛中或常绿阔叶林缘。

小黄竹秆高 3～5 m,径粗 1～6 cm,林相参差不齐,每丛有几十株至几百株以上。

小黄竹节平滑,竹篾坚韧柔软,可劈为绑扎篾或制缆索,其纤维长亦为造纸原料。

类似小黄竹还有长毛米筛竹(*B. pachinensis* var. *hirsutissima*)更耐寒,全省多见,台湾亦产。

2. 丘陵山地竹林群系组

(1)毛竹林

毛竹(*Phyllostachys pubescens*)是福建最主要的竹林,全省毛竹林面积有 55.6 万公顷,蓄积 76 462 万株,约有 1 146.97 万吨,除长乐、平潭、晋江、厦门等地外,各地均有分布。

南平、三明、龙岩 3 个地区,占全省毛竹林总面积的 81.1%,宁德地区仅占 6.1%,其余地区(市)共约 12.8%。建瓯县毛竹林面积为 4.8 万公顷,居全省第一位,其次是长汀、顺昌、永安、南平、浦城、连城、邵武等县,面积均在 2 万公顷以上,崇安、尤溪、沙县、上杭、建阳、将乐、光泽、三明、政和、漳平、宁化、永定、建宁、武平、南靖、德化、泰宁等县面积约在 0.7 万～2 万公顷之间。

毛竹纯林外貌整齐,结构单一,树冠起伏不大,成单层水平郁闭,秆高 10～20 m,径粗 5～16 cm,则林内灌木较少。林下仅是一些阴湿草本植物。天然状态的毛竹林和失管的毛竹人工林常与常绿阔叶树或松杉类植物混交,其混交树种常见有栲属、青冈属、润楠属以及马尾松、杉木等。有的为了保护地力,人为地留下一定比例的针、阔叶树组成乔木上层而高出竹林,呈凹凸不平外貌。林下灌木有檵木、柃木属、冬青属等。草本植物常见有狗脊蕨、芒萁、卷柏等蕨类植物及一些禾草类。

福建毛竹林常见的一些群落举例如下。

福建特有树种

①毛竹＋阔叶麦冬群丛。本群丛样地位于南平夏道乡溪头村,海拔 740 m。土壤为棕红土,表土层厚 15 cm。在 100 m² 的样方中有毛竹 28 株,平均高 12 m,平均胸径 10 cm,盖度 82％,伴生有钩栲和杉木各一株。林内灌木极少而不成层次。草本层中有阔叶麦冬(*Liriope platyphylla*)、柏拉木(*Brastus cochinchinensis*)、紫麻(*Oreocnide frutescens*)层间植物有香花崖豆藤(表 6-4)。

表 6-4　毛竹＋阔叶麦冬群丛样方表

层次	植物名称	株数	多度 %	盖度 %	频度 %	高度（m）		胸径(cm)	
						最高	平均	最大	平均
乔木层	毛竹 *Phyllostachys pubescens*	28	93.3	82		15	12	12	10
	钩栲 *Castanopsis tibetana*	1	3.3	15			13		16
	杉木 *Cunninghamia Ianceolata*	1	3.3	3			9		10
灌木层	南岭黄檀 *Dalbergia balansae*	1		5			1.1		
草本层	阔叶土麦冬 *Liriope platyphylla*		Cop. 3	4	40		0.5		
	柏拉木 *Blastus cochinchinensis*		Un.	0.4	20		0.2		
	紫麻 *Oreocnide frutescens*		Sp.	3	40		0.3		
	乌蔹莓 *Cayratia japonirca*		Un.	1.2	20		0.1		
	羊乳 *Codonopsis lanceolata*		Sp.	6	20		0.3		
	败酱草 *Patrinia villosa*		Un.	1	20		0.3		
	淡竹叶 *Lophatherm gracile*		Un.	1.2	20		0.2		
	魔芋 *Amorphophallus rivieri*		Un.	0.4	20		0.3		
层间植物	葡蟠 *Broussonettia kaempfera*						0.5		
	菝葜 *Smilax china*	3					0.5		
	香花崖豆藤 *Millettia dielsiana*	1	Sol.	3	40		0.3		
	玉叶金花 *Massaenda pubescens*		Sol.	1	20		0.2		
幼树	华山矾 *Symplocos chinensis*	1					0.6		
	木通 *Akebia quinata*	1					0.1		
	千年桐 *Vernieia fordii*	1					0.2		

调查地点:南平市夏道乡溪头树的太宝庙。面积 100 m²,乔木层盖度 80％,灌木层盖度 5％,草本层盖度 70％,群落总盖度 85％。

引自南平、浦城、光泽等森林植被调查报告(1986)。

②毛竹＋檵木——芒萁群丛。本群丛位于浦城永兴乡,海拔 380～570 m。表土层厚 10 cm。乔木层样方 1 400 m²,盖度 60％。毛竹高 10～12 m。伴生有杉木、马尾松、山合欢(*Albizzia kalkora*)、锥栗、枫香等。灌木层样方 224 m²,层盖度 50％,有檵木(表 6-5)。

表6-5 毛竹十檵木——芒萁群丛样方表

层次	植物名称	株数	多度 %	盖度 %	频度 %	高度（m）		胸径（cm）	
						最高	平均	最大	平均
乔木层	毛竹 *Phyllostachys pubescens*	248	87.63	50	100	12	10	14	8
	杉木 *Cunninghamia lanceolata*	26	9.18	3.6	42	16	10	16	10
	马尾松 *Pinus massoniana*	2	0.71	1.85	14	16	12	38	26
	山合欢 *Albizzia kalkora*	3	1.06	2.7	21	12	10	14	12
	锥栗 *Castanea henryi*	3	1.06	1.8	7	10	10	36	28
	枫香 *Liquidambar formosana*	1	0.35	0.67	7	10	10	28	28
灌木层	檵木 *Loropetalum chinense*	59	21.2	15	100				
	算盘子 *Glochidion puberum*	7	2.5	0.85	7				
	盐肤木 *Rhus chinensis*	15	5.4	2	14				
	映山红 *Rhododendron simisii*	18	6.5	2.5	28				
	乌药 *Lindera agregata*	16	5.7	3	42				
	乌饭 *Vaccinandra bracteatum*	21	7.6	2.7	50				
	黄瑞木 *Adinandra millettii*	7	2.5	0.85	28				
	华鼠刺 *Ilea chinensis*	21	7.6	2.5	35.5				
	毛冬青 *Ilex pubescens*	11	3.9	1	28				
	茶属一种 *Camellia* sp.	6	2.1	1	7				
	白栎 *Quercus fabri*	21	7.6	2	28				
	柃木属一种 *Eurya* sp.	5	1.8	0.1	14				
	山矾 *Symplocos caudata*	2	0.7	0.85	14				
	石斑木 *Raphiolepis indica*	4	1.4	0.67	14				
	鹿角杜鹃 *Rhododendron latouchae*	7	2.5	1.2	7				
	绿叶甘檀 *Lindera fruticosa*	7	2.5	1	28				
	美丽胡枝子 *Lespedtaza formosa*	6	2.2	1	7				
	荚蒾 *Viburnum dilatatum*	10	3.6	1	21				
	梅叶冬青 *Ilex asprella*	1	0.4	1	7				
	少叶黄杞 *Engelhardtia fenzelii*（苗木）	1	0.4	0.09	7				
	苦竹 *Pleioblastus amarus*	4	1.4	0.1	14				
	粗榧 *Cephalotaxus amarus*	1	0.4	1.5	7				
	六月雪 *Serissa serissoides*	10	3.6	0.6	7				
	苦槠 *Castanopsis sclerophylla*（苗木）	4	1.4	4	28				
	青冈 *Cyclobalanopsis glanca*（苗木）	8	2.9	2	21				
	甜槠 *Castanopsis eyrei*（苗木）	6	2.2	0.15	14				
草本层	芒萁骨 *Dicranopters dichotoma*		Cop. 2		100				
	芒 *Miscanthus sinensis*		Sp.		28				
	狗脊蕨 *Woodwordia japonica*		Sol.		28				
	光里白 *Hicriopteris laevissima*		Un.		7				
	黄精 *Polygonatum sibiricum*		Un.		7				
层外	光叶拔契 *Smilax glabra*		Sol.		14				

③毛竹十钩栲——地菍群丛。本群丛系毛竹与槠栲类混交林。样方取自南平王台乡元圩村，海拔520 m处。在100 m² 样地中有毛竹8株（过量择伐），平均高12 m,伴生有钩栲3株,高达15 m,另有檫木石楠、狗牙锥、四照花属等。灌木层有桂竹、毛乌口树、大青。调查

地点：浦城永兴乡；海拔 380～570 m；面积乔木层和灌木层均 14（10 m×10 m），草本 4 m×1 m，但不成层次。草本层有地菍、山姜等。林内还有梨茶、狗牙锥、虎皮楠等一些耐荫的幼树，是将来演替的趋势（表 6-6，资料来源同表 6-4）。

表 6-6　毛竹＋钩栲——地菍群丛样方表

层次	植物名称	株数	多度 %	盖度 %	频度 %	高度（m）		胸径（cm）	
						最高	平均	最大	平均
乔木层	毛竹 Phyllostachys pubescens	8	53	6.9		12.0	9.56	10.0	7.68
	钩栲 Castanopsis tibetana	3	20	42		15.0	13.1	139.5	30.73
	椤木石楠 Photinia davidsoniae	2	13	29.9		18	16	45	31.9
	狗牙锥 Castanopsis lamontii	1	7	15.8		16.0	16.0	32.8	32.8
	四照花属 Dendrobenthamia sp.	1	7	5.6		9.5	9.5	19.5	19.5
	桂竹 Phyllostachys bambusoides	9		20	50	3.0	1.9		
	狗牙锥 Castanopsis lamontii（苗木）	2		20	50	1.3	1.2		
	毛乌口树 Tarenna acutisepala（苗木）	3		5	25	1.3	1.0		
	茶梨 Camellia octopetala（苗木）	2		5	25	1.4	1.4		
	树参 Dendropanax sp.（苗木）	1		5	25	1.3	1.3		
灌木层	九节茶 Sarcandra glabra	1		5	25	1.1	1.1		
	山矾 Symplocos caudata	2		2.5	25	1.0	0.7		
	胡枝子 Lespedeza formosa	1		2.5	25	1.3	1.3		
	千年桐 Vernicia montana（苗木）	1		2.0	25	1.0	1.0		
	茶梨 Camellia octopetala（苗木）	3		12	40	0.8	0.55		
	华鼠刺 Itea chinensis	3		8	20	0.8	0.6		
	大青 Cleridendron cyrtophyllum	3		6	20	0.5	0.3		
	虎皮楠 Daphniphyllum glaucescens（苗木）	1		2	20	0.5	0.5		
草本层	地菍 Melastoma dodecandrum	1	Sol.	8	20				
	山姜 Alpina japonica			8	20	0.4	0.4		
层外	千金藤 Stephania japonica					0.8			
	何首乌 Polygonum multiflorum					0.6			
	葛藤 Pueraria lobata					1.2			

调查地点，南平王台乡元圩村；调查面积 100 m²；海拔高度 520 m；土壤种类：山地红壤，表土层厚度 10 cm；盖度：乔木层 0.8，草本层 0.6，群落总盖度 1.0。

④毛竹＋甜槠——中华里白群丛。本群丛位于南平大洋乡岩头村海拔 850 m 处，土壤为山地黄壤，表土层厚 7 cm。在 100 m² 的样方中有毛竹 9 株，平均高 10 m，平均胸径 6.7 cm。伴生有甜槠 2 株，高 11.5 m，平均胸径 26.5 cm。林内鲜见灌木而不成层。草本层有中华里白、狗脊蕨、五节芒。层间植物有菝葜等。林内有甜槠幼树。本群丛位于海拔较高处，土壤较干燥，甜槠幼树将更替竹林（表 6-7）。

表 6-7　毛竹十甜槠——中华里白群丛样方表

层次	植物名称	株数	多度 %	盖度 %	频度 %	高度（m）		胸径(cm)	
						最高	平均	最大	平均
乔木层	毛竹 Phyllastachys pubescens	9	82	22.3	12	12	8.4	6.7	
	甜槠 Castanopsis eyrei	2	18	77.7	12	11.5	28	26.5	
草本层	中华里白 Hicrioptcris chinensis		Cop. 2		0.57	0.50			
	狗脊蕨 Woodward japonica		Sol.		0.50	0.42			
	五节芒 Miscanthus floridulus		Sol.		0.65	0.60			
	芒萁 Dicranopteris dichotoma		Sp		0.45	0.39			
	甜槠 Castanopsis eyrei（苗木）		Sp		0.45 0.65	0.52			
层外	菝葜 Smilax china				1.40				

调查地点：南平大洋乡岩头村；调查面积：100 m²；盖度：乔木层 0.3，灌木层 0，草本层 0.6；群落总盖度 0.9。资料来源同表 6-4。

除上述毛竹与针、阔叶树种混交林外，尚有毛竹十栲树、毛竹十米槠、毛竹十狗牙锥、毛竹十青冈、毛竹十木荷等混交林。

（2）篓竹林

篓竹(*Phyllostachys makinoii*)亦称台湾桂竹，在台湾中部或北部海拔 800 m 以下多形成大面积纯林。福建永泰、闽侯、福清、莆田一带皆有分布，多为人工经营的小面积纯林，约有 10 万多亩。

篓竹适应性较强，喜生于土壤疏松、深厚、排水良好的红壤，亦能耐干旱瘠薄之地。丘陵山地或平原皆可种植。

篓竹林相整齐，结构单一，成单层水平郁闭，秆高 10～20 m，径粗 7～8 cm。人工经营的纯林，林下灌木极少，仅有一些禾本科植物。山地的天然纯林，据莆田庄边乡县界山林场海拔 570 m 处调查，在 200 m² 样方上有篓竹 25 株，秆高 6～8 m，径粗 3～5 cm，盖度 35%。林下灌木较少，有长叶冻绿(*Rhamnus crenatus*)、大青、肖梵天花、美丽胡枝子等。草本层以白茅为主，尚有乌韭、白花败酱、积雪草(*Centena asiatica*)、星宿菜(*Lysimachia fortunei*)、狗脊蕨等。

篓竹秆材坚韧，可为建筑、撑竿、晒衣竿及制作器具等用材。其纤维长，亦为造纸原料。秆籜长，韧性大，可作斗笠、衬垫。它的笋味鲜美，可供食用，是个优良经济竹种。

（3）水竹林

水竹(*Phyllostachys heroclada*)分布于福建的福州、永安、南平、松溪、崇安、浦城等县(市)的水湿环境，多在河谷、溪边或低洼潮湿的沼泽地，形成小片纯林。

水竹林外貌不整齐，侧枝水平开展，枝叶密集交织，其秆高 1.5～4 m，径粗 2～4 cm，每亩有立竹 1 000～1 500 株，生长繁茂，郁闭度大。林下无灌木，仅有一些耐阴湿的草本植物。

喜潮湿环境的尚有安吉水胖竹(*P. concava*)、河竹(*P. rivilis*)，它们与水竹一样，在特殊潮湿的生境中亦形成小面积纯林。

（4）桂竹林

桂竹(*Phyllostachys bambusoides*)分布于长江流域及黄河流域。福建的龙岩、闽清、福州、永泰、三明、建宁、福鼎、屏南、南平亦有分布。桂竹对水分及土壤要求不严，耐干旱瘠薄土壤,生于荒山、灌丛或混生于林缘。桂竹秆高 3~4 m,径粗 2~4 cm,叶稍宽,深绿色。林冠外貌不整齐。它常与其他耐干旱树种混生成灌丛,有时亦形成小面积纯林。

与桂竹同样耐干旱瘠薄土壤的竹种,尚有刚竹(*P. Viridis*)、毛环竹(*P. meyeri*)、罗汉竹(*P. aurea*)、石竹(*P. nuda*)等。它们在岩石裸露的荒山,往往形成小面积纯林或与其他耐干旱树种组成灌木丛。

(5)方竹林

方竹(*Chimonobambusa quadrangularis*)在福建的上杭、南靖、永春、德化、福州、闽清、罗源、福鼎、三明、永安、尤溪、建宁、南平、建瓯、崇安等县(市)都有分布,喜温凉湿润的气候,常混生于常绿阔叶林下成一个层片,亦可组成纯林。

方竹秆基部四方形,基部数节上有刺瘤状突起。在南平王台乡海拔 430 m 处,我们调查一处方竹—福建莲座蕨群丛,土壤为山地红壤,表土层厚 20 cm,群落总盖度 1.0,灌木层盖度 0.9,草本层盖度 0.4。在 16 m² 小样方内有方竹 30 根,平均高 2.5 m。样地内尚有钩栲、山乌桕等幼树。草本层有福建莲座蕨、天门冬、狗脊蕨等。层间植物有葛藤、粤蛇葡萄、鸡血藤。此外尚有闽粤栲幼树(表 6-8)。

表 6-8　四方竹——福建莲座蕨＋天门冬群丛

层次	植物名称	株数	多度%	盖度%	高度（m）最高	平均
灌木层	四方竹 *Chimonobambusa quadrangularis*	30	88	80	3.5	2.5
	千年桐 *Vernicia montona*	2	6	20	4	2.0
	钩栲 *Castanopsis tibetancar*（苗木）	1	3	2		3.0
	山乌桕 *Sapium discolor*	1	3	1		2.0
草本层	福建莲座蕨 *Angiopteris fokiensis*		Cop. I	30	0.8	0.5
	天门冬 *Asparagus cochinchinense*		Cop. I	20	0.4	0.2
	狗脊蕨 *Woodwardia japonica*		S01.	10	0.6	0.4
	闽粤栲 *Castanopsis fissa*（苗木）	3		10	0.8	0.5
层间植物	葛藤 *Pueraria lobata*					1.5
	粤蛇葡萄 *Ampelopsis cantoniensis*					1.5
	鸡血藤 *Millettia reticurtata*					1.2

调查地点:南平市王台乡无圩村,调查面积 16 m²。

(6)唐竹林

唐竹(*Sinobambusa tootsik*)为单轴散生竹类。福建的安溪、福州、屏南、三明有分布,常生于海拔 400~500 m 丘陵山麓,或沿溪谷两岸土壤较肥厚的地段,一般形成小面积纯林,与常绿阔叶林交错分布。

唐竹一般高 5~10 m,径粗 3~5 cm。其分枝一侧扁,每节 3 分枝,分枝短,有时多至 4~5 分枝,开展,枝环隆肿。林相不整齐。唐竹秆材坚韧、篾性良好,宜编制细竹器工艺品等。枝短叶密亦可为园林绿化用竹。

唐竹属在福建常见的还有满山爆(*Sinobambusa tootsik* var. *leata*)、望衫竹(*S. intermedia*),皆可形成小面积纯林。

(7)福建酸竹林

福建酸竹(*Acidosasa notata*)是近几年新发现的一个新种,分布于南平、沙县、顺昌等县(市),生于海拔 100～800 m 丘陵山地的林缘或次生灌丛中,有时亦形成小面积纯林。

福建酸竹群众亦称黄甜笋(顺昌),为单轴散生竹类,秆高 2～5 m,径粗 1～4 cm,每节 3 分枝,秆箨带有紫红色斑纹,箨舌高 5～6 mm,箨耳发达。顺昌发现有一片 700 亩面积的福建酸竹—南平倭竹群丛,经调查在 4 m² 的小样方中,有福建酸竹 17 株,平均高 2.54 m,最高 4.5 m,平均径粗 1.65 cm,层盖度 70%。下层有南平倭竹 45 株,平均高度 80 cm。此外尚有黄瑞木、黄润楠等小灌木。林内还发现米槠、竹柏幼苗各一株。

福建酸竹于 4 月下旬至 5 月出笋,笋味清甜鲜美,为上等蔬品,是极有发展前途的一个笋用竹种。

(8)苦竹林

苦竹(*Pleioblastus amarus*)为复轴混生竹类。福建省分布于龙岩、德化、福州、闽清、尤溪、崇安等县(市),一般在海拔 1 000 m 以下,土壤肥厚的山坡成单优势的纯林,或混生于林缘、灌丛中。

苦竹纯林,竹秆直立密集,侧枝短、自茎部向上逐节增多,秆高 4～5 m,径粗 1～2 cm,节间长 15～30 cm。在南平峡阳乡调查到一片苦竹—五节芒群丛,土壤为山地红壤,表土层厚 15 cm,群落总盖度 0.9,灌木层盖度 0.8,草本层盖度 0.4。在 16 m² 样方有苦竹 40 株,平均高 2 m,平均径粗 1.6 cm,伴生有乌饭、盐肤木、檵木、黄瑞木、山苍子等。草本层有五节芒、地菍。林内尚有油茶等幼苗(表 6-9)。

表 6-9　苦竹十五节芒群丛样方表

层次	植物名称	株数	多度%	盖度%	高度（m）	
					最高	平均
灌木层	苦竹 *Pleioblastus amarus*	40	73	70	2.0	1.6
	乌饭 *Vaccinium bracteatum*	6	11	10	1.6	1.2
	盐肤木 *Rhus chinensis*	3	5	10	1.2	0.8
	檵木 *Loropetalum chinense*	3	5	10	1.3	0.8
	桂竹 *Phyllistachys bambusoides*	2	4	10	2.5	2.5
	黄瑞木 *Adinandra millettii*	1		20	1.5	1.3
	山苍子 *Litsea cubaba*	1	2	10	1.6	1.6
草本层	五节芒 *Miscanthus floridulus*		Cop. 1	30	1.3	0.8
	地菍 *Melastoma dodecandrum*		Sol.	10		
	盐肤木 *Rhus chinemsis*(幼苗)	9			0.3	0.15
	黄瑞木 *Adinandra millettii*(幼苗)	4			0.3	0.2
	油茶 *Camellia oleifera*(幼苗)	3			0.5	0.4

调查地点:南平峡阳乡安科村;调查面积:16 m²;海拔:140 m。

苦竹秆圆且节间长,壁厚而坚实,可作伞柄,家具等材料。亦可作农作物支架或造纸原料。其笋味苦,但可腌制成酸苦笋供食用。

此外,苦竹属在本省常见的还有仙居苦竹(*P. hsienchuensis*)、宜兴苦竹(*P. juxing-ensis*)、三明苦竹(*P. sanmingensis*)、油苦竹(*P. oleosus*)等,它们皆能成纯林或混生于林缘或灌丛中。

(9)面秆竹林

面秆竹(*Pseudosasa orthotropa*)又称白毛暗竹(闽清)、暗竹(南靖),是复轴混生竹类,分布于南靖、长泰、德化、福州、闽清、罗源、福鼎、南平等县(市)。它适生于温暖气候及肥厚的土壤,常混生于常绿阔叶林下或针叶林下,自成一层片,有时亦成纯林。

面秆竹高 3～4.5 m,径粗 1.5 cm,节间长达 40 cm,秆形通直,秆环不隆起,上下尖削度小,其秆材与茶秆竹(*P. amablis*)相似,可为茶秆竹的代用品。

茶秆竹又称"沙白竹"、"厘竹",是经济价值较高的竹种,可供作手杖、钓鱼竿、运动器材、温室花卉支柱和花园围篱等,为传统的出口商品,远销欧美及东南亚各国。福建的长汀、武平有栽培。

(10)肿节少穗竹林

肿节少穗竹(*Oligostachyum oedogonatum*)亦为近年新发现的一个种,每节 3～5 分枝,秆环及节间基部一边强度隆起呈肿胀状,一般高 2～4 m,径粗 1～3 cm。分布于德化、福鼎、建瓯、顺昌、崇安等地,常生于海拔 600～1 500 m 山地。

肿节少穗竹在较低海拔处(600～1 300 m)往往成为灌木层的一个层片或成纯林,如戴云山海拔 1 200 m 处发现有马尾松—肿节少穗竹群丛。乔木层为马尾松,层盖度 0.5,灌木层是以肿节少穗竹组成的层片,层盖度 0.4,此外尚有少量的杜鹃、马银花、小叶石楠、荚蒾、鹿角杜鹃等。海拔上升至 1 330 m 处,则肿节少穗竹成为台湾松林下的一个层片。而在海拔较高的山地,肿节少穗竹多形成大面积的纯林,如德化九仙山海拔 1 340 m 处,肿节少穗竹形成总盖度为 100%的纯林,秆高仅 2～3 m,林相稍为整齐,林下仅有少量的禾草类植物。这种群落在戴云山和武夷山亦多见。全省野生的天然竹林中,肿节少穗竹面积最大。其笋细小,但鲜甜可口,群众多食用。

肿节少穗竹秆细密集,可为造纸原料。

(11)箬叶竹林

箬叶竹(*Indocalamus longiauritus*)又称长耳箬竹,为复轴混生竹类,分布于全省各地海拔 1 000 m 以下,常在常绿阔叶林下成一层片,或在灌丛中与其他树种混生,有时亦成纯林。

箬叶竹秆高 1.5 m,径粗约 5 mm,每节 1～3 分枝,叶片宽大,长 10～30 cm,宽 1.5～6.5 cm,具发达的半月形叶耳。其纯林林相整齐,秆矮小,大小一致,枝叶密集。

箬叶竹竹秆圆而细小,可作毛笔管、筷子,或加工为竹器制品。其叶宽大,可包粽子或为船篷材料。

箬竹属在福建常见的还有阔叶箬竹(*I. latifolius*)和箬竹(*I. tessellatus*)等,它们亦常形成一层片或成小面积纯林。

(12)南平倭竹林

南平倭竹(*Shibataea nanpinensis*)是新发现的一个竹种,分布于本省南平、沙县、顺昌、惠安等县(市),喜生于潮湿肥沃的土壤,在疏林下常形成一个层片,有时在荒山宜林地上成林。

南平倭竹为复轴混生竹类,秆高 1 m,径粗 2～4 mm,每节有 3 分枝,每分枝长 0.5～5 cm,每侧枝仅具一片叶,秆密集,高低一致,纯林林相整齐。可种植作庭园绿化地被,或作绿篱,或盆栽供观赏。

倭竹属在福建有 5 种,常见的还有福建倭竹等。

(三)温性竹林

本类型主要分布于亚热带山地高海拔处,多在 1 500 m 以上,特别是四川、西藏的西南部、南部地区,以及台湾玉山山顶。有些种则分布在 3 000 m 以上的高山。福建多分布于海拔 1 300 m 以上的山顶部分,其生境特点是气温低,云雾浓,风雪大,紫外线辐射强,土壤多为山地草甸土,原生植被为山顶矮曲林或山地灌丛。

本类型仅有一个群系组,即高海拔山地竹林群系组。该群系组的竹林多由玉山竹属的竹种和茶秆竹属的长鞘茶秆竹(*Pseudosasa longissima*)组成单优势的纯林,或成针叶林下的一个层片,如毛秆玉山竹林。

毛秆玉山竹(*Yushania hirticaulis*)分布于崇安县武夷山海拔 1 950 m 以上的山地草甸土上,土壤厚度 40 cm 以下。群落高度 90 cm,分 2 层次,上层毛秆玉山竹为单优势种,盖度 75%,每 100 m² 中有 1.5 万株。草本层亦分 2 层片,上层以箱根野青茅(*Deyenxia hakonensis*)、芒、沼原草(*Meliniopsis hui*)等组成,高度 60~70 cm,盖度 10%。第二层以黑紫藜芦(*Veratrum atrovidaceum*)、苔草属一种(*Carex* sp.)、野菊(*Dendranthema indicum*)、地耳草(*Hypericum japonicum*)组成,高度 30~50 cm,盖度 30%。

玉山竹属在福建省有 6 种,类似的群落尚有黄岗山顶的长鞘玉山竹(*Y. longissima*)、猪母岗的湖南玉山竹(*Y. farinosa*)、撕裂玉山竹(*Y. lacrcera*)和武夷山玉山竹(*Y. wuyishanensis*),戴云山(1 800 m)的长耳玉山竹(*Y. longiaurita*),南平茫荡山(1 300 m)的百山祖玉山竹(*Y. baishanzuensis*)。它们成单优势群落或构成矮林下的一个层面。

五、竹林的演替趋势

竹类一般是喜温喜湿但又不甚耐荫的植物。绝大多数竹类纯林,如没有人工抚育除草而让其自然生长,竹林内就必然有耐荫的阔叶树种侵入,逐渐变成竹阔混交林。在毛竹林内首先是耐荫的栲属、青冈属、润楠属的幼苗或幼树出现,进而形成毛竹+栲树、毛竹+青冈、毛竹+甜槠等混交林。当高大的常绿阔叶树升为第一乔木层时,林冠越来越密,林内光线不足,毛竹就生长不良直至衰亡,其演替的结果是地带性的常绿阔叶林。所以毛竹纯林是一种不稳定的过渡性群落。其他散生竹类及复轴混生竹类亦大致如此。

竹类的繁殖,除个别竹种可以经过一定周期而开花结实,通过有性方式来扩大繁殖外,大多数竹类是以其地下茎的延伸来扩大繁殖的。竹养地下茎,地下茎生笋,笋又成竹,如此循环增殖致使一株母竹可占据一大片地面。同时其地下茎相连,使整个竹林的物质合成、积累分配和消耗等形成自动调节系统。这种生长发育的特性具有更强的抗性(如遭砍伐、火烧后,竹类靠地下茎更新比其他树种更快),可使竹类比其他阔叶树更能适应不同生境。每当森林受到破坏(人工砍伐、火烧或病虫害),林内有足够的光照,则附近的竹林通过地下的延伸能很快侵入,形成各种混交林。不同类型的森林的演替方式稍有不同,以毛竹为例,若针叶林受破坏后,即形成针、竹混交林,如杉木+毛竹、马尾松+毛竹混交林。它们一般为针叶树居乔木第一层,由于树冠盖度小,林内有一定透光度而毛竹生长尚好,这类混交林还能维持一段时间。常绿阔叶林受破坏后,毛竹侵入则形成阔、竹混交林,常见的有甜槠毛竹、钩栲+毛竹、青冈+毛竹等混交林,如果阔叶树居乔木第一层且其盖度较小,则林内湿度大,土壤肥沃,毛竹生长良好。如果林内天然更新的结果,仍然是耐荫的常绿阔叶幼苗,再演替的结果就是较稳定的常绿阔叶林。

由此可以认为,大部分竹林是不稳定的过渡性群落,仅有某些较耐荫的竹种,它们能在阴湿的常绿阔叶林下组成一个层片,在一定时间内具有相对稳定性。这类竹种如箬竹属、方竹属、少穗竹属的肿节少穗竹等。

合轴散生型的玉山竹属,由于地下茎具假鞭,能入土较深,竹株矮小,有耐寒、抗风雪等适应高山特殊生境的特性,这类竹林属地形型的顶极群落的一种,是一个稳定性群落。这类竹林如果受破坏,则进行演替为灌草丛或草甸。

六、竹林的经济意义

竹类生长快,成材早,产量高,用途广。一般毛竹造林后 5～10 年就可年年砍伐利用,进行永续作业。集约经营的毛竹林,每亩年产竹材丰产的可高达 1 500～2 000 公斤,超过一般速生树种的年生产量。

竹材及竹林副产品在国民经济建设和日常生活中发挥了巨大作用。竹材力学强度大,收缩量小,弹性与韧性高,顺纹抗拉强度 1 800 公斤/cm^2,为杉木的 2.5 倍,顺纹抗压强度 600～800 公斤/cm^2,为杉木的 1.5 倍。我国森林资源少,木材奇缺,以竹代木的前景十分广阔。在建筑上,可用竹建房或架设工棚、脚手架、水管等,水利工程上,可用篾编石笼。近年来还用竹材制成竹胶合板已获得成功,将是建筑上有前途的重要材料。竹类的秆及秆籜纤维细长且含量高,可制成竹浆作为胶版纸、描图纸、邮封纸、打字纸等优质纸张的原料,同时还可造人造丝、硝化纤维等。竹材又是文化体育用品的重要材料,可作乐器、计算尺、手杖、钓鱼竿、漆器、漆筷等远销国内外的工艺美术品。竹材在农业及日常生活中应用更为广泛,如竹制农具、家具、用具均是日常必需品。各种竹笋,细嫩鲜美,一年四季皆有,并可加工成笋干、罐头。医药方面,绿竹茹、竹璜、竹荪皆可入药。竹类鞭根纵横交错,竹丛密集,枝秆柔韧,是固堤、护岸、防风等防护林的良好树种。竹林四季长青,挺拔秀丽,潇洒雅致,给人有虚心、有节之感,佛肚竹、四方竹秆形奇特;黄金间碧竹、花孝顺竹、斑竹等花纹美丽,是点缀庭园、美化环境的优良树种。

福建省竹亚科植物区系及其研究进展①

A Study on the Flora of Bambusoideae and
its Development in Fujian Province

摘要：对福建竹亚科植物区系及近期开发工作进行了研究和全面总结。全省种质资源有 25 属 258 种，并公布了 8 个福建省新分布；由 17 属 129 种天然分布竹种组成的区系，表明该省竹种资源的 4 个特点，即天然竹种的丰富性、区系的年轻性、种属的特有性和以东亚成分为主；并指出了乡土竹种开发和竹类种质选择的迫切性。

Abstract：This paper shows that the flora of bambusoideae including 258 species belonged to 25 Genela has been founded in Fujian Province and the specie resource consisted of 129 species in 17 Genela naturally distributed has foure characteristics namely, richness in species, younger in flora, endemism in species or Genela, East Asia distribution type as dominant geographical consist and importance to introduce and deVelop. Eight new geographical distributions in bamboo specie have been reported which are Phyllostachys glablata, P. iridescens, P. heterocycla cv. viridisulcata, P. incarnata, P. rubramarliginata (Dehua county) Dendrocalamopsis vario-striata (Putian county) Phyllostachys heterocycla cv. Tao Kiang(Shanghang county) P. heterocycla (Taining county).

　　福建省东及东南面临台湾海峡与台湾省相望，北邻浙江，北及西北以武夷山脉与江西为界，南部与广东接壤。省内山岭耸峙，丘陵起伏，地势比较复杂，西北高，东南低；境内的武夷山脉和戴云山脉两大山脉平行地向东北，西南走，各主峰和支脉具有 1 500 m 以上的山岭，因此造成了南北两边不同的气候条件和不同的植物群落类型，同时使其地跨两个竹产区：闽西北属于长江——岭南竹区（散生竹——丛生竹混合区），而闽南则隶属于华南竹区（丛生竹区）。

　　近年来，该省加大了竹林开发步伐，尤其是在中小径竹开发、引种和驯化方面形成了热潮。在郑清芳教授等著名竹类专家及其悉心培养的硕士研究生们的精心指导和统筹规划下福州树木园、厦门园林植物园率先进行竹类引种。之后，龙岩观赏竹种园、来舟竹种园、华安竹种园、泰宁百竹园等相继建成竹类引种驯化的试验点，屏南、尤溪、武夷山、建阳、建瓯、顺昌等县市陆续建立优良竹种筛选基地。由过去的省外竹种驯化，发展到现今的省内竹种南竹北移、西竹东移，易地栽植，逐步归化，有力地推动了竹种资源全面开发。与此同时，竹类科研人员先后对闽西、三明、武夷山、戴云山等地区竹种资源进行了较为深入的调查，为开发利用竹种资源提供了基础材料和理论依据[1~4]。各地林业工作者深入各个地区，全面调查乡土竹种资源，研究外来竹种的生长现状，建立了各区的竹种资源系统。为各县市开发竹种资源及竹种园的建设提供参考依据，极有必要对全省现有竹种资源（包括野生与引种）作

　　① 熊德礼(湖北省林业科学研究院)，郑清芳. 原文发表于《福建林学院学报》，2001，21(2)：186～192。

一总结。

一、竹种及分布

鉴定各地的标本,并统计各地、各方面的竹类资料,表明适生的并经数年保存下来的竹种有 25 属 258 种,列于附录资料,种名和排列系统均采用耿氏系统[5-8]。其中,丛生竹种的驯化地区,按由南向北、由西向东的方向(大体上为竹类演化分布方向和省内丛生竹种驯化格局)排列。

二、区系地理特征

(一)天然竹种的丰富性

由附录资料可知,目前已知的天然分布竹种计有 17 属 129 种(内含变种、变型及栽培型,下同)。其中含种数较多的属是刚竹属(32 种)、箣竹属(27 种)、大明竹属(15 种)。分别占全省(产地)竹种数的 24.81%、20.93%、11.63%。它们构成了福建省竹类区系的主体。其次,是矢竹属(8 种)、唐竹属(8 种)、玉山竹属(7 种)、箬竹属(6 种)、少穗竹属(6 种)、倭竹属(5 种)。而慈竹属、绿竹属、牡竹属、短穗竹属、寒竹属、酸竹属、赤竹属内含种数较少,多为福建省的特有种或准特有种。

(二)区系的年轻性

按茎秆类型统计福建省引种前后的竹种与全国竹种,汇总于表 6-10 福建省天然分布竹种中,单轴散生型竹种和复轴混生型竹种所占比例均高于全国水平。其中属数分别高出 14.33% 和 8.26%,种数分别高出 17.16% 和 5.47%。而这两类型在竹类演化中均处于较高级地位,显示其竹类区系是一个较为年轻的区系。

表 6-10 福建省与全国竹类分类型比较

Table 6-10 Taxonomic comparison of bamaoo rhizome-culm types between fujian province and China

茎秆类型	全国(含引种)				福建省引种前				福建省引种后	
	属数	%	种数	%	属数	%	种数	%	属数	种数
合轴丛生型	15	40.54	194	31.44	4	23.53	33	25.58	9	92
单轴散生型	8	21.62	138	22.37	6	35.2	51	39.53	6	99
复轴混生型	10	27.03	148	23.99	6	35.2	38	29.46	7	58
合轴散生型	4	10.81	137	22.20	1	5.88	7	5.43	3	9
合计	37	100.00	617	100.00	17	100.00	129	100.00	25	258

注:%均不包含存疑竹种。

(三)竹类的特有性

1. 竹种的特有性

福建竹类中,南平倭竹、福建倭竹、武夷山方竹、长鞘玉山竹、撕裂玉山竹、长耳玉山竹、武夷山玉山竹、福建酸竹、黄甜竹、屏南少穗竹、少穗竹、绿苦竹、武夷山苦竹、三明苦竹、福建茶竿竹、斑箨茶竿竹、武夷山茶竿竹、同春箬竹可算作特有种,而粉酸竹、短穗竹、肿节少穗竹、糙花少穗竹、四季竹、长鞘茶竿竹、薄箨茶竿竹、阔叶箬竹是与其他地区共有的半特有竹种。共 26 种，占全省竹种数的 2.16%。它们分别属于倭竹属、寒竹属、玉山竹属、酸竹属、少穗竹属、大明竹属和矢竹属、箬竹属，在竹类系统演化中处于高级地位。

2. 属的特有性

特有成分是评价具体植物区系的重要方面。福建省占据的不是一个很大的范围，远未达到一个植物区系的规模，所以本身没有自己的特有属。但含有若干个华东及邻近地区的特有属，在此姑且称之为准特有属。这样的属有短穗竹属、少穗竹属、酸竹属、绿竹属、玉山竹属等 5 个，占全省属数的 2.41%，占全国特有属总数的 50.00%。这些属中，除绿竹属外，集中分布于戴云山—博平岭山脉与武夷山脉及其间的三明市、南平市等地。

（四）区系地理成分以东亚成分为主[9]

如将唐竹属归入特有成分，寒竹属归入温带分布类型，大节竹属归入热带亚洲（印度—马来西亚）类型，则全省天然竹种有 7 个小类型。如表 6-11，其中东亚成分占首位，总属数的 41.18%，总种数的 55.4%。其次是热带分布型，占总属数的 29.41%、总种数的 27.1%。据此，可认为，福建竹种在地理分布上具明显的温带分布性质，兼有少量热带性质。这与其亚热带气候是一致的。竹类起源于热带而又广泛分布于水热条件良好的广阔的亚热带地区；在福建由于自然条件的差异，在长期的演化过程中，形成了自己主要的分布成分（东亚成分）和特有分布。

表 6-11　福建竹类的属种分布类型统计

Table 6-11　The distribution types of bambusoideae in Fujian province

分布区类型及亚型		属数	%	种数	%
热带分布型	热带亚洲、非洲和南美洲间断	1*	5.88*	20	15.50
	热带亚洲至热带非洲	1*	5.88*	7	5.43
	热带亚洲（印度—马来西亚）	2	11.76	7	5.43
	热带印度至华南（尤以西南）	1	5.88	1	0.78
	越南（或中南半岛）至华南（或西南）	1	5.88	1	0.78
	小计	5	29.41	36	27.91
温带分布型	东亚分布型	7	41.18	71	55.04
特有类型	中国特有成分	5	29.41	22	17.05
合　　计		17	100.00	129	100.00

注：* 为同一属的不同亚属。

（五）引种开发的必要性和种质选择的迫切性

福建省天然竹种资源是较为丰富的。但是，一方面，经济价值较高的竹种主要集中在簕竹属、绿竹属、牡竹属、刚竹属等，在福建的天然分布并不算多；另一方面，一个地区种类资源并不能完全满足当地科研和生产应用的需要。为此要大量地从国外、省外引进竹种，已达 129 种（不含种源），并与易地栽植的乡土竹种进行小规模地对照实验，以筛选出最佳的少数几种利用价值高的竹种，以推动竹业的发展。同时，省内各地区之间也要不断地相互引种竹类，开展各县市的优良竹种评选工作。随着竹类科研和资源开发之趋势日益倾向并集中到中小径竹种,引种驯化和良种选育显得更为必要。

三、小结与讨论

在福建省全面开发中小径竹种的中期,在深入调查的基础上系统总结全省的竹类种质资源,适生并可保存的竹子计有 25 属 258 种。对竹子的科学引种、驯化做了概括,并能为资源的全面开发提供指导作用。

经过多年调查和比较鉴定,公布福建省竹种的新分布 8 个,即:花哺鸡竹、红哺鸡竹、绿槽毛竹、红壳雷竹、红边竹(德化县,上同)、吊丝单(莆田市)、花毛竹(上杭县、光泽县)、龟甲竹(泰宁县),进一步丰富了该地区的竹类区系。

经统计,福建省天然分布的竹种共计 17 属 129 种;区系分析表明,该省竹种资源具 4 个特点:天然竹种的丰富性、区系的年轻性、种属的特有性、东亚成分为主;并指出,该省竹类开发下一步最首要的任务是迫切需要进行竹类种质的选择和乡土竹种开发。

参考文献

[1] 郑清芳.野生福建酸竹林进行笋用林改造研究[J].竹子研究汇刊,1996,15(2):28~38

[2] 黄克福.闽西竹子资源及开发利用意见[J].福建林学院学报.1991,11(3):295~302

[3] 游水生,余火亮,王全民,等.武夷山风景区竹林资源调查研究[J].福建林学院学报,1993,13(2):134~140

[4] 黄克福.福建刚竹属植物的调查研究[J].福建林学院学报(增),1985,5:17~26

[5] 耿伯介,王正平.中国植物志 9(1)[M].北京:科学出版社,1996

[6] 梁天干,黄克福,郑清芳,等.福建竹类[M].福州:福建科学技术出版社,1988

[7] 郑清芳,林益明.福建植物志(6)[M].福州:福建科学技术出版社,1993

[8] 朱石麟,马乃训,傅懋毅.中国竹类植物图志[M].北京:中国林业出版社,1994

[9] 吴征镒.中国种子植物属的分布区类型[J].云南植物研究(增),1991,18:1~139

附录　福建省竹种名录(资料)

Checklist of Bamboo Species In Fujian Province China

一、梨竹属 *Melocanna Trin*

1. 梨竹 *M. baccifera*(RoXb.) Kurz 福州、华安引种

二、思劳竹属 *Schzostachyum Nees*

2. 山骨罗竹 *S. hainanense* Merrill ex McClure 福州引种

3. 思劳竹 *S. pseudolima* McClure 福州、华安引种

4. 沙罗单竹 *S. funghomii* McClure 福州、华安引种

三、泡竹属 *Pseudostachyum Munro*

5. 泡竹 *P. polymorphum* Munro 福州、华安引种

四、空竹属 *Cephalostachyum*

6. 糯竹 *C. pergracile* Munro 华安引种

五、泰竹属 *Thyrsostachys Gamble*

7. 大泰竹 *T. oliveri* Gamble 华安引种

8. 泰竹 *T. siamensis* (Kurz ex Munro) Gamble 厦门、漳州、漳平、福州、华安、南平、泰宁引种

六、单枝竹属 *Monocladus Chia* et al

9. 响子竹 *M. levigatus* Chia et al. 华安引种

七、簕竹属 *Bambusa Retz. corr. schreber*

10. 印度簕竹 *B. arunciznacea* (Retz) Willd 厦门、泰宁引种

11. 簕竹 *B. blumeana* J. A. et J. H. Schult 厦门、漳州、南靖、福州、华安、南平、泰宁、安溪、南安、云霄栽培

12. 小簕竹 *B. flexuosa* Munro 厦门、福州、华安引种

13. 车筒竹 *B. sinospinosa* Mccure 安溪、永定产，福州、华安、三明引种

14. 鸡窦簕竹 *B. funghomii* McClure 福州、南平、泰宁、三明引种

15. 坭簕竹 *B. dissimulator* McClure 福州、龙岩、南平引种

16. 白节簕竹 *B. dissimulator* var. *albinodia* McClure 福州、龙岩、华安、南平、泰宁引种

17. 毛簕竹 *B. dissimulator* var. *hispide* McClure 长汀产，福州、华安引种

18. 木竹 *B. rutila* McClure 永定产，福州、华安引种

19. 油簕竹 *B. lapidea* McClure 福州、华安引种

20. 乡土竹 *B. indigena* Chia et H. L. Fung 华安、龙岩、南平引种

21. 坭竹 *B. gibba* McClure 福州产，华安引种

22. 佛肚竹 *B. ventricosa* McClure 各地栽培

23. 东兴黄竹 *B. corniculata* Chia et H. L. Fung 华安引种

24. 吊罗坭竹 *B. diaoluoshanensis* Chia et H. L. Fung 南平、华安引种

25. 霞山坭竹 *B. xiashanensis* Chia et H. L. Fung 华安、龙岩、南平引种

26. 牛儿竹 *B. prominens* H. L. Fung et C. Y. Sia 华安、泰宁引种

27. 马甲竹 *B. tulda* Roxb 福州、泰宁引种

28. 大眼竹 *B. eutuldoides* 福州、龙岩、华安、南平、泰宁引种

29. 银丝大眼竹 *B. eutuldoides* var. *basistriata* McClure 福州、龙岩、华安、南平、泰宁引种

30. 青丝黄竹 *B. eutuldoides* var. *Viridi-vittata* (W. T. Lin) Chia 福州、龙岩、华安、南平引种

31. 撑篙竹 *B. pervariabilis* McClure 厦门、泉州、龙岩、福州、华安、三明、尤溪、南平、

宁德、福鼎栽培

32. 花眉竹 *B. longispiculata* Gamble ex Brandis 福州、龙岩、华安、南平、泰宁引种

33. 青竿竹 *B. tuldoides* Munro 永定产,龙岩、福州、华安、南平、三明引种

34. 鼓节竹 *B. tuldoides* cv. Swolleninternode 华安、泰宁、南平引种

35. 信宜石竹 *B. subtruncata* Chia et H. L. Fung 华安、泰宁引种

36. 硬头黄竹 *B. rigida* Keng et Keng f. 南靖、泉州、福鼎产,龙岩、福州、三明、邵武、南平引种

37. 妈竹 *B. boniopsis* McClure 福州、华安、龙岩、南平、邵武引种

38. 长枝竹 *B. dolichoclada* Hayata 永春、福州产,华安、三明、南平引种

39. 龙头竹 *B. vulgaris* Schrader ex Wendland 福州、华安引种

40. 黄金间碧竹 *B. vulgaris* cv. vittata 厦门、泉州、漳州、福州、华安、龙岩、三明、南平、泰宁、武夷山、宁德栽培

41. 大佛肚竹 *B. vulgaris* cv. Wamin 各地栽培

42. 鱼肚腩竹 *B. gibboides* W. T. Lin 福州、华安、南平引种

43. 石竹仔 *B. piscatorum* McClure 华安引种

44. 花竹 *B. albo-lineata* Chia 各地栽培

45. 米筛竹 *B. pachinensis* Hayata 福建产

46. 长毛米筛竹 *B. pachinensis* var. *hirsutissima* (Ocasizma) W. C. Lin 上杭、华安、永春、德化、闽清、南安、三明、永安、南平、建阳产

47. 藤枝竹 *B. lenta* Chia 南靖、南安、福州、晋江产

48. 黄竹仔 *B. mutabilis* McClure 福州、华安引种

49. 破篾黄竹 *B. contracta* Chia et H. L. Fung 华安、南平引种

50. 孝顺竹 *B. multiplex* (Lour.) Raeuschel ex J. A. et J. H. Schult 各地产

51. 毛凤凰竹 *B. multiplex* var. *incana* B. M. Yang 南靖、德化、华安、三明、顺昌产

52. 观音竹 *B. multiplex* var. *riviereorum* R. Maire 华安、德化、南平、泰宁栽培

53. 小琴丝竹 *B. multiplex* cv. Alphonse-Karr. 各地栽培

54. 银丝竹 *B. multiplex* cv. Silverstripe 福州、龙岩、华安引种

55. 凤尾竹 *B. multiplex* cv. Fernieaf 福州、龙岩、南平栽培

56. 小叶琴丝竹 *B. multiplex* cv. Stripestem Fernleaf 福州、华安、南平、建瓯栽培

57. 绵竹 *B. intermedia* Hsueh et Yi 华安引种

58. 木亶竹 *B. Wenchouensis* (Wen) Q. H. Dai 福鼎产,厦门、南平、泰宁引种

59. 甲竹 *B. remotiflora* Kuntze 福州、南平引种

60. 油竹 *B. surrecta* (G. H. Dai) G. H. Dai 华安引种

61. 单竹 *B. cerosissima* McClure 南靖产,厦门、华安、福州引种

62. 粉单竹 *B. chungii* McClure 福州、厦门、龙岩、华安、南平、泰宁引种

63. 青皮竹 *B. textilis* McClure 各地产

64. 紫斑竹 *B. textilis* cv. Maculata 南靖、泉州产,华安、福州、南平引种

65. 光竿青皮竹 *B. textilis* var. *glabra* McClure 屏南、宁德产,华安引种

66. 崖州竹 *B. textilis* var. *gracilis* McClure 平和、德化、福州、福鼎产,华安引种

67. 桂单竹 *B. guangxiensis* Chia et. H. L. Fung 福州、龙岩、南平引种

68. 水单竹 *B. papillata* (G. H. Dai) G. H. Dai 福州、龙岩、南平引种

69. 牛角竹 *B. corigera* McClure 福州、南平、华安引种

八、慈竹属 *Neosinocalamus* Keng f

70. 慈竹 *N. affinis* (Rendle) Keng f. 长乐、福鼎产,龙岩、华安、南平、泰宁引种

71. 金丝慈竹 *N. affinis* cv. *Viridiflavus* 福州、龙岩、华安、泰宁引种

72. 大琴丝 *N. affinis* cv. *Flavidorivens* 龙岩、南平引种

九、绿竹属 *Dendrocalamopsis* (Chia et H. L. Fung) Keng f

73. 吊丝单 *D. vario-striata* (W. T. Lin) Keng f. 龙岩、华安、南平引种,莆田产,福建新分布

74. 绿竹 *D. oldhami* (Munro) Keng f. 各地栽培

75. 苦绿竹 *D. busihirsuta* (McClure) Keng f. et W. T. Lin 各地栽培

76. 吊丝球竹 *D. beecheyana* (Munro) Keng f. 龙岩、华安、福州、三明、南平引种

77. 大头典竹 *D. beecheyana* var. *pubescens* (P. F. Li) Keng f. 福州产,龙岩、华安、南平引种

78. 黄麻竹 *D. stenoaurita* (W. T. Lin) Keng f. ex W. T. Lin 福州、华安、南平引种

79. 大绿竹 *D. daii* Keng f. 福州、华安引种

80. 孟竹 *D. bicicatricata* (W. T. Lin) Keng f. 华安引种

十、牡竹属 *Dendrovcalamus Nees*

81. 龙竹 *D. giganteus* Munro 华安引种

82. 云南龙竹 *D. yunnanicus* Hsueh et D. Z. Li 华安引种

83. 麻竹 *D. latiflorus* Munro 各地栽培

84. 吊丝竹 *D. minor* (McClure) Chia et H. L. Fung 厦门、龙岩、华安、福州、南平、泰宁引种

85. 花吊丝竹 *D. minor* var. *amoenus* (Q. H. Dai et C. F. Huang) Hsueh et D. Z. Li 福州、龙岩、华安引种

86. 椅子竹 *D. bambusoides* Hsueh et D. Z. Li 华安引种

87. 梁山慈 *D. farinosus* (Keng et Keng f.) chia et H. L. Fung 南平、泰宁引种

88. 黔竹 *D. tsiangii* (McClure) chia et H. L. Fung 厦门、福州引种

89. 黄竹 *D. membranaceus* Munro 华安引种

90. 牡竹 *D. striatus* (Roxb.) Nees 福州、华安引种

91. 勃氏甜龙竹 *D. brandisii* (Munro) Kurz 华安引种

92. 小叶龙竹 *D. barbatus* Hsueb et D. Z. Li 华安引种

十一、巨竹属 *Gigantochloa Kurz ex Munro*

93. 黑毛巨竹 *G. nigrociliata* (Buse) Kurz 福州、华安引种

94. 滇竹 *G. felix*（Keng）Keng f . 福州引种

十二、大节竹属 *Lndosasa McClure*

95. 大节竹 *I. crassiflora* McClure 福州、龙岩、华安、南平引种
96. 摆竹 *I. shibataevides* McClure 华安引种
97. 橄榄竹 *I. gigantea*（Wen）Wen. 建瓯、将乐、邵武、周宁、顺昌产，华安引种

十三、唐竹属 *Sinobambusa Makino ex Nakai*

98. 唐竹 *S. tootsik*（Sieb.）Makino Var. tootsik 安溪、福州、三明、屏南产，华安、南平引种
99. 满山爆竹 *S. tootsik* var. *laeta*（McClure）Wen 安溪、福州、三明产，龙岩、南平、华安引种
100. 光叶唐竹 *S. tootsik* var. *tenuifolia*（Koidz.）S. Suzuki 华安、南平引种
101. 火管竹 *S. tootsik* var. *dentata* Wen 福鼎产
102. 晾衫竹 *S. intermedia* McClure 各地产
103. 胶南竹 *S. seminuda* Wen. 产松溪、周宁、德化、武夷山
104. 肾耳唐竹 *S. nephroaurita* C. D. Chu et C. S. Chao 华安引种
105. 红舌唐竹 *S. rubroligula* McClure 南平、福州、华安引种
106. 白皮唐竹 *S . farinosa*（McClure）Wen 建瓯产
107. 糙耳唐竹 *S. scabrica* Wen 屏南、邵武产
108. 花箨唐竹 *S. striata* Wen 南平引种
109. 尖头唐竹 *S. urens* Wen 福鼎产

十四、短穗竹属 *Brachystachyum Keng*

110. 短穗竹 *B. densiflorum*（Rendle）Keng 邵武产，泰宁、南平、龙岩、福州引种
111. 毛环短穗竹 *B. densiflorum* var. *villosum* S. L. chen et C. Y. Yao 南平引种

十五、刚竹属 *Phyllostachys* sieb. et Zucc

112. 金竹 *P. sulphurea*（Carr.）A. et. C. Riv 南平、泰宁引种
113. 刚竹 *P. sulphurea* cv. *Viridis* 各地产
114. 绿皮黄筋竹 *P. sulphurea* cv. *HouZeau* 建瓯产，南平、龙岩引种
115. 黄皮绿筋竹 *P. sulphurea* cv. *Robert Young* 明溪、三明、宁化、建宁产，龙岩引种
116. 台湾桂竹 *P. makinoi* Hayata 各地栽培
117. 毛环竹 *P. meyeri* McClure 各地产
118. 人面竹 *P. aurea* Carr. ex A. et c. Riv. 各地产
119. 灰竹 *P. nuda* McClure 南靖、德化、永安、福州产
120. 紫蒲头灰竹 *P. nuda* cv. *Localis* 龙岩、南平引种
121. 石绿竹 *P. arcana* McClure 南平引种
122. 黄槽石绿竹 *P. arcana* cv. *Luteosulcata* 南平引种

123. 淡竹 *P. glauca* McClure 各地产

124. 变竹 *P. glauca* var. *Variablis* J. L. Lu 南平引种

125. 筼竹 *P. glauca* cv. Yunzhu 屏南、宁德、德化产,南平引种

126. 早圆竹 *P. propinqua* McClure 永春、德化、福鼎产,南平、福州引种

127. 红边竹 *P. rubromarginata* McClure 德化产,福建新分布,南平引种

128. 黄古竹 *P. angusta* McClure 永安、屏南、南平、德化产,福州引种

129. 曲竿竹 *P. flexuosa* (Carr.) A. et C. Riv. 南平引种

130. 花哺鸡竹 *P. glabrata* S. Y. Chen et C. Y. Yao 屏南、德化产,福建新分布,尤溪、顺昌、龙岩、南平引种

131. 红哺鸡竹 *P iridescens* C. Y. Yao et. S. Y. Chen 德化、三明产,福建新分布,各地引种

132. 天目早竹 *P. tianmuensis* Z. P. Wang et N. Ma 南平引种

133. 角竹 *P. firmbriligula* Wen 顺昌、屏南、龙岩、尤溪引种

134. 尖头青竹 *P. acuta* C. D. Chu et C. S. Chao 三明、尤溪产

135. 乌哺鸡竹 *P. vivax* McClure 三明、尤溪、屏南、武夷山、龙岩、南平引种

136. 黄纹竹 *P. vivax* cv. *Huanwenzhu* 龙岩、南平引种

137 黄杆乌哺鸡 *P. vivax* cv. *Aureocaulis* 龙岩、南平引种

138. 早竹 *P. praecox* C. D. Chu et C. S. Chao 尤溪产,各地引种

139. 黄条早竹 *P. praecox* cv. *notata* 南平引种

140. 雷竹 *P. praecox* cv. *prevernalis* 各地引种

141. 龟甲竹 *P. heterocycla* (Carr.) Mitford 泰宁产,福建新分布,龙岩、华安引种

142. 毛竹 *P. heterocycla* cv. *pubescens* 各地栽培

143. 强竹 *P. heterocycla* cv. *obliguinoda* 南平引种

144. 佛肚毛竹 *P. heterocycla* cv. *Ventricosa* 南平引种

145. 金丝毛竹 *P. heterocycla* cv. *gracilis* 龙岩、南平引种

146. 花毛竹 *P. heterocycla* cv. *Tao Kiang* 福州、永安、南平、尤溪、三明、武夷山产,上杭、光泽新发现,龙岩引种

147. 黄槽毛竹 *P. heterocycla* cv. *Luteosulcata* 南平引种

148. 绿槽毛竹 *P. heterocycla* cv. *Virdisulcata* 德化产,福建新分布,南平引种

149. 假毛竹 *P. Kwangsiensis* W. Y. Hsiung et al. 福州、永安、南平、三明、建宁、德化产

150. 毛壳花哺鸡竹 *P. circumpilis* C. Y. Yao et S. Y. Chen 南平引种

151. 芽竹 *P. robustiramea* S. Y. Chen et C. Y. Yao 福鼎、顺昌产,龙岩、南平引种

152. 美竹 *P. mannii* Gamble 南平、福州引种

153. 黄槽竹 *P. aureosulcata* McClure 龙岩、南平引种

154. 京竹 *P. aureosulcata* cv. *Pekinensis* 南平引种

155. 金壤玉竹 *P. aureosulcata* cv. *Spectabilis* 龙岩、南平、泰宁引种

156. 黄竿京竹 *P. aureosulcata* cv. *Aureocaulis* 龙岩、南平引种

157. 蓉城竹 *P. bissetii* McClure 南平引种

158. 乌竹 *P. varioauriculata* S. C. Li et S. H. Wu 邵武产,南平新发现

159. 紫竹 *P. nigra* (Lodd. ex Lindl.) Munro 各地产

160. 毛金竹 *P. nigra* var. *henonis* (Mitford) Stapf ex Rendle 各地产

161. 红壳雷竹 *P. incarnata* Wen 德化产，福建新分布，南平引种

162. 白哺鸡竹 *P. dulcis* McClure 福鼎、屏南、浦城产，龙岩、南平、泰宁引种

163. 灰水竹 *P. platyglossa* Z. P. Wang et Z. H. Yu 南平引种

164. 衢县红壳竹 *P. rutila* Wen 南平引种

165. 桂竹 *P. bambusoides* Sieb et Zucc. 各地产

166. 寿竹 *P. bambusoides* f. *shouzhu* Yi 南平引种

167. 斑竹 *P. bambusoides* f. *lacrima-deae* Keng f . et Wen 福州、厦门、龙岩、南平引种

168. 粉绿竹 *P . viridi-glaucescens* (Carr.) A. et O. Riv 安溪、三明产

169. 甜笋竹 *P. elegans* McClure 建宁、顺昌、德化产

170. 高节竹 *P. prominens* W. Y. Xiong 屏南、武夷山、顺昌、德化、南平引种

171. 云和哺鸡竹 *P . yunhoensis* S. Y. Chen et C. Y. Yao 顺昌引种

172. 富阳乌哺鸡竹 *P. nigella* Wen 南平引种

173. 毛环水竹 *P. aurita* J. L. Lu 南平引种

174. 篌竹 *P. nidularia* Munro 龙岩、南平、福州引种

175. 实肚竹 *P. nidularia* f. *farcata* H. R. Zhao et A. T. Liu 龙岩、南平引种

176. 光箨篌竹 *P. nidularia* f. *glabrovagina* (McClure) Wen 南平引种

177. 水竹 *P. heteroclada* Oliver 福州、永安、南平、松溪、武夷山、德化产

178. 实心竹 *P. heteroclada* f. *solida* Z. P. Wang et Z. H. Yu 建宁、邵武、武夷山、宁化产，福州、龙岩、南平引种

179. 漫竹 *P. stimulosa* H. R. Zhao et A. T. Liu 顺昌产，南平引种

180. 红后竹 *P . rubicunda* Wen 各地产

181. 乌芽竹 *P. atrovaginata* C. S. Chao et H. Y. Chou 龙岩、南平引种

182. 河竹 *P. rivalis* H. R. Zhao et A. T. Liu 松溪、武夷山、长汀、上杭产

183. 安吉金竹 *P. parvifolia* C. D. Chu et H. Y. Ohou 南平、泰宁引种

十六、倭竹属 *Shibataea Makino ex Nakai*

184. 倭竹 *S. kumasasa* (Zoll. ex Steud.) Makino 永安产

185. 江山倭竹 *S. chiangshanensis* Wen 南平引种

186. 狭叶倭竹 *S. lanceifolia* C. H. Hu 沙县、武夷山产

187. 南平倭竹 *S. nanpingensis* Q. F. Zheng et K. F. Huang 沙县、南平、武夷山产，龙岩引种

188. 福建倭竹 *S. nanpingensis* var. *fujianica* (C. D. Chu et H. Y. Zhou)C. H. Hu 南平、顺昌、永安、武夷山产

189. 鹅毛竹 *S. chinensis* Nakai 福鼎、宁德产，福州、南平引种

十七、寒竹属 *Chimonobambusa Makino*

190. 寒竹 *C. marmorea* (Mitford) Makino 福鼎、三明、沙县、顺昌、武夷山产

191. 刺黑竹 *C. neopurpurea* Yi 华安引种
192. 武夷山方竹 *C. setiformis* Wen 产武夷山
193. 方竹 *C. quadrangularis*（FenZi）Majubi 各地产

十八、筇竹属 *Qiongzhuea Hsueh et Yi*

194. 筇竹 *Q. tumidinoda* Hsueh et Yi 南平引种

十九、玉山竹属 *Yushania Keng f*

195. 毛竿玉山竹 *Y. hirticaulis* Z. P. Wang et G. H. Ye 武夷山产
196. 长鞘玉山竹 *Y. longissima* K. F. Huang et Q. F. Zheng 武夷山产
197. 撕裂玉山竹 *Y. lacera* Q. F. Zheng et K. F. Huang 建阳、武夷山产
198. 百山祖玉山竹 *Y. baishanzuensis* Z. P. Wang et G. H. Ye 南平产

福建竹类(包括引种)中名学名的更动

郑蓉① 郑清芳

Change on Chinese Name and Scientific Name of some Bamboo Species from Fujian(Species Including Domestic and Foreign Introduction)

因各种竹类植物志出版的时间不同,以及其属种的编辑人员不同,故某些竹的中名、学名亦有差异,其中有正确的和不正确的,一般来说越后来出版的竹种名称,比较早期出版的较为正确,但亦不能一概而论。对个别某些种属,编辑者有可能论证不够充分而有错误,这些需后人加以研究解决。现把《中国植物志第九卷》中文版,(以下用▲为记号),《中国植物志》英文版(flora of China)第 22 卷(以下以♯为记号)和《福建植物志第六卷》(竹类部分)及《福建竹类蜡叶标本名录》(包括从国内外引种)(以下以 * 为记号)其中某些有更动的竹种,它们的中名、学名及编辑人员分述如下:

梨竹属 *Melocanna*
▲梨竹:*M. baccifera*(Roxb.)Kurz
♯*M. humilis* Kurz

单枝竹属 *Monocladus*
▲响子竹 *M. levigatus* Chia et al.   贾良智
♯*Bonia levigata*(L. C. Chia et al.)N. H. Xia(单枝竹属)   夏念和

短穗竹属 *Brachystachyum*
▲毛环短穗竹 *Brachystachyum densiflorum* var. *villosum* S. L. Chen et C. Y. Yao   耿以礼
* *Semiarundinaria denidflora* var. *villosa* R. Zheng (业平竹属)   郑蓉

镰序竹属 *Drepanostachyum*
▲ 坝竹 *Drepanostachyum microphyllum*(Hsueh et Yi) Keng f. ex Yi   耿伯介
♯*Ampelocalamus microphyllum*(Hsueh et Yi) Keng f. ex Yi(悬竹属)   李德铢
▲爬竹 *Drepanostachyum scandens*(Hsuch et Yi)Keng f. ex. Yi   耿伯介
♯*Ampelocalamus scandens* Hsuch et W. D. Li(悬竹属)   李德铢
* 葡匐镰序竹 *Drepanostachyum stoloniforme* S. H. Chen et Z. Z. Wang   陈松河
* 葡匐悬竹 *Ampelocalamus stoloniforme*(S. H. Chenet. Z. Z. Wang)R. Zheng   郑蓉

箣竹属 *Bambusa*

---

① 郑蓉(福建省林业科学院,博士、教授级高工)。

▲马甲竹 *Bambusa tulda* Roxb.　　　　　　　　　　　　　　　　贾良智

♯*B. teres* Buchanan-Hamilton et Munro(分布广东、广西)　　　　夏念和

▲木亶竹 *B. wenchouensis*（Wen）Q. H. Dai(大木竹)　　　　　　贾良智等

♯温州箪竹 *B. wenchouensis*（T. H. Wen）P．C．Keng ex Y. M. Lin et Q. F. Zheng

＊大木竹 *B. wenchouensis*（Wen）Keng f. comb. nov(ined)　　　郑清芳

＊有节竹 *B. fujianensis*(Yi et J. Y. Shi)Y. G. Zou(邹跃国在华安发现一个新种)　郑清芳

＊天鹅绒竹：*B. chungii* var. *velutina*（Yi et J. Y. Shi）Y. G. Zou　郑清芳

慈竹属 *Neosinocalamus*

▲慈竹：*Neosinocalamus affinis*（Rendle）Keng f.　　　　　　　耿伯介

♯金丝慈竹：*Neosinocalamus affinis* cv. *Viridiflavus*　　　　　耿伯介

＊*Bambusa emeiensis* cv. *Viridiflavus*　　　　　　　　　　　郑蓉

绿竹属 *Dendrocalamopsis*(Chia et H. L. Fang)Keng f.　　　　　耿伯介

▲吊丝单：*Dendrocalamopsis vario-striata*（W．T．Lin）Keng f.　耿伯介

♯*Bambusa vario-striata*（W．T．Lin）L. C. Chia et H. L. Fung(绿竹亚属)　李德铢

▲绿竹：*Dendrocalamopsis oldhami*（Munro）Keng f.　　　　　　耿伯介

♯*Bambusa oldhami*（Munro）(绿竹亚属)　　　　　　　　　　　李德铢

▲苦绿竹：*Dendrocalamopsis basihirsuta*（McClure）Keng f. et W．T．Lin(扁竹)

　　　　　　　　　　　　　　　　　　　　　　　　　　　　耿伯介

♯*Bambusa basihirsuta*（McClure）(绿竹亚属)　　　　　　　　李德铢

▲吊丝球竹：*Dendrocalamopsis beecheyana*（Munro）Keng f.　　耿伯介

♯*Bambusa beecheyana*（Munro）(绿竹亚属)　　　　　　　　　李德铢

▲大头典竹：*Dendrocalamopsis beecheyana* var. *Pubescens*（P. F. Li）Keng f.　耿伯介

♯*Bambusa beecheyana* var. *pubescens*（P. F. Li）W．T. Lin(绿竹亚属)　李德铢

▲黄麻竹：*Dendrocalamopsis stenoaurita*（W. T. Lin）Keng f ex W. T. Lin　耿伯介

♯*Bambusa stenoaurita*（W. T. Lin）T. H. Wen(绿竹亚属)　　　李德铢

▲壮绿竹：*Dendrocalamopsis validus* Q. H. Dai　　　　　　　　耿伯介

＊*Dendrocalamopsis validus* Q. H. Dai　　　　　　　　　　　郑蓉

♯置存疑种中

唐竹属 *Sinobambusa*　　　　　　　　　　　▲♯编辑人为朱政德、杨光耀

▲光叶唐竹：*S. tootsik* var. *tenuifolia*（Koidz.）S. Susuki

♯*S. tootsik* var. *maeshimana* Muroi ex Sugimoto

　　＊*S. tootsik* var. *maeshimana* Muroi ex Sugimoto　　　　郑蓉

▲月月竹：*S sichuanensis* Yi

＊作存疑种处理

♯*Chimonobambusa sichuanensis*（T. P. Yi）T. H. Wen　　　　李德铢

福 建 特 有 树 种

酸竹属：*Acidosasa*
* 橄榄竹：*A. gigantea*（Wen）Q. Z. Xie et W. Y. Zhang   郑清芳
▲*Indosasa gigantea*（T. H. Wen）T. H. Wen（大节竹属）   朱政德
♯*Indosasa gigantea*（T. H. Wen）T. H. Wen（大节竹属）   朱政德

刚竹属：*Phyllostachys*   ▲♯编辑人：王正平；* 编辑人：郑清芳
▲* 雷竹：*Ph Praecox* cv *Prevernalis*
♯* *Ph violascens* cv. *Prevernalis*
▲* 黄条旱竹：*Ph. praecox* cv. *Notata*
♯* *Ph. violascens* cv *Notata*
▲♯刚竹 *Ph. sulphurea* cv.*Viridis*
* *Ph. Viridis*（You）Mcclare
▲* 毛竹：*Ph. heterocycla* cv. *Pubescens*
♯* *Ph. edulis*（Carriere）J. Houzean
▲* 龟甲竹 *Ph. heterocycla*（Carr.）Mit ford
♯* *Ph edulis* cv. *Heterocycla*
▲* 花毛竹 *Ph. heterocycla* cv. *Tao Kiang*
♯* *Ph. edulis* cv. Tao Kiang
▲* 黄槽毛竹 *Ph. heterocycla* cv. *Luteosulcata*
♯* *Ph. edulis* cv. *Luteosulcata*
▲* 绿槽毛竹 *Ph. heterocycla* cv. *Viridisulcata*
♯* *Ph. edulis* cv.*Viridisulcata*
▲* 桂竹 *Ph. bambusoides* Sieb. etZucc
♯* *Ph. reticulata*（Rupecht）K. Kan
▲* 寿竹 *Ph. bambusoides* f. *shouzhu* Yi
♯* *Ph. reticulata* f. *shouzhu*
▲* 斑竹 *Ph. bambussoides* f. *Lacrima-deae* Keng f. et Wen
♯* *Ph. reticulata* f. *Lacrima-deae*
▲* 金明竹 *Ph. bambusoides* var. *castillonis*（MarliacexCarriere）Makino
♯* *Ph. reticulata* var. *castillonis*
▲* 高节竹 *Ph. prominens* W. Y. Xiong
♯* *Ph. prominens* W. Y. Xiong ex. C. P. Wang et al

少穗竹属 *Oligostachyum*   ▲♯编辑人：王正平
* 永安少穗竹 *O. yonganensis* Y. M. Lin et. Q. F. Zheng
♯ *O. lanceolatum* G. H. Ye et Z. P. Wang（王正平先生拟为云和少穗竹）

赤竹属 *Sasa*   ▲♯编辑人：王正平；* 编辑人：郑清芳
▲* 菲白竹 *Sasa fortunei*（Van Houtte）Fiori

＃*Pleioblastus fortunei*（Van Houtte）Nakai

▲＊无毛翠竹 *Sasa pygmaea* var. disticha C. S. Chao et G. G. Tang

＃ *Pleioblastus distichus*（Mitford）Nakai

▲＊倭竹属 *Shibataea Makino*　　　　　▲＃编辑人：王正平；＊编辑人：郑清芳

＃鹅毛竹属

▲＊南平倭竹 *S. nanpingensis* Q. F. Zheng（注：该种叶背有微柔毛）

＃南平鹅毛竹 *S. nanpingensis* Q. F. Zheng

＃福建鹅毛竹 *S. nanpingensis* var. *fujianica*（Z. D. Zhu et H. Y. Zhou）C. H. Hu

（注：该变种叶背有较明显的长柔毛，产福建南平。）

▲＊狭叶倭竹 *S. lanceifolia* C. H. Hu

＃狭叶鹅毛竹 *S. lanceifolia* C. H. Hu

苦竹属 *Pleioblastus Nakai*　　　　　▲编辑人：陈守良；＃编辑人：朱政德；＊编辑人：郑清芳

▲＊光箨苦竹 *Pl. amarus* var. *subglabralus* S. Y. Chen

＃ *Pl. hsienchuensis* var. *subglabralus*（S. Y. Chen）C. S. Chao et G. Y. Sheng

茶秆竹属 *Pseudosasa Nakai*

　　　　　　　　▲编辑人：陈守良；＃编辑人：朱政德、杨光耀；＊编辑人：郑清芳

▲＊薄箨茶秆竹 *Ps. amabilis* var. *tenui* S. L. Chen et G. Y. Sheng

＃福建茶秆竹 *Ps. amabilis* var. *convada* Z. P. Wang et G. H. Ye

注：以上两者系同一种，即把薄箨茶秆竹并入福建茶秆竹。

福建的经济竹类资源^①

林益明　郑清芳　李和阳

Resources of Economic Bamboo from Fujian Province

摘要：福建的竹类资源丰富,有 15 属 120 种以上,并有许多有价值的经济竹类,福建竹类资源的开发利用具有广泛的前景。

Abstract：Fujian Province is rich in bamboo resources(15 genera,over 120 species),many of them,are those species of high econnmic value. Exploitation and utilization of bamboo resources have a bright prospective.

竹类植物属禾本科竹亚科。它们适应性强,种类繁多,全世界共有 60 余属,1 000 种以上,分布地区以亚洲最多,非洲次之,拉丁美洲和北美洲又次之,大洋洲最少,欧洲仅有少量的引种。

竹类植物一般生长在热带、亚热带地区,主要分布在亚洲,有少量属种生长在温带甚至亚寒带地区,但东南亚季风带是世界竹类植物分布中心[1]。

我国正处在东南亚季风带,是竹类植物分布中心区之一,竹类资源丰富,全国有 41 属 300 种以上[2],其自然分布广,黄河流域以南广大地区都有大面积的天然竹林分布。福建省地处我国东南沿海,气候条件适宜竹子的生长,加之地形多变,竹类植物在全省各地均有分布。据统计有 15 属 120 种以上。其中福建省竹林面积达 68 万 hm^2,是我国竹林第一大省,竹类不仅在工、农、林业以及环境绿化等方面发挥重要作用,也是农民脱贫致富的可行途径之一。了解福建省的竹类资源,对制定保护措施、开发利用和可持续发展具有重要的意义。

一、福建省的自然条件概况

福建位于亚洲大陆的东南边缘,地处东经 115°50′～120°30′,北纬 23°33′～28°19′,东隔台湾海峡、北邻浙江省、西界江西省、南与广东省接壤。由于福建处于中、低纬度,濒临东海,属于亚热带海洋性季风气候,热量和水分资源丰富;全省除中低山区外,年平均气温,多在 17～22 ℃之间,最高月均温在 28 ℃左右,最低月均温在 6～13 ℃之间,各月的相对湿度为 75%～85%,年降水量在 1 100～2 000 mm 之间,是全国多雨区之一[3]。

福建地势高低起伏,高山丘陵绵延,河谷盆地交错,西北部有武夷山系,中部有戴云山系,高山众多,气候温凉,雨量充沛,基本满足了竹类生长所需的环境条件,竹类在福建广为分布,可以说福建是竹类生长的较适宜区。

二、福建竹类的分区

福建全省由于太姥山、鹫峰山、戴云山和博平岭山系所隔,形成了两个明显的地带,相应

---

①　原文发表于《竹子研究汇刊》,1999,18(3):36—40。

出现了两种不同的地带性植被,即南亚热带雨林和中亚热带阔叶林。前者是从热带雨林至阔叶林的过渡类型,后者是典型的亚热带常绿阔叶林,这些都是气候顶级群落。由于太姥山、鹫峰山、戴云山和博平岭山系东北向西南所构成的天然屏障,使福建分隔为东海沿海和西北两个截然不同的气候型,它们分别生长着不同的竹类。

(一)南亚热带丛生竹林区

南亚热带雨林地带的北界线,于福建境内自闽西南的永定下洋与广东省大浦、蕉岭、英德一线相接,向东经南靖永溪、漳平古坑、石门、德化戴云山(山脊)、福清琅口、福州北峰、罗源至飞鸾达三江入海。

地带内以其北和西北缘的戴云山——博平岭一线山脉为地形骨架,构成境内西北高、东南低的地势:即西北部以中低山为主,向东南逐渐过渡到海拔 200～400 m 左右的丘陵地,以及滨海地带的冲积、海积平原和台地。

本区沿鹫峰山——戴云山——博平岭一线的东南地区,东南界为海岸线。区内海拔450 m 以下,因受海洋暖湿气流的调节,地形致雨作用强烈,加上山脉对冬季南侵寒潮的阻挡,使区内形成湿热气候。年平均气温在20 ℃以上,绝对最低气温在0 ℃以上,某些地区在个别年份可低达－2 ℃,但时间极短,基本上全年无冬。年降水量除沿海地区较少外,为1 000 mm,一般为1 400～2 000 mm,属南亚热带气候。土壤为砖红壤性红壤。地带性植被为南亚热带雨林,主要以茜草科、樟科、大戟科和紫金牛科等热带性科为主,其次为豆科、蔷薇科等世界广布性科的属种为主。

区内的竹类植物主要以丛生竹类为主。有簕竹属(*Bambusa*)、绿竹属(*Dendrocalamopsis*)、慈竹属(*Neosinocalamus*)、牡竹属(*Dendrocalamus*)的种类。在平原、丘陵地区人工栽培的丛生竹林较多,野生的丛生竹林分布面积较小。

本区散生竹和复轴混生竹的种类一般零星分布在本区较高海拔的丘陵山地。散生竹和复轴混生竹有刚竹属(*Phyllostachys*)、寒竹属(*Chimonobambusa*)、酸竹属(*Acidosasa*)、唐竹属(*Sinobambusa*)、倭竹属(*Shibataea*)、少穗竹属(*Oligostachyum*)、苦竹属(*Pleioblastus*)的种类。在南靖、平和等县雨量充沛的地区,刚竹属的大型竹类毛竹的分布面积较大;而在闽东的一些地区因雨量少,毛竹面积也小。

(二)中亚热带混生竹林区

本区自鹫峰山——戴云山——博平岭一线山脉以西以北,均属中亚热带常绿阔叶林地带。它大部分隶属于"中国植被区划"中的中亚热带常绿阔叶林南部亚热带,而闽北部隶属于北部亚热带。鹫峰山——戴云山——博平岭一线山脉自东北向西南斜贯于本省中部;闽西北有武夷山脉,向东北延伸与浙江省的仙霞岭相连。上述两列大山构成地带内的地势自东北向西南逐级下降,顺次形成中、低山和高、低丘陵等的层状地形,其间镶嵌着众多的大小河谷、平原及山间盆地。

由于上述两大山脉的地形屏障作用和受东南季风的影响,地带内常年具温暖湿润的气候。年平均气温在17～19.5 ℃,绝对最低气温－5～－8 ℃,年降水量1 500～2 000 mm,年平均相对湿度75％～80％。沿戴云山——博平岭一线北侧附近的中山丘陵,土壤以红壤和黄红壤为主;沿武夷山脉附近则以红壤为主,还有黄红壤、黄壤、紫色土等。

地带内的常绿阔叶林建群种以壳斗科(尤以栲属)树种为主,其中甜槠、栲树、苦槠、米槠和青冈等占特别显著的位置。

本区竹林自南向北为丛生竹类向散生竹类的过渡地带,区内丛生竹种较少,混生竹、散生竹的种类多,本区是混生竹的分布中心。

区内分布有少量的丛生竹,一般为丛生竹中较耐寒的广布种类,如孝顺竹、青皮竹等。散生竹和复轴混生竹有短穗竹属(*Brachystachyum*)、刚竹属(*Phyllostachys*)、寒竹属(*Chimonobambusa*)、酸竹属(*Acidosasa*)、唐竹属(*Sinobambusa*)、倭竹属(*Shibataea*)、少穗竹属(*Oligostachyum*)、苦竹属(*Pleioblastus*)、茶秆竹属(*Pseudosasa*)和箬竹属(*Lndocalamus*)等。

本区海拔 1 300 m 以上的山顶,气温低,紫外线辐射强烈,分布着合轴散生的温性竹林。德化戴云山主峰海拔 1 500 m 的灌丛,分布长耳玉山竹(*Yushania longiaurita*);南平茫荡山海拔 1 300 m,分布百山祖玉山竹(*Yushania baishanzuensis*);武夷山海拔 1 500 m 以上,分布长鞘玉山竹(*Yushania longissima*)、湖南玉山竹(*Yushania farinosa*)、毛秆玉山竹(*Yushania hirticaulis*)、撕裂玉山竹(*Yushania lacera*)和武夷玉山竹(*Yushania wuyishanensis*)。

三、福建的经济竹类资源

福建生境的多样性,满足了不同竹类的生长,因此,福建的竹类资源丰富,有 120 多种,分属于 15 属,即箣竹属(*Bambusa*)、绿竹属(*Dendrocalamopsis*)、慈竹属(*Neosinocalamus*)、牡竹属(*Dendrocalamus*)、唐竹属(*Sinobambusa*)、短穗竹属(*Brachystachyum*)、刚竹属(*Phyllostachys*)、倭竹属(*Shibataea*)、寒竹属(*Chimonobam-busa*)、玉山竹属(*Yushania*)、酸竹属(*Acidosasa*)、少穗竹属(*Oligostachyum*)、苦竹属(*Pleioblastus*)、茶秆竹属(*Pseudosasa*)、箬竹属(*Indocalamus*)。其中具有许多有经济价值的竹类资源。分别概述如下:

(一)笋用竹种

绿竹(*Dendrocalamopsis oldhami*)、麻竹(*Dendrocalamus latiflorus*)、台湾桂竹(*Phyllostachys makinoi*)、石竹(*Phyllostachys nuda*)、花哺鸡竹(*Phyllostachys glabrata*)、乌哺鸡竹(*Phyllostachys vivax*)、早竹(*Phyllostachys praecox*)、毛竹(*Phyllostachys heterocycla* cv. Pubescens)、毛金竹(*Phyllostachys nigra* var stauntoni)、粉绿竹(*Phyllostachys viridi-glaucescens*)、甜笋竹(*Phyllostachys elegans*)、桂竹(*phyllostachys bambusoides*)、白哺鸡竹(*Phyllostachys dulcis*)、水竹(*Phyllostachys heteroclada*)、木竹(*Phyllostachys heteroclada f. solida*)、芽竹(*Phyllostachys robustiramea*)、河竹(*Phyllostachys rivalis*)、方竹(*Chimonobambusa quadrangularis*)、黄甜竹(*Acidosasa edulis*)、福建酸竹(*Acidosasa notata*)、糙花少穗竹(*Oligostachyum scabriflorum*)、肿节少穗竹(*Oligostachyum oedenogatum*)、苦竹(*Pleioblastus amarus*)。

(二)材用竹类

车筒竹(*Bambusa sinospinosa*):秆高大坚韧,可作搭架及建筑用材;亦可作防风固堤的竹种。

木竹(*Bambusa rutila*):秆壁厚而坚实但稍弯曲,适用于农业生产上的支柱或支架。

毛箣竹（*Bambusa dissemulator* var. *hispida*）：竹林密集，可作围篱及农田防护林。

花竹（*Bambusa albolineata*）：秆柔韧，拉力强，是重要的篾用竹种，还可作编织。

撑篙竹（*Bambusa pervariabilis*）：秆坚实，可作棚架、撑竿及建筑用材，亦可用于编织。

孝顺竹（*Bambusa multiplex*）：秆材坚韧，可编织工艺品，亦可造纸。

青皮竹（*Bambusa textlis*）：秆柔韧，节间长直，是优良的篾用竹种，常用于编织各种竹器。

长毛木筛竹（*Bambusa pachinensis* var. *hirsutissima*）：节间长，竹节平滑，竹篾柔韧拉力强，为编织的好材料，秆材亦可造纸。

藤枝竹（*Bambusa lenta*）：福建特有的篾用竹种。

青秆竹（*Bambusa tuldoides*）：可作撑竿、棚架及编织。

长枝竹（*Bambusa dolichoctada*）：可作编织。

硬头黄（*Bambusa rigida*）：秆壁厚坚韧可作撑竿、棚架和农具，亦是造纸的原料。

单竹（*Bambusa cerosissima*）：用于编织。

水粉单竹（*Bambusa chungii* var. *barbellata*）：用于编织，因节间长，农家常用作吹火筒。

大木竹（*Bambusa wenchouensis*）：篾用竹种，编织及造纸。

绿竹（*Dendrocalamopsis oldhami*）：可用于造纸。

慈竹（*Neosinacalamus affinis*）：用作编织及建筑用材，亦可造纸。

麻竹（*Dendrocalamus latiflorus*）：秆大型，可作捕鱼筏、水管或建筑之用；同时，叶片大，作斗笠、船篷等防雨用具。

胶南竹（*Sinobambusa seminuda*）：篾用。

刚竹（*Phyllostachys viridis*）：作小型建筑用材及各种柄材。

台湾桂竹（*Phyllostachys makinoi*）：可供建筑、造纸之用，亦可作竹器、竹帘、笛等。

毛环竹（*Phyllostachys meyeri*）：秆可作船篷、横档及各种竹器。

罗汉竹（*Phyllostachys aurea*）：秆可作钓鱼杆、手杖。

黄古竹（*Phyllostachys angusta*）：篾用竹种，亦可作竹篙、棚架等。

尖头青竹（*Phyllostachys acuta*）：秆可作篱笆、棚架、工具柄等。

淡竹（*Phyllostachys glauca*）：篾用。

筠竹（*Phyllostachys glauca* f. *yunzhu*）：编织竹器及工艺品。

早园竹（*Phyllostachys propinqua*）：可制竹器、伞骨、棚架等。

石竹（*Phyllostachys nuda*）：秆可作篱笆、棚架和柄材。

毛竹（*Phyllostachys heterocycla* cv. *pubeseens*）：秆可作建筑、竹器、竹编、家具及造纸，是经济价值最高的竹种。

假毛竹（*Phyllostachys kwangsiensis*）：可作建筑、家具、竹器等用材。

紫竹（*Phyllostachys nigra*）：可作乐器、烟杆、手杖、伞柄等。

毛金竹（*Phyllostachys nigra* var. *stauntoni*）：建筑、篾用和编织。

桂竹（*Phyllostachys bambusoides*）：篾用，大秆可作船篷、柄材。

水竹（*Phyllostachys heteroclada*）：篾性好，可作编织和造纸。

木竹（*Phyllostachys heteroclada* f. *solida*）：秆坚韧，可作棚架。

糙花少穗竹（*Oligostachyum scabriflorum*）：秆大者可作撑竿或篾用，小者作篱笆或棚架。

少穗竹(*Oligostachyum sulcatum*):用于编织。

斗竹(*Oligostachyum spongiosa*):用于造纸。

茶秆竹(*Pseudosasa amabilis*):秆形通直,壁厚,坚韧有弹性,用砂磨去外皮后洁白光亮,可作滑雪杖、钓鱼竿、运动器材、花园围篱,为重要的造纸竹种和传统的出口商品。

(三)药用竹种

撑篙竹:秆节间除去外皮后刮下的中间层为中药"竹茹",传统上用以清热,并可治吐血等症。

青皮竹:秆节间常因竹蜂咬伤而分泌出伤流液,经干涸后凝结成固体,即中药"竹黄",传统上用以清热。治谵妄及小儿惊风等症。

绿竹:秆中层可入药,有清热解暑之效。

(四)观赏竹种

佛肚竹(*Bambusa ventricosa*)、黄金间碧玉竹(*Bambusa vulgaris* cv. *vittata*)、大肚竹(*Bambusa vulgaris* cv. *waminii*)、孝顺竹、花孝顺竹(*Bambusa multiplex* cv. *alphonsekarri*)、小叶琴丝竹(*Bambusa multiplex* cv. *Stripestem*)、凤尾竹(*Bambusa multiplex* var. *rivierum*)、单竹、粉单竹(*Bambusa chungii*)、麻竹、绿皮黄筋竹(*Phyllostachys viridis* cv. *houzeauana*)、黄皮绿筋竹(*Phyllostachys viridis* cv. *Robert*)、罗汉竹(*Phyllostachys aurea*)、花毛竹(*Phyllostachys heterocycla* cv. *Tao Kiang*)、紫竹(*Phyllostachys nigra*)、倭竹(*Shibataea kumasasa*)、福建倭竹(*Shibataea fujianica*)、南平倭竹(*Shibataea nanpinensis*)、狭叶倭竹(*Shibataea lanceifolia*)、鹅毛竹(*Shibataea chinensis*)、寒竹(*Chimonobambusa marmorea*)、武夷方竹(*Chimonobambusa setiformis*)、方竹、肿节少穗竹。

(五)水土保持竹种

浔竹、车筒竹、毛篱竹、长毛木筛竹、藤枝竹、绿竹、麻竹、毛竹。

(六)叶用竹种

麻竹、箬竹(*Indocalamus tesselatus*)、阔叶箬竹(*Indocalamus latifolius*)、箬叶竹(*Indocalamus longiauritus*)。

(七)珍稀竹种

短穗竹(*Brachystachyum densiflorum*):分布于邵武,为国家三类保护植物。而寒竹(*Chimonobambusa marmorea*)、百山祖玉山竹(*Yushania baishanzuensis*)列入第二批中国稀有濒危植物名录。

参考文献

[1] 南京林产工业学院竹类研究室.竹林培育.北京:农业出版社,1974,5

[2] 王正平.中国竹亚科分类系统之我见.竹子研究汇刊,1997,16(4):1~6

[3] 林鹏主编.福建植被.福州:福建科学技术出版社,1990

福建竹类蜡叶标本名录^①

郑蓉 郑清芳 林毓银

Herbarium Specimens List of Bamboo from Fujian
(Including Foreign Introduction)

在竹子的教学、科研、生产过程中常常需要使用到竹子蜡叶标本,为了更好掌握与了解福建省竹种情况,我们开展了福建竹类蜡叶标本采集与制作,以此做为永久性参考资料,以促进各地间的相互交流、开展竹类的综合利用。福建竹类蜡叶标本于 2009—2011 年在福建省华安竹种园、永安大湖竹种园、福州青芳竹种园、厦门植物园及其他山区采集,共有 28 属 205 种(包括从国内外引种),经制作与鉴定后,绝大部分竹类蜡叶标本存于北京国际竹藤网络中心标本馆。该名录采用最新的《中国植物志》英文版(Flora of China)第 22 卷竹种学名,由于时间短促,有些地方(如高海拔山地)没有采集。所以该名录不等于包括福建产所有的竹类名录。

1. 梨竹属 *Melocanna*

   124 梨竹 *M. humilis* Kurz

2. 思劳竹属 *Schizostachyum*

   119 思劳竹 *Sch. pseudolima* McClure

   120 沙罗单竹 *Sch. funghomii* McClure

3. 泡竹属 *Pseudostachyum*

   117 泡竹 *Ps. polymorphum* Munro

4. 空竹属 *Cephalostachyum*

   118 糯竹 *C. pergracile* Munro(香糯竹)

   100 金毛空竹 *C. virgatum* (Munro) Kurz

5. 泰竹属 *Thyrsostachys*

   006 泰竹 *Th. siamensis* (Kurz ex Munro) Gamble(条竹、南洋竹)

   121 大泰竹 *Th. oliveri* Gamble

6. 单枝竹属 *Monocladus*

   243 响子竹 *M. levigatus* (L. C. Chia et al.)N. H. Xia

7. 短穗竹属 *Brachystachyum*

   202 毛环短穗竹 *Brachystachyum densiflorum* var *villosum* S. C. Chen et C. Y. Yao

8. 悬竹属 *Ampelocalamus*

   (1)204 坝竹 *Ampelocalamus microphyllun* (Hsueh et Yi) Hsueh et T. P. Yi(悬竹属)

   (2)038 爬竹 *Ampelocalamus scandens* Hsueh et W. D. Li(悬竹属)

---

① 竹种前的数字为采集号。

福 建 特 有 树 种

(3)234 葡匐悬竹 *Ampelocalamus stoloniforme*（S. H. Chen et Z. Z. Wang）R. Zheng

9. 锦竹属 *Hibanobambusa*

144 白纹阴阳竹 *H. tranguillans* f. shiroshima H Ohamura

10. 瓜多竹属 *Guadua*

079 瓜多竹 *Guadua angustifolia* Kunth（厄瓜多尔，哥伦比亚）

11. 箭竹属 *Fargesia*

101 细枝箭竹 *Fargesia stenoclada* Hsuch et Yi

12. 簕竹 *Bambusa*

簕竹亚属 *Sabgen Bambusa*

129 印度簕竹 *B. bambos*（巴布竹产马来西亚）

073 簕竹 *B. blumeana* Schult（箣竹）

063 小簕竹 *B. flexuosa* Munro

059 车筒竹 *B. sinospinosa* McClure

092 白节簕竹 *B. dissimulator* var. albinodia McClure

050 毛簕竹 *B. dissimulator* var. hispida McClure

142 大耳坭竹 *B. macrotis* Chia et H. L. Fung

071 木竹 *B. rutila* McClure 尚有 001

078 油簕竹 *B. lapidea* McClure

098 乡土竹 *B. indigena* Chia

105 锦竹 *B. subaequalis* H. L. Fung. et C. Y. Sia

070 坭竹 *B. gibba* McClure

065 狭耳坭竹 *B. angustiaurita* W. T. Lin

011 佛肚竹 *B. ventricosa* McClure

110 东兴黄竹 *B. corniclata* Chia et H. L. Fung

088 吊罗坭竹 *B. diaoluoshanensis* Chia et H. L. Fung

089 霞山坭竹 *B. xiashanensis* Chia et H. L. Fung

113 牛儿竹 *B. prominens* H. L. Fung et C. Y. Sia

孝顺竹亚属 *Subgen Leleba*

060 马甲竹 *B. teres* Buchanan-Hamilton et Munro 分布广东、广西

143 缅甸竹 *B. burmanica* Gamble

057 大眼竹 *B. eutuldoides* McClure

056 银丝大眼竹 *B. eutuldoides* var basistrata McClure

009 青丝黄 *B eutuldoides* var. *viridi-vittata*（W. T. Lin）Chia

018 撑篙竹 *B pervariabilis* McClure

096 花眉竹 *B. longispiculata* Gamble ex Brandis

072 青秆竹 *B. tuldoides* Munro（邹跃国认为包括原青麻竹、妈竹均为同种）

034 鼓节竹 *B. tuldoides* cv. swolleninternode

085 信宜石竹 *B. subtruncata* Chia et H. L. Fung

137 硬头黄竹 *B. rigida* Keng et Keng f

154

051 妈竹 *B. boniopsis* McClure

048 长枝竹 *B. dolichoclada* Hayata

115 龙头竹 *B. vulgaris* Schradey et Wendland

008 黄金间碧竹 *B. vulgaris* cv. Vittata

014 大佛肚竹 *B. vulgaris* cv. Wamin

075 鱼肚腩竹 *B. gibboides* W. T. Lin

030 花竹 *B. albolineata* Chia

131 米筛竹 *B. pachinensis* Hayata(八芝兰竹)

132 长毛米筛竹 *B. pachinensis* var. *hirsutissima* (Odashima) W. C. Lin(橼竹、禄竹)

017 藤枝竹 *B. lenta* Chia

093 黄竹仔 *B. mutabilia* McClure(原石竹子)

095 破篾黄竹 *B. contracta* Chia et H. L. Fung

061 孝顺竹 *B. multiplex* (Lour.) Raeuschel ex J. A. et J. H. Schoult

076 河边竹 *B. strigosa* Wen (已并入毛凤凰竹 B. multiplex var. incana B. M. Yang)

010 观音竹 *B. multiplex* var. *riviereorum* R. Maire

140 石角竹 *B. multiplex* var. *shimadai* (Hayata) Sasaki(原桃枝竹)

023 小琴丝竹 *B. multiplex* cv. Alphonse-Karr (花孝顺竹)

015 银丝竹 *B. multiplex* cv. Silverstripe

090 凤尾竹 *B. multiplex* cv. Fernleaf

013 白条孝顺竹 *B. multiplex* cv. nov cv. (ined)

单竹亚属 *Subgen Lingnania*

099 绵竹 *B. intermedia* Hsueh et Yi

012 木鼋竹 *B. wenchouensis* (T. H. Wen) P. C. Keng ex Y. M. Lin et Q. F. Zheng

069 甲竹 *B. remotiflora* Kuntze

055 单竹 *B. cerosissima* McClure

024 粉单竹 *B. chungii* McClure

126 天鹅绒竹 *B. chungii* var. *velutina* (Yi et J. Y. Shi)Y. G. Zou

035 青皮竹 *B. textilis* McClure

　　紫斑竹 *B. textilis* cv. maculata (紫青皮竹)

　　光竿青皮竹 *B. textilis* var. *glabra* McClure(黄竹;光竿青皮竹)

139 料慈竹 *B. distegia* (Keng et Keng f.) Chia et H. L. Fung

106 烂目竹 *B. dissimilis* W. T. Lin

133 有节竹 *B. fujianensis* (Yi et J. Y. Shi) Y. G. Zou(邹跃国在华安发现的一个新种)

091 牛角竹 *B. cornigera* McClure

007 金丝慈竹 *Bambusa emeiensis* cv. viridifravus R. Zheng

绿竹亚属 *Subg Dendrocalamopsis*

068 吊丝单 *Bambusa variostriata* (W. T. Lin) L. C. Chia et H. L. Fung(绿竹亚属)

043 绿竹 *Bambusa oldhami* Munro(绿竹亚属)

025 苦绿竹 *Bambusa basihirsuta* McClure(绿竹亚属)

066　吊丝球竹 *Bambusa beecheyana* Munro（绿竹亚属）

102　大头典竹 *Bambusa beecheyana* var. *pubescens*（P. F. Li）W. T. Lin（绿竹亚属）

036　黄麻竹 *Bambusa stenoaurita*（W. T. Lin）T. H. Wen（绿竹亚属）

103　壮绿竹 *Bambusa validus*（Q. H. Dai）W. T. Lin

13. 牡竹属 *Dendrocalamus*

123　龙竹 *D. giganteus* Munro

039　麻竹 *D. latiflorus* Munro

027　美浓麻竹 *D. latiflorus* cv. *Mei-nung*（中国大陆福建亦产）

136　云南龙竹 *D. yunnanicus* Hsueh et D. Z. Li

067　吊丝竹 *D. minor*（McClure）Chia et H. L. Fung

003　花吊丝竹 *D. minor* var. *amoenus*（Q. H. Dai et C. F. Huang）Hsueh

242　椅子竹 *D. bambusoides* Hsuch et . D. Z. Li

054　梁山慈 *D. farinosus*（Keng et Keng f.）Chia et H. L. Fung

　　　花梁山慈 *D. farinosus* f. *flavo-striatus*

134　绿秆花黔竹 *D. tsingii* cv. *Viridi-striatus*

082　版纳甜龙竹 *D. hamiltonii* Nees et Arn. ex Munro

122　野龙竹 *D. semiscandens* Hsueh et D. Z. Li

125　黄竹 *D. membranaceus* Munro（该标本有？）

125　牡竹 *D. strictus*（Roxb）Nees（该标本有？）

107　勃氏甜龙竹 *D. brandisii*（Munro）Kurz（云南甜竹）

108　小叶龙竹 *D. barbatus* Hsueh et D. Z. Li

109　清甜竹 *D. sapidus* P. H. Dai et D. Y. Huang

080　苏麻竹 *D. brandisii* SP（印度）

属间杂交种 ×

004　青麻×撑篙竹 *Bambusa textilis*×*Dendrocalamus latiflorus*×*Bambusa pervariabilis*

114　麻青1号 *Dendrocalamus latiflorus*×*Bambusa textilis* NO. 1

083　青麻11号 *Bambusa textilis*×*Dendrocalamus. latiflorus* NO. 11

084　撑麻7号 *Bambusa pervariabilis*×*Dendrocalamus. latiflorus* NO. 7

053　撑麻8号 *Bambusa pervariabilis*×*Dendrocalamus. latiflorus* NO. 8

081　撑绿竹 *Bambusa pervariabilis*× *Dendrocalamus Daii*

14. 巨竹属 *Gigantochloa*

029　花巨竹 *G. verticillata* Willd Munro

116　毛笋竹 *G. levis*（Bianco）Merr

181　阿帕斯竹 *G. apus* Kurz ex Munro（爪哇巨竹产印尼爪哇岛）

15. 大节竹属 *Indosasa*

213　摆竹 *I. shibataeoides* McCIure

209　毛算盘竹 *I. glabrata* var. *albohispidula*（Q. H. Dai et C. F. Huang）C. S. Chao et C. D. Chu

052　中华大节竹 *I. sinica* C. D. Chu et C. S. Chao

219　江山浦仔竹 *I. hispida* McClure

16. 唐竹属 *Sinobambusa*

174　唐竹 *S. tootsik*（Sieb.）Makino

177　满山爆 *S. tootsik* var. *laeta*（McCIure）Wen

214　光叶唐竹 *S. tooksik* var. *maeshimana* Muroi ex Sugimoto 尚有 215

237　万山爆竹 *S. tooksik* var. *Wangshang*？

　　火管竹 *S. tooksik* var. *dentata* Wen

245　花叶唐竹 *S. tootsik* var. *luteolo-albo-striata* S. H. Chen et. Z. Z. Wang（浙江亦有引种,暂存疑）

248　晾衫竹 *S. intermedia* McClure

200　尖头唐竹 *S. urens* Wen

17. 倭竹属 *Shibataea*

182　倭竹 *Sh. kumasasa*（Zoll）Makino

　　南平倭竹 *Sh. nanpinensis* Q. F. Zheng . et K. F. Huang

18. 寒竹属 *Chimonobambusa*

169　寒竹 *Ch. marmorea*（Mitford）Makino

168　刺黑竹 *Ch. neopurpurea* Yi

167　四方竹 *Ch. quadrangularis*（Fenzi）Makino

211　月月竹 *Ch. sichuanensis*（T. P. Yi）T. H. Wen

19. 酸竹属 *Acidosasa*

227　福建酸竹 *A. notata*（Z. P. Wang et G. H. Ye）S. S. You（班箨酸竹）

162　黄甜竹 *A. edulis*（Wen）Wen

147　橄榄竹 *A. gigantea*（Wen）Q. Z. Xie & W. Y. Zhang

20. 刚竹属 *Phyllostachys*

150　刚竹 *Ph. sulphurea* cv. *viridis*

026　绿皮黄筋竹 *Ph. sulphurea* cv. *Houzeau*（黄槽刚竹）

165　黄皮绿筋竹 *Ph. sulphurea* cv. *Robert. Young*（黄皮刚竹）

190　台湾桂竹 *Ph. makinoi* Hayata

002　毛环竹 *Ph. meyeri* McClure

151　人面竹 *Ph. aurea* Carr. ex A. et. C. Riv（罗汉竹）

166　黄槽石绿竹 *Ph. arcana* cv. *Luteosulcata*

210　花哺鸡竹 *Ph. glabrata* S. Y. Chen et S. Y. Chen

149　红哺鸡竹 *Ph. iridescens* C. Y. Chen et S. Y. Chen（红竹）

217　角竹 *Ph. fimbriligula* Wen

　　黄纹竹 *Ph. vivax* cv. *Huanwenzhu*

159　黄竿乌哺鸡 *Ph. vivax* cv. *Aureocaulis*

152　黄条早竹 *Ph. violascens* cv. *notata*

163　雷竹 *Ph. violascens* cv. *Prevernalis*

158　毛竹 *Ph. edulis*（Carriere）J. Houzean

173 龟甲竹 *Ph. edulis* cv. *heterocycla* (Carr) Mitford

226 花毛竹 *Ph. edulis* cv. Tao Kiang

212 黄槽毛竹 *Ph. edulis* cv. *Luteosulcata*

157 绿槽毛竹 *Ph. edulis* cv. *Viridisulcata*

208 厚壁毛竹 *Ph. edulis* cv. *Pachyloen*

179 假毛竹 *Ph. kwangsiensis* W. Y. Hsiung et al

154 金镶玉 *Ph. aureosulcata* cv. Specta

153 黄竿京竹 *Ph. aureosulcata* cv. Pekinensis

183 紫竹 *Ph. nigra*(Lodd. ex. Lindl.) Munro

175 毛金竹 *Ph. nigra* var. *henonis* (Mitford) Stapf ex Rendle

222 红壳雷竹 *Ph. incarnata* Wen

148 白哺鸡 *Ph. dulcis* McClure

189 桂竹 *Ph. reticulata* (Rupecht)K. Kan

216 寿竹 *Ph. reticulata* f. *Shouzhu*

188 斑竹 *Ph. reticula* f. *Lacrima-deae* Keng f. et Wen

187 金明竹 *Ph. reticula* var. *castillonis* (Matriae ex Carrierei) Makino

145 高节竹 *Ph. prominensis* W. Y. Xiong ex. C. P. Wang et al

164 实肚竹 *Ph. nidularis* f. *farcata* H. R. Zhao et A. T. Liu

161 水竹 *Ph. heteroclada* Oliver

156 河竹 *Ph. rivalis* H. R. Zhao et A. T. Liu

21. 少穗竹属 *Oligostachyum*

176 肿节少穗竹 *O. oedogonatum* (Z. P. Wang et G. H. Ye)Q. F. Zheng et. K. F. Huang

238 永安少穗竹 *O. lanceolatum* G. H. Ye et Z. P. Wang（王正平先生拟为云和少穗竹）

171 糙花少穗竹 *O. scabriflorum* (McClure) Z. P. Wang et G. . H. Ye)

146 少穗竹 *O. sulcatum* Z. P. Wang et G. H. Ye

172 四季竹 *O. lubricum* (Wen) Keng f

180 细柄少穗竹 *O. gracilipes* (McClure) G. H. Ye et Z. P. Wang

22. 大明竹属 *Pleioblastus*

021 大明竹 *Pl. gramineus* (Bean) Nakai

207 白纹女竹 *Pl. simonii* f. *albostriatus* H. Okamuya

178 狭叶青苦竹 *Pl. chino* var. *hisauchii* Makino

235 白纹东根世 *Pl. chino* f. *angustifolius* Muroi et B. Okamura

196 斑苦竹 *Pl. maculatus* (McClrre) C. D. Chu et C. S. Chao

020 油苦竹 *Pl. oleosus* Wen（秋竹）

203 仙居苦竹 *Pl. hsienchuensis* Wen

228 宜兴苦竹 *Pl. yixingensis* S. L. Chen et S. Y. Chen

225 三明苦竹 *Pl. sanmingensis* S. Y. Chen et. G. Y. Sheng

198 巨县苦竹 *Pl. juxianensis* Wen et al

031 黄条金刚竹 *Pl. kongosonensis* f . *aureokamuyastriatus* Muroicol et Yuk

23. 矢竹属 *Pseudosasa*

　022　矢竹 *Ps. japonica* (Sieb. et Zucc.)Makino

　016　辣韭矢竹 *Ps. japonica* var. *Tsutsumiana* Yanagita

　229　茶竿竹 *Ps. amabilis* (McClure) Keng f

　197　薄箨茶竿竹 *Ps. amabilis* var. *tenuis* S. L. Chen et G. Y. Sheng

　041　近实心茶竿竹 *Ps. subsolida* S. L. Chen et G. Y. Sheng 尚有 042

　040　花叶近实心茶竿竹 *Ps. subsolida* f. *auricoma* J. G. Zheng. et. Q. F. Zheng. ex M. F. Hu et al

　201　慧竹 *Ps. hindsii* (Munro)C. D. Chu et. C. S. Chao

　155　托竹 *Ps. cantori* (Munro) Keng f. 尚有 047

24. 赤竹属 *Sasa*

　185　菲白竹 *Pleioblastus fortunei* (Van Houtte)Nakai

　233　无毛翠竹 *Pleioblastus distichus* (Mitford)Nakai

　186　菲黄竹? *Sasa auricona* E. G. Gamus

　184　白纹维谷世? *Sasa glabra* f. *albo-striata* Muroi 或 *Sasaellea glabra* f. *albostriata* Muroi

25. 箬竹属 *Indocalamus*

　247　阔叶箬竹 *I. latifolius* (Keng) McCIure

　170　箬叶竹 *I. longiauritus* Hand-Mazz（长耳箬竹）

　192　美丽箬竹 *I. decorus* Q. H. Dai

　205　广东箬竹 *I. guangdongensis* H. R. Zhao et Y. L. Yang 尚有 239;240;236

　246　方脉箬竹 *l. quadratus* H. R. Zhao et Y. C. Yang

　223　湖南箬竹 *l. hunanensis* B. M. Yang

新优良笋用竹——福建酸竹的调查研究①

郑清芳

An Investigation on Acidosasa notata——Profitable Species for Bamboo Shoots Production

摘要：本文报导福建酸竹的分布、群落类型，笋期生长规律及营养成分的分析，据测定结果，其蛋白质和磷含量(3.9 g/100 g 和 113 mg/100 g)分别比一般竹笋高 38％和 66％，比绿竹笋高 105％和 117％。调查研究证明，福建酸竹竹笋产量高，营养丰富和笋味甜美，实为一个新的优良笋用竹种。文章最后提出对福建酸竹天然资源开发利用的途径。

Abstract：This paper systematically presents an overview of the distribution, community types, developing characteristics and the nutrient values of *Acidosasa notata*. The obtained results from the said bamboo shoots show higher protein and phosphate contents (<3.9 g/100 g and 113 mg/100 g fresh tissue) of 38％ and 66％ over ordinary bamboo shoots, 105％ and 117％ over *Sinocalamus oldhami* respectively. The incestingation suggests Acidosasa notata be a profitable possible measures for the exploitation and utilization of this wild-state bamboo resources.

福建酸竹 *Acidosasat notata* (Z. P. Wang et G. H. Ye) S. S. You 又称甜笋、栉笋，是新近发现的一个竹种，其笋质脆嫩，味甘甜，不含涩味，可直接煮食，营养丰富产笋量高，是很有发展前途的新优良笋用竹种。地下茎单轴散生，竹鞭粗 0.8～3.8 cm；高 2.0～8.0 m，胸径 1.0～3.0 cm，最粗达 4.5 cm，节间长 30～40 cm，每节 3 分技，秆环箨环微隆起，节内宽 4～8 mm，节下被白粉，髓心片状分隔。秆箨带绿色，具紫色脉纹，疏生褐色斑点和易脱落刺毛，箨耳长圆形，边有长繸毛；箨舌显著隆起，高约 6 mm。每枝有叶 2～5 片，叶片带状披针形，长 11～20 cm，宽 1～2.3 cm，次脉 5～7 对，叶耳长圆形，边缘有长繸毛。

一、分布及群落类型

福建酸竹分布于南平、建瓯，顺昌、安溪、龙岩等地，垂直分布一般在 1 000 m 以下的山坡，丘陵，常组成纯林，或与他树混交，常见群落类型有如下几种。

（一）福建酸竹——福建倭竹群丛

该群落多见于海拔 400 m 以上丘陵，山地，在林缘或路边多成片状纯林，南平茂地乡，建瓯房道乡海拔 700～800 m 处，有几百至上千亩纯林，因土壤瘠薄，竹秆虽密集，但高仅 1～3.0 m；在海拔低处或土壤肥沃之地，竹秆较为高大，如顺昌际会乡有一片纯林，从所设立的 4 块样地(10 m×10 m)调查结果，平均每亩立竹度 803 株，平均高 5.5 m，平均胸径 1.23

---

① 原文发表于《福建林学院学报》，1990，10(2)：122～ 129。

cm,最高达 8.0 m,最粗径达 3.0 cm;层盖度达 70%,竹林下混生有福建倭竹(*Shibataea fujianica*),其平均高约 50 cm,地径 0.4 cm,该竹林每年有人进入挖笋,林地疏松,杂草较少。

(二)木荷十米槠——福建酸竹群丛

福建酸竹亦常生长在常绿阔叶树下成一层片,其上层乔木多以壳斗科的树种为优势种,该群丛多生长在土层深厚的肥沃土壤上,福建酸竹虽不如上面纯林密集,但竹秆较为粗大,从顺昌际会乡调查 4 块样地(10 m×10 m) 结果,每小块样地平均有木荷(*Schima superba*) 2 株,米槠(*Castanopsis carlesii*) 3 株,此外尚有油桐(*Vernicia fordii*)、甜槠(*Castanopsis eyrei*)、酸枣(*Choerospondia axillaria*)、闽楠(*Phoebe bournei*)各 1 株,层高度 10～15 m,盖度 60%,下木有福建酸竹 27 株,平均胸径 2.38 cm,高约 6～7 m,除外尚有少量野漆(*Taxicodendron succedaneum*)、盐肤木(*Rhus chinensis*)等。草木层仅有少量阴性蕨类。

(三)马尾松——福建酸竹——芒萁群丛

该群落多见于天然更新的马尾松林下,如建瓯房道乡海拔 800 m 处,因立地条件较好,福建酸竹高达 3～4 m,胸径 1.5～2.0 cm;但亦见在人工林下自然繁生,如南平西芹教学林场沙溪口工区七小班马尾松人工林下,从(10×10) m² 样方调查结果,上层乔木马尾松 15 株,平均 18 m,平均胸径 20 cm,层盖度 70%,灌木层有福建酸竹 102 株,平均高 2.2 m,平均胸径 1 cm,盖度达 90%,其间尚混生檵木(*Loroperalum chinensis*)1 株,草本层多为芒萁(*Diromopteris dichotoma*),混有少量蕨(*Pleridium aquilimum* var. *latiusculum*)。

(四)檫树十杉木——福建酸竹——蕨十五节芒群丛

福建酸竹在人工混交林下亦能天然繁生,西芹教学林场沙溪口工区 10 小班檫杉混交人工林下,从(10 m×10 m) 的样方调查结果,有檫树(*Sassafras tsumu*) 19 株,平均高 13 m,重要值为 52.6,杉木 14 株,平均高 7.8 m,重要值为 40,此外尚有樟树(*Cinnamomum camphora*) 1 株,层盖度达 70%,灌木层有福建酸竹 71 株,平均高仅 1.0 m,几乎占去整个层片,仅有个别粗毛榕(*Ficus hirta*)、油茶(*Camellia oleifera*)、细齿叶柃木(*Eurya nitida*)。草本层有蕨及五节芒(*Miscanthus floridulus*),两者的重要值分别为 48.1 和 51.9。该群丛立地条件尚好,但乔木层下较为荫庇,福建酸竹生长过密,长势较差。

二、笋期生长规律

(一)出笋时间与数量的关系

1987 年春夏间,在顺昌的福建酸竹纯林及混交林中建立样地,在出笋期间定期进行观察登记,其结果见表 6-12。

表 6-12　不同植被与出笋时间

Tab. 6-12　Different vegetation and bamboo-shooting time

植被面积	酸竹数量	出笋日期\出笋情况	4月21—25日	4月26—30日	5月1—5日	5月6—10日	5月11—15日	5月16—20日	5月21—25日	5月26—31日	合计
1. 纯林 (10 m×10 m)	123 株	出笋数(个)	17	49	93	86	74	37	15	4	375
		百分数(%)	4.4	13.1	24.8	22.9	19.8	9.8	4.1	1.1	100
2. 纯林 (10 m×10 m)	107 株	出笋数(个)	17	44	81	84	69	35	15	3	348
		百分数(%)	4.8	12.7	23.4	24.1	19.8	10.1	4.3	0.8	100
3. 混交林 (20 m×20 m)	112 株	出笋数(个)	0	30	74	124	121	103	44	28	524
		百分数(%)	0	5.8	14.1	23.7	23.1	19.6	8.3	5.4	100
4. 混交林 (20 m×20 m)	123 株	出笋数(个)	0	25	67	120	115	91	42	30	490
		百分数(%)	0	5.1	13.6	24.5	23.6	18.5	8.6	6.1	100

由表 6-12 可看出,谷雨—立夏前后是福建酸竹的出笋时间,历期 40 天左右,从 4 月下旬开始,出笋数量依时间的持续而变化,开始 5 天内,出笋数量较少,占总出笋数 4.4%～5.8%而后迅速增加,至第 10～25 天是出笋的高峰期,其出笋量的总和占总出笋数的 66%～68%,随后出笋量又显著下降,进入末期阶段,其出笋量占总出笋数 15%左右。

在混交林中,福建酸竹出笋时间比纯林推迟 5 天左右,其盛期及末期的时间亦相应推迟,这可能由于常绿阔叶林下阴湿,温度较低,所以出笋较迟。

(二)挖笋与否和出笋数量的关系

在立地条件相同的福建酸竹纯林中,设置 4 块(10 m×10 m)的样地,在其中 2 块样地内进行隔天挖笋一次,另 2 块样地不挖笋,同样每隔 5 天观察登记一次,其统计结果见表 6-13。

表 6-13　挖笋与否和出笋数量的关系
Tab. 6-13　Relation of bamboo-shoot hareat and shooting numbers

出笋日期($\frac{日}{月}$)		$\frac{21—25}{4}$	$\frac{26—30}{4}$	$\frac{1—5}{5}$	$\frac{6—10}{5}$	$\frac{11—15}{5}$	$\frac{16—20}{5}$	$\frac{21—25}{5}$	$\frac{26—31}{5}$	合计
挖笋	出笋数(个)	17	45	90	85	70	36	15	3	363
	百分比(%)	4.85	12.39	24.79	23.42	19.84	9.92	4.13	0.83	100
不挖笋	出笋数(个)	15	57	110	109	94	45	21	5	456
	百分比(%)	3.28	12.51	24.12	23.9	20.61	9.87	4.61	1.09	100

从表 6-13 可看出,在隔天挖笋的样地中,其出笋总数反比不挖笋的样地多 25.6%,说明挖去前面笋,使母竹有足够的养分集中到下一个笋芽上,促进下一个笋芽立即萌发成笋,这种特性有利于把福建酸竹当作笋用林集约经营,可得到高产、稳产。

(三)笋高与地径的关系

当地群众当笋出土 15～30 cm 高,即用山锄挖起,由于笋入土深度不同,笋的大小差异很大,我们随取 300 支笋,按入土深度分级统计结果,其笋的地径与入土深度关系如下:

笋入土深度(cm):65　50　35　20

笋平均地径(cm):5.62　4.35　2.53　1.81

笋入土深度越深,则其地径越大,亦即竹鞭分布越深,所出的笋就越大,因此在经营笋用林时,采取加客土施厩肥,埋竹鞭等措施,是提高产笋量的有效方法。

(四)不同出笋时间与退笋和成竹高度的关系

根据出笋时间的不同,其退笋率和幼竹的高度亦有很大的差异。早期笋和盛期笋的退笋率低。而且所长成的幼竹亦较高,而末期笋的退笋率高达 79.8%,而剩下能长成的幼竹亦较矮,如表 6-14 所示。不同时期出土的笋,其所长成幼竹的地径亦有差异,我们把 4 个样地中 5 月 1 日前出土的新竹与 5 月 15 日后出土的新竹,分别统计其地径的平均值,结果见表 6-15。

表 6-14　出笋时间与退笋和成竹高度的关系

Tab. 6-14　Relation of different shooting periods and withering and heights of bamboos

出笋日期($\frac{日}{月}$)	$\frac{21-25}{4}$	$\frac{26-30}{4}$	$\frac{1-5}{5}$	$\frac{6-10}{5}$	$\frac{11-15}{5}$	$\frac{16-20}{5}$	$\frac{21-25}{5}$	$\frac{26-31}{5}$
出笋数(个)	34	93	174	170	143	72	30	7
退笋数(个)				2	12	57	25	5
百分比(%)				1.1	8.4	79.1	83.3	71.4
成竹平均高(m)	5.93	5.55	5.21	4.86	3.50	2.18	1.53	

表 6-15　不同出笋期与成竹地径关系(cm)

Tab. 6-15　Relation of different shooting periods and soil-sur-face

样地号	1	2	3	4	平均值
前期	8.12	7.61	10.93	11.36	9.50
后期	5.93	5.18	8.34	7.71	6.79

对前后期出笋所形成的幼竹地径进行差异显著性检验，经计算 $t=2.748$，比 $a=0.05$、$f=6$ 查表得 $t=2.447$ 大，说明前后期形成新竹地径存在着显著差异，前期出土的笋，所长成的幼竹地径比后期为大。

(五)幼竹高生长规律

竹笋出土到成竹高生长，遵循着"慢—快—慢"三个阶段，出笋最初 20 天生长缓慢，平均生长 $3.0\sim5.0$ cm；随后高生长迅速，约维持 $20\sim25$ 天，平均日生长量为 18 cm，最大日长量达 35 cm；以后生长又逐渐下降，末期日均生长量仅 2 cm，到六月底高生长完全停止，但不同时期出笋所形成的幼竹高生长存在着不同的规律，对前中后期所成长新竹高生长与时间的关系，我们选用 4 种方程进行模拟，经计算处理结果，以逻辑斯蒂方程拟合最好，其结果见表 6-16。

表 6-16　福建酸竹高生长数学模型

Tab. 6-16　Mathematical models of height growth of Acidossasa notata

出笋期(日)	数学模型	相关系数	F	Fa=0.01
前期	$H=\dfrac{6.6223}{1+e^{3.0054-0.10201}}$	0.9981**	10 849.9	7.22
中期	$H=\dfrac{5.4590}{1+e^{3.0054-0.18891}}$	0.9953**	48.9	7.35
后期	$H=\dfrac{4.0352}{1+e^{3.0054-0.10551}}$	0.9961**	3 050.7	7.72

说明：$H=$幼竹高(m)；$t=$时间(天)

表 6-16 表明各不同出笋期的幼竹高生长与时间关系，经检验两者均呈极显著相关，相关系数均在 0.99 以上，因此说明不同时期出土幼竹的高生长用逻辑斯蒂方程是精确的。

三、竹笋营养成分分析

我们于 1987 年 5 月下旬从顺昌采得笋样送福州全国食品工业质量检测,其结果见表 6-17、表 6-18。

表 6-17　竹笋的营养成分(每 100 g 鲜重)
Tab. 6-17　Nutritions of bamboo shoots

竹笋名称	学　名	水分(g)	蛋白质(g)	脂肪(g)	粗纤维(g)	P(mg)	Fe(mg)	Ca(mg)
福建酸竹	*Acidosasa notata*	93.60	3.90	0.24	1.08	113	0.84	19.6
毛竹(冬笋)	*Phyllostachys pubescens*	84.09	3.61	0.24	1.08	113	0.84	19.6
毛竹(春笋)	*Ph. pubescens*	91.24	2.47	0.39	0.89	44	0.6	5.8
早竹	*Ph. praecox*	90.12	2.55	0.41	0.77	60	1.0	4.2
乌哺鸡竹	*Ph. vivax*	90.92	2.78	0.39	0.82	66	0.6	13.1
红哺鸡竹	*Ph. iridescens*	90.80	2.58	0.46	0.84	66	0.8	9.7
白哺鸡竹	*Ph. dulcis*	90.97	3.44	0.39	0.68	74	0.7	8.5
石竹	*Ph. nuda*	89.72	2.79	0.60	1.00	74	1.1	19.4
刚竹	*Ph. viridis*	90.65	3.23	0.94	0.81	80	0.7	13.3
水竹	*ph. congesta*	90.64	4.00	0.62	0.71	92	1.0	15.3
甜竹	*ph. fiexuos*	89.43	2.97	0.76	1.09	85	1.1	15.5
方竹	*Chimonobambusa quadrangularis*	91.31	3.60	0.33	0.61	92	0.8	30.0
麻竹	*Sinocalamus latiflorus*	91.06	2.13	0.49	0.84	45	0.4	12.2
绿竹	*S. oldhami*	90.34	1.90	0.47	0.73	52	0.7	10.5
大头典竹	*S. beecheyana* var. *Pubescens*	92.05	1.83	0.38	0.41	42	0.6	18.7
硬头黄竹	*Bambusa rigida*	90.00	2.53	0.39	1.19	32	1.5	29.6
平均值	$\overline{X}$	90.50	2.89	0.48	0.84	68	0.89	14.0
标准差	$\pm\sigma$	1.90	0.66	0.17	0.19	21.06	0.36	7.26

表 6-18　福建酸竹与毛竹笋的蛋白质水解氨基酸(%)
Tab. 6-18　Hydrolyzed &mino of proteins from Acidosasa notata and phyllostachys pubescens

种类	福建酸竹	毛竹冬笋	毛竹春笋	种类	福建酸竹	毛竹冬笋	毛竹春笋
天冬氨酸	12.8	1.90	2.43	亮氨酸**	1.3	0.84	1.25
苏氨酸**	0.8	0.54	0.76	酪氨酸**	1.3	0.61	4.86
丝氨酸	0.8	0.75	0.79	苯丙氨酸**	1.3	0.53	0.81
谷氨酸	2.3	1.94	2.72	赖氨酸**	1.1	0.36	0.68
甘氨酸	1.0	0.65	0.77	色氨酸	0.6	0.56	0.53
丙氨酸**	1.1	0.93	1.19	组氨酸**	0.6	0.22	0.32
胱氨酸*	0.3	0.23	0.20	精氨酸	1.0	0.62	0.92
缬氨酸**	1.4	0.70	1.00	脯氨酸	0.7	1.09	0.79
甲硫氨酸		0.24	0.35	总量	29.3	13.22	21.07
异亮氨酸**	0.9	0.49	0.70				

**为人体所必需的氨基酸,*为人体半需氨基酸。

表 6-17、表 6-18 可看出,福建酸竹含蛋白质高达 3.9%,与水竹、方竹、毛竹冬笋同列为一级蛋白质含量,比一般竹笋平均含蛋白质量(2.89%)还高 38%,比优质的绿竹笋高105%,其含蛋白质水解后有 17 种氨基酸,其中 8 种为人体所必需的,2 种为半需氨基酸,氨基酸的含量比毛竹冬笋或春笋均高。另外应特别提出的,福建酸竹含磷量高达113 mg/100 g,为所有竹笋中含磷量最高的一种,比列为一级含磷量的方竹笋、水竹笋还高,比一般竹笋的平均含磷量还高 66%,比优良的绿竹笋高 117%。

总之,福建酸竹笋营养成分丰富,它含有高蛋白、低脂肪、多磷钙、富纤维等特点,为一个营养丰富、笋味甜美的优良笋用竹种。

四、天然福建酸竹林开发利用的途径

福建酸竹在其分布区内资源丰富,常有成片的纯林或混交林,期待人们去开发利用。由于福建酸竹为优质高产的笋用竹种,建议对天然福建酸竹林垦复为笋用林,其具体措施如下。

对成片的福建酸竹纯林,可进行砍除杂灌,深翻 20~30 cm,结合去三头(树头、石头、老竹鞭及竹蔸),选留 1~3 年生母竹;逐步使每亩达 600~800 株;砍除 4 年生以上老竹,如有林中空地,可就近挖取 1~2 年生母竹进行补植,有条件地方可施基肥及追肥,基肥可结合深翻,每亩施厩肥 1.5~2.5 t,过钙 10~15 kg,或就近割青草压入土中,然后按笋用林集约经营,逐渐使笋竹变粗,达到高产稳产。

对常绿阔叶林、杉木林、马尾松林下的福建酸竹,因它具有一定的耐荫性,只要进行适度的透光伐,砍除杂灌及非目的树种,使上层乔木的盖度控制在 70% 以下,建立阔—竹、杉—竹、马—竹混交林,亦是发展立体林业的一种优良模式,通过集约经营,既可使上层林木速生丰产,又能获得高产优质的福建酸竹笋。

利用野生福建酸竹为母竹,挖取 1~2 年生的新竹,人工营造福建酸竹笋用林;福建酸竹秆端直、坚固,作晒杆、瓜棚、豆架、围篱等,枝叶翠绿,高矮适中;亦可为庭园绿化。

参考文献

[1] 梁天干,黄克福,郑清芳,等.福建竹类.福州:福建科技出版社,1987,85~125
[2] 周芳纯,易世基.笋用竹及其栽培.竹类研究,1987,(4):23~60
[3] 温太辉.中国唐竹属研究及其他(之二).竹子研究汇刊,1983,3(1):57~80
[4] 邹惠渝.福建竹类二新种.南京林学院学报,1984,(3):88~90
[5] 蔡纫秋.角竹笋生长规律的研究.竹子研究汇刊,1985,4(2):81~69

野生福建酸竹林进行笋用林改造研究①

郑清芳　郑隆鹏②　刘玉宝　姜必亮　何荣彬②

Study on Transformation of Uncultivated *Acidosasa notata* Stand into Shoot Use Stand

摘要：为探索改造福建酸竹林为笋用林及其丰产经营技术，对其进行三种立竹度、三种年龄结构和三种土壤管理方式的三因素三水平正交实验，在方差分析的基础上，进行相关分析、主成分分析，结果表明，福建酸竹丰产笋用林的适宜立竹度为 9 000～12 000 株/hm²，年龄结构以 1～4 a 竹子比例各占 25％为宜，土壤管理以阶梯增土法较好。

Abstract：Orthogonal test with three densities，three age struatures and three soil management models was carried out for transformation of uncultivated Acidosasa notata stand into shoot use stand and forits high. yield techniques. Based on variance analysis，correlative and principal components analysis showed that moderate standdensity was 9 000～12 000 culm/hm²，1～4 year bamboo took respectively 25％，the best soil management was soil-stacking-like • terrance model。

一、前言

福建酸竹[*Acidosasa notata* (Z. P. Wang et G. H. Ye) S. S. You]又称甜笋竹，分布于南平、建瓯、顺昌、武夷山、安溪、龙岩等地，垂直分布可达 1 000 m 的山坡、丘陵，常散生于路旁、林缘，或与阔叶树混交，亦有组成单优势群落[1]。

由于福建酸竹优良的笋用价值尚未被人们所了解，使原产地的福建酸竹仍处于野生或半野生状态。福建酸竹笋味甜美，营养丰富[1]，深受当地群众欢迎，但是，对有关福建酸竹的经营管理技术直到目前尚属空白，当地群众每年只知挖笋，而不知如何抚育管理，林分破坏严重，结构极不合理。造成大小年现象严重，林分日趋衰退，引起福建酸竹资源的不断萎缩。生产实践迫切要求建立一套科学的抚育管理技术，鉴于此，对野生福建酸竹改造成为丰产笋用林丰产技术进行了较为深入的研究，初步确定了丰产技术模式，以期为福建酸竹的天然林改造、笋用林开发和引种培育提供依据。

二、试验地概况

试验地设于福建顺昌县际会乡，位于福建西北部 26°39′～27°12′N，117°30′～118°14′E 之间，平均气温 18.5 ℃，绝对最低气温－6.8 ℃，绝对最高气温 40.3 ℃，1 月平均气温 17.8

---

①　原文发表于《竹子研究汇刊》，1996，15(2)：28—38。

②　郑隆鹏、何荣彬为原顺昌林业局工作人员。

℃,5月平均气温 22.8 ℃,7月平均气温 28.1 ℃,年降水量 1 693 mm 左右,无霜期 300 d 左右。

试验地设于后门楼和上台两处,海拔 380 m 左右,两处试验地的各小区设在同一个地势平缓的均匀坡面上,立地条件基本一致。各试验小区略呈一字形排列。土壤为山地红壤,成土母质均为花岗岩,土层深厚疏松,团粒结构良好,质地为轻壤至中壤。经改造后的现有林分,偶有几棵阔叶树零星分布,其高度都不超过 16 m,主要是壳斗科树种,如甜槠(*Castanopsis eyrei*)、栲树(*C. fargesii*)、青冈(*Cyclobalanopsis glauca*)等。

三、试验设计与方法

(一)试验小区面积的确定与设置

试验小区设置面积为 20 m×20 m,由于福建酸竹地下鞭系统发达,延伸开展能力强,所有地上措施势必因其地下系统的联系而影响到试验精度,故在试验小区周边挖掘宽 30 cm、深 50 cm 隔离沟,切断小区内地下鞭与小区外的联系,尽量减少试验误差。

(二)试验设计

丰产技术研究采用正交试验,采用三因素三水平正交表 $L^9(3^4)$ 安排实验,做三次重复,因素与水平安排见表 6-19。

表 6-19　试验因素与水平安排
Tab. 6-19　**Experimental factors and levels**

实验水平 Levels	立竹度(A) Density	年龄结构(B) Age structure	土壤管理(C) Soll manage ment
1	600±30 株/0.07 hm²	1～4 年生竹子各占 25%	垦复松土法
2	800±30 株/0.07 hm²	1～3 年生竹子各占 33.3%	阶梯增土法
3	1 000±50 株/0.07 hm²	1～2 年生竹子各占 35%,3 年生各占 30%	劈山除草法

劈山除草法;每年冬季清理林间卫生,砍去杂灌木,除去林间杂草,并就地平铺于林间。

垦复松土法:即在劈山除草的基础上,进行全面的松土,松土深度为 10～15 cm,同时去除"三头",即树头、石头、竹头(包括竹蔸、老鞭、死鞭),清除林内杂物。

阶梯增土法:即把笋用林地修整成梯田状以后,每年在松土的基础上,把梯壁上的杂草和土削填于梯带内,填土厚度 10～15 cm 左右。

以上各试验小区每年出笋前都施放等量的复合肥,采用穴施方法,于林内均匀施放,穴深 30 cm 左右。

(三)数据收集与处理

正交试验正式开始于 1992 年,在此之前,野生纯林已经过适当改造,如砍去其中为数不多的杂灌木。在改善各试验小区前,全面调查各小区内 1～4 年生株数、平均胸径、立竹度,之后所进行的调查项目有:实施试验时 1992 年林分第 1 次调整后的各小区 1～4 年生株数、平均胸径、立竹度及产笋量,1993 年林分第 2 次调整后各小区 1～4 年生株数、平均胸径、立竹度及产笋量,第 2 次调整后半年的成竹平均胸径。

　　将以上所收集数据输入计算机进行方差分析、相关分析,主分量分析,多元分析,结合福建酸竹的生物学特性,分析并初步确立其栽培丰产技术体系。

四、结果与分析

(一)平均胸径分析

　　表 6-20 数据为 1993 年新成竹的平均胸径与 1992 年新成竹平均胸径的差值。平均胸径的变化反映出福建酸竹笋用林的林分质量变化,即反映出综合抚育措施对林分质量的效应。

表 6-20　平均胸径增值的方差分析
Tab. 6-20　Variance analysis of average diameter increment

变差来源 Source of variance	离差平方和 Deviation ss	自由度均 df	均方 Ms	均方比 Ms ratio	F 值 F valuc
A	0.037 49	2	0.018 743	6.849**	$F_{0.05}(2.20)=3.49$
B	0.007 22	2	0.003 61	1.310	$F_{0.01}(2.20)=5.58$
C	0.041 16	2	0.020 58	7.519**	
e_1	0.000 87	2	0.002 737		
e_2	0.053 87	18			
总和 Total	0.140 61	26			

　　由方差分析表明,对林分平均胸径的增值的影响程度大小依次为:土壤管理方式(C)、立竹度(A)、年龄结构(B)。其中,C 因素和 A 因素的影响程度均达到了显著水平,而 B 因素的影响程度未到显著水平。三因素三水平综合评价表明:$A_2B_3C_2$ 组合即立竹度控制在 800 ± 30 株/0.07 hm²,年龄结构调整为 1~2 年生竹子各占 35%,3 年生竹子占 30%,土壤管理采用阶梯增土法,这种经营模式最有利于林分质量的提高。

(二)产笋量分析

　　对 1993 年出笋量进行方差分析,发现产笋量与抚育方式存在密切关系(见表 6-21)。

表 6-21　方差分析
Tab. 6-21　Variance analysis of yield

变差来源 Source of variance	离差平方和 Deviation ss	自由度均 df	均方 Ms	均方比 Ms ratio	F 值 F valuc
A	72 053.852	2	36026.926	49.439**	$F_{0.05}(2.20)=3.49$
B	9 204.519	2	4602.260	6.316**	$F_{0.01}(2.20)=5.58$
C	26 558.296	2	63297.148	86.837**	
$e1$	3 227.630	2	728.715		
$e2$	11 346.667	18			
总和 Total		26			

方差分析表明：各因素对笋产量影响的主次关系依次为：土壤管理方式(C)、立竹度(A)、年龄结构(B)，并且，三因素对产笋量的影响都达到极显著水平。三因素三水平的综合效应评价显示，最佳的经营技术组合为 $A_1B_1C_1$，即立竹控制在 600 ± 30 株/0.07 hm²，年龄结构调整为 1～4 年生株数各占 25%，对土壤采用阶梯增土法的管理方式，其林分产笋量为最高。

统计资料平均结果表明，福建酸竹产量平均可达 7 005 kg/hm²。可见福建酸竹是一个较为丰产的竹种，值得大力开发推广。

（三）影响产量的多因子相关分析

在野外试验设计的具体实施过程中，由于试验林分的实际情况并不十分理想，如选择立竹度的三个水平中，并不是每一个小区都完全符合三个水平的要求，年龄结构调整亦有类似误差，立地条件也不可能完全一致，这是难以避免的。为了综合探讨福建酸竹笋用林诸多因子之间的数量关系，对已经开发成为笋用林的 27 块试验小区的背景数据进行处理，列出 21 个不同的因子数值，这 21 个因子分别是：试验前各小区的 1～4 年生株数（记为 x_1、x_2、x_3 和 x_4）、平均胸径(x_5)、立竹度(x_6)，调整后各小区 1～4 年生株数（记为 x_7、x_8、x_9 和 x_{10}）、平均胸径(x_{11})、立竹度(x_{12})、产量(x_{13})，第 2 次调整后 1～4 年生株数(x_{14}、x_{15}、x_{16} 和 x_{17})、平均胸径(x_{18})、立竹度(x_{19})、产笋量(x_{20})，第 2 次调整后来年成竹胸径(x_{21})。现对诸因子进行相关分析，见表 6-22。

表 6-22　多因子相关分析
Tab. 6-22　Correlative analysis

因子 Factors	x_1	x_2	x_3	x_4	x_5	x_6	x_7	x_8	x_9	x_{10}	x_{11}
x_1	1	−0.213 2	−0.027 9	−0.048 5	−0.101 2	−0.176 4	0.314 5	−0.021 3	−0.030 9	−0.057 5	−0.065 8
x_2		1	−0.163 8	−0.115 3	−0.010 7	−0.145 7	−0.165 7	0.427 4	0.138 0	−0.115 7	−0.101 5
x_3			1	−0.220 6	−0.088 3	−0.080 7	−0.085 0	−0.124 8	0.349 2	0.012 2	−0.053 6
x_4				1	−0.142 0	−0.051 3	−0.079 8	−0.156 2	−0.173 8	0.505 8	−0.031 4
x_5					1	−0.197 1	−0.142 3	−0.126 4	−0.065 9	−0.125 9	0.455 9
x_6						1	−0.233 6	−0.227 6	−0.024 3	−0.009 7	−0.147 4
x_7							1	−0.017 6	−0.073 5	−0.100 9	−0.069 3
x_8								1	−0.254 4	−0.168 4	−0.074 2
x_9									1	−0.191 2	−0.048 1
x_{10}										1	−0.230 4
x_{11}											1
x_{12}											
x_{13}											
x_{14}											
x_{15}											
x_{16}											
x_{17}											
x_{18}											
x_{19}											
x_{20}											
x_{21}											

续表

因子 Factors	x_{12}	x_{13}	x_{14}	x_{15}	x_{16}	x_{17}	x_{18}	x_{19}	x_{20}	x_{21}
x_1	−0.078 7	−0.028 7	0.040 72	−0.108 7	−0.057 6	−0.010 5	−0.105 4	−0.204 9	0.787 4	−0.207 4
x_2	−0.125 3	−0.050 9	0.086 7	0.445 5	−0.220 2	−0.087 2	−0.111 0	−0.089 5	−0.168 3	0.580 7
x_3	−0.080 2	−0.052 5	−0.011 8	0.151 2	0.507 5	−0.124 4	−0.057 4	−0.064 8	−0.057 8	−0.167 0
x_4	−0.061 6	−0.017 3	−0.135 1	−0.179 0	0.037 9	0.427 4	−0.086 4	−0.049 5	−0.044 3	−0.205 1
x_5	−0.101 4	−0.068 4	−0.111 5	−0.145 9	−0.098 3	0.073 1	0.172 9	−0.152 7	−0.106 2	−0.118 7
x_6	0.618 4	−0.019 7	−0.077 1	−0.175 3	−0.138 0	−0.079 0	0.252 3	0.401 9	−0.092 4	−0.153 2
x_7	−0.167 2	−0.193 2	−0.051 1	0.061 1	−0.083 9	−0.071 9	−0.098 1	−0.016 7	0.289 0	0.003 3
x_8	−0.190 1	−0.144 3	0.216 4	0.413 3	−0.175 7	−0.128 0	−0.171 3	−0.123 1	−0.116 5	0.500 8
x_9	−0.045 6	0.006 3	−0.040 2	0.301 4	0.237 3	−0.045 1	−0.085 0	−0.042 8	0.027 3	0.003 4
x_{10}	−0.096 3	−0.039 5	−0.071 0	−0.187 5	0.102 0	0.108 4	−0.075 5	−0.065 1	−0.084 5	−0.152 8
x_{11}	−0.207 2	−0.042 5	−0.029 7	−0.088 0	−0.102 0	0.387 9	−0.020 1	−0.068 1	−0.068 8	−0.121 7
x_{12}	1	−0.241 4	−0.117 1	−0.146 6	−0.090 3	−0.108 2	0.341 6	0.163 6	−0.036 1	−0.182 0
x_{13}		1	−0.207 9	−0.111 9	−0.045 6	−0.013 1	−0.108 4	0.388 1	0.120 4	−0.134 0
x_{14}			1	−0.058 0	0.103 9	−0.025 0	−0.080 4	−0.037 5	0.319 7	0.153 9
x_{15}				1	−0.063 8	−0.169 9	−0.149 1	−0.101 3	−0.199 8	0.442 1
x_{16}					1	−0.209 1	−0.131 1	−0.085 1	−0.064 7	−0.214 4
x_{17}						1	−0.169 3	−0.093 5	−0.017 5	−0.125 1
x_{18}							1	−0.274 5	0.063 8	0.121 7
x_{19}								1	−0.124 6	−0.085 6
x_{20}									1	−0.823 3
x_{21}										1

自由度 $f=25$，查 $r_{0.05}(25)=0.380\%$，即 $r_{ij}>0.380\%$，表示因子之间相关显著。由表 6-22 可知，成竹胸径与试验前 2 年生株数，第 1 次调整后 2 年生株数，第 2 次调整后 2 年生株数均有显著相关关系，试验前 2 年生株数正值健壮时期，其生产力相对高，有助于其养分的积累，第 1 次调整后 2 年生植株在成竹当年正好进入 3 龄，为良好的产笋母竹，而第 2 次调整后的 2 年生植株为营养物质积极制造者，产笋量与调整前 1 年生植株相关密切，调整前 1 年生植株在产笋时正好进入 3 龄为良好的产笋母竹。每次调整时，1～4 年生的株数都与相应的前 1 年株数相关。这是人为年龄结构控制的结果，第 2 次调整后的平均胸径为第 1 次调整后的立竹度相关显著，这反映了密度对成竹大小的影响。由表 6-22 可看出，第 1 次调整后当年笋产量与诸因子均无相关，这可能是由于调整后的第 1 年，林分中原先已建立起来的各种生物学特性、系统营养分配等被破坏而呈现无相关现象。

(四)福建酸竹笋用林影响因子的主成分分析

主成分分析是将多个观测指标(变量)化为少数的几个新指标的一种多元统计方法。福建酸竹笋用林的各因子对各指标的影响，通过方差分析和相关分析，得到各自的结论。但由于各指标间具有一定的相关性，表现在结论上往往信息重叠较多，甚至混杂一些次要或干扰的信息。主成分分析则将众多的指标，通过坐标的刚性旋转与投影导出新的指标，这些新指标相互独立，且又能综合原有指标的绝大部分信息。这些指标起着主导作用。

根据 27 块试验小区的前 19 个变量 $(X_1, X_2, \cdots, X_{10})$ 作主成分分析，在计算得到 19 个因子中的前 6 个主成分，其累计贡献率达到 91.92%，见表 6-23。可见这 6 个主成分综合了 19 个指标的绝大部分信息，其中 y_{12} 的贡献率最大达到 42.03%，从表 6-22 中各主成分特征向量可知，第 1 主成分反映了年龄结构和立竹度的指标。第 2 主成分反映了试验前后及出笋当年 4 年生竹子株数指标。第 3 主成分反映了试验前后及出笋当年的林分平均胸径指标，平均胸径在一定程度上反映了试验前后及出笋当年林分质量的变化情况，显然，平均胸径也在一定程度上反映出林分产笋量。在第 4 主成分 $Y(4)$ 中，其特征向量较大者分别为：出笋前 1 年生竹子株数试验前后平均胸径，由于在出笋当年，前 1 年生竹子刚好进入 2 龄阶段，它反映出对未来林分产量和质量的滞后性的影响，第 5 主成分的特征向量最大者为成竹当年 4 年生株数，由于 4 年生植株叶面积指数达最大，它的存在可能有利于林分系统中的营养物质积累。在第 6 主成分中，其特征向量最大者为前 1 年笋产量，它反映出负相关影响，这是由于整个林分中的营养物质积累总是有限的，前 1 年的营养物质消耗量势必影响到下 1 年的消耗量。综合而言，主成分分析的结果表明：福建酸竹笋用林中，其年龄结构和立竹度起最主要作用。上述分析认为在年龄结构中 1～4 年生竹子均是影响产量和质量的重要因子。

表 6-23　主分量及因子负荷量
Tab. 6-23　Eigenvecter and factor loading

指标 Index	y(1) eigenvector	y(1) factor loading	y(2) eigenvector	y(2) factor loading	y(3) eigenvector	y(3) factor loading	y(4) eigenvector	y(4) factor loading	y(5) eigenvector	y(5) factor loading	y(6) eigenvector	y(6) factor loading
X_1	0.295 4	0.834 8	-0.159 5	-0.300 2	0.159 5	0.226 7	-0.162 2	-0.213 4	0.134 5	0.162 6	0.080 6	0.068 5
X_2	0.319 5	0.903 0	-0.036 6	-0.068 9	0.109 6	0.155 7	-0.140 3	-0.184 6	0.032 6	0.039 4	0.090 1	0.076 5
X_3	0.186 3	0.526 6	0.403 2	0.759 1	0.166 9	0.237 1	0.103 7	0.136 5	0.109 8	0.132 8	-0.000 2	-0.000 2
X_4	-0.027 4	-0.077 3	0.458 2	0.862 6	-0.086 4	-0.122 7	0.198 2	0.260 9	0.077 3	0.093 4	-0.116 1	-0.098 6
X_5	0.036 7	0.103 7	-0.270 2	-0.508 7	0.391 8	0.556 6	0.433 8	0.670 8	0.202 3	0.244 6	-0.025 8	-0.021 9
X_6	0.254 3	0.718 6	0.327 0	0.615 6	0.102 2	0.145 2	0.018 4	0.024 2	0.162 9	0.197 0	-0.006 6	-0.005 6
X_7	0.213 8	0.604 2	0.075 5	0.142 1	-0.169 1	-0.240 2	0.434 5	0.571 8	-0.246 4	-0.297 9	0.288 9	0.245 4
X_8	0.304 0	0.859 1	-0.150 6	-0.283 5	0.116 0	0.164 8	-0.174 4	-0.229 5	0.102 8	0.124 3	0.030 7	0.026 1
X_9	0.325 6	0.920 2	-0.058 8	0.106 9	0.075 7	0.107 6	-0.169 1	-0.222 5	0.021 6	0.026 1	0.088 3	0.075 0
X_{10}	0.235 1	0.664 4	0.352 6	0.663 9	0.072 8	0.103 5	-0.015 4	-0.020 3	0.110 6	0.133 7	-0.026 5	-0.022 5
X_{11}	-0.031 5	-0.088 9	-0.202 2	-0.380 8	0.444 3	0.631 2	0.452 5	0.595 5	0.150 0	0.181 4	0.079 0	0.067 1
X_{12}	0.344 7	0.974 1	0.066 5	0.125 3	0.041 1	0.058 3	0.017 5	0.023 0	0.007 4	0.008 9	0.149 9	0.127 3
X_{13}	-0.002 5	-0.007 2	0.300 3	0.565 4	0.305 2	0.433 7	0.061 4	0.080 8	-0.271 5	-0.328 3	-0.573 6	-0.487 2
X_{14}	0.249 4	0.704 8	-0.082 8	-0.155 9	-0.107 7	0.153 1	0.061 7	0.081 2	-0.386 6	-0.467 5	0.018 1	0.015 3
X_{15}	0.229 6	0.649 0	-0.010 1	-0.019 0	-0.245 6	-0.349 0	0.330 1	0.434 5	-0.380 4	-0.460 0	0.158 4	0.134 5
X_{16}	0.315 1	0.800 4	-0.107 8	-0.202 5	-0.012 0	-0.016 9	-0.223 5	-0.294 2	0.056 9	0.068 8	-0.187 9	-0.159 6
X_{17}	-0.086 4	-0.244 1	0.204 0	0.384 0	-0.280 2	-0.398 1	0.090 1	0.118 6	0.549 0	0.663 8	0.330 7	0.290 8
X_{18}	-0.197 5	-0.558 2	0.142 2	0.267 7	0.438 7	0.623 3	-0.141 6	-0.186 3	-0.188 3	-0.227 8	0.347 5	0.295 1
X_{19}	-0.170 9	-0.482 9	0.221 3	0.416 5	0.273 8	0.389 1	-0.260 2	-0.342 4	-0.284 4	-0.343 9	0.479 4	0.407 2
eigen-value	7.986 0		3.544 2		2.018 6		1.731 8		1.462 3		0.721 4	
accumu-lative Rate	42.03		60.69		71.31%		80.42		88.12		91.92	

（五）福建酸竹笋用林多因子数值分析

为了综合探讨福建酸竹笋用林诸多因子之间的数量关系,在方差分析和主成分分析的基础上,应用 27 个小区的 21 个因子变量;将出笋产量和成竹胸径为因变量,以其他因子为因变量,对其进行多元回归分析,结果见表 6-24,诸因子与因变量的对数的复相关系数均在0.98 以上,并达到极显著水平,说明了这些自变量是主要影响因变量的因子。

表 6-24　回归模型
Tab. 6-24　Reggresson model

因变量	数学模型	F 值	R 值
笋产量 Y_1	$Y_1 = 353.115\ 3 + 130.017\ 1\ln(x_1+1) - 8.566\ 8\ln(x_2+1)$ $-0.982\ 9\ln(x_3+1) + 14.394\ 2\ln(x_4+1) + 1.820\ 5\ln(x_5+1)$ $-40.934\ 8\ln(x_6+1) - 44.502\ 1\ln(x_7+1) + 1.781\ 8\ln(x_8+1)$ $+13.408\ 8\ln(x_9+1) + 16.445\ 5\ln(x_{10}+1)$ $-35.280\ 8\ln(x_{12}+1) - 19.545\ 6\ln(x_{13}+1)$ $+33.137\ 7\ln(x_{10}+1) - 10.103\ 8\ln(x_{17}+1)$ $+62.794\ 01\ln(x_{18}+1) - 81.427\ 51\ln(x_{10}+1)$	19.173 3	10.43
平均胸径 Y_2	$Y_2 = 829.426\ 8 + 119.037\ 1\ln(x_1+1) - 18.145\ 7\ln(x_2+1)$ $-\ln(x_3+1) + 5.196\ 1\ln(x_4+1) - 10.588\ 6\ln(x_5+1)$ $-43.356\ 8\ln(x_6+1) - 35.927\ 5\ln(x_7+1) - 0.133\ 2\ln(x_8+1)$ $+7.481\ 7\ln(x_9+1) + 11.256\ 4\ln(x_{10}+1) + 8.210\ 4\ln(x_{11}+1)$ $-56.015\ 2\ln(x_{12}+1) - 42.380\ 7(x_{13}+1)$ $+11.183\ 61\ln(x_{14}+1) + 34.019\ 31\ln(x_{15}+1)$ $+25.219\ 5\ln(x_{16}+1) - 7.204\ 7\ln(x_{17}+1)$ $+55.430\ 91\ln(x_{18}+1) - 83.326\ 4\ln(x_{19}+1)$	29.408 6	0.990 0

1. 笋产量多因子回归分析

由偏相关系数表 6-25 可知,笋产量与试验前 1 年生植株数,试验前立竹度、出笋成竹当年的 3 年生植株数,出笋成竹当年的平均胸径和立竹度相关密切,并均达到显著水平,试验前 1年生竹子在本试验统计笋产量和测定它成竹平均胸径时恰好进入 3 龄阶段,综合其生物学特性结果表明 3 年生竹子是主要的出笋母竹,它说明笋用竹中 3 年生竹子的留养是极为关键的环节。试验前后的立竹度均与指标因子呈相关,说明目前笋用林总体立竹度偏高,应适当下调。多元分析还表明,出笋成竹当年的平均胸径与出笋量呈正相关,这是显而易见的。

表 6-25　偏相关系数
Tab. 6-25　Partai correlation coefficient of every argument

因子	笋产量		平均胸径	
	r_{11}	t_{11}	r_{11}	t_{11}
X_1	0.855	4.367*	0.894	5.270*
X_2	-0.122	-0.321	-0.310	-0.889
X_3	-0.353	-0.990	-0.502	-1.944
X_4	0.185	0.498	0.000	0.023
X_5	0.028	0.073	-0.100	-0.537
X_6	-0.745	-2.953*	-0.839	-4.071*
X_7	-0.460	-1.405	-0.407	-1.516

续表

因子	笋产量		平均胸径	
	r_{11}	t_{11}	r_{11}	t_{11}
X_8	0.031	0.081	−0.003	−0.007
X_9	0.221	0.601	0.165	0.442
X_{10}	0.317	0.883	0.284	0.785
X_{11}	0.282	0.777	0.202	0.545
X_{12}	−0.514	−1.514	−0.739	−2.904*
X_{13}	−0.353	−0.998	−0.698	−2.586*
X_{14}	0.436	1.281	0.250	0.684
X_{15}	0.691	2.531	0.686	2.496*
X_{16}	0.632	2.160*	0.617	2.078*
X_{17}	−0.247	−0.674	−0.230	−0.626
X_{18}	0.756	3.059*	0.700	3.510*
X_{19}	0.806	−3.600*	−0.878	−4.855*
$T_{0.03}$		2.06		2.06

2. 平均胸径多因子回归分析

偏相关系数表 6-25 表明,新竹中平均胸径与试验前 1 年生竹子株数,试验前立竹度,第 1 次调整后立竹度,前 1 年笋产量,成竹当年 2 年生竹子株数,当年 3 年生竹子株数,当年林分平均胸径和当年的林分立竹度均呈显著的相关。试验前后林分的立竹度对成竹胸径呈负相关。

这说明了目前林分总体密度是不合理的。试验前 1 年生竹子在成竹当年进入 3 龄阶段,纵观林分的现在和将来,现有林分中保证 1～3 年生竹子的合理比例和数量是很重要的,前 1 年笋产量与成竹胸径呈负相关,其原因可能是林分总体营养物质含量是有限的,前 1 年的消耗量势必影响下一年的消耗量,当年母竹平均胸径对成竹平均胸径呈正相关,体现了大竹长大笋这一生长习性。

五、小结

林分密度控制是丰产笋用林经营的一个重要环节,综合上述并结合方差分析表明,600 ±30 株/0.07 hm² 的立竹度其产量最高,但胸径增值较低,而 800±30 株/0.07 hm² 的立竹度,其产量较低,但胸径增值较高。由于现实林分立地是复杂多样的,任何理想立竹度的确定只是某一立地类型下的理想期望值,在福建酸竹笋用林的培育过程中,可以认为立竹度控制在 9 000～12 000株/hm²,在生产上都是可行的。

在土壤管理方式的选择上,从方差分析结果表明,一般的垦复松土措施就能得到丰产,当然,精细而集约的林分经营,选择阶梯增土法,效果更佳。

林分的年龄结构关系到笋产量和成竹质量。从多元分析表明,1～3 年生竹子对笋产量和成竹质量紧密相关,由主成分分析表明,4 年生竹子株数亦是一个关键因子,结合正交试验设计分析认为,1～4 年生竹子各占 25％的林分,其笋产量最高,其次为 1～2 年生竹子各占 35％,3 年生竹子占 30％的林分。而成竹胸径增值以 1～2 年各占 35％,3 年生竹子占

30%的林分为最好,其次是1～4年生竹子各占25%的林分。综合而言,认为年龄结构以1～4年生竹子各占25%的林分为笋用林的模式林分。

参考文献

[1] 郑清芳.新优良笋用竹——福建酸竹的调查研究.福建林学院学报,1990,10(2):122～128

[2] 南京林产工业学院林学系竹类研究室.竹林培育.北京:农业出版社,1974(11)

[3] 陈华豪.林业应用数理统计.大连:海运学院出版社,1988(8)

[4] 洪伟.林业试验设计技术与方法.北京:科学技术出版社,1993(1)

[5] 方开泰.实用多元统计分析.上海:华东师范大学出版社,1989(9)

[6] 王天行.多元生物统计学.成都:科技大学出版社,1992(4)

黄甜竹笋用林出笋成竹生长规律研究[①]

郑清芳　刘玉宝　翁金珊[②]　陈美荣[②]　吴志灿[②]

Study on Growth Regularity During Shooting Period
of *Acidosasa edulis*

摘要：黄甜竹笋期为 3 月下旬至 5 月上旬，出笋数随时间变化呈"少—多—少"趋势，幼竹高生长遵循逻辑斯蒂曲线，退笋的主要原因是母竹营养的供应不足。前期笋成竹率高，但成竹质量较差，盛期笋成竹率次之，而成竹质量好，末期笋退笋率高，成竹质量也差，不宜留养，新竹的留养应以盛期笋为好。

Abstract：*Acidosasa edulis* starts shooting in late-March and ends in Early-May, lasting about 45 days. The whole shooting period can be subdivided into three stages; early stage (about in Late March), middle stage (flourishing stage, from Early-April to Middle-April) and late stage (from Late-April to Early-May). The shoots in early stage have high survival rate but culm poorly, the shoots in late stage have high degradation rate and culm poorly, so the shoots in middle stage are fit for remaining as mother bamboo. The height growth of young culm follows Logistic curve.

黄甜竹[Acidosasa edulis（Wen）Wen]是竹亚科酸竹属新近开发的一个优良笋用竹种，在福建自然分布于福州、闽侯、闽清、永泰、古田、连江、莆田等县市，目前，有关黄甜竹研究的报道很少，仅见薛贵山于 1990 年的《竹子研究汇刊》上发表了一篇题为"笋用良种黄甜竹引种研究报告"的文章。福建省尚未见有关研究报告，由于理论研究的滞后，在实际的生产实践中，黄甜竹的开发利用潜力尚未被充分认识，对林分的管理也极为粗放。本研究主要涉及笋期生长特性，旨在摸清黄甜竹出笋成竹规律，为今后的规范化、集约化经营与管理提供理论依据。

一、试验地概况

本研究试验地位于福建省莆田市黄龙林场，约 2.0 公顷，该区位于福建东部，地处中亚热带，年均气温 19 ℃，月平均最低气温在一月份为 8.2 ℃，极端最低气温为 -3.8 ℃，年平均降水量 1 600 mm，相对湿度 83.2%，霜期 2～3 个月，该区雨量丰富，多云雾，气候冷暖适中，土壤为山地红壤，成土母质为花岗岩，土层深厚，腐殖质含量高，土壤湿润并较疏松，水肥条件优越。除外，在连江陀市林场和闽侯白沙林场各设立 1.6 公顷，作为辅助试验地进行研究。

---

①　原文发表于《福建林学院学报》1997，17(3)：218～222。

②　翁金珊为莆田林业局高工；陈美荣为原罗源林场高工；吴志灿为原白沙林场高工。

二、研究方法

在黄龙林场黄甜竹纯林试验地内设置 8 块 10 m×10 m 标准地,在每块标准地四个角设置 2 m×2 m 样方 4 块,在黄甜竹整个出笋期中每隔 4 天调查样方内出笋数、退笋数和成竹数,退笋发生时调查其退笋的原因,以揭示黄甜竹在不同时间内的出笋数量分布,成竹质量与时间的关系,退笋的种类与特征及其数量分布,并用指数方程来拟合成竹与出笋数的关系。另在样地内标定 30 根固定的不同笋期出土的笋,观察其高生长节律和抽枝长叶时序。

三、结果与分析

(一)出笋数量分布

黄甜竹自 3 月 22 日开始出土至 5 月 5 日停止出笋,出笋期历经 45 天左右。出笋数量依不同时间分布不一,竹笋一旦出土,出笋数量很快增加,第十八天左右达到高峰,尔后逐渐下降,出笋数量近于常态分布(表 6-26)。

表 6-26　黄甜竹出笋成竹特征一览表
Tab. 6-26　The shooting, degrading and culming characteristics of *Acidosasa edulis*

出笋日期	出笋数(个)	出笋比率(%)	成竹率(%)	基围(cm)	退笋数(个)	退笋比率(%)	退笋率(%)
3 月 22 日—26 日	23	4.1	86.3	3.8	4	2.6	17.4
3 月 27 日—30 日	36	6.4	82.7	3.3	7	4.5	19.4
3 月 31 日—4 月 3 日	66	11.7	70.3	3.0	13	8.4	19.7
4 月 4 日—7 日	85	15.0	68.6	2.8	17	11.0	20.0
4 月 8 日—11 日	99	17.6	65.0	2.5	23	14.9	23.2
4 月 12 日—15 日	108	19.1	60.3	2.1	40	26.0	37.0
4 月 16 日—19 日	77	13.6	59.1	1.9	21	13.9	27.3
4 月 20 日—23 日	34	6.0	55.7	1.5	16	10.4	47.1
4 月 24 日—27 日	22	3.9	50.2	1.0	9	5.8	40.9
4 月 28 日—5 月 1 日	12	2.1	/	/	3	1.9	25.0
5 月 2 日—5 日	3	0.5	/	/	1	0.6	33.3

出笋数量在头 8 天占 10.5%;在第 9~16 天,即从 3 月 31 日到 4 月 7 日,数量显著增加,达到 26.7%;到第 17~24 天,即 4 月 8 日到 4 月 15 日,达到高峰为 36.7%;在第 25~31 天即 4 月 16 到 4 月 23 日,出笋数量略有下降,但仍稳定在 19.6%;第 38~45 天,即在 4 月 28 日到 5 月 5 日,出笋数明显下降,直到停止出土,其出笋数仅占 2.6%。可见,黄甜竹出笋数量较集中在 3 月 31 日至 4 月 19 日这 20 天内,这也是竹笋产量形成的重要阶段,在此期间应留养足够的母竹,剩余的笋连同初期、末期笋一同挖掉,各观察时间间隔内出笋数量分布如图 6-17 所示。

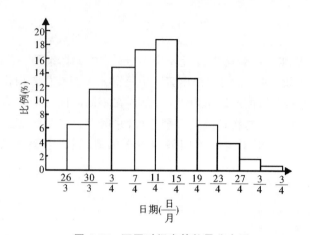

图 6-17　不同时间出笋数量分布图
Fig. 6-17　The diatribation of shooting qua in shooting pened

（二）出笋成竹规律

1. 出笋数与成竹数的关系

竹子所有出土的笋都成长成竹,这是不可能的,笋能否成竹受诸多因素的影响,诸如土壤肥力,气候状况,母竹的年龄与健康状况,等等。从竹林的整体出发,出笋数与成竹数的关系一定程度上反映出其本身的生物学特性,对出笋数与成竹数之间的关系,采用数学模型加以拟合,经回归二者符合下列指数方程:

$$Y_{成竹数}=2.791\ 425x_{出笋数}^{0.845\ 560\ 6}\quad(r=0.98)。$$

2. 幼竹高生长节律

黄甜竹的高生长与其他植物一样,在整个生长过程中其高生长依时间表现为"慢—快—慢"的特性。出笋初期 15 天生长缓慢,日均生长 4～5 cm,随后高生长迅速,约维持 15 天左右,平均日生长量为 17 cm,最大日生长量可达 32 cm,以后高生长又逐渐下降,后期日生长量仅 2 cm,至 5 月上旬停止。这种高生长节律显然符合逻辑斯蒂曲线方程,逻辑斯蒂方程为:

$$H=\frac{k}{1+a\cdot e^{-be}},即\ RGH=\frac{k}{1+a\cdot e^{-be}},$$

式中,H 为相对总生长量,RGH 为相对高生长量〔即某日笋高(H_i)/ 全高$(\sum H_i)$〕,为生长天数,a、b 为方程参数(b 为内禀生长率),e 为自然对数常数,k 为研究对象的极限容纳数,$t\rightarrow\infty$时 $H=k$,它由下式给出:

$$k=\frac{2p_1p_2p_3-p_2^2(p_1+p_3)}{p_1p_2-p_3},$$

式中,p_1、p_2、p_3 分别表示生长曲线始点、中点和终点的累积生长量,调查的原始资料经微机处理,结果如下:

前期　$H=0.6/(1+e^{3.464\ 712-0.402\ 433\ 50})$　$(r=0.96\quad F=193.26)$

　　　$RCH=0.16/(1+e^{3.393\ 035-0.385\ 795\ 00})$　$(r=0.97\quad F=231.49)$

中期　$H=3.5/(1+e^{8.043\ 443-0.370\ 455\ 94})$　$(r=0.94\quad F=105.85)$

　　　$RCH=0.95/(1+e^{6.979\ 854-0.314\ 800\ 64})$　$(r=0.97\quad F=305.24)$

后期　$H=3.9/(1+e^{1.218\,236-0.107\,867\,00})$　$(r=0.98\quad F=543.38)$

$RCH=1.10/(1+e^{-0.199\,576-0.046\,748\,60})$　$(r=0.99\quad F=3\,170.05)$

上述拟合方程的相关指数均在 0.9 以上,并且 F 值均显著地大于 $F_{2=0.01}=8.83$。说明方程能精确可靠地模拟黄甜竹的高生长节律。

3. 成竹质量与出笋时间的关系

成竹质量与竹笋出土的迟早有关,随着出笋时间的推迟,其成竹率逐渐下降,成竹率与时间的持续呈负相关,平均基围亦呈逐步下降的趋势,如表 6-26 所示。如果把竹笋出土时期后 8 天分为前后两个时期,则前后期成竹的基围存在差异,见表 6-27。

表 6-27　不同时期出土的笋成竹基围的变化(cm)

Tab. 6-27　The comp. fi. basimeter of culum between early shooting stage and late shooting stage

样地号	1	2	3	4	5	6	7	8	CK	平均值
前期	3.50	3.31	3.72	3.65	3.27	3.86	3.38	3.60	3.27	3.47
后期	3.10	3.00	3.20	3.10	2.80	2.91	2.23	2.01	2.10	2.72
差数	0.40	0.31	0.52	0.45	0.47	0.95	1.15	1.51	1.17	0.78

前期出笋成竹的基围大于后期出笋成竹的基围,平均差数 $x=0.78$,经显著性检验达显著水平。

了解出土时间不同的竹笋的成竹率与成竹质量变化特点,为笋期黄甜竹的科学管理提供重要依据。前期出土的笋成竹率高,成竹质量好,它是由于前期出土的笋个体发育快,在出土后的生长过程中其营养条件也较为优越,盛期出的笋其成竹率和成竹质量仅次于前期;而后期出土的笋成竹率低,成竹质量差,可全部挖掘食用,以减少林分营养不必要的耗费。前期笋虽成竹率高,成竹质量好,但前期过度留养母竹势必影响到笋用林的产量,故前期不宜大量留养母竹,留养新竹应以盛期笋为宜,这样既能保证成竹质量,同时对林分产量的影响也较少。

(三)退笋与退笋率变化规律

1. 退笋种类

竹笋出土后的生长过程中,由于很多因素的影响,有相当数量的竹笋中途死亡,不能成竹,谓之退笋,按退笋原因分:有营养不足造成的弱退,有受外界机械损伤引起的伤退,有在不良气象条件和不良环境下受病原浸染而腐烂或受虫害致死的病退和虫退。在退笋种类中以弱退为最多,达 57.2%;虫退次之,为 26.0%;病退较少为 13.6%;伤退最少仅为 3.2%。由此可见黄甜竹退笋主要由营养不足所致,特别是后期出土的竹笋弱退更为严重。同时,由于前期温度不高,偶受寒潮等不良气候的影响,竹笋生长缓慢,易受病虫为害而造成退笋,所以,在竹笋出土以前加强抚育,清理林地,增施肥料等都有利于减少退笋,提高笋产量。

2. 退笋数量分布

退笋数量受退笋率的支配,但也与出笋数量密切相关,相关系数 $r=0.94$。退笋数量在头 4 天为 2.6%,而后逐步增加,到出笋盛期即在 4 月 12 日到 4 月 15 日达到高峰 26.0%,而后又呈下降趋势,最后为 0.6%,见表 6-26。

退笋数量分布形态总体上与出笋数量形态相一致,但是退笋率却以前期为最低,为18.83%,盛期次之为 21.88%,而后期笋的退笋率则高达 36.58%(见表 6-26)。这主要由于出笋初期黄甜竹内部营养还较为充足,故退笋率较低,盛期笋退笋率较高主要由于出笋数量过大,造成营养供应不足而引起退笋,而后期笋由于面临的营养条件更为恶劣,故退笋率最高。

四、小结

黄甜竹在试验区自 3 月 22 日开始出笋至 5 月 5 日停止出笋,出笋期历时 45 天,整个笋期出笋数呈"少—多—少"的趋势。

黄甜竹幼竹高生长呈现"慢—快—慢"节律,遵循逻辑斯蒂曲线方程。成竹数与出笋数之间存在指数关系,其指数方程为

$$y_{成竹数} = 2.791\,425\,x_{出笋数}^{0.845\,560\,6} \quad (r = 0.98)。$$

黄甜竹退笋主要由于营养不足引起,前期退笋率低,但成竹质量差,后期笋成竹质量差,退笋率亦高,故新竹的留养应以盛期笋为宜。

参考文献

[1] 福建植物志(第六卷).福州:福建科学技术出版社,1995,(9):79~81

[2] 郑清芳.新优良笋用竹——福建酸竹的调查研究.福建林学院学报,1990,10(2):122

[3] 薛贵山.笋用良种黄甜竹引种研究报告.竹子研究汇刊,1990,9(1):88~101

[4] 胡宗超.紫竹笋期生长规律的研究.竹子研究汇刊.1982,1(1):57~69

[5] 李坤德.洛宁淡竹笋期生长规律观察.竹子研究汇刊,1984.3(2):112~113

[6] 蔡纫秋.角竹笋期生长规律的研究.竹子研究汇刊.1985.4(2):61~68

[7] 姜必亮.福建酸竹生物学特性研究.福建林学院学报.1995,15(4):312~317

[8] 赵志模.生态学引论.重庆:科学技术文献出版,1984,26~32

几种高产优质笋用竹引种栽培试验报告[①]

Experimental Report on Introduction of Several Species of High-Yield Bamboo Shoot Used

摘要:从浙江引入高产竹种,早竹、角竹、红哺鸡竹、白哺鸡竹、花哺鸡竹,并开发利用本省优质笋用竹黄甜竹的野生资源,加上已栽培的台湾桂竹、绿竹竹种进行合理搭配,栽植5年表现良好,并已郁闭成林可以投产。由这些竹种组成高产优质四季笋用林经营模式,是目前笋用林经营的最佳生产模式之一。

竹子生长快,产量高,用途广,经济效益大。竹笋味鲜脆嫩,营养丰富,其中蛋白质水解后有 18 种氨基酸,其中 8 种为人体所必需的,2 种为半需氨基酸;并具有大量的纤维素,有助消化,增强食欲,防肠癌、降脂、防止血管硬化等作用,是一种无农药污染的"保健食品"。本课题是为了加速发展我省笋用竹林,满足人民对食用竹笋的需求和大量出口创汇的需要,选用优质高产和不同出笋季节的竹种进行搭配,以延长供笋期。课题引种国内优质高产的笋用竹种,开发我省最优良的野生笋用林资源,以解决单靠毛竹竹种品种单一,笋期短,加工仅能季节性生产的弊病,从而满足市场的需求。

一、试验区概况

(一)位 置

试验区设在尤溪县林科所后坑综合试验基地,位于戴云山脉西北面,属闽中低山丘陵地貌,东经 117.8°~118.6°,北纬 25.8°~26.44°。

(二)气 候

试验区属中亚热带海洋性和大陆性兼具季风气候。气候温暖,雨量充沛,年平均气温 18.9 ℃,极端低温−7 ℃;霜期 65 天,早霜在 12 月中旬,晚霜在次年 2 月中旬;年降雨量 1 599 mm,雨日 191 天,年蒸发量 1 380 mm,年平均相对湿度 83%。

(三)土 壤

试验区土壤属闽中火山岩系,侏罗系下统陆相盆地沉积岩,母岩为砂岩,土壤为山地红壤,A+AB 层厚度 30 cm,土壤总孔隙度为 54.58%(其中毛管孔隙度 39.28%,非毛管孔隙度 15.3%),田间持水量为 35.28%,最大持水量为 51.25%。0~20 cm 土层有机质 3.137 2%,全氮为 0.123 8%,全磷为 0.028%,全钾为 1.873%,水解氮为 132.8 ppm,速效磷为 4.5 ppm,速效钾为 39 ppm,pH 值为 4.77。

(四)植 被

试验区伐前为马尾松,树下植被主要为五节芒、芒萁,盖度为 90%。

---

① 朱勇(高工,原尤溪林科所),郑清芳,阮传成.原文发表于《竹类研究》,1994,(2):26—31。

二、营造与栽培

（一）营造

选择管理方便，土壤肥沃的土地，全面炼山烧杂后进行测量和规划。挖穴密度每亩 60～80 个，穴规格 60 cm×40 cm×40 cm，最好进行全面深翻，竹苗采用蔸移法，每蔸土球直径 30～40 cm，留 3～4 盘枝，斜砍去其梢，搬运时注意保护秆柄，尽量保护宿土，并适当遮盖，以减少叶片的水分蒸发。栽植时，根据竹蔸形状扩穴，回表土打实，栽植时要沾黄泥浆后种植，并浇定根水。

（二）栽培管理

每年 5 月、11 月份各锄草一次。锄草时把灌木、其他竹子、管茅头锄去，并将之相对集中处理，每年上肥一次，最好上有机肥。初植 1～2 年要深翻 30 cm，以后各年适当培土。

三、研究方法

各竹种每年出笋后抽样约 80 株，测其胸径，计算其算术平均数。在各种竹种的试验地中选取 (4×4)m² 样方 4 个进行调查，测定郁闭度、出笋量、胸径、高度、竹龄。

四、结果分析

（一）各竹种母竹初植株数，成活率（见表 6-28）

表 6-28　各竹种母竹初植株数、成活率表

竹种	面积（亩）	引种株散		成活株数		成活率（％）	初植密度（株）	引种地点
		89 年	91 年	89 年	91 年			
早竹	1.48	94	40	44	30	55.2	52	浙江
角竹	1.02	39	20	27	13	69.0	39	浙江
红哺鸡竹	1.08	27	20	23	16	83.0	21	浙江
乌哺鸡竹	1.69	49	38			77.6	22	浙江
白哺鸡竹	1.42	60	35	15	25	42.1	28	浙江
花哺鸡竹	1.15	49	16			32.7	13	浙江
台湾桂竹	2.44	110	77			63.6	28	永泰
黄甜竹	0.78	70	61			87.1	78	尤溪
绿竹	8.5					100	63	尤溪

注：竹鞭不合规格，能成活而不萌生笋或鞭的竹也算在未成活母竹之内。

由表 6-28 可以看出，在本省或本地调运母竹运输距离短，母竹挖掘后能及时种植，成活率都较高。如：绿竹、黄甜竹分别达到 100％和 85.6％。而从浙江调的母竹，起苗地分散，起苗有先有后，加上车辆运输距离长，以致从起苗至种植时间间隔长，大大影响了母竹的成活率。调苗数量过少，加上成活率不高，所以有些竹种初植密度未能按原设计 60 株/亩实施，以致初植密度过稀，大大减缓了成林的速度。

(二)各年新竹胸径变化(见表 6-29)

表 6-29 各年新竹平均胸径(单位:cm)

竹种	1989 年	1990 年	1991 年	1992 年	1993 年
早竹	0.46	0.73	1.12	1.29	1.48
角竹	0.62	1.20	1.92	2.43	3.73
红哺鸡竹	0.35	1.06	1.78	2.22	3.37
乌哺鸡竹	0.65	1.36	1.71	1.92	2.41
白哺鸡竹	0.45	1.12	1.15	1.68	2.34
花哺鸡竹	0.62	1.43	1.84	2.11	2.77
台湾桂竹	0.68	1.08	1.82	2.33	2.45

由表 6-29 可见,初造的竹园,不论母竹的大小,其新竹的直径都较小。以后新竹直径逐年增大,直至一定大小。

(三)各竹种出笋时间(见表 6-30)

表 6-30 各竹种出笋时间表

参试竹种	原产地出笋时间	试验地出笋时间	备注
早竹	3 月中旬—5 月上旬	2 月下旬—4 月上旬	提前 10 天
角竹	5 月上旬—6 月上旬	4 月上旬—4 月下旬	提前 30 天
红哺鸡竹	4 月中旬—5 月上旬	3 月下旬—4 月中旬	提前 20 天
乌哺鸡竹	4 月中旬—5 月下旬	4 月上旬—4 月下旬	提前 10 天
白哺鸡竹	4 月中旬—4 月下旬	4 月上旬—4 月中旬	提前 10 天
花哺鸡竹	4 月中旬—5 月上旬	4 月中旬—4 月下旬	与原产地相同
黄甜竹	4 月中旬—5 月上旬	4 月上旬—4 月中旬	提前 10 天
台湾桂竹	4 月上旬—5 月上旬	4 月上旬—4 月下旬	推迟 7 天
绿竹	6 月—10 月	6 月—10 月	相同

从表 6-30 可以看出,试验区各竹种出笋时间与竹种的原产地有关。从浙江移来母竹,往往出笋时间较原产地提前 10 天甚至一个月,如早竹、角竹、红哺鸡竹。这是竹种由北向南移,试验地气温较原产地高的原因。从永泰移至尤溪的台湾桂竹,出笋时间略有推迟,这是由南向北移,试验地气温略低的原因。从早竹出笋时间提早 10 天来看,在福建种植早竹,其笋最早上市时间可以提前至 2 月。2 月为开春时节,这时竹笋正值高价,所以在福建种植早竹或其变种雷竹,将有很高的经济效益。

以上各竹种的笋期,从 3 月至 10 月,皆有鲜笋供应市场。至于 11 月至次年 2 月,可由毛竹的冬笋,或者提前出笋时间(采用地表覆盖等综合技术措施)的早竹(或雷竹)或黄甜竹竹笋供应市场。

(四)各竹种的成林速度、成林质量(见表 6-31、表 6-32)

表 6-31　各竹种的成林质量(1994 年 4 月 15 日调查)

竹种	早竹	角竹	红哺鸡竹	乌哺鸡竹	白哺鸡竹	花哺鸡竹	黄甜竹	台湾桂竹	绿竹
成林密度(株/亩)	689	970	1 209	772	543	834	646	667	7 株/丛
平均胸径(cm)	1.66	2.82	2.48	2.45	2.91	1.99	1.79	2.35	2.19
平均高(m)	1.98	3.73	3.17	3.38	2.87	2.99	1.90	4.05	2.54
整齐度	3.33	2.84	2.74	4.02	3.09	3.59	2.75	3.51	11.50
均匀度	2.17	2.39	3.13	2.19	1.94	1.35	2.55	2.18	4.92
叶面积指数	0.91	2.48	10.4	4.46	2.93	2.45	2.59	1.85	
郁闭度	275	525	375	275	200	425	150	425	

注:郁闭度是 1993 年情况,今年出笋竹尚未长枝开叶,未计入成林密度、郁闭度。

表 6-32　各竹种的历年立竹数(1994 年 4 月 15 日调查)

竹种	1989 年	1990 年	1991 年	1992 年	1993 年	1994 年	合计
早竹	136	94	219	167	73	843	1 532
角竹	32	84	208	344	302	323	1 293
红哺鸡竹	94	217	250	302	292	1 113	2 322
乌哺鸡竹	115	115	219	198	125	510	1 282
白哺鸡竹	94	42	94	146	167	780	1 323
花哺鸡竹	52	115	198	219	250	84	918
黄甜竹	136	510	1 072	1 718			
台湾桂竹	42	63	73	281	208	708	1 375
绿竹				3	4		

从表 6-31、表 6-32 可以看出,各竹种种植后六年,都达到成林立竹数,但因头几年的新竹直径小,不宜作为今后竹园的母竹。根据中型竹种的笋用竹林的最佳立竹度应控制在 450～650 株/亩左右,小型可在 800～1 000 株/亩的要求,上述立竹数竹林,稍加调整后,将可投入生产。各竹种的成林速度以红哺鸡竹、黄甜竹、早竹、白哺鸡竹、台湾桂竹、角竹较快,而花哺鸡竹成林速度较慢,其中黄甜竹仅种植三年,初植密度为 78 株/亩,而今立竹度达 646 株/亩。如果其他竹种,初植密度能按计划 60 株/亩,则也可以 3～4 年成林投产。

从表 6-32 可以看出,各竹种的年龄结构已接近要求,即留 1～4 年生母竹,每龄各占 25%,今后注意按定额留养母竹,多余的新笋可以挖去,多余的母竹逐渐砍除,逐步把竹林年龄结构调整至合理状态,即可投入正常的笋用竹林生产。

(五)各竹种产笋量

通过测定各竹种笋的初期、盛期、末期的单个笋的重量,将初期、盛期的单笋重的平均值作为该竹种的单个笋的重量,因 1989 年、1990 年、1991 年三年竹树势弱,直径小(多小于 1 cm),所以,本文不将其计为 1994 年出笋的母竹。现有的立竹数为 1992 年、1993 年生长的立竹数。详见表 6-33。

表 6-33　各竹种现有亩产竹笋量

竹种	单笋重量(公斤)	数量(个)	亩产量(公斤)	立竹数(株)
早竹	0.076	843	64.1	240
角竹	0.223	9 100	202.5	469
红哺鸡竹	0.245	1 113	272.7	594
乌哺鸡竹	0.218	1 100	239.3	323
白哺鸡竹	0.229	790	181.0	313
花哺鸡竹	0.155	800	123.0	469
黄甜竹	0.202	1 072	216.5	646
台湾桂竹	0.205	800	164.0	489

从表 6-33 发现,试验地亩产量与原产地亩产量有较大的区别,这是由于以下四个方面造成的:一是试验地竹林营造时间较短,竹林平均胸径尚未达到原产地竹林的胸径(见表 1-29),从而影响了笋的大小;二是竹林密度较小,对出笋数产生影响;三是试验地竹林主要从试验目的出发,尚未采用高培土、上有机肥等促进高产的措施,影响了单笋量;四是山地栽培,土壤条件较差。

以上竹种,在五年试验期间,每亩投资共约 500 元。这些竹种在原产地历年中,笋的最高售价达 17 元/公斤,若以平均 4 元/公斤的售价计,则可知以上竹种,在投产后的第一年就可收回成本,并且以后每年收入均可达 500 元/亩以上。所以,引种和推广以上笋用竹种,具有良好的经济效益。

五、结论与建议

(1)试验结果表明,自浙江引入的高产竹种如:红哺鸡竹、早竹、白哺鸡竹、角竹、乌哺鸡竹、花哺鸡竹,在尤溪都能正常生长,引种五年已成林可以投产,其中红哺鸡竹、早竹、角竹表现较好,成林速度快,也可以说明其产笋量高。如果初植密度增至 60 株/亩,则可望 3~4 年即成林投产。

(2)自浙江引入的笋用竹种,因福建气温较高,其出笋期会提前 10~30 天,早竹(或雷竹)竹种,笋期较早,在春节前后上市,经济效益高,建议在福建大力发展。

(3)建立四季高产优质笋用竹林,可选用早竹(或雷竹)、角竹、红哺鸡竹、乌哺鸡竹、白哺鸡竹、花哺鸡竹、黄甜竹、台湾桂竹、绿竹等竹种。只要管理得当,即可一年四季向市场供应鲜笋。以上竹种的搭配,可作为四季笋用竹林经营的最佳模式之一。

观赏竹的园林应用、分类及评价分析[①]

Function in Gardening，Classification and Evaluation of Ornamental Bamboos

摘要：分析了观赏竹园林绿化上的应用，根据观赏竹的外形特征进行了特色分类以及特色评价与分析，为今后进一步开发利用观赏竹提供理论与实践的资料。

Abstract：In the paper the function in gardening of ornamental bamboos was analysed and were classified and evaluated according to morphological characters. Moreover some academic characteristic considerations are put forward for rational exploitation of ornamental bamboo.

我国竹类资源十分丰富，已在文化、艺术、园林应用和人们生活上占有重要地位，形成了独具特色的中国竹文化。其中不少竹种以其独特的结构、外形、色彩和风韵给人以美的感受，在我国被广泛地应用于园林绿化中。

近年来，福建省加大竹林的开发利用步伐，以中小径竹的开发、引种和驯化为热点，收集了福建乡土竹种资源，研究外来竹种的生长现状，对全省现有竹种资源做了总结[1-5]。特别在福州国家森林公园竹种园、龙岩林科所的观赏竹园、来舟试验林场竹种园、华安竹种园等县市相继建成竹类引种驯化试验点，并进行观察筛选，将全省特征明显的观赏竹竹种资源（包括野生与引种）以及少数国内特征显眼的观赏竹共70余种加以分类与评价，以期为园林绿化工作者提供参考依据。

一、观赏竹在园林绿化上的应用

竹类植物四季常青，风姿卓雅，挺秀悦目，自古以来就是中国园林绿化和造园艺术中不可缺少的观赏植物。

竹似村姑，亭亭玉立，挺拔秀丽，竹叶青翠婆娑，秀色可餐；竹如君子，虚心劲节，立定青山，傲霜斗雪；竹于"未出土时便有节，及凌云处尚虚心"的高风亮节，历来被认定为人世风范，竹子有的形态潇洒，有的秆形奇特，有的色彩艳丽，它们各自从形、叶、秆、笋等不同的角度展现他们的洒脱，素雅，挺拔，婀娜，刚强，高洁，古朴和奇特之美，若植于庭前、院后、窗外、池边，令景物深幽，意态潇然；若群植成片林，则日出有清荫，月照有清影，风来有清声，雨来有清韵，露凝有清光，雪停有清趣；它随天气变化，则又是另一番情趣，如雪竹的高洁，雨竹的洒脱，雾竹的飘缈及风竹的萧瑟清声，若漫步于竹林间小道，见到竹林曲径，真是"一径万秆绿"，"云梯开竹径，高雅随山曲"，再者观竹影，听竹声，不失为人生之一大乐趣。若盆植之，竹子作为"岁寒三友"和"四君子"之一，是中国盆景艺术的传统素材。若点缀以山石、人

---

① 郑清芳、连巧霞、郑蓉、熊德礼、赵永建，原文发表于《福建林学院学报》，2002，22（4）：295～298。

物、动物或亭台楼阁等配件，则更富有生活气息。

有些竹子还有许多美好的风韵和传说，如相传春秋时期洞庭湖君山长有似十八罗汉和尚的罗汉竹（*Phyllostachys aurea*）；又如宋祁《紫竹赞》云：紫竹（*P. nigra*）生三年，色乃变紫，竹农看作吉祥之兆，嫁女定选用紫竹作帐秆；相传普陀落珈山观世音住地多紫竹林，又给紫竹披上神奇色彩；又如斑竹（*P. bambusoides* f. *lacrima-deae*）不仅在我国，在日本都有一段关于舜帝与二妃的传说，则有"斑竹一枝千滴泪"之诗句。

正因为竹子挺拔秀丽，不畏寒霜，质朴无华，枝叶婆娑，深受人们喜爱与推崇，所以成为中国园林特色之一，我国浙江莫干山，江西井冈山竹林下的"清凉世界"是旅游避暑胜地，北京紫竹院公园，四川长宁竹海，成都望江公园，广州晓港公园，浙江安吉竹种园，以及福建近期先后在南平、龙岩、泰宁、华安、建瓯、永安等县市建立的竹种园，都是以竹为特色的公园，它们不仅是竹类教学实习和科学研究的场所，而且是休闲、旅游观光的好去处。

历代诗人墨客关于咏竹、画竹者多，特别是宋代诗人苏东坡曾写道，"可使食无肉，不可居无竹，无肉令人瘦，无竹令人俗，人瘦尚可肥，俗士不可医"。足可证明中国自古以来以竹点缀风景之重要。

二、观赏竹种的特色分类[7-10]

观赏竹种不同于一般竹种，其某些特点能给人类以特殊的美感，下面列出福建（包括引种）观赏竹的分类[6]，以利于人们的筛选。

（一）秆形变异

竹类秆形上的差异，不同于一般竹种的，主要来源于三方面。

1. 节间形状变化

节间形状或为方形，如方竹（*Chimonobambusa quadrangularis*）等；或节间短缩肿胀，至少秆下部数个节间如此，包括大佛肚竹（*Bambusa vulgaris* cv. Wamin）、佛肚（*B. ventricosa*）、鼓节竹（*B. tuldoides* cv. Swolleninternode）、龟甲竹（*Phyllostachys heterocycla*）、人面竹（*P. aurea*）等。

2. 节（秆环与箨环）形状变化

高节竹（*Phyllostachys prominens*）、大节竹（*Indosasa crassiflora*）、肿节少穗竹（*Oligostachyum oedogonatum*）均有不同程度的变化，使节不同于一般竹种，而筇竹（*Qiongzhuea tumidinoda*）和同属的许多竹种当为本类之最优者。

3. 实心竹种

人类称颂竹能"虚心"，但亦有些竹种因秆壁较厚，或秆较细小，而成为实心或近实心竹种，包括观音竹（*Bambusa multiplex* var. *riviereorum*）、实肚竹（*P. nidularia* f. *farcta*）及最近发现的一种新变型，花叶近实心茶秆竹（*Pseudosasa subsolida* f. Auricoma J. G. Zheng et Q. F. Zheng ex M. F. Hu et al）。

（二）秆色变异

本类观赏竹种较多，可作为观赏竹种园的主要竹种。

1. 秆具浓密白粉，甚至为灰秆型

体态秀美，是庭园不可缺少的竹种，主要有粉单竹（*Bambusa chumgii*）等等。

2. 秆具斑点或斑纹

包括斑竹、筠竹（*Phyllostachys glauca* f. Yuozhu）、紫蒲头灰竹（*Phyllostachys nuda* cv. *localis*）、黄槽斑竹（*P. bambusoides* f. *mixta*），其中尤以斑竹、筠竹人称赞者多。

3. 秆呈紫色或黄色

前者如紫竹，色由绿—紫斑—紫黑的逐渐变化于同一秆上，后者如金竹（*Phyllostachys sulphurea*）、黄秆乌哺鸡竹（*P. vivax* f. *aureocaulis*）、黄秆京竹（*P. aureosulcata* cv. *Aureocaulis*），片植甚为美观。

4. 黄秆绿条竹种

丛生竹主要有青丝黄竹（*Bambusa eutuldoides* var. *Viridi-vittata*），黄金间碧竹（*B. vulgaris* cv. *Vittata*）、大琴丝竹（*Neosinocalamus affinis* cv. *Flavidorivens*）、小琴丝（*Bambusa multiplex* cv. *Alphonse-karr*）、小叶琴丝竹（*B. multiplex* cv. *Stripestem*）、花吊丝竹（*Dendrocalamus minor* var. *amoenus*），至少基部数个节间为黄底绿色纵条纹，而且特征很醒目，属于此类的散生竹如黄皮绿筋竹（*Phyllostachys sulphurea* cv. *Robert young*）、金镶玉竹（*P. aureosulcata* cv. *Spectabilis*）、绿槽毛竹（*P. heterocycla* cv. *Virdisulcata*）、黄杆早竹（*P. praecox* f.*Viridisulcata*），它们的黄色竹秆在沟槽处均为绿色，其余秆处亦有绿色纵条纹。

5. 绿秆异色条纹竹种

丛生竹类绿秆黄色或淡黄色或白色或紫色条纹，如撑篙竹（*Bambusa pervariabilis*），花竹（*Bambusa albo-lineata*）、金丝慈竹（*Neosinocalamus affinis* cv. *Viridiflavus*）、绿秆花慈竹（*N. affinis* cv. *Striatus*）、花巨竹（*Gigantochloa pseudoarundinacea*）、银丝大眼竹（*Bambusa eutuldoides* var. *basistriata*），花眉竹（*B. longispiculata*）等。

此类散生竹种，大多于沟槽处呈黄色，有绿皮黄筋竹（*Phyllostachys sulpurea* cv. *Houzean*），黄槽竹（*P. aureosulcata*）、黄纹竹（*P. vivax* f. *huanvenzhu*）3 种，而黄槽石绿竹（*P. arcana* f. *luteosulcata*）、黄槽毛竹（*P. heterocycla* cv. *Luteosulcata*），黄条早竹（*P. praecox* f. *notata*），幼秆观赏特征明显，老秆上难为远处察觉到。

6. 绿黄条纹相间

花毛竹（*Phyllostachys heterocycla* cv. Tao kiang）因黄绿条纹差异同量布于竹秆，难以归于 4 或 5 两类中，是庭园珍品。

（三）观叶竹种

区别于一般竹种的观叶竹种，主要是竹叶在大小，颜色上也有很多变化和变异，具体表现如下：

1. 叶的颜色

叶不为绿色，或绿色间有异色条纹，如：翡翠倭竹（*Shibataea lanceifolia* cv. *smaragdina*）的叶具 3～5 条黄色细窄条纹；黄皮绿筋竹的叶片也常出现淡黄色条纹；菲白竹（*Sasa fortunei*）在绿叶上嵌上白色或乳白色条纹，菲黄竹（*S. auricoma*）则于黄色的嫩叶上间有绿色纵条纹。还有新近发现的花叶近实心茶秆竹，叶上亦有黄白色的纵条纹。

2. 叶的大小变化

观音竹具小型羽状小枝叶，大明竹（*Pleioblastus gramineus*），狭叶青苦竹（*P. chino* var. *hisauchii*）的叶因狭长似禾草，独具风格。金丝毛竹（*Phyllostachys heterocycla* cv.

Gracilis)叶小而呈另一番姿态。箬竹属的多数竹种叶宽大而走向另一极端,如阔叶箬竹(*Indocalamus latifolius*),箬叶竹(*I. longiauritus*)等。凤尾竹(*Bambusa mulpiex* cv. *Fernleaf*)则叶排成羽状,并稍大于观音竹,也是观叶良种。

(四)观笋竹种

主要观赏笋色,笋形等特征,出笋期是其最佳观赏时节,这类竹种很多,如寒竹(*Chimonobambusa marmorea*)的箨具花斑,篌竹(*Phyllostachys nidularia*)、光箨篌竹(*P. nidularia* f. *Glabrovagina*)、实肚竹的箨片似刀枪。其他如美竹(*P. mannii*)、白哺鸡竹(*P. dulcis*)、红哺鸡竹(*P. iridescens*)、乌哺鸡竹(*P. vivax*)、芽竹(*P. robustiramea*)、短穗竹(*Brachystachyum densiflorum*)具各自特色的笋形态与颜色。

(五)观吊丝竹种

竹类中有许多竹种的顶梢弧形下弯,有的呈明显吊丝状,如吊丝竹(*Dendrocalamus minor*),花吊丝竹(*D. minor* var. *amoenus*),勃氏甜龙竹(*D. brandisii*),单竹(*Bambusa cerosissima*),慈竹(*Neosinocalamus affinis*),麻竹(*Dendrocalamus latiflorus*),绿竹(*Dendrocalamopsis oldhami*)等,钩丝很美观。其他如毛竹(*Phyllostachys heterocycla* cv. *pubescens*),思劳竹(*Schizotachyum pseudolima*),车筒竹(*Bambusa sinospinosa*),黄金间碧竹,青皮竹(*B. textiles*),长毛米筛竹(*B. pachinensis* var. *hirsutissima*),青秆竹(*B. tuldoides*)等,虽有不同程度的弯曲,但不大明显。利用竹种的这一特色,栽植于水体旁边,或公园外围,则为环境增添另一份景观。这类竹种常可作为园林中的天际线,或公路两旁行道竹则形成一条长的阴暗道。

(六)观林相竹种

1. 植株高大,秆形优美

泰竹(*Thyrsostachys siamensis*),泰竹丛密,叶细长,树姿美观。而少穗竹及橄榄竹成片种植,其树冠有明显的层次感,其林相是最美的观赏竹种。

2. 植株矮小,成丛栽植为地被或绿篱

主要有倭竹属(*Shibatea*),箬竹属(*Indocalamus*)的竹种,以及大明竹,狭叶青苦竹,菲白竹,菲黄竹,无毛翠竹(*Sasapygmaea* var. *disticha*)等。

三、观赏竹种的特色评价及其分析

为了进一步筛选观赏竹种,有必要对观赏竹种进行评价。我们曾邀请了34名学生对观赏竹种按10分制进行评分。评分之前,仅对各小区竹种进行编号,不告诉其种名,不介绍特征、产地等,实心竹种剖开5株。评分结果为:

一级观赏竹种:得分8~10分,是黄金间碧竹、大佛肚竹、青丝黄竹、金镶玉竹、龟甲竹、粉单竹、小琴丝竹、花毛竹、鼓节竹、紫竹、花吊丝竹、菲白竹、菲黄竹、观音竹、大明竹、狭叶青苦竹、筇竹。

二级观赏竹种:得分6~8分,是方竹、人面竹、斑竹、笋竹、金竹、黄竿京竹、黄竿乌哺鸡竹、小叶琴丝竹、绿皮黄筋竹、黄皮绿筋竹、黄槽竹、黄纹竹、篌竹、光箨篌竹、实肚竹、撑篙竹、泰竹等。

三级观赏竹种:得分 4~6 分,是金丝毛竹、金丝慈竹、寒竹、花哺鸡竹、乌哺鸡竹、红哺鸡竹、吊丝单竹、勃氏甜龙竹、南平倭竹(*Shibataea nanpingensis*)、福建倭竹(*S. nanpingensis* var. *fujianica*)、倭竹(*S. kumasana*)、紫蒲头灰竹、凤尾竹、孝顺竹、花眉竹。

四级观赏竹种:得分 2~4 分,是绿槽毛竹、黄槽毛竹、银丝大眼竹、黄糟石绿竹、阔叶箬竹、箬叶竹、吊丝球竹、单竹、慈竹、绿竹、花竹、苦绿竹。

五级观赏竹种:得分 0~2 分,是高节竹、大节竹、肿节少穗竹、实心竹、实心苦竹、黄条早竹(*Phyllostachys praecox* f. *motata*)、早竹(*P. praecox*)、雷竹(*P. praecox* f. *prevernalis*)、芽竹、短穗竹、麻竹。

在上述评价结果的分析过程中发现:观赏特征的醒目性是影响游客评价的一个重要因素。竿环或箨环、突出程度、竿的实心、不大显眼的线条、稀疏的斑点或斑纹,这些特征常被竹类分类人员、竹种园工作人员之外的多数游人所忽视,无疑降低了竹种观赏特征的评估价值。竿基部的形状、色泽变化同样不为多数人注意。不同的人对同一事物常出现不同的评价结果,这是很自然的现象。

参考文献

[1] 郑清芳,林益明. 福建植物志(6)[M]. 福州:福建科学技术出版社,1995

[2] 郑清芳. 野生福建酸竹林进行笋用林改造研究[J]. 竹子研究汇刊,1996,15(2):28~38

[3] 游水生,余火亮,王全民,等. 武夷山风景区竹林资源调查研究[J]. 福建林学院学报,1993,13(2):134~140

[4] 梁天干,黄克福,郑清芳,等. 福建竹类[M]. 福州:福建科学出版社,1988

[5] 熊德礼,郑清芳. 福建省竹亚科植物区系及其研究进展[J]. 福建林学院学报,2001,21(2):186~192

[6] 周芳纯. 竹林培育学[M]. 北京:中国林业出版社,1998

[7] 郑郁善,洪伟. 毛竹经营学[M]. 厦门:厦门大学出版社,1999

[8] 薛纪如. 云南的观赏竹种[J]. 西南林学院学报,1985,5(1):99

[9] 薛贵山. 我国观赏竹种介绍[J]. 浙江林业科技,1986(1):19

[10] 朱石麟,马乃训. 中国竹类植物图志[M]. 北京:中国林业出版社,1994

观赏竹的特征检索及用途分类①

The Characteristic Key and Taxonomic System of the Use of Ornamental Bamboo

摘要：对福建省乡土竹种和引种栽培的外来竹种,以及少数特征显眼的共60余种竹子,编制成观赏竹特色检索表,并根据观赏竹的用途分类,为能更好地供各地园林工作者应用。

Abstract：The paper shows that 60 species ornamental bamboos are complied in the key from local and exterior bamboo species of Fujian and some species of the country. sorted by the use in order to supply for the gardening workers.

近年来,我们就着手对福建省乡土竹种资源及引种驯化的外来竹种的生长现状进行较为深入的收集和调查,尤其在福州国家森林公园竹种园、龙岩林科所观赏竹园、来舟试验林场竹种园、华安竹种园等地,建成观赏竹引种栽培的试验点,对观赏竹进行筛选。现将我省常用的观赏竹种以及国内一些常见的、特色显眼的竹种共60余种编制成观赏竹检索表。并进行用途分类,为各地园林绿化工作者提供理论和实践的资料。

一、园林用竹特色检索表

为了系统地提供给各地园林工作者应用,从福建省现有竹种资源(包括乡土竹种和引种栽培竹种),挑选出常见的、特色显眼的部分竹种编制出下面的检索表。

1. 地下茎为合轴型,秆多为圆筒形。
　2. 具假鞭,高山小型竹种 ………………………………………… 玉山竹属 *Yushania*
　2. 无假鞭,秆丛生。
　　3. 秆的节间显著含有硅质,用手摸之有糙涩感。
　　　4. 秆的节间具黄绿色相间的条纹 ………… 短枝黄金竹 *Schizostachyum brachycladum*
　　　4. 秆的节间不具条纹 ……………………………………… 思劳竹 *S. pseudolima*
　　3. 秆的节间不含硅质,光滑。
　　　5. 秆箨宿存或迟落。
　　　　6. 叶宽小于1.5 cm,箨鞘先端"山"字形 ……………… 泰竹 *Thyrsostachys siamensis*
　　　　6. 叶宽大于1.5 cm,箨鞘先端截形 ……………………… 大泰竹 *T. oliveri*
　　　5. 秆箨脱落性。
　　　　7. 秆下部节间短缩,肿胀。
　　　　　8. 箨鞘背面密生棕色刺毛 ……………… 大佛肚竹 *Bambusa vulgaris* cv. Wamin
　　　　　8. 箨鞘背面无毛。
　　　　　　9. (秆基部枝屈曲似刺),叶宽1.6~3.3 cm. 叶背具微毛………………………………………

---

① 郑清芳、郑蓉、连巧霞、熊德礼,原文发表于《竹子研究汇刊》,2002,21(3):25—32。

······ ·· 佛肚竹 *Banbusa ventricosa*

9. 秆茎部枝不具枝刺。叶宽 1.2～1.8 cm,叶背具短柔毛··

·· 鼓节竹 *B. tuldoides* cv. *Swolleninternode*

7. 秆形正常。

10. 具枝刺。

11. 枝刺交织成网,可作防篱。

12. 秆与分枝的节间黄色,间绿条纹 ·············· 惠方籬竹 *B. blumeana* cv. wei-fan

12. 绿秆,无条纹 ······························· 车筒竹 *B. sinospinosa*

11. 枝刺不交织成网,箨环上下方具有白毛,形成白节···············

·································· 白节籬竹 *B. dissemulator* var. *albinodia*

10. 不具枝刺。

13. 秆具异色纵条纹。

14. 秆为黄色,但具绿色条纹。

15. 箨片直立。

16. 箨片底部宽度约为箨鞘顶端宽度的一半 ······ 黄金间碧竹 *B. vulgaris* cv. *vittata*

16. 箨片底部宽度大于箨鞘顶端宽度的一半。

17. 箨耳明显。

18. 叶鞘无毛 ······················ 青丝黄竹 *B. eutuldoides* var. *Viridi-vittata*

18. 叶鞘具粗硬毛 ······················ 条纹长枝竹 *B. dolichoclada* cv. *Stripe*

17. 箨耳极小以至不明显。

19. 未级小枝叶片少于 12,秆黄色,有绿条纹··········

·························· 小琴丝竹 *B. multiplex* cv. *Alphonse karr*

19. 未级小枝具叶片 12 以上,叶片长大于 14 cm··········

·························· 小叶琴丝竹 *B. multiplex* cv. *Stripestem*

15. 箨片外翻或内卷 ·············· 花吊丝竹 *Dendrocalamus minor* var. *amoenus*

14. 秆为绿色,但至少基部数节间具异色条纹。

22. 无箨耳及鞘口繸毛。

23. 黄条纹仅限于分枝一侧的节间,叶片绿色·················

·················· 金丝慈竹 *Neosinocalamus afflnis* cv. *Viridiflavus*

23. 黄条纹可见于整个节间与叶片 ······ 绿秆花慈竹 *N. affinis* cv. *Striatus*

22. 具箨耳。

24. 箨耳显著。

25. 分枝习性高,无叶耳,箨鞘背部具黑褐色刺毛···············

·························· 黑毛巨竹 *Gigantochloa nigrociliata*

25. 分枝习性低,有叶耳。

26. 箨片底部宽度约为箨鞘顶端宽度的一半。

27. 箨片外翻、秆基具环列气根···············

·················· 花秆黄竹 *Dendrocalamus membranaceus* f. *striatus*

27. 箨片直立,秆基无环列气根,节内有毛环···············

　　　　　　…………… ………… 花头黄竹 *Dendrocalamopsis oldhami* f. *revoluta*
　　26. 箨片底部宽度大于箨鞘顶端宽度的一半。
　　　28. 秆基部节间具紫红色条纹或斑纹。
　　　　29. 具条纹 ………………… 紫秆竹 *Bambusa textilis* cv. *Purpurascens*
　　　　29. 具斑纹 ……………………… 紫斑竹 *B. Textilis* cv. *Maculata*
　　　28. 秆基部数节间具黄色条纹。
　　　　30. 条纹呈黄白色 ………… 银丝大眼竹 *B. eutuldoides* var. *basistriata*
　　　　30. 条纹呈黄绿色 ……………………… 撑篙竹 *B. pervariabilis*
　　24. 箨耳不明显。
　　　31. 箨片直立,其底部与箨鞘顶端等宽;节间及个别叶片具白色条纹 ……
　　　　　………………………… 银丝竹 *B. multiplex* cv. *Silverstripe*
　　　31. 箨片外翻,其底部宽度不足箨鞘顶端宽度的一半 …………………
　　　　　………………………… 花巨竹 *Gigantochloa pseudoarundinacea*
13. 秆为绿色,不具异色条纹。
　32. 小枝秆为实心,叶极小 ……………………………………………
　　　………………………… 观音竹 *Bambusa multiplex* var. *riviereorum*
　32. 小枝秆为空心,叶正常。
　　33. 秆被浓密白粉。
　　　34. 箨片直立 ……………………………… 牡竹 *Demdrocalamus strictus*
　　　34. 箨片外翻。
　　　　35. 有叶鞘,叶耳常发达。
　　　　　36. 幼秆箨环及箨片腹面无毛 ………… 单竹 *Bambusa cerosissima*
　　　　　36. 幼秆箨环及箨片腹面有毛 ………………… 粉单竹 *B. chungii*
　　　33. 秆未见白粉,或白粉不浓密 ………………………… 其他丛生竹
1. 地下茎为单轴型或复轴型,具真鞭,分枝一侧具沟槽。
　38. 秆每节分枝1～2枚。
　　39. 秆每节仅具1主枝。
　　　40. 秆节下方无毛环带。
　　　　41. 叶两面无毛 ………………… 无毛翠竹 *Sasa pygmaea* var. *disticha*
　　　　41. 叶两面具白色柔毛。
　　　　　42. 叶具黄至近于白色条纹 ……………………… 菲白竹 *S. fortunei*
　　　　　42. 幼时具黄条纹,后渐转为绿色 ……………… 菲黄竹 *S. auricoma*
　　　40. 秆节下方有毛环带 ………………………… 箬竹属 *Indocalamus*
　39. 秆每节具2分枝,常1大1小。
　　43. 秆节与节间均正常。
　　　44. 秆为实心。
　　　　45. 箨耳较小 ………………… 实心竹 *Phyllostachys heteroclada*
　　　　45. 箨耳较大 ……………………… 实肚竹 *P. nidularia* f. *farcta*
　　　44. 秆为空心。

46. 秆为单一颜色。

 47. 秆为紫色 ……………………………………………………… 紫竹 *P. nigra*

 47. 秆为黄色。

  48. 箨片直立,平整;箨鞘背部无斑点 ……………………………………

        ………………………… 黄秆京竹 *P. aureosulacata* cv. *Aureocaulis*

  48. 箨片外翻开展;箨鞘背部有斑点。

   49. 秆节下方在 10 倍放大镜下可见猪皮状凹穴 ………………… 金竹 *P. sulphurea*

   49. 秆节下方在 l0 倍放大镜下看不到猪皮状凹穴 …………………………

        ………………………… 黄秆乌哺鸡竹 *P. vivax* f. *aureocaulis*

46. 秆具斑点或异色条纹。

 50. 秆同时具有斑点和异色条纹 ………… 黄槽斑竹 *P. bambusoides* f. *mixta*

 50. 秆仅具斑点或仅具异色条纹。

  51. 秆仅具斑点或斑纹,

   52. 幼秆节间有晕斑,无叶耳及鞘口繸毛 ……… 紫蒲头灰竹 *P. nuda* cv. *localis*

   52. 幼秆节间无晕斑,老秆有紫斑,具叶耳及鞘口繸毛。

    53. 幼秆无白粉 ………………… 斑竹 *P. bambusoides* f. *lacrima-deae*

    53. 幼秆密被白粉……………………………… 筼竹 *P. glauca* f. *Yuozhu*

  51. 秆仅具异色条纹。

   54. 秆为黄色,但具绿条纹。

    55. 箨背多毛,鞘口繸毛发达 ………… 绿槽毛竹 *P. heterocycla* cv. *Virdisulcata*

    55. 箨背无毛。

     56. 有箨耳及鞘口繸毛 ……………… 金镶玉竹 *P. aureosulcata* cv. *spectabilis*

     56. 无箨耳及鞘口繸毛…………… 黄皮绿筋竹 *P. sultphurea* cv. *Robert Young*

   54. 秆为绿色,但具黄色条纹。

    57. 幼秆无毛。

     58. 叶无叶耳及鞘口繸毛。

      59. 箨舌矮宽,拱形 ……………… 黄条早竹 *P. praecox* f. *notata*

      59. 箨舌高窄,撕裂状 ………… 黄槽石绿竹 *P. arcana* f. *luteosulcata*

    57. 幼秆有毛。

      60. 在沟槽处以及节间其他部位和叶片均可见到黄条纹 …………………

          ………… 花毛竹 *P. heterocycla* cv. *Tao kiang*

      60. 黄条纹仅限于沟槽处。

       61. 箨背无毛 ……………………………… 黄槽竹 *P. aureosulcata*

       61. 箨背密生棕色硬毛 ………… 黄槽毛竹 *P. heterocycla* cv *Luteosulcata*

43. 秆节间与节异常。

  62. 节明显高于节间 ………………………… 高节竹 *P. prominens*

  62. 基部节间畸形。

   63. 箨背无毛,无箨耳及鞘口繸毛 ………… 人面竹 *P. aurea*

   63. 箨背有毛,有箨耳及鞘口繸毛 ………… 龟甲竹 *P. heterocycla*

38. 秆每节 3 枝或多枝。

64. 秆每节具 2 芽。

65. 每小枝仅具叶 1～2 枚。

66. 箨背无毛。

67. 叶具黄条纹

68. 叶无毛 ………… 黄条纹鹅毛竹 *Shibataea chinensis* cv. *Aureo-striata*

68. 叶下表面被毛……… 翡翠倭竹 *Sh. lanceifolia* cv. *Smaragdina*

67. 叶不具黄条纹。

69. 叶下表面被毛 …………………… 狭叶倭竹 *Sh. lanceiflia*

69. 叶无毛。

70. 箨鞘基部具一圈棕色小刺毛…细鹅毛竹 *Sh. chinensis* var. *gracilis*

70. 仅箨鞘边缘生短纤毛 ………………… 鹅毛竹 *Sh. chinensis*

66. 箨背被毛。

71. 叶下表面被毛,叶具不明显小横脉 ………… 倭竹 *Sh. kumasasa*

71. 叶无毛,具明显可见的小横脉。

72. 箨片紫红色 ………………… 江山倭竹 *Sh. chinangshanensis*

72. 箨片淡绿色。

73. 叶下表具微柔毛 ………………… 南平倭竹 *Sh. nanpingensis*

73. 叶下表面具柔毛……福建倭竹 *Sh. nanpingensis* var. *fujianica*

65. 每小枝具叶 2 枚以上。

74. 秆基部数节至少有根眼。

75. 方秆,具气根状刺瘤 … 方竹 *Chimonobambusa quadrangularis*

75. 圆秆,具根眼,无气根状刺瘤。

76. 幼秆节间无毛……………………… 寒竹 *C. marmorea*

76. 幼秆节间密生白柔毛 …………… 武夷山方竹 *C. setiformis*

74. 秆基部无环状气生刺根或根眼……筇竹 *Qiongzhuea tumidinoda*

64. 秆每节仅具 1 芽,具木栓质环圈。

77. 常形成竹丛 ……………… 大明竹 *Pleioblastus gramineus*

77. 常散生或小丛式的散生。

78. 箨鞘绿带紫色 ………………………… 川竹 *P. simonii*

78. 箨鞘暗绿色 ……… 狭叶青苦竹 *P. chino* var. *hisauchii*

二、观赏竹种的用途分类

　　根据园艺的要求对具有观赏价值的竹种归类,其意义在于为园林设计、规划者提供决策上的辅助支持系统。他们可根据园林布局的要求,很方便地查寻到需要采用的竹种,更有利观赏竹种在园林园艺上的推广与应用。

(一)地被竹种

　　特点是要求繁殖容易、覆盖力强、适应能力强和养护管理粗放,能保持连年持久不衰,种植后不需要经常更换。就竹类而言,要求茎叶密集,为矮型竹类。在千姿百态的竹种资源中,少数低矮竹种已逐渐被应用到绿地、假山园、岩石园中作为地被植物。

适合作地被的竹种大都是高海拔或温带竹种,如少穗竹属(*Oligostachym*)、倭竹属、箬竹属、赤竹属等。若根据其生态环境要求可分为阳性地被竹种、耐荫地被竹种。

1. 阳性地被竹种

少穗竹属、箬竹属的竹种可在阳光充足、较干旱的土地上生长,也天然分布于林下。干旱等恶劣条件常使其矮化,故常作为景前装饰或陪衬景观,如纪念物、喷泉、广场雕像周围。

2. 耐荫地被竹种

倭竹属、赤竹属的竹种天然分布于林下,在阳光暴晒下常常生长不良。主要有:倭竹、狭叶倭竹、南平倭竹、福建倭竹和菲白竹、菲黄竹、无毛翠竹以及丛生竹中的观音竹。可作为花坛的填充材料或镶边。

(二)绿篱竹种

将竹种密植成行,形成不同形式的竹篱即为绿篱,要求生长迅速,秆密集。绿篱在园林中的作用主要是:①形成境界,分隔景区;②装饰和烘托作用;③在园林中作为花镜、雕像等的背景;④种植矮竹篱也可组字或构成图案,起到某种标志和宣传作用等。根据竹篱的高度,可分之为高篱、普通篱、低篱和防篱。但竹篱的高度并没有严格的限度。一般在 1.5 m 以上者为高篱,0.5～1.5 m 为普通篱,0.5 m 以下者为低篱。适应于它们的相应竹种主要是:

1. 高篱竹种

高篱可起到遮蔽、防风、防噪音等保护环境的功能。主要有:坭竹(*Bambusa gibba*)、乡土竹(*B. indigena*)、晾衫竹(*Sinobambusa intermedia*)、沙罗单竹(*Schizostachyum funghomi*)和小叶琴丝竹、小琴丝竹、孝顺竹(*Bambusa multiplex*)、唐竹、人面竹等。

2. 普通绿篱竹种

丛生竹中的凤尾竹(*Bamhusa mulpiex* cv. *Fermleaf*)、观音竹、茶秆竹类、大明竹(*Pleioblastus gramineus*)和狭叶青苦竹、川竹、短穗竹等为主要竹种。

3. 矮株绿篱竹种

主要利用地被竹种,植于小庭园,也可组字或构成图案。如倭竹、矮箬竹(*Indoclamus pedalis*)等。

4. 防护绿篱竹种

发挥绿篱和防护作用的竹种,如簕竹属的许多竹种,枝上生刺,有的还形成刺丛;分枝习性低,分枝粗且长,可作为防篱。主要有:印度簕竹(*Bambusa arundinacea*)、簕竹(*B. blumeana*)、泥簕竹(*B. dissimulator*)、白节簕竹、鸡窦簕竹(*B. funghomii*)和木竹(*B. rutila*)、霞山坭竹(*B. xiashanensis*)、车筒竹、狭耳簕竹、毛簕竹、油簕竹、长枝竹等。

(三)绿径竹种

即行道树竹种,分布于主干道、人行道两侧的竹种。在骄阳似火、地域广阔、各景点相距甚远的地域,绿径竹种在此所起的遮荫效果将更为重要。这类竹种要求:①秆高枝茂叶密,遮盖度大;②要求立竹数量较多或种植间距不宜太大(丛生竹),能够达到完整的林荫效果;③注意更换秆叶有变化的竹种,增强游览性;④分枝习性高,或侧枝短,不影响行人或车辆行走。主要适于绿径的竹种有:粉单竹、花眉竹(*Bambusa longispiculata*)、撑篱竹和大眼竹

(*B. eutuldoides*)、青皮竹、慈竹、毛竹及其栽培型等。

（四）盆栽竹种

耐荫地被竹种均可经矮化直接盆栽。凤尾竹、大佛肚竹、佛肚竹也可直接盆栽。若野外选取箬竹属、紫竹、罗汉竹、筇竹等的小竹亦可直接入盆。若人工采取矮化法，如竹鞭繁殖，瘠土培养，控制水肥或实生苗法，则多数竹种可进行盆栽。

（五）主景竹种

是公园或庭院的园景主体。要求造型或株型美观，要有规划地配置于若干个小区内。常将各具特色的观赏竹丛植或片植，组成公园或竹种园的主要观景点。如泰国竹、大肚竹、黄金间碧竹、少穗竹、橄榄竹、花吊丝竹等。

（六）点缀竹种

主要是利用矮生竹类的叶色、叶形变化。如大明竹、菲白竹、白纹维谷世等。或丛生竹中的叶形、竿色形变化的竹种，如观音竹、凤尾竹、佛肚竹。

参考文献

[1] 郑清芳,林益明.福建植物志(6)[M].福州:福建科学技术出版社.1993

[2] 梁天干,黄克福,郑清芳,等.福建竹类[M].福州:福建科学技术出版社,1988

[3] 周芳纯.竹林培育学[M].北京:中国林业出版社,1998

[4] 朱石麟,马乃训,傅懋毅.中国竹类植物图志[M].北京:中国林业出版社,1994

[5] 耿伯介,王正平.中国植物志9(1)[M].北京:科学出版社,1996

[6] 熊德礼,郑清芳.福建省竹亚科植物区系及其研究进展[J].福建林学院学报,2001,21(2):186～192

竹林持续高产高效培育新技术①

Cultivation Technology on Sustained High Yield and High Efficiency of Bamboo

一、毛竹林培育现状及存在问题

福建省是我国南方重点林区省份之一,竹林面积1 021万亩,其中毛竹林949万亩,占全国首位,立竹株数9亿多棵,居全国第二位,毛竹林的集约经营和笋竹深加工利用,是我省山区经济发展的重要途径,它对帮助群众脱贫致富奔小康,改善生态环境,具有十分重要的意义。

近年来各级领导特别省地领导对竹业发展十分重视,毛竹对竹业发展作用举足轻重,有关毛竹的研究成果层出不穷,在一定范围内推广应用,取得良好的效果,但是大面积生产上推广应用还是不够,毛竹仍处粗放经营。全省毛竹林平均立竹量仅88株/亩,一般经营,粗放经营的874万亩占92%,竹林分山到户后经营管理跟不上,所以竹林产量低,效益差。笋竹综合加工利用不够,产品附加值低。针对这些问题,今后毛竹经营必须实行从粗放经营方式向集约经营方式转变,把已成功的研究成果,在生产中大力推广应用,使科技成果转化为现实的生产力,全面提高毛竹林分的总体素质,增加单位面积的立竹量,发展深加工利用,增加毛竹经营中的科技含量,扩大科技显示度,为发展竹业经济建立林业支柱产业,促进山区经济发展做出贡献。今天议论的题目有两个目标:

一是要持续高产。不是某年高产或几年高产后一直处在低产,正如我们过去应用外省经验,过分强调纯、密、大、高、匀、齐等六字经,结果竹林一年比一年小,而且形成黄、老、小、稀、病虫的低产林分,要持续发展,就在经营中考虑到立地环境的持续利用,竹林的培肥能力,而不是林分的生产力恶化。

二是要高效。除经济效益外,特别注意高的生态效益,它对水土保持、涵养水源、防止径流、减少土壤流失、调节气候、美化环境等的效益,我们应该围绕这些研究采用的一些新技术,为子孙后代造福。

二、南平地区的竹林培育现状

南平地区现有竹类:15属100多种,面积400多万亩,其中毛竹林405万亩,占全国竹林面积5 319万亩的7.5%,占全国毛竹林面积3 789万亩的10.5%,为全省的2/5,蓄积量5亿多株,全区十个县(市)毛竹林面积最少都在15万亩以上,30万亩以上的有6个,建瓯达102万亩为全国第一。

地委行署对竹业极为重视,提出了"资源转化以山兴区"的经济发展战略,实施林业"7213"工程规划,把竹业开发纳入了区域经济发展的总盘子,作为"八个突破"的主要突破口,各级政府加强了竹业的领导,重视竹业的开发,竹林资源有了很大发展,林业质量得到很

---

① 作者在南平地区竹协年会上一次讲座的讲稿。

大的改善,笋竹加工初具规模,开发的效益与水平不断地提高,竹业经济发展跃上新台阶。

当然这与在座的竹协成员的努力工作是分不开的,回忆起南平地区竹业振兴工作,科技力量的介入,以科技兴竹,首先还是建瓯市。当然顺昌也慢慢地跟上,这次全国共评选有"十个竹乡",南平地区占有两个(建瓯、顺昌),我感到高兴与欣慰。因为,顺昌一直聘我为顾问,我看了庄孟能的一篇材料称我亦是建瓯顾问。是的,我最早去办毛竹培育训练班就是在建瓯。记得是 1987 年或 1988 年在玉山乡办,是建瓯林科所牵头,以后得到房道乡魏书记的邀请亦办几期,接下去才由林学院与房道乡联合在九堡搞一万亩丰产片,地区竹业科亦抓得很好,提出开展"百村千亩科技兴林"竞赛活动,这些都在 90 年代以前就做了并已见初效。90年代以来南平地区与中国林科院签订了共建南平林业技术开发试验区的长期合作协议,1992 年林业部批准南平为林业技术开发示范区。我说的科技兴竹的历史过程是事实,大家亦心中有数:要从建瓯得到启发,使毛竹林达到持续高产高效必须增加科技含量,推广新技术,特别是适合我区的一些新的培育措施。这里我提出以下一些看法,有的是人家试验成功的,有的是我近10多年来搞竹类栽培研究的经验体会,供大家参考,错误的请批评指正。

三、经营毛竹混交林是目前福建毛竹持续高产高效的最佳的经营模式

近几年来实践证明在未能集约经营的毛竹林,亦就是说大面积毛竹林,采用一般经营的,最好是经营毛竹混交林,特别是竹阔混交林。

(1)例如在沙县试验,竹阔混交林具有较高(比纯林)的生产力,其林分的生物量,比纯林高,林分平均高,胸径蓄积比纯林增加,产材量和产鲜笋量是纯林的 136.3% 和 135.2%(据沙县林委的研究报告)。

(2)混交林改善了毛竹林生态质量,生态多样性,阴湿环境,而气温地温在出笋期比纯林高,在行鞭期则低于纯林 2~3 ℃,这些都有利于毛竹的生长。

(3)混交林改土培肥能力强,增加阔叶树的枯枝落叶,微生物活动活跃,土壤结构趋好,林地松疏多孔、湿润、土壤养分有所提高,使竹林能持续高产高效。

(4)土壤调蓄水功能增强,增加树冠截留量,减少土壤径流,防止水土流失,生态效益特佳。

(5)减少病虫危害,有生物多样性存在,许多天敌和它们的中间寄主,使病虫控制在产生危害的限域之内。

(6)防止雪压冰挂危害,增加了伴生树种比例,建立稳定协调的林分。

又如杉木毛竹混交林亦是如此,比杉木纯林或毛竹纯林都具有更高的生物量及更好的生态效益和培肥能力。

再看浙江的庭园竹林,经营的是中小型散生竹,如雷竹和哺鸡竹,大部分采用的是农竹林业经营方式,有以下几种。

(1)粮竹林复合型:在新植稀疏竹子之间,按季节种上谷类、薯、麦、豆类或其他作物。

(2)菜竹林复合型:除在产笋期外,在竹林下按时序种白菜、油菜、萝卜、芋头、豆角等。

(3)草(牧)竹林复合型:种牧草,如三叶草、苜蓿等,可用作饲料。

(4)木竹林复合型:天然竹林中多见竹木混交。

(5)鱼竹林复合型:鱼塘周围或小溪上种竹,边坡种苜蓿、三叶草或青菜,用以养鱼,塘泥可肥竹。

(6)菌竹林复合型:在竹林中培养食用菌或竹荪。

为此建议如下：

(1)竹阔混交林中阔叶树可保留狭冠木、米槠、栲树、楠木、红豆树、红豆杉、木莲,以及椤木石楠、枫香、拟赤杨、杨梅、酸枣、桤木、山槐、南岭黄檀,总之有豆科或非豆科的固氮菌植物,8∶2 或是 7∶3 或更多阔叶树。

(2)在杉木—马尾松疏林地,立地在Ⅰ、Ⅱ级,可把毛竹种植于疏林中形成针竹混交林。

(3)毛竹林中适当种些有固氮菌或菌根菌的植物(肥土植物)或种耐荫的绿肥,巴西豇豆、乌绿豆、无刺含羞草或紫金牛科、天南星科、蕨类等阴湿的草本植物。

(4)新造竹林可用块状行间混交的形式使阔叶树与毛竹混交,不要求是大面积的纯林。

四、对毛竹低产林改造应根据其成因类型而采取合理的措施

(一)荒芜型低产林改造

因劳力不足时偏远的竹林失管,偏远山荒,有的前期掠夺式经营而后抛荒,这类型约占30％,改造措施应是先劈山清杂后(注意留些阔叶树或伴生树种)锄草松土、局部翻土垦复,加竹桩施肥。

(二)衰败型

因过度伐竹,竹林衰败呈小、老、黄、矮、稀,称"近山光",立竹多不到 100 株/亩,Ⅳ度竹以上老小竹占 1/2,是由过度挖笋或制土纸的竹林,因不留新竹而引起,这类占竹林 40％。这种类型小老竹太多,竹林结构不合理,地下鞭根系统破坏严重,老鞭多,地力消耗大,生产力下降,要花大力气改造。

措施:必须深翻垦复,去三头,加施肥,竹桩施肥(适用偏远山地)。

(三)立地贫瘠型低产林

如闽南沿海或闽西高海拔山地,土壤贫瘠,毛竹秆小而低矮,应采取深翻或阶梯增土法,加施肥。

(四)灾害型低产林

受毛竹枯梢病或竹蝗,刚竹毒蛾引起竹死亡,当枯竹砍后稀小,生产力大大下降,应松土施肥。多施氮肥。

(五)竹阔混交林低产林

砍杂但应选留目的树种及有用的伴生下木,多留地被物只要能除草松土或劈草抚育即可,这种立地土层厚,有机腐殖质层厚,土壤松疏,就不必要深翻,或以后深翻要再提高产量,则应采用增产素注射,就有明显的效果。

五、改大小年竹林为花年竹林的新措施

花年竹林的生物量比大小年竹林高。

(1)大小年竹林产生原因:气候、病虫、人为等因素引起。

(2)改变为花年竹林的有效措施。

①强留小年笋;

②养小年竹,对小年竹单独施肥;

③对大年笋及大年竹要强度疏笋及砍伐;

④建立多鞭系竹林,1/3新竹需距母竹1 m的鞭砍断。并连续处理4年,建立花年竹鞭根系统。

《竹子研究汇刊》1996年第二期,报告永安贡川的一则材料。经过5年(1991—1995)的改造,花年竹林平均笋产量334.8 kg/0.07 hm²,比大小年竹林133.6 kg/0.07hm² 增加159.59%,净增201.2 kg,增长2.5倍,笋竹两项经济效益,花年经营竹林237.88元/0.07 hm²度,比大小年经营竹林平均99.16元/0.07 hm²度增加190.3%,净增188.72元,增长2.9倍。

但应该指出永安的试验是没有采用断鞭的措施,其大小年竹林从96株/0.07 hm²度达到191株/0.07 hm²,大小年改造后仍分别为103株/0.07 hm²和88株/0.07 hm²,各占53.9%和46.1%。

六、竹林高产稳产的机理和关键措施

在竹林有了合理的地上、地下竹林结构和良好的立地环境基础上,要达到高产稳产,其机理,是"深鞭长大笋",笋大,个体多,必然构成高产。

要达到"深鞭长大笋"的最有效措施有以下几个方面。

(1)深翻松土20～40 cm,浙江余姚市竹农陈康飞的"产笋带法",虽然花工大但能高产。

(2)深挖沟施肥,引导竹鞭向土层深处生长。

(3)林地培土,浙江罗炳炎亩产5 000斤笋。单运客土填上10 cm厚。

(4)试验研究的阶梯培土法(福建酸竹试验从开梯地的后壁挖土填竹林地),填砂增土法(毛环竹试验),以及浙江用稻草、竹叶、谷糠覆盖法(浙江雷竹)。

七、施用毛竹增产素是达到高产高效最经济速效的措施

福建林学院洪伟等研制的富神HZB毛竹增产素是集毛竹生长所需要的各种微量元素和多种生长素于一体,内含十几种微量元素和多种生长素,为高效浓缩剂,一瓶可注射一亩竹,每株5 ml(原液1 ml＋水4 ml)于每年出笋前2～3个月注射,可以增加产笋量60%～100%,成竹量增加60%～100%,一般还可提前10天左右出笋。

毛竹增产素有促进毛竹对N、P、K、Si、Ca等元素的吸收。提高毛竹体内新陈代谢过程中各种酶的有效活性,增强抗逆性和抗病虫害的能力,增加叶绿素含量,提高净光合速率,促进根系和竹鞭生长,增加孕笋量,提高出笋量,增加成竹量,能显著地增强新竹居间分生组织的活性。

生产上已用了多年效果稳定,特别在有深翻施肥的竹林,增产素的威力才能充分发挥,增产可达1倍以上,立地差的经营管理一般的竹林至少亦有60%增效。

八、有组织有计划及时地防治病虫害

近几年来,经营纯林的结果,病虫害愈来愈严重,单虫害几乎不断地发生,对竹林生长构成很大的威胁,发生严重的毛竹受害后成片枯死,轻者不出笋或产笋量大减,如建瓯房道九堡万亩丰产片,在深翻后第二年刚竹毒蛾大量发生,由于群众没有防治的思想准备,结果来不及治,致使毛竹无叶,引起秆基积水而死亡。今年(1996年)建瓯亦是虫害猖獗的一年,幸

政府有关部门有准备,及时组织防治。

政和县毛竹丰产乡西表村,正在告急,刚竹毒蛾尚小,正在变大将为害严重,去年已发生并死亡一些毛竹,群众有点着急,最后还是请林学院林毓银教授组织群众用注射法及时应对,为害毛竹的有竹蝗、刚竹毒蛾、竹笋象甲、竹笋基夜蛾等,另外看不见的虫害亦是非常严重的,如竹小蜂、蠕须盾蚧、竹秆红链蚧,群众看不见,只感到竹叶枯黄脱落,竹林败坏,不生笋,每年死亡 10% 左右,如不治理损失严重。

九、发展中小型笋用竹是农民脱贫致富奔小康的一条捷径

这里中小型竹是指比毛竹小的竹种,但他们的产笋量比毛竹高几倍至十多倍,有些经济效益高可达几十倍。

例如浙江的雷竹,是早竹的一个栽培型,秆 2～4 cm 粗,高 10 m 以下,但产量每亩达 4 000～6 000 斤,每斤售价高者 20 元,低者亦有 5 元,浙江竹农普遍在房前屋后栽植,称庭院竹林既美化环境,又是一种上乘的"菜篮子工程",每家种 0.5 亩,就有万把元收入。看看下列调查及报道。

(1)浙江临安县高虹乡高乐村陈大量,8 年前在一块荒滩上造 35 亩雷竹和 2 亩哺鸡竹,经精心培育,竹园生长好,去年冬天从安吉买来 20 多车毛竹叶子,覆盖在 4 亩的雷竹园上,使雷竹出笋期提早 2 个多月,正赶上春节期间,竹笋卖了个好价钱,到 3 月上旬止,已挖笋 3 250 kg(6 500 斤)产值达 5.9 万元,投入产出比为 1∶6,雷竹亩均产值达 1.2 万元。

(2)建瓯市竹协及林委竹业科的范家接、吴宗云同志写了一篇赴浙江参观竹业开发考察的报告,被《闽北竹业经济发展研究》收载。他们参观了临安县、奉化市的"菜竹生产工程",对其印象很深,临安山地面积 468 亩,52 万人口,工农业总产值 40 亿元,其中农业产值 5 亿元,乡镇企业 26 亿元,财政收入 1.1 亿元,全县毛竹林面积从 23 万亩,发展到现在 24 万亩,速度不快,但菜竹(主要雷竹)从 1984 的年 2～3 万亩,发展到现在的 11 万亩,每年以 1 万亩的速度发展,从山脚、房前屋后,旱地、菜地发展到大田,是什么原因使其如此快速发展呢?原来是雷竹的产笋量高,效益好。这里有一户有趣的例证,浙江临安有一个三口自然村,共 20 户 102 人。雷竹面积 100 亩左右,1993 年仅雷竹一项收入就高达 40 多万元,人均收入 4 000 元,一次性买回 14 部摩托车,村民盛买青,雷竹地 2 亩,收入 1.1 万元,其中 0.2 亩推广高产早产新技术,收入 0.6 万元,按计算亩收入可达 3 万元。村民谢国良,雷竹面积 6～7 亩,总收入 2.35 万元,其推广早产一块 0.21 亩,有挖笋记录:1992 年 12 月 6 日,覆盖保温 19 天后出笋,即 12 月 25 日出笋开挖至 4 月 10 日结束,挖了 105 天,总产量 550 公斤(1 100 斤),最大一个 1.25 公斤(2.5 斤),最高价格每公斤 60 元,(一斤 30 元)收入 0.98 万元,按计算亩单产 3 619 公斤(7 238 斤),亩产值 4.7 万元,平均单价每公斤 18 元(每市斤 9 元),成为临安单产雷竹状元。

我 1981 年在临安浙江林学院教书半年(被借去代课),一方面教树木学,一方面去浙江采集竹类标本,从那时起我开始研究竹子。我早就看到临安的雷竹,每亩产笋高达 4 000 斤,而另一种高节竹每亩产笋高达 7 000 斤,回学校后我申请到一笔调查福建竹类的资金,开始调查福建竹子,后写有《福建竹类》一书。调查全省竹类的过程中,我发现福建有 140 种左右(包括变种、变型在内)的竹种,堪称资源丰富,其中有高产优质的笋用竹种,如营养最丰富又最好吃的福建酸竹(顺昌)及黄甜竹,它们的笋产量每亩可达 1 000 斤至 2 000 斤,就大

大超过毛竹的 3～4 倍，还有一些竹种如台湾桂竹，不仅竹材有用，篾性也好，而且产笋量可达 2 000 斤，这些竹种出笋期又不同，我就想能把全国及我省最高优质的笋用竹种引来有比例地搞成基地，可一年四季产笋，我叫它"四季笋用林"，在福建试验。

我到沙县、尤溪、屏南去联系，现在尤溪、屏南已完全成功了，除外，我还研究了福建酸竹及黄甜竹两个课题亦都已经结束了。

时隔近十年了，中小型竹高产高效的特性被更多的人接受了，我在屏南研究点的合作者胡明方同志，还写了不少文章。我们陈新丁同志亦写了文章，今天看到吴宗云等的赴浙江考察，这样想大家相信了吧，不信到尤溪，屏南去看看。南平地区武夷山市公馆村有一片亦是我规划的，听说一年单竹苗就卖 16 万元。顺昌林委竹业科，已建立 200～300 亩的中小型高产优质笋用竹的竹苗基地，准备大量推广，松溪林委开发本地的毛环竹，已推广近万亩，每亩亦有 1 000 斤左右，浙江或本地人加工成所谓的"天目笋干"去卖，每斤（干）在上海 8～10 元，松溪林委有个家属去年加工毛环竹笋就赚了不少钱。

沙县林委开发苦竹，前几星期开鉴定会我去主持，苦竹笋有些苦，但苦口良药，像苦瓜一样不少人爱吃，沙县、尤溪人民都很爱吃，尤溪最早一斤卖到 14 元，沙县 3～4 元，经他们开发每亩亦有 400～1 200 斤，产材 100～200 根，收入达 1 000 元/亩。闽西有种糙花少穗竹，笋亦是苦的，但质脆细嫩，我们在考察梅花山时师生个个都爱吃，如加以科学抚育管理亦是高产竹种。四方竹是甜的竹笋，9 月至 12 月有笋，但产量低一些，每亩可能有 400～500 斤，但它喜生阴湿山沟两边。

还有一种四季竹，一年有 5～10 月产笋，笋亦可吃，分布在浙江和我省的三明、福鼎、松溪。顺昌福建酸竹，我与顺昌林委郑隆鹏同志一起研究试验，很成功，但目前未成规模和批量生产，加工成罐头或软包装尚未研究。南平市是我校最近的地方，四季笋用林推几次未成功，仅有峡阳林场搞 10 多亩雷竹。其实从南平市一直到茫荡山，野生福建酸竹不少，有的成片，没有能像顺昌那样去垦复开发，乡镇集市上仅看到小指头大小的小笋，这些资源没有去开发利用实在可惜了。

丛生竹蚜、蚧虫的观察和防治试验①

林毓银②

Observation and Control of the Pests of Scale Insect and Aphid on Clumpy Bamboos

Abstract：Gcoccoidea and Aphididae are the serious pests in Bambusa in Fujian Province. Smearing the culm of Bambusa with systemic insecticides Monocrotophos, 40% Oxirogor Dimethoate, 25% Oxirogor Dimcthoate and 40% Rogor Dimethoate has been proved to be effective for killing the pests. By means of variance analysis, we reach the conclusion that the difference between the effects of different chemicals are not significant. Where as the concentration of solution at 1：0 and 1：10 are more effective than that at 1：20. Spraying the pests with contast insecticides. DECIS also has been proved to be effective. However, the former method can be used in large areas in production because it has many adcantagcs, such as simplifying operation, saving chemicals, pratecting doing less harm to beneficial insects and no harm to human being and animals.

福建地处东南沿海，气候温暖、雨量充沛、水热资源丰富，尤以闽东南沿海一带，是丛生竹适生产区。近年来，丛生竹栽培面积不断扩大，其病虫害已引起人们的注意，以蚜、蚧类害虫，繁殖力强，世代重叠严重，对丛生竹生长威胁很大。为此，我们于1982—1983年在福州、晋江、南安、永春、南靖、龙海、漳州等十多个县，进行了丛生竹害虫普查，并对丛生竹主要害虫竹毛角蚜、竹野蚜和半球竹链蚧进行化学农药防治试验。

一、虫态与习性

（一）竹毛角蚜

竹毛角蚜（*Trichoregma* SP.）属同翅目蚜虫科，是麻竹、绿竹等丛生竹的主要害虫。该虫虫体小，成虫长约 2 mm，青绿色。刺吸式口器，触角感觉圈明显呈圆形或条形，几乎完全绕于节上。尾板齿状，尾片瘤状明显。触角 5 节，头顶上有一对牛角状突起。有翅蚜后翅有中脉和肘脉，尾板分为二叶，尾片基部不缢缩，腹管很短，具毛。生活史极复杂，一年多代，世代重叠严重，繁殖迅速。成、幼虫均能危害多种丛生竹的叶部，常密集于叶背面吸取液汁，排泄蜜露，引起煤烟病，严重影响丛生竹生长。

---

① 原文发表在《竹子研究汇刊》1985 年第 4 卷第 2 期。
② 林毓银，女，福建林学院教授。从事昆虫学教学与科研工作，曾主持竹类、猕猴桃等害虫 5 个课题的研究。"毛竹蚧虫——蠕须盾蚧"获省科技进步奖，参加编写《福建竹类（害虫部分）》、《福建森林害虫》、《经济林昆虫学》等专著 3 部，在《林业科学》等刊物上发表学术论文 25 篇。

（二）竹野蚜

竹野蚜(*Agrioaphis arundinariae* Essig)属同翅目,蚜虫科,是青秆竹、花眉竹等丛生竹的主要害虫之一。该虫虫体小,黑褐色,成虫长约 2 mm。生活史复杂,繁殖迅速,成虫、幼虫密集于竹秆及嫩梢上吸取汁液。

（三）半球竹链蚧

半球竹链蚧(*Bambusaspis hemisphaerica* Kuw)属同翅目链蚧科。是绿竹、青秆竹、花眉竹等丛生竹的主要害虫之一。该虫虫体小,雌雄异形。雌成虫长约 2 mm,半球形,体背隆起,先端向前延成水瓢状;雄虫长约 1 mm;无复眼,单眼多对,触角丝状,10 节,翅一对,两根尾毛,生活史复杂。

二、农药防治试验方法

为了测定不同农药对蚜、蚧虫的毒杀效果,1983 年 5 月在福州市郊八一苗圃、福建省树木园等竹园中选择受害较严重的麻竹、花竹、青皮竹进行不同农药、浓度和施药方法试验。

（一）节内涂秆法

选有虫侧枝,清点虫数,并编号挂签。采用久效磷、40％氧化乐果、25％氧化乐果、40％普通乐果和水氨硫磷、溴氰菊酯农药,与清水配制成 1：0、1：10 与 1：20 三种浓度,用棉花沾上药剂在高 1.3 m 左右的秆节上涂抹一圈,涂药后用塑料薄膜包扎保护,而对照区不作任何处理。不同农药、浓度、竹种和立地条件各重复试验三次。在涂秆后第二天开始计算死虫数。

（二）喷雾法

条件与涂秆法相同。将各种农药稀释成 1：1 000、1：1 500 与 1：2 000 溶液,用喷雾法喷药(喷至有湿润感为止),对照区喷清水。喷药后第二天开始计算死虫数。

三、试验结果

涂秆后第三天害虫平均死亡率列表 6-34。

表 6-34　涂秆后第三天各种农药不同浓度平均死亡率(％)

药剂 A 浓度 B	50％ 久效磷	40％ 氧化乐果	40％ 普通乐果	25％ 氧化乐果	水氨硫磷 乳剂	溴氰菊酯 乳剂
1：1	100.0	100.0	94.4	86.17	24.5	13.4
1：10	99.2	100.0	95.1	79.4	17.4	30.0
1：20	82.7	70.0	61.8	45.4	14.5	31.9

由表 6-34 数据,经 $arcsin\sqrt{X_{ij}}$ 变换后,作出方差分析,结果列表 6-35。

表 6-35 药物及浓度间显著差异的方差分析表

变差来源	自由度	离差平均和	均方	均方比	F 值
药物 A	5	8 638.673 17	1 727.734 63	20.278 487 3**	$F^{0.01}_{5.10}=5.64$
浓度 B	2	1 136.012 13	568.006 065	6.666 708 85*	$F^{0.05}_{5.10}=3.33$
C	10	852.003 708	85.200 370 8		$F^{0.01}_{2.10}=7.56$
$\sum$	17	10 626.689			$F^{0.05}_{2.10}=4.10$

分析结果表明:药剂差异极显著,浓度间差异显著。根据方差分析后进一步进行多重比较分析结果,得出表 6-36 和表 6-37。

表 6-36 药物之间差异显著性检验(q 检验)表

$\overline{X}_{Ai}$ ＼ $\overline{X}_{Aj}-\overline{X}_{Ai}$	$\overline{X}_{A5}-\overline{X}_{Ai}$	$\overline{X}_{A6}\ \overline{X}_{Ai}$	$\overline{X}_{A4}-\overline{X}_{Ai}$	$\overline{X}_{A3}-\overline{X}_{Ai}$	$\overline{X}_{A2}-\overline{X}_{Ai}$
$X_{A1}=80.096\ 838\ 7$	54.528 700 8**	50.406 079 3**	22.270 724 5	11.647 482	1.167 125 26
$X_{A2}=78.929\ 712\ 4$	53.361 579 6**	49.238 950 1**	21.103 599 2	10.480 356 8	
$X_{A3}=68.449\ 355\ 6$	42.881 218 8**	38.758 593 3**	10.623 242 5		
$X_{A4}=57.826\ 113\ 2$	32.257 976 4*	28.135 050 8**			
$X_{A6}=29.690\ 762\ 3$	4.122 625 5				
$X_{A5}=25.568\ 136\ 8$					

$$q0.01(6,10)=6.43 \quad D=q0.01(6,10)\sqrt{\frac{S^2 w}{3}}=34.266\ 605\ 8$$

$$q0.05(6,10)=4.91 \quad D=q0.05(6,10)\sqrt{\frac{S^2 w}{3}}=26.166\ 257\ 3$$

表 6-37 浓度间差异显著性检验(q 检验)表

$\overline{X}_{Bj}$ ＼ $\overline{X}_{Bj}-\overline{X}_{Bi}$	$\overline{X}_{Bj}-\overline{X}_{B3}$	$\overline{X}_{Bj}-\overline{X}_{A2}$	D 值
$X_{B1}=62.593\ 751\ 8$	17.065 716 9*	0.435 079 619	$D_{0.05}=14.620\ 992\ 1$
$X_{B2}=62.158\ 672\ 2$	16.630 637 3*		$D_{0.01}=19.858\ 924\ 9$
$X_{B3}=45.528\ 034\ 9$			

从以上结果可以看出:四种内吸药剂的杀虫效果要比二种触杀剂好,而四种内吸剂之间无显著差异(详见表 6-36);各农药浓度之间的趋势是 1:0、1:10 优于 1:20(详见表 6-37)浓度间 q 检验差异显著。

选用水氨硫磷、溴氰菊酯、久效磷等农药喷雾效果显著(详见表 6-38),喷药后第三天,死亡率达 100%。

表 6-38　喷药防治实验结果

编号	药名	浓度	寄主	害虫	试虫数	第一天 死虫数	第一天 更正死亡率%	第二天 死虫数	第二天 更正死亡率%	第三天 死虫数	第三天 更正死亡率%	第四天 死虫数	第四天 更正死亡率%
83020	溴氰菊酯	1：1 000	麻竹	竹野蚜	161	161	100						
83021	溴氰菊酯	1：1 500	麻竹	竹野蚜	104	104	100						
83022	溴氰菊酯	1：1 500	花竹	竹野蚜	34	30	87.9	4	100				
83023	菊酯	1：1 500	花竹	竹野蚜	15	14	93.1	1	100				
83030	久效磷	1：1 000	花竹	竹野蚜	137	137	100						
83031	久效磷	1：1 000	花竹	竹野蚜	102	102	100						
83038	久效磷	1：2 000	黄金间碧玉竹	竹笋角蚜	40	40	100						
83040	水氨硫磷	1：1 000	青皮竹	竹笋角蚜	118	117	99.9	1	100				
83041	水氨硫磷	1：1 500	青皮竹	竹笋角蚜	78	68	86.8	6	94.7	4	100		
83042	水氨硫磷	1：2 000	青皮竹	竹笋角蚜	126	0	0	48	22.3	26	48.5	42	100
83043	清水		青皮竹	竹笋角蚜	103	3	2.9	19	21.4	0	21.4	0	21.4

综上所述,采用内吸剂久效磷、氧化乐果等农药涂秆防治丛生竹的蚜、蚧类害虫效果好,而采用触杀剂水氨硫磷、溴氰菊酯涂秆基本无效;采用溴氰菊酯、水氨硫磷等几种农药稀释喷雾防治效果好。

但从农药使用方法和经济效益考虑,由于丛生竹秆高丛密,多种植于溪流两岸、房前屋后,若采用喷雾法,须使用高压喷雾器,操作麻烦、花工大,对人畜不安全并对天敌杀伤大;而采用涂秆法,工具简单,操作容易,节省农药,成本低,减少污染环境,保护天敌资源,效果持久,更适宜在生产中推广应用。

福建丛生竹害虫名录初报①

林毓银

A Preliminary List on Insect Pests
of Clumpy Bamboos in Fujian

Abstract：An investigation on insect pests of clumpy bamboos was made in more than twenty counties of Fujian province during 1982—1985. 500 samples of 108 species was collected, belonging to 39 families, 8 orders. The detailed names of insect pests are listed in four parts, namely, pests of leaves, twings, trunks, turions and roots of bamboo. The hosts and distribution of pests are mainly based on the collected pests. In the paper, △ and O represent the harms attacked by larvae and adults, respectively.

本人从 1982 年至 1985 年先后用四年时间调查了福州、永春、南安、漳州、龙溪、长泰、南平、建瓯、尤溪等 20 多个县、市丛生竹类的害虫,共采集有 500 多号标本,经鉴定计有 108 种,隶属于 8 目 39 科,现分为叶部害虫、枝梢害虫、秆材害虫及笋根害虫四个部分初报如下,各部分的目和科以昆虫分类系统排列,属和种则按拉丁字母顺序排列,害虫的寄主分布均以有采到的标本为依据,标本存放福建林学院昆虫标本室。名录中(△)表示幼虫(或若虫)为害,(O)表示成虫为害。

一、叶部害虫

(一)直翅目 Orthoptera

蝗科 Acrididae

1. 拟短额负蝗 *Atractomorpha ambigua* Bolivar

寄主:孝顺竹

分布:南安双林(O)

2. 短翅负蝗 *Atractomorpha crenulate*

寄主:灯竹

分布:永春太平(△,O)

3. 长额负蝗 *Atractomorpha lata* (Mo-Tschulsky)

寄主:麻竹

分布:永春城关(O)

4. 短额负蝗 *Atractomorpha sinensis* Bolivar

寄主:孝顺竹

---

① 原文发表于《福建林学院学报》,1986 年第 6 卷第 2 期。

分布:南安双林(△,O)

5. 短角斑腿蝗 *Catantops brachycerus* (Fabricius) Willemse

寄主:绿竹

分布:龙海田中央(O)

6. 黄脊竹蝗 *Ceracris kiangsu* Tsai

寄主:橡竹

分布:南安镇山(△,O)

7. 青脊竹蝗 *Ceracris nigricornis* Walker

寄主:藤枝竹

分布:南安镇山(O)

8. 棉蝗 *Chondracris rosea* (De Geer)

寄主:凤尾竹、灯竹

分布:福州树木园、永春太平(O)

9. 中华拟裸蝗 *Conophymacris chinensis* Willemse

寄主:黄金间碧玉

分布:福州树木园(O)

10. 方异距蝗 *Heteropternis respondens* (Walker)

寄主:花竹

分布:东山坑北(O)

11. 蔗蝗 *Hieroglyphus* sp.

寄主:孝顺竹、篱竹

分布:福州树木园(△,O)

12. 锥头蝗 *Pyrgomorpha conica* Deserti Bey-Bienko

寄主:花竹、麻竹

分布:福州树木园(O)

13. 二齿稻蝗 *Oxya bidentata* Willemse

寄主:橡竹

分布:南安镇山(△,O)

14. 中华稻蝗 *Oxya chinensis* (Thunberg)

寄主:橡竹、青皮竹、花竹

分布:南安镇山、福州八一苗圃、福州树木园(△,O)

15. 小稻蝗 *Oxya hyla intricate* (Stal)

寄主:橡竹

分布:南安镇山(△,O)

螽蟖科 Tettigoniidae

16. 尖头草螽蟖(1) *Homorocoryphus* sp.

寄主:青皮竹、大头典竹、苦绿竹

分布:福州八一苗圃(△,O)

17. 尖头草螽蟖(2) *Homorocoryphus* sp.

寄主:青皮竹

分布:泉州树木园(△,O)

(二)半翅目 Hemiptera

盾蝽科 Scutelleridae

18. 半球盾蝽 *Hyperoncus lateritius*(Westwood)

寄主:大头典竹

分布:福州树木园(O)

蝽科 Pentatomidae

19. 扁体蝽 *Brachymna tenuis* Stal

寄主:花竹

分布:福州八一苗圃(△,O)

20. 麻皮蝽 *Erthesina fullo*(Thunberg)

寄主:花竹、青秆竹、扁竹

分布:福州八一苗圃(△,O)

21. 稻绿蝽全绿型 *Nezara viridula* Linnaeus

寄主:孝顺竹、凤尾竹

分布:福州八一苗圃(△,O)

22. 二星蝽 *Stollia guttiger*(Thunberg)

寄主:绿竹

分布:南靖南坑(O)

缘蝽科 Coreidae

23. 稻棘缘蝽 *Cletus punctiger*(Dellas)

寄主:花竹、青秆竹

分布:福州八一苗圃(△,O)

24. 褐竹缘蝽 *Cloresmus modestus* Distant

寄主:花竹

分布:福州八一苗圃(△,O)

25. 竹缘蝽 *Cloresmus* sp

寄主:花竹、孝顺竹

分布:福州八一苗圃(△,O)

26. 扁缘蝽 *Daclera levana* Distant

寄主:花竹、橡竹

分布:南安南冬(△,O)

27. 纹须同缘蝽 *Homoeocerus striicornis* Scott

寄主:白节篦竹、大头典竹

分布:福州八一苗圃(△,O)

28. 异稻缘蝽 *Leptocorisa varicornis* Fabricius

寄主:花竹

分布:福州八一苗圃(△,O)

29. 稻缘蝽 *Leptocorisa* sp.

寄主:凤尾竹

分布:福州树木园(△,O)

30. 竹缘蝽 *Notobitus meleagris* Fabricius

寄主:箣(簕)竹

分布:安溪上山(O)

31. 点蜂缘蝽 *Riptortus pedestris* Fabricius

寄主:花眉竹

分布:福州八一苗圃(O)

长蝽科 Lygaeidae

32. 小巨股长蝽 *Macropes harringtonae* Slater,Ashlock et Wilcox

寄主:麻竹、青皮竹

分布:福建省林科所、福州八一苗圃、泉州树木园(△)

33. 中华巨股长蝽 *Macropes sinicus* Zheng et Zou

寄主:麻竹、青皮竹

分布:福建省林科所、福州八一苗圃、泉州树木园(△,O)

(三)同翅目 Homoptera

沫蝉科 Cercopidae

34. 黑斑赤沫蝉 *Cosmosearta* sp.

寄主:橡竹、花竹、青皮竹、黄金间碧竹

分布:福建林学院、福州八一苗圃 (△,O)

叶蝉科 Cicadellidae

35. 竹黑翅角顶叶蝉 *Deltocephalus* sp.

寄主:麻竹、大佛肚竹、大头典竹、扁竹、凤尾竹

分布:福建林学院、福州八一苗圃 (△,O)

36. 白翅叶蝉 *Erythroneure subrufa* (Motschulsky)

寄主:麻竹、绿竹

分布:漳州市上坂(△,O)

37. 二点黑尾叶蝉 *Nephotettix virescens* (Distant)

寄主:青皮竹、麻竹

分布:泉州荀吾、福州八一苗圃(△,O)

长头蜡蝉科 Dictyopharidae

38. 象蜡蝉 *Dictyophara patruelis* Stal

寄主:橡竹

分布:南安镇山(△,O)

蚜科 Aphididae

39. 竹叶角蚜 *Ceratoglyphina ceratuglyphina* van der Goot

寄主:孝顺竹、凤尾竹

分布:福州树木园、南平福建林学院(△,O)

40. 竹毛角蚜 *Trichoregma* sp.

寄主:麻竹、绿竹、花竹、花眉竹、扁竹、大头典竹、橡竹、青皮竹、撑高竹、崖州竹

分布:福州八一苗圃、龙海九湖田中央、福州树木园、永春城关、南安镇山、漳州上坂(△,O)

粉蚧科 Pseudococcidae

41. 竹长粉蚧 *Longicoccus elongatus* Tang

寄主:青皮竹

分布:泉州竹园(O)

盾蚧科 Diaspididae

42. 竹雪盾蚧 *Chionaspis* sp.

寄主:麻竹、花竹、青皮竹、紫青皮竹

分布:福州八一苗圃、南安象山、漳州天宝、泉州荀吾(△,O)

43. 竹长白蚧 *Tsukushiaspis bambusae* (Kuwana)

寄主:麻竹、花竹、青皮竹

分布:福州八一苗圃、龙海九湖田中央、漳州上坂、泉州荀吾、漳州天宝(△,O)

(四)鞘翅目 Coleoptera

负泥虫科 Crioceridae

44. 竹负泥虫 *Lema panyai* Chugi

寄主:孝顺竹

分布:武夷山、建阳(△,O)

45. 毛顶负泥虫 *Lema lanta* Gressitt and Kimoto

寄主:扁竹

分布:福州八一苗圃(O)

肖叶甲科 Eumolpidae

46. 蓝甲胸叶甲 *Basilepta modestum* (Jacoby)

寄主:绿竹、孝顺竹

分布:福州八一苗圃(O)

47. 绿扁甲叶甲 *Platycorynus parryi* Baly

寄主:麻竹

分布:福州八一苗圃(O)

叶甲科 Chrysomclidae

48. 毛额黄守瓜 *Aulacophora cornula* Baly

寄主:藤枝竹

分布:福州八一苗圃(O)

49. 黄守瓜 *Aulacophora femoralis* (Motschulsky)

寄主:青皮竹、藤枝竹、绿竹、扁竹

分布:福州八一苗圃、福州树木园、泉州荀吾、南安双林、漳州上坂、长太城关。(O)

铁甲科 Hispidae

50. 显点瘦铁甲 *Leptispa abdominalis* Baly

寄主:黄金间碧竹

分布:福州八一苗圃(△,O)

龟甲科 Cassididae

51. 皱翅龟甲 *Cassida sigillata*（Gorham）

寄主:麻竹

分布:福州八一苗圃(O)

象虫科 Curculionidae

52. 竹缅甸象 *Burmotragus murenlioridae*

寄主:箣竹、青皮竹

分布:安溪参内、泉州荀吾(O)

鳃角金龟科 Melolonthidae

53. 大头鳃金龟 *Holotrichia* sp.

寄主:青皮竹、花竹

分布:福州树木园、福州八一苗圃(O)

（五）鳞翅目 Lepidoptera

簑蛾科 Psychidae

54. 大簑蛾 *Cryptothelea variegata* Snellen

寄主:花竹、粉单竹

分布:福州八一苗圃(△)

斑蛾科 Zygaenidae

55. 竹斑蛾 *Balataea fumeralis* Butler

寄主:花竹、紫青皮竹

分布:福州八一苗圃(△)

刺蛾科 Eucleidae

56. 两色绿刺蛾 *Parasa bicolor* Walker

寄主:青皮竹、粉单竹

分布:福州树木园(△)

57. 褐边绿刺蛾 *Parasa consocia* Walker

寄主:长枝竹

分布:平和东坑(△)

58. 扁刺蛾 *Thosea sinensis* Walker

寄主:花竹

分布:福州八一苗圃(△)

螟蛾科 pyralidae

59. 竹卷叶螟 *Algedonia ceclesalis* Walker

寄主:花竹、麻竹、孝顺竹

分布:福清(△)

夜蛾科 Noctuidae

60. 竹绒野螟 *Crocidopliora evenoralis*（Walker）

寄主:花竹、青皮竹、橼竹、灯竹、孝顺竹、麻竹、黄金间碧竹、大佛肚竹、风尾竹、粉单竹、青秆竹、扁竹

分布:福州八一苗圃、福州树木园、南安镇山、南安象山、永春东平(△)

61.竹苞虫(1)(2)(3)(学名待定)

寄主:花竹、橼竹、灯竹

分布:南安南冬、南安美林、永春东平(△)

枯叶蛾科 Lasiocampidae

62.竹枯叶峨 *Philudoria* sp.

寄主:橼竹、麻竹

分布:南安镇山、永春城关(△)

毒蛾科 Lymantridae

63.刚竹毒蛾 *Pantana Phyllostachysae* Chao

寄主:青皮竹

分布:福州八一苗圃(△)

64.华竹毒蛾 *Pantana sinica* Moore

寄主:橼竹、花竹、紫青皮竹

分布:福州八一苗圃(△)

65.竹毒蛾 *Pantana* sp.

寄主:橼竹、花竹

分布:福州八一苗圃(△)

66.盗毒蛾 *Porthesia similis*(Fuessly)

寄主:花竹

分布:福州树木园、福州八一苗圃(△)

夜蛾科 Noctuidae

67.砌石夜蛾 *Gabala argentata* Butler

寄主:扁竹

分布:长太上花(△)

68.竹俚夜蛾 *Lithacodia idiostygia* Sugi

寄主:麻竹

分布:南平西芹院口(△)

69.眉魔目夜蛾 *Nyctipao hieroglyphica*(Drury)

寄主,青皮竹

分布:福州树木园(△)

灯蛾科 Arctiidae

70.八点灰灯蛾 *Creatonotus transiens* Walker

寄主:花竹

分布:福州八一苗圃、福州树木园、南安南冬(△)

舟蛾科 Notodontidae

71.竹缕舟蛾 *Loudonta dispar*(Kiriakoff)

寄主:麻竹

分布:福州八一苗圃(△)

72. 竹瘦舟蛾 *Stenadonta radialis* Gaede

寄主:花竹、花眉竹、椽竹

分布:福州八一苗圃、南安南冬(△)

二、枝梢害虫

(一)半翅目 Hemiptera

缘蝽科 Creidae

73. 黑竹缘蝽 *Notobitus meleagris* Fabricius

寄主:苦绿竹

分布:南平西芹院口(△、O)

(二)同翅目 Homoptera

飞虱科 Delphacidae

74. 竹杆飞虱 *Bambusiphaga* sp.

寄主:麻竹、青皮竹、扁竹、大头典竹、粉单竹

分布:福州八一苗圃、福州树木园、福清、泉州树木园、永春城关、厦门植物园、南靖城关(△、O)

蚜科 Aphididae

75. 竹纵斑蚜 *Agrioaphis takecallis arundinariae*(Essig)

寄主:花竹、青皮竹、扁竹、粉单竹、灯竹

分布:福州八一苗圃、福州树木园、南安象山、永春东平、泉州树木园(△O)

76. 竹蚜 *Aphis bambusae* Fullaway

寄主:花竹、灯竹

分布:福州八一苗圃、永春东平(△、O)

77. 笋大角蚜:*Oregma bambusicola* Tekahashi

寄主:黄金间碧竹、小琴丝、大佛肚竹

分布:福州树木园、福州八一苗圃(△、O)

镣蚧科 Asterolecaniidae

78. 半球竹镣蚧 *Bambusaspis hemisphaerica*(Kuw)

寄主:青秆竹

分布:福州八一苗圃(△、O)

粉蚧科 Pseudococcidae

79. 竹巢粉蚧 *Nesticocous sinensis* Tang

寄主:花竹、风尾竹

分布:福州树木园、福州八一苗圃(△、O)

80. 竹笋粉蚧 *Pseudococcus* sp.

寄主:椽竹、花竹、灯竹

分布:福州树木园、南安镇山、莆田华亭、福州八一苗圃(△、O)

（三）鳞翅目 Lepidoptera

螟蛾科 Pyralidae

81. 竹大黄绒野螟 *Eumorphobotys abscuralis*（Caradja）

寄主:花竹

分布:福州八一苗圃（△）

82. 黄翅双叉端环野螟 *Eumorphobotys eumophalis*（Caradja）

寄主:花竹

分布:福州八一苗圃、南安镇山（△）

83. 竹蕊翎翅野螟 *Epiparbattia gloriosalis* Caradja

寄主:青皮竹

分布:福州树木园（△）

（四）膜翅目 Hymenoptcra

84. 竹广肩小蜂科 *Aiolomorpha rhopalodes* Walker

寄主:孝顺竹

分布:福州八一苗圃（△）

85. 苦竹广肩小蜂 *Gahaniola phyllostachitis*（Gahan）

寄主:孝顺竹

分布:福清灵石（△）

三、杆材害虫

（一）半翅目 Hemiptera

长蝽科 Lygaeidae

86. 竹后刺长蝽 *Pirkimerus japonicus*（Hidaka）

寄主:花竹、孝顺竹

分布:福清（△、O）

（二）鞘翅目 Coleoptera

长蠹科 Bostrychidae

87. 灯长蠹 *Dinoderus minutus*（Fabricius）

寄主:花竹、青皮竹、橡竹、撑高竹、青秆竹

分布:福州八一苗圃（△、O）

天牛科 Cerambycidae

88. 竹绿虎天牛 *Chlorophorus annularis*（Fabricius）

寄主:多种丛生竹材

分布:福州八一苗圃（△）

89. 竹吉丁天牛 *Niphona* sp.

寄主:花竹、青皮竹、青秆竹

分布:福州八一苗圃（△、O）

90. 竹坡天牛 *Pterolophia* sp.

寄主:花竹

分布:福州八一苗圃(△、O)

91. 竹紫天牛 *Purpuricenus temminckii* Guerin-Meneville

寄主:孝顺竹

分布:福州树木园、南平西芹院口(△、O)

象虫科 Curculinondae

92. 竹篝象 *Pseudocossonus brevitarsis* Wollaston

寄主:大佛肚竹、青皮竹、花竹

分布:福州八一苗圃、福州树木园(O)

(三)膜翅目 Hymenoptera

胡蜂科 Vespidae

93. 黑盾胡蜂 *Vespa bicoloe* Fabricius

寄主:花竹、孝顺竹

分布:诏安太平、福州树木园(O)

94. 变胡蜂 *Vespa variabilis* Buysson

寄主:麻竹

分布:南安镇山(O)

95. 黑胸胡蜂 *Vespa velurina* var. *nigrithorax* Buysson

寄主:扁竹

分布:长太上花(O)

四、笋根害虫

(一)等翅目 Isoptera

犀白蚁科 Rhinotermitidae

96. 黄胸散白蚁 *Reticulitermes speratus* (Kolobe)

寄主:大佛肚竹

分布:福州八一苗圃(△、O)

(二)鞘翅目 Coleoptera

叩头虫科 Elateridae

97. 细胸叩头虫 *Agriotes fuscicollis* Miwa

寄主:麻竹

分布:龙海九湖田中央(△)

98. 竹根沟叩头虫 *Pleonomus* sp.

寄主:白节籐竹

分布:福州八一苗圃(△)

象虫科 Curculionidse

99. 长足弯颈象 *Cyprtotrachelus longimanus* Fahricius

寄主:花竹、花眉竹、青皮竹、椽竹、灯竹、紫青皮竹、青秆竹、崖州竹、粉单竹

分布:福州八一苗圃、福州树木圈、南安镇山、南冬(△、O)

100. 大卫耳象 *Otidognathus dieidi* Fairmaire

寄主:花竹

分布:福州八一苗圃(△、O)

101. 小竹象 *Otidognathus nigripictus* Fairmaire

寄主:花竹

分布:福州八一苗圃(△、O)

(三)鳞翅目 Lepidoptera

夜蛾科 Noctuidae

102. 竹秀夜蛾 *Apamea repetita comjuncta*(Leech)

寄主:灯竹

分布:永春东平(△)

103. 竹笋夜蛾 *Oligia vulgaris*(Butler)

寄主:灯竹、橼竹

分布:南安镇山、永春东平(△)

(四)双翅目 Diptera

水虻科 Stratiomyildae

104. 竹枯笋水虻 *Allongnosta* sp.

寄主:大佛肚竹、花竹、橼竹、青皮竹

分布:福州八一苗圃(△)

虻科 Tabanidae

105. 中华斑虻 *Chrysops sinensis* walker

寄主:藤枝竹、扁竹

分布:南安双林、龙海九湖田中央(O)

106. 类柯虻 *Tabanus subcordiger* Liu

寄主:藤枝竹

分布:南安双林(O)

花蝇科 Anthomyiidae

107. 江苏泉蝇 *Pegomya kiangsuensis* Fan

寄主:花竹、灯竹、橼竹

分布:南安镇山、永春东平(△)

108. 毛竹泉蝇 *Pegomya phyllostachys* Fan

寄主:花竹

分布:南安李西、福州八一苗圃(△)

竹小蜂发生发展的数量化预测模型[①]

林毓银　连巧霞　潘文忠[②]　叶观樑

A Quantitative Model for Predicting Occurrence and Development of *Aiolomorpha Rhopalodes*

摘要：本文研究危害毛竹的竹小蜂的发生发展规律,应用数量化理论Ⅰ,建立了毛竹受害率的预测模型,经复相关系数 t 检验表明呈极显著相关,并用偏相关 t 检验和得分值范围比较表明:地形、竹林组成与结构和气候因子是影响竹小蜂发生发展的重要因素,该模型可以预测毛竹被竹小蜂为害的受害率及防治措施。

Abstract：By applying quantification theory Ⅰ, a model for predicting thc destructive extent of Aiolomorpha rhopalodes on Phyllostachys pubescens stands was developed. T-tesl of multiple correlation and partial correlation coefficents, combined with the comparison on the loading of environmental factors, showed that topography, species composition and structure of the bamboo stand, and climate played the dominant role in affecting the development and distribution of Aiolomorpha rhopalodes. The reaults can be used in predicting tbe damaged degrees of the bamboo stands by the pests and formulating the corresponging control measures.

近年来毛竹林常发生竹小蜂为害,如 1991 年建瓯市房道镇靛坩村有 6 000 多亩的毛竹林受害率达 80%,1992 年福州市红寮乡有 2 700 多亩的毛竹林受害率达 90%,受害严重者冬笋不生,春笋亦不长。笔者在南平、三明、尤溪、大田、建瓯、福州等地进行竹小蜂为害毛竹调查研究,并设立固定样地定期观察,分析竹小蜂发生发展的主要因素,应用数量化理论Ⅰ原理,建立了竹小蜂发生发展的预测模型,作为综合治理竹小蜂为害毛竹的科学依据。

一、样方设置与调查方法

（一）样方设置

本实验分二处进行。Ⅰ号试验地位于建瓯市房道镇靛坩村后山毛竹林,本区属中亚热带海洋性季风气候,年平均温度 18.8 ℃,年平均降水量 1 700 mm,海拔高 400 m,相对湿度 83%,毛竹林中混生少量阔叶树和杉木,土层深厚,疏松湿润,属山地红壤,腐殖质层厚度达 20 cm 以上,虫株率达 80%,平均虫口数 1 000～2 000 个/株。在 400 hm² 竹林中,按不同地形、不同竹林组成与结构,选择有代表性样方 60 块,每块样方为 20 m×20 m。Ⅱ号试验地设在福州市郊红寮乡红寮村部后山以及红寮村居民一二队房屋后山,计有样方 60 块,每块

---

①　原文发表于《福建林学院学报》,1997,17(1):56～59。

②　潘文忠为尤溪林业局高工。

样方 20 m×20 m,此外,还设立河流两旁的样方 10 块。

(二)调查方法

1. 样方调查

在 Ⅰ、Ⅱ 号试验地中所设立的样方分别测定其地形、地貌和竹林组成结构,如地形、坡度、坡向、坡位、各标准地树种组成(纯林或混交林)立竹度和年龄结构等。

2. 毛竹受害率调查

在各样方中随机抽取 15 株样株,每样株分上中下三层,每层按东南西北四个方向,用高枝剪取下 15 枝样枝,计算每个样枝的小枝数与虫瘿数,并按公式求出样枝受害率。

$$样枝受害率=(虫瘿数/小枝数)×100\%$$

每个样枝受害率为 $A_i\%$,12 个样枝平均受害率即为样株受害率,每试验地区调查 15 株,则试验地毛竹林平均受害率($\overline{A}$):

$$\overline{A}=\frac{\sum\limits_{i=1}^{15}A_i}{15};$$

$$A_i=\sum\limits_{i=1}^{12}\frac{a_i}{12}。$$

3. 各虫态的百分率调查

从取下的样株的虫瘿进行解剖观察,以卵、幼虫、蛹、成虫分别归类记载,如已羽化出孔的虫瘿则记 a 成虫项中,然后把数据处理,得出各样方各虫态所占的平均值。

二、结果与分析

(一)竹小蜂发生发展与地形地势关系

1. 不同坡向的影响

根据南、东南、西南、北等方向设立的样方,毛竹受害率不同,分别为 22.0%、21.0%、20.0% 和 14.0%。南向属阳坡,阳光充足,温度较高,有利于越冬蛹的存活和羽化,且阳坡土壤干燥,毛竹林长势差,所以阳坡是竹小蜂为害较猖獗的地方。

2. 不同坡位的影响

按各样方所处的坡位不同,其平均受害率亦不同,上坡和下坡毛竹平均受害率分别为 14.4% 和 13.4%。

3. 不同地形的影响

按样方所处的地形变化,在山脊与山凹的样方平均受害率不同,平均受害率分别为 9.1% 和 5.2%。山脊林地干燥,土壤瘠薄,竹林长势差且温度高,利于竹小蜂羽化产卵,所以毛竹受害率高。

(二)竹小蜂发生发展与不同树种组成和竹林结构的关系

1. 不同树种组成的影响

毛竹混交林与毛竹纯林竹小蜂的平均羽化率分别为 63.1% 和 79.4%。毛竹混交林羽化率比毛竹纯林极显著的小,同时混交林中竹小蜂羽化时间比纯林极显著推迟。

2. 不同毛竹林结构的影响

根据样方毛竹的立竹度和年龄结构不同,毛竹的受害率亦各异,立竹度小于 1 500 株/hm²

和大于 1 500 株/hm² 的毛竹平均受害率分别为 17.9％和 11.5％；Ⅲ度竹、Ⅳ度竹和Ⅴ度以上竹的平均受害率分别为 15.2％、15.3％和 12.5％。

这是由于立竹度小,竹林郁闭度小,林地阳光充足,温度高,有利于竹小蜂发生发展条件,毛竹林受害率高;从年龄结构方面来看Ⅲ、Ⅳ度竹比Ⅴ度及以上竹受害率高,因Ⅲ、Ⅳ度竹生长旺盛时期,营养物质丰富,有利于害虫的产卵、取食。

(三)竹小蜂发生发展与气候因子的关系

经 1992—1994 年 3 年定点观察结果表明:竹小蜂发生猖獗程度与前一年下雪量多、霜期长短和当年 3—4 月份降雨量有密切关系,前一年下雪量多、融雪持续时间长、霜期长,都会降低虫瘿内害虫的生存率,降低次年的虫口密度,而当年 3—4 月降雨量小,此时天气干燥有利成虫的羽化出孔和产卵,而使竹林为害严重。

(四)竹小蜂发生发展数量化预测模型的建立

选择 5 个对毛竹受害率影响较大的因子为计算分析项目,在此基础上划分出 10 个类目:x_{11} 为阳坡(含半阳坡)、x_{12} 为阴坡(含半阴坡)、x_{21} 为上坡(含中上坡)、x_{22} 为下坡(含中下坡)、x_{31} 为山脊、x_{32} 为山凹、x_{41} 为Ⅰ～Ⅲ度竹 70％以上、x_{42} 为Ⅰ～Ⅲ度竹少于 70％、x_{51} 为立竹度大于等于 1 500 株/hm²、x_{52} 为立竹度小于 1 500 株/hm²。将各因子定性原始数据按第 i 个样本第 j 个项目的定性数据为第 k 个类目时,$S_i(j,k)$ 取值为 1,否则为 0,由此形成原始数据反应(表 6-39),毛竹受害率记为 y,所收集的分析材料记为 1,m 个项目中第 i 项目划分 r 个类目,类目记为 k,其数量化基本模型选用:

$$y_i = \sum_{j=1}^{m} \sum_{k=1}^{r_i} S_i(j,k)b_{jk},$$

式中 y 为第 i 块样方毛竹受害率的估计值,b 为第 j 项目第 k 类目的反应(得分),$S_i(j,k)$ 为第 j 个项目第 k 个类目在第 i 块样方的反应,为了衡量各个项目在预测的贡献,计算各项目的得分范围($RANGE$)。

$$RANGE(j) = Max b_{jk} - Min b_{jk} \qquad (j=1,2,\cdots,m)$$

得分值范围越大,该项目对毛竹受害率影响越大;否则越小,各项目对毛竹受害率影响的重要性判断采用偏相关 t 检验,通常 t 值小于 1,认为对毛竹受害率影响不大,t 值大于 1,有一定影响,t 值大于 2 为重要影响。

表 6-39 数量化反应表
Tab. 6-39 Responss matrix of the categocies

校方	x_{11}	x_{11}	x_{11}	x_{11}	x_{11}	x_{11}	x_{11}	x_{11}	x_{11}	x_{11}	$Y\%$
1	0	1	0	1	1	0	1	1	0	1	15.5
2	0	1	1	0	0	1	0	1	0	1	5.2
3	1	0	0	1	1	0	1	1	0	1	21.8
60	0	1	1	0	1	0	1	1	0	1	13.0

将编制的原始数量化反应表中,自第二项开始,各项目的第一类目剔除后,输入计算机,计算结果如表 6-40 所示。

表 6-40　毛竹受害率预测模型的得分值、得分范围、偏相关系数和 t 检验表
Tab. 6-40　The loadings and their ranges of environmental factors,
t-test of partial correlation coefficients in the prediction model

项目	类目	得分值	得分范围	偏相关系数	偏相关 t 检验
坡向	x_{11}	18.101 8	8.24	0.785 9	3.11
	x_{12}	9.862 5			
坡位	x_{21}	0	2.84	0.491 6	1.40
	x_{22}	2.841 7			
地形	x_{31}	0	5.62	0.756 0	2.86
	x_{32}	5.519 5			
年龄结构	x_{41}	0	2.45	0.457 4	1.26
	x_{42}	-2.445 8			
立竹度	x_{51}	0	4.42	0.749 1	2.77
	x_{52}	4.423 6			

采用复相关系数 R 的 t 检验,计算结果可知毛竹受害率预测模型的复相关系数为 0.945 0,复相关系数 t 值＝7.08。查表值 t(3.449 或 2.66)表明,此模型具有极显著相关,可用于各块毛竹林分的受害率预测。坡向、地形、立竹度得分范围都较大,偏相关系数和 t 检验亦较大,均大于 2,是影响毛竹受害率的重要因子,其次是就坡位与年龄结构。从以上得分值看,坡向中阴坡向阳坡过渡,山脊向山凹过渡,上坡向下坡过渡,林分年龄结构年轻化(Ⅲ、Ⅳ度数量越大),毛竹受害率将越大,以上分析与数量化模型相吻合。

三、结论

竹小蜂发生发展与坡向、地形、立竹度等重要因素成密切的相关,处在阳坡、山脊、稀疏的毛竹林受害严重。

综合防治竹小蜂为害毛竹林,应注意林业技术措施,采用集约经营,加强护笋养竹,增加立竹度,最好留选一定数量(20％～30％)阔叶树进行混交,以增加林内郁闭度和湿度,有利于增强毛竹长势,减轻受害率。

毛竹生长有大小年之分,大年时林内仅少量竹株是小年竹,而小年竹抽新枝发新叶是竹小蜂危害对象。因此,竹林生长大年时用农药防治竹小蜂危害的小年竹,可大幅度提高工效,降低成本。

防治竹小蜂为害毛竹的最好措施,经在福州红寮、建瓯房道靛垱多年试验观察证明:在福建每年4月下旬至5月上旬是受害枝形成虫瘿的主要时期,所以应在4月25日至5月5日之前,用40％氧化乐果等多种内吸农药,按比例从基部的竹秆注射,可收到良好效果,经观察5月中旬以后施药效果下降,且虫瘿已形成,无法消除所造成的虫瘿。

伐除虫株,竹小蜂均集中在小年竹枝嫩叶上产卵,这些竹株虫口密度很大,可于每年2月份以前巡视竹株,发现小面积或个别受害严重的竹株,予以伐除烧毁枝叶、减少虫口密度。

参考文献

[1] 陈华豪.林业应用数理统计.大连:大连海运学院出版社,1988,285～300
[2] 林毓银.莔楚鸠蛾的生物学特性及防治研究.林业科学,1995,31 (2):144～149
[3] 林毓银.毛竹蚧虫——蠕须盾蚧的观察研究.竹子研究汇刊,1990,9 (26):75～77

蠕须盾蚧的防治实验研究①②

林毓银

An Experimental Study on the Prevention and Control of *Kuwanaspis Vermiformis*（Takahashi）

摘要：蠕须盾蚧 *Kuwanaspis vermiformis*（Takahashi）属同翅目盾蚧科。该虫在福建毛竹林中是分布广、危害性大的一种蚧虫，我们在尤溪、沙县两处受害的毛竹林中调查，其受害率为70％左右，高的达90％以上。毛竹受害时，虫体在竹秆表面形成厚层白蜡状物，竹叶由深绿色变为枯黄，并即脱落，严重者整株枯死。受害后竹秆材质脆弱、韧性差，不宜劈蔑，并且严重地影响翌年出笋。

蠕须盾蚧经防治实验研究，采用不同农药、不同浓度和不同处理方法进行多重比较分析结果：农药以快灭磷效果最佳，氧化乐果次之，水胺硫磷较差；最佳组合浓度为水胺硫磷（1：0）—氧化乐果（1：20）—快灭磷（1：10）；处理方法以喷雾法、注射法、涂秆法皆比灌根法为佳，而前三者无显著差异。但喷雾法在高大密集的毛竹林中，由于交通不便，水源缺乏，操作困难，花工大，成本高，难以推广应用。经尤溪龙船坑及沙县高砂两处，于1985－1986年重复防治结果，证明用氧化乐果等农药注射或涂秆后，再无该虫发生为害，竹林由枯黄转青，次年多发笋，防治效果好。

Abstract：*Kuwanaspis vermiformis*（Takahashi）is seriously harmful to bamboo. It was Estimated that 72. 6 percent of 1700mu's experimental bamboo forest in Youxi County, Fujian, had been attacked by the pest mentioned above The most serious Situation was that the bamboo would be blighted, and the bamboo shoots could not grow next year. The mathematical statistics has been applied to selecting the bamboo samples and to formulating the chemical.

The experiment of pest prevention and control was conducted on May—July in 1985. The experimental results were shown that the optimum chemical formulations were Imidan (1：0). Oxidized dimethoate(1：20) and mevinphos(1：10), which then were mixed in a same amount. The bamboo stick between two joints was coated with chemical formulation as Previously mentioned . The chemicals showed to be the most effective when exmined in the first year and next year . The prevention and control method is very easy to manage and can be used in a large area.

---

①　原文发表于《福建林学院学报》第7卷第3期1987年9月。

②　本文蠕须盾蚧学名承南京林业大学严敖金先生协助鉴定，数理统计部分得到吴敬、洪伟两位老师的热情指导，曾祥辉、陈敬同学参加部分调查工作，试验研究过程得到省竹材炭和尤溪竹材炭公司、尤溪县林业局、坂面乡等领导及有关同志的大力支持，谨此一并致谢。

福建地处我国东南沿海,气候温暖,雨量充沛,竹类资源丰富,全省有竹林面积 870 万亩,其中毛竹林面积 834 万亩,总蓄积量 76 464 万根,居全国首位。毛竹及竹笋在全省国民经济、人民生活收入、生产建设中占有重要地位。但长期以来,病虫害普遍发生,如黄脊竹蝗 *Ceracris kiangsu* Tsai 及刚竹毒蛾 *Pantana phyllostachysae* Chao 等害虫大面积成灾,但蚜蚧类害虫还没有引起人们的足够重视。近年来在尤溪、三明、建阳等县蠕须盾蚧 *Kuwanaspis vermiformis* (Takahashi)严重为害,如省竹材炭公司在尤溪县坂面乡设置一片 1 700 多亩的试验林,1983—1984 年毛竹受害率达 72%,毛竹受害后,当年长势极差,翌年不出笋,严重者整株枯死。我们于 1984—1986 年观察研究(形态及生活史部分另文报导),并于 1985 年 5—7 月进行了防治试验,现初报如下。

一、试验地选择及试验方法

(一)试验地的选择

该试验地为福建省竹材炭公司在尤溪坂面乡的一片 1 700 亩的毛竹试验林,共设置有(第 20～26 号)七块标准地。该试验地在沈河北岸的缓坡地下段,坡度 10 度,光照充足,湿度高,毛竹长势良好,每亩立竹度 120～150 根,竹株年龄多在 5 度以下。

(二)试验材料及方法

1. 供试药剂

(1) 25%氧化乐果原液、1:10 及 1:20 三种浓度的水剂。

(2) 水氨硫磷原液、1:10 及 1:20 三种浓度的水剂。

(3) 快灭磷原液、1:10 及 1:20 三种浓度的水剂。

2. 施药方法

采用涂秆、喷雾、注射、灌根等四种方法。

(1)涂秆法。用毛刷蘸取药液,在被害竹株的下部,约从基部算起第 5～6 节处,绕节内涂抹一圈,然后用塑料薄膜把涂药处包裹在内,两端用麻绳扎紧。

(2)喷雾法。用手持喷雾器把药液喷往受害处,至竹秆有湿润感为止。

(3)注射法。先用尖细小铁钉在竹秆基部 5～6 节处打一小洞,然后用兽用针筒把药液注入竹腔。

(4)灌根法。先清除少量竹秆基部表土,使露出秆茎的须根,再灌上药液后重新盖土。

(三)试验取样方法

根据数理统计的要求,在每块标准地上选取样株,各样株又选取 2～3 节,每节间按上下左右各划定 6 cm×6 cm 四个小样块,清除小样块上旧有死虫及杂物,便于进行计数。并在试验地附近选择同一立地条件的竹株作为对照。施药后,每隔 12 小时观察登记一次死亡虫数。

二、试验结果

本研究分三个试验进行,在分析三个试验材料时,死亡率数值均以 72 小时为准。

(一)试验 Ⅰ

试验Ⅰ:用不同药物、不同处理方法对蠕须盾蚧进行防治取得结果(见表 6-41)。

表 6-41 不同药物、不同处理方法的防治效果

处理方法	水胺硫磷(a_1)	氧化乐果(a_2)	快灭磷(a_3)	清水(a_4)
涂秆法(b_1)	91.4	89.3	88.9	14.8
	86.3	90.1	96.9	8.0
	87.3	80.3	96.0	5.4
注射法(b_2)	97.6	89.1	91.7	10.3
	92.9	88.7	100.0	17.6
	91.4	92.9	85.9	12.9
灌根法(b_3)	80.4	83.1	82.1	11.1
	83.0	53.3	86.2	16.5
	86.1	87.3	79.6	14.1
喷雾法(b_4)	100.0	92.2	100.0	12.0
	98.1	92.2	96.4	16.8
	98.6	71.7	98.5	19.4

注:喷雾浓度为 1∶1 000,灌根浓度为 1∶500,涂秆浓度为 1∶10,注射浓度为 1∶0。

表 6-41 死亡率数据按 $P'=(p-c)/(1-c)$ 公式进行校正后,又经 $\arcsin\sqrt{X_{ij}}$ 变换,得出其方差分析表(见表 6-42)。

表 6-42 实验 I 方差分析表

变差来源	自由度	离差平方和	均方	均方比	F_2
A	$a-1=2$	570.63	285.32	5.46*	$F_{0.05}(2,24)=3.40$
B	$b-1=3$	1 343.16	447.72	8.56**	$F_{0.01}(2,24)=5.61$
$A\times B$	$(a-1)(b-1)=6$	292.73	48.79	0.93	$F_{0.05}(3,24)=3.01$
e	$35-2-3-6=24$	1 255.14	52.29		$F_{0.01}(3,24)=4.72$
	$Abm-1=35$				$F_{0.05}(6,24)=2.51$

从方差分析可以看出,A 因素(药物)对防治结果有显著影响,B 因素(处理方法)对防治结果亦有极显著影响,而 $A\times B$ 的交互作用对结果无显著影响。然后进一步进行多重比较分析,可得出表 6-43、表 6-44。

表 6-43 药物之间差异显著性检验(q 检验)表

X_i	$X_{ai}-X_{a2}$	$X_{ai}-X_{a1}$
$X_{a3}=74.52$	9.07*	1.45
$X_{a1}=73.07$	7.62	
$X_{a2}=65.45$		

$Q_{0.05}(3,24)=3.53$;$D=q_{0.05}(3,24)=8.51$。

表 6-44 处理方法之间显著性检验(q 检验)表

X_i	$X_{b1}-X_{b3}$	$X_{bj}-X_{b1}$	$X_{bj}-X_{b2}$
$X_{b4}=78.04$	16.60*	7.32	4.19
$X_{b2}=73.85$	12.41*	3.13	
$X_{b1}=70.72$	9.28*		
$X_{b3}=61.44$			

$Q_{0.05}(4,24)=3.90$;$D=q_{0.05}(4,24)=8.14$。

　　根据表 6-43、表 6-44 可以看出：药物因素中，快灭磷与氧化乐果之间有显著差异；在处理方法中，喷雾、涂秆，注射与灌根有显著差异，而前三者（即喷雾、涂秆、注射）之间无显著差异。

（二）实验 Ⅱ

实验Ⅱ：用三种不同药物、不同浓度的混合对蠕须盾蚧的防治效果（见表 6-45）。

表 6-45　不同药物、不同浓度的混合对蠕须盾蚧的防治效果

试验号	（Ⅰ）水胺硫磷（浓度）	（Ⅱ）氧化乐果（浓度）	（Ⅲ）快灭磷（浓度）	（Ⅳ）空列（浓度）	死亡率 A	死亡率 B
（1）	1	1	1	1	81.2	80.6
（2）	1	2	2	2	88.5	95.6
（3）	1	3	3	3	90.0	86.3
（4）	2	1	2	3	82.9	87.9
（5）	2	2	3	1	95.0	84.6
（6）	2	3	1	2	68.6	81.0
（7）	3	1	3	2	64.8	80.8
（8）	3	2	1	1	78.4	84.3
（9）	3	3	2	3	95.7	97.9

注：表内浓度 1 表示药物浓度为 1∶0，2 表示浓度为 1∶10，3 表示浓度为 1∶20；
　　氧化乐果（安阳农药厂）、水胺硫磷（浙江建德农药厂）、快灭磷（福州农药厂）。

　　表 6-45 数据经 $\arcsin\sqrt{x_i}$ 变换后，进行重复实验的方差分析和单因素方差分析，得出结果再行方差分析取得表 6-46。

表 6-46　方差分析表

变差来源	离差平方和	自由度	均方	均方比	F_d
1	23.82	2	11.91	0.346	$F_{0.05}=3.98$
2	171.94	2	85.97	2.496	$F_{0.01}=.21$
3	368.69	2	184.35	5.35	
e1	179.40	2			
es	199.54	9	34.45		
$\sum$	743.40	17			

　　从表 6-46 可以看出：药物以快灭磷最佳，氧化乐果次之，水胺硫磷最差。实验结果还表明：三种药物最佳组合浓度为水胺硫磷（1∶0）、氧化乐果（1∶20）、快灭磷（1∶10），其工程指数为 $X_i32=(69.35+69.34+73.84)-2\times67.87=77.33-95.2\%$。

（三）实验 Ⅲ

实验Ⅲ：不同浓度、不同处理方法、不同竹龄对防治效果的影响（见表 6-47）。

表 6-47　方差分析表

试验号	Ⅰ药物	Ⅱ空列	Ⅲ处理方法	Ⅳ竹龄	死　亡　率		
					A	B	平均死亡率
(1)	1(快灭磷)	1	1(喷雾法)	1(1度竹)	74.0	83.3	78.7
(2)	1(快灭磷)	2	2(注射法)	2(2度竹)	87.7	84.3	86.0
(3)	1(快灭磷)	3	3(涂秆法)	3(3度竹)	93.8	96.6	95.2
(4)	2(氧化乐果)	1	2	3	79.2	84.6	81.9
(5)	2(氧化乐果)	2	3	1	86.7	80.9	83.8
(6)	2(氧化乐果)	3	1	2	88.5	98.2	93.4
(7)	3(水胺硫磷)	1	3	2	28.3	12.5	20.4
(8)	3(水胺硫磷)	2	1	3	86.3	16.2	51.3
(9)	3(水胺硫磷)	3	2	1	17.3	20.0	18.7

以上数值径 $\arcsin\sqrt{x_i}$ 变换后得：

$X^2 = \frac{1}{9}T = 56.92$;

$C = \frac{1}{9}T^2 = 29\,160.12$;

$\sum_{i=1}^{9} X_i^2 - c = 3\,221.37$;

$L_\text{总} = \sum_{i=1}^{9} X_i^2 - c = 3\,221.37 - 29\,160.12 = 3\,061.75$;

$L_\text{药} = T_{\text{药}i}^2 - c = \frac{1}{3}\times 5\,377.74 - 29\,160.12 = 2\,632.46$;

$L_\text{处} = T_{\text{处}i}^2 - c = \frac{1}{3}\times 877\,790.24 - 29\,160.12 = 103.29$;

$L_\text{龄} = T_{\text{龄}i}^2 - c = \frac{1}{3}\times 88\,043.37 - 29\,160.12 = 187.34$;

$L_e = L\text{总} - (L\text{药} + L\text{处} + L\text{龄}) = 138.16$;

总自由度＝8；

各处理自由度＝2；

平均自由度＝2。

根据上述数值经分析后得出表 6-48。

表 6-48　室Ⅲ方差分析表

变差来源	离差平方和	自由度	均方	均方比	F_d
1	2 632.46	2	1 316.23	19.05	$F_{0.05} = 19$
2	103.29	2	51.65	0.75	$F_{0.10} = 9.0$
3	187.34	2	93.67	1.36	
剩余	138.16	2	69.08		
总和	3 261.25	8			

从方差分析表可以看出：药物对实验结果有显著影响,而处理方法及竹龄对实验结果无显著影响,在药物中可以快灭磷和氧化乐果为佳,处理方法上以喷雾最佳,涂秆法次之,竹龄以 3 度竹上的蠕须盾蚧死亡率最高,由分析表中可以得出该实验最佳组合为快灭磷—喷雾—3 度竹龄,其计算工程指数为 $X_{113} = 79.2\% \sim 96.4\%$。

三、分析与讨论

(1)从实验Ⅰ中可以看出:不同药物和处理方法对实验结果均有显著影响,而药物中以快灭磷防治效果最好;处理方法中喷雾、涂秆、注射较灌根法为好,但前三者之间无显著差异,喷雾法在高大密集的竹林间,操作不方便,花工大,成本高,难以推广应用;而注射法和涂秆法简便易行,用药量少,成本低,在大面积毛竹林受害时皆可应用,是生产上较为切实可行的两种防治方法。

(2)从实验Ⅱ可以看出:所选用的三种药物对蠕须盾蚧有良好的杀灭作用,在72小时内死亡率都在78%以上,而快灭磷防治效果最佳,氧化乐果次之,水胺硫磷较差,三种药物最佳组合浓度为水胺硫磷(1:0)、氧化乐果(1:20)、快灭磷(1:0)。

(3)上述防治实验一年后,我们于1986年5月20日在实地检查一次,该竹林均未见再有蠕须盾蚧为害,且竹株生长旺盛,而在沈河两岸没有防治的其他竹林,仍受蠕须盾蚧严重为害,如第8小班原受害率达90%以上,经防治后再无受害,而且立竹度增至160根以上。

(4)蠕须盾蚧世代重叠严重,虫态发育不整齐,所以当该虫大发生时,如采用涂秆法,最好每隔一周重复涂秆一次,约需2~3次,能有效地控制害虫的蔓延;如采用注射法药效较持久,仅一次即可控制害虫的蔓延。

(5)沙县高砂毛竹场有12 500多亩毛竹林,其中有中国林科院亚林所在此设立的60块实验标准地上,亦发现有蠕须盾蚧为害,受害率达70%左右,经我们介绍上述防治方法,于1986年5月对试验林的10、14、15、16号等标准地用氧化乐果进行竹秆注射法防治,1987年3月26日经我们实地检查,发现防治后的竹株上蠕须盾蚧已几乎死亡,效果很好。

参考文献

[1] 周尧.中国盾蚧志(第一卷).西安:陕西科学技术出版社,1982
[2] 杨平澜.中国蚧虫分类概要.上海:上海科学技术出版社,1982
[3] 林毓银.丛生竹蚜、蚧虫的观察和防治实验.竹子研究汇刊,1985,4(2):77~80
[4] 林毓银.福建丛生竹害虫名录初报.福建林学院学报,1986,6(2):69~77

毛竹蚧虫——蠕须盾蚧的观察研究[①②]

林毓银

Observations on *Kuwanaspis Vermiformis*（Takahashi）

摘要：本文报导为害毛竹秆部的主要蚧虫——蠕须盾蚧。经多年来观察研究发现，在福建省尤溪、沙县、南平、建瓯、上杭等县市的毛竹林中常受该虫为害，严重者毛竹秆受害率达70％～90％。该虫一年发生2代，大量以成虫和少量以卵在雌介壳中越冬，5—6月和9—10月为为害的高峰期，而且世代重叠严重。其天敌发现有日本方头甲等多种，经药剂防治实验结果，以快灭磷，氧化乐果等农药，采用注射法或涂秆法效果显著。

Abstract：This paper presents an investigation on *Kuwanaspis vermiformis*（Takahashi），a species of destructive insect to Bamboo. It is concluded that bamboo is a sort of newlyfound host of iK11wanaspis vermiformis（Takahashi），based on a long term of observations. Bamboo forestsin the county of Yuqi, Saxian, Nanping, Jianou and Shanghang were of ten attacked by the pest, and even 70％～90％per cent of culms in some plots could be seriously damaged. The pest had two generations a year and alternation of generations was of frequent occurence. Most of the pests lived through the winter in the form of female perfect insectsl, occasionally in the form of eggs. It was also determined that the most serious-damage periods were Mary-June and September-October. Cybocephalus nipponicus Endro-yolnga was shown to be a species of natural enemy to the pest. Consequently, mevinphos and oxidized dimethoate hade been proved to be good imiecticides and injecting and coating to be quite effective methods to control the pest, according to a series of contrel trials.

蠕须盾蚧 *Kuwanaspis vermiformos*（Takahshi）又名豸形盾蚧，属同翅目盾蚧科，我们发现毛竹是它的新寄主，它是福建毛竹林中分布最广、为害最大的一种蚧虫。为此，我们从1984—1988年对该虫进行系统的观察研究，现整理报导如下。

一、分布、寄主及为害情况

据原有资料记载：蠕须盾蚧分布福建、台湾，且为害凤尾竹 *Bambusa glaucescens* var. nana（Roxb.）、箣竹 *B. blumeana* Schult.、麻竹 *Sinocalamus latiflorus*（Munro）Mcdlure、绿竹 *S. oldhami*（Mtunro）Mcclure 等竹秆。近年来我们在福建省尤溪、沙县、南平、建瓯、上杭等县市发现该虫为害毛竹 *Phyllostachys pubescens* Mazel ex de Lehaie，主要为害竹

---

① 原文发表于《竹子研究汇刊》第九卷第2期 1990年4月
② 参加部分观察研究的尚有经济林83级连仁魁、陈家钦、84级郑水秋等同学。

秆,少量亦为害枝条。蠕须盾蚧多密集于竹秆第三节至十二节上,为害严重的竹秆表面布满排列整齐的虫体,虫体背部分泌灰白色的蜡质介壳,使受害竹秆呈现被有粉状蜡物,后逐渐变成黑褐色污垢;我们在尤溪、建瓯两县调查结果,受害严重的毛竹林,其竹秆的受害率达70%~90%,受害竹秆叶片变黄,且逐渐脱落,甚至整体或成片枯死,受害竹秆竹腔积水,材质变脆,不能用以劈篾;竹林受害后,翌年不发笋或少发笋,大大影响竹林的生长。

二、形态特征

据我们从尤溪板面、沙县高沙,南平西芹等地采回不同时期的标本观察结果,其各阶段虫态如图 6-18。

图 6-18　蠕须盾蚧形态图(均为放大后拍照)
Fig. 6-18　*Morphologie Feature of Kuwanaspis* vermiformis (Takahshi)
Notes :1. 一龄若虫(nymph of 1 instar);2. 二龄若虫(nymph of 2 instar);
3. 二龄脱皮及介壳(nymph of 2 instarindesquamation and its shell);
4. 卵(egg);5. 雄介壳(male shell);6. 雌介壳(female shell)

(一)雌成虫

体狭而长,线状,两侧平行,长 11 mm,宽 0.19 mm,橘黄色,触角相互接近,各有一长和一短毛,长的略弯曲,前气门有 2 个盘壮腺孔,后气门无腺孔,位于体长的一半处,在前后气门的后面有少数微小的腺管,腹部基部有多数小腺管排成横列,最后 3 个臀前腹节分节明显,侧缘不突出,边缘有腺管和刺状腺瘤。臀板长过于宽,末端圆形,背面中间有多数纵的波线状。中臀叶长过于宽,梯形,末端略尖,侧角各有 1 小缺刻,平行,第二臀叶分为 2 瓣,每瓣的形状和大小同中臀叶,中臀叶间各有 2 个阔的臀栉,端部各有 3 齿,第二臀叶外各有 3 个相似的臀栉,腺刺明显比臀叶长,每一臀叶每侧 4 个,外侧 1 个,臀板侧缘 2 个。肛门大,半圆形,位于接近臀叶基部。

(二)雌介壳

狭长,两侧平行,线状,通常弯曲,背面隆起,无脊线。第一蜕皮部分伸出在第二蜕皮的前端;第二蜕皮几乎为全个介壳长度的一半,狭长,略弯曲,均为淡黄褐色。

(三)雄成虫

体淡黄褐色,长约 0.31 mm,翅 1 对,透明,翅脉 1 条分 2 叉,翅展约 1.47 mm。触角 10 节,柄节短,其余各节较细长,节上着生刚毛,末节刚毛丛生。单眼 4 个,背单眼和侧单眼各 2 个,褐黑色。交配器针形,橘黄色。

(四)雄介壳

狭长,两侧平行,蜕皮位于前端,淡黄褐色,分泌物松脆,蜡质状,背面有 3 条脊线,白色,介壳长 0.89～1.21 mm,宽 0.25～0.36 mm。

(五)卵

长椭圆形,橘黄色,初产时淡黄色而有光泽,近孵化时呈橙黄色而光泽消失,长 0.18～0.25 mm,宽 0.08～0.10 mm。

(六)一龄若虫

体长椭圆形,长 0.24～0.30 mm,宽 0.12～0.15 mm,扁平,背部隆起,橘黄色。触角 6 节,末节长而尖,头部前端有 2 根刚毛在触角内侧,1 对侧单眼,位于触角的侧下方,口器无力。前体段与后体段愈合,中间无明显的缝,腹部分节。足 3 对,发达。旺毛 2 根,长而细。

(七)二龄若虫

体形和体色似成虫,头胸部较短,发育到后阶段雌二龄若虫足完全消失。触角退化只留遗迹,腹末出现臀板,外形似雌成虫。雄二龄若虫常比雌虫狭,臀板边缘的附属物比雌的退化。

三、生活史及习性

蠕须盾蚧在福建尤溪、南平、建瓯等地一年发生 2 代,以大量的雌成虫和少量的卵在雌介壳下越冬。翌年 3 月上旬越冬雌成虫开始孕卵,孕卵期约 20 天左右,4 月中旬开始产卵,5 月中旬为产卵盛期。以卵越冬的 4 月下旬至 5 月下旬为卵孵化盛期,5—6 月为害最烈。第二代雌成虫 7 月中旬孕卵,孕卵期约 30 天,8 月中旬开始产卵,9 月上旬为产卵盛期,10 月下旬进入成虫期,11 月下旬交配,并部分产卵进入越冬阶段。第一代卵期 4～5 天;第二代卵期 3～4 天。第一代一龄若虫生长发育 15 天左右脱皮进入第二龄;第二代一龄若虫生长发育 20 天进天左右脱皮进入二龄。雄成虫羽化高峰在 9 月下旬,并且在同一时期内有几种虫态同时出现,世代重叠严重。(附表 6-49)

表 6-49 蠕须盾蚧年生活史图(福建尤溪、南平,1986—1988)。

表 6-49　嘴须盾蚧年生活史图(福建尤溪、南平,1986—1988)

Tab. 6-49　Annual Life History of Kuwanaspis vermiformis(Youxi, Nanping of Fujian, 1986—1988)

月 Month	1			2			3			4			5			6			7			8			9			10			11			12		
旬 Ten-day period	上	中	下	上	中	下	上	中	下	上	中	下	上	中	下	上	中	下	上	中	下	上	中	下	上	中	下	上	中	下	上	中	下	上	中	下
第一代（虫态 Pest morphology）	(•)	(•)	(•)	(•)	(•)	(•)	(•)	(•)	•	•	•	•	•																							
	(+)	(+)	(+)	(+)	(+)	(+)	(+)	(+)	—	—	—	—	—	+	+	+	+	+	+	+	+	+														
第二代									•	•	•	•	•	—	—	—	—	—	•	•	•	•			+	+	+		+	+	(+)	(+)	(+)	(+)	(+)	(•)
												—	—	—	—										—						(•)	(•)	(•)	(•)	(•)	(•)

注:• 卵　— 若虫　+ 雌成虫　(+)越冬雌成虫　(•)越冬卵

Notes: • egg　—nymph　+female adult　(+)overwintered female adult　(•)overwintered egg

初孵化若虫大部分向上爬行 4～15 cm,寻得适合的场所固定,即将口针刺入竹秆吸食汁液,绝大多数虫体头部朝上而整齐地排列,并即开始分泌蜡质。若虫脱皮时,先将腹面皮胀破,而背面的皮组成介壳的一部分,随着吮吸的进行,虫体不断生长发育,介壳越来越长。雄若虫在介壳下经脱皮形成前蛹、蛹,羽化成雄成虫。雄成虫羽化后即行交配;雌若虫经脱皮 2 次到 3 龄进入成虫阶段,多数经交配后,产卵于介壳下。

四、天敌

通过几个固定观察点的调查,发现蠕须盾蚧的天敌尚多,如捕食性天敌有日本方头甲 *Cybocephalus nipponicus* Endrody-younga、七星瓢虫 *Coccinella septempuncata* Linnaeus、及寡节瓢虫 *Tefsimia* sp. 等,并且雌介壳上发现有多种圆形羽化孔,但未采到标本。值得注意的是日本方头甲,它分布广、数量多,成虫和幼虫均能大量捕食蠕须盾蚧,尤以幼虫期行动敏捷,对蠕须盾蚧的繁殖有很大的抑制作用。

五、防治意见

(一)药剂防治

蠕须盾蚧多发生于山地、丘陵的毛竹林中,往往山高、林密,交通不便,水源缺乏,加上虫体布满竹秆四周,外被有蜡质介壳,采用药剂喷射,效果较差,经我们在尤溪试验研究结果,采用注射法或涂秆法,简便易行,效果显著,应用农药的最佳组合浓度为水胺硫磷(1：0)一氧化乐(1：20)一快灭磷(1：10),大面积防治用氧化乐果注射效果亦佳。

(二)营林技术措施

结合每年砍伐老龄竹,进行卫生伐,即砍去受害严重的竹秆,以减少为害的虫源,防止不断扩大漫延,还能增加毛竹林内光照,创造一种不利该虫繁衍的环境。

(三)利用天敌

如日本方头甲、七星瓢虫。以及寄生峰对着蠕须盾蚧的繁殖均有抑制作用,应注意保护所有的天敌,利用天敌来杀灭各个不同时期的虫体。

(四)注意植物检疫

加强对竹材和竹种调拨的检疫工作,防止把带有蠕须盾蚧的竹材或竹种移运到未发生的地区。

参考文献

[1] 周尧.中国盾蚧志(第一卷).西安:陕西科学技术出版社,1982
[2] 杨平澜.中国蚧虫分类概要.上海:上海科学技术出版社,1982
[3] 林毓银.丛生竹蚜、蚧虫的观察和防治试验.竹子研究汇刊,1985
[4] 林毓银.蠕须盾蚧的防治试验研究.福建林学院学报,1986,7(3):17～24

竹秆红链蚧防治实验研究[①]

林毓银

Control Experiment over *Bambusaspis rutilan*

摘要：竹秆红链蚧在福建省首次发生大面积为害，以不同农药、不同浓度、不同处理方法进行防治试验，结果表明：以氧化乐果 1∶20 的注射法为最佳组合，杀虫效果达 90％，能有效地控制害虫的发生，此法简便易行，在生产上可大量推广应用。

Abstract：*Bambusaspis rutilan* harms Phyllostachys pubescens over large for the first time in Fujian Province. The objctive of this study is to find an efficient measure eatabilished with different insecticides conbined with its different cottcentrations and treatments and multiple comparative analyses showed that injecton measure with 1∶20 Dimethoate Oxide is the best combination which kills the pests with reliability of more than 90％. This method is so easily manipulated in practice that it is worth being applied and popularized extensively.

竹秆红链蚧（*Bambusaspis rutilan* Wu）是为害毛竹（*Phyllostachys pubescens*）秆部的一种新害虫，近年来该虫在福建省三明中村为害严重，平均受害率达 75％ 以上，造成竹秆枯死和出笋量大为减少，为尽快控制该虫的为害，减少竹农的损失，1990—1992 年在研究该生物学特性的基础上，重复两次进行了不同药剂、不同浓度小样地实验，筛选出最佳组合，于第二年进行大面积防治实验。

一、材料与方法

试验地设立在福建省三明市三元区中村乡筼竹村石马峡一片为害严重的毛竹林中部，坡度约 10 度，立竹度为 1 500～1 800 株/hm²。

（一）供试药剂

药剂来自福建三明农药股份有限公司出品的 50％甲胺磷、40％氧化乐果，浙江兰溪农药厂出品的辛硫磷，供试点样为不同竹龄的竹秆基部红链蚧 1～2 龄若虫和雌成虫。

（二）试验方法

为比较不同药物、不同浓度、不同处理方法的防治效果，采用 L₉(3⁴)正交表进行试验设计[2]，注射用药量 10 mL/株，每处理重复 2 次，设立清水注射和不做任何处理为对照。

1. 注射法

在竹秆基部第 4～5 节处，用特制带钉的锤子打一个小洞，然后用兽用注射器沿洞孔把药液注入竹腔内。

---

① 原文发表于《福建林学院学报》，1994，14(3)：240～242。

2. 涂秆法

用镊子夹住棉球,蘸取药液,在基部第 5～7 节处,沿节内涂抹一圈,然后用塑料薄膜包扎捆紧。

3. 喷雾法

用装有药液的喷雾器沿竹秆受害处喷,至竹秆有湿润感为止。

按不同药物,不同浓度和不同处理方法分别建立样地,各样地上按受害程度不同选取样株,每样株选 1～2 节,每节间选取一定面积的小样块,调查小样块上死亡率;同时在不做任何处理的样株上,用红蜡笔划上样块作为对照,以 10～15 天的死亡率经校正后作反正弦变换的数值为实验指标[3]。统计虫体死亡方法是:雌成虫颜色逐渐变暗,腹面臀部破裂出现黑点;若虫(1～2 龄)失去原来淡黄光亮的色泽。

二、结果与分析

竹秆红链蚧采用不同药物、不同浓度、不同处理方法的防治效果见表 6-50。

表 6-50　竹秆红链蚧防治效果
Tab. 6-50　Contcol effects on *Bambusaspis rutilan*

试验号	药物	处理方法	浓度	样株号	死亡率(%)		平均
					I	II	
1	甲胺磷	喷雾	1:0	1～8	60.2	67.8	64.3
2	甲胺磷	注射	1:10	9～16	73.3	79.6	76.5
3	甲胺磷	涂秆	1:20	17～24	78.3	60.4	69.3
1	氧化乐果	喷雾	1:10	25～32	82.4	80.1	81.2
2	氧化乐果	注射	1:20	33～40	84.6	85.3	89.9
3	氧化乐果	涂秆	1:0	41～48	81.9	70.9	76.4
1	锌硫磷	喷雾	1:20	49～56	80.3	81.6	80.8
2	锌硫磷	注射	1:0	57～64	73.5	94.7	84.1
3	锌硫磷	涂秆	1:10	65～72	75.4	88.5	82.0
$\bar{T}_1$	210.1	226.4	224.8				
$\bar{T}_2$	247.5	250.5	239.7				
$\bar{T}_3$	247.0	227.7	240.1				
$\bar{X}_1$	70.0	75.5	74.9		$T=704.6$		
$\bar{X}_2$	82.5	83.5	79.9				
$\bar{X}_3$	82.3	75.9	80.0				
R	37.4	24.1	15.3				

为辨明不同药物、不同浓度、不同处理方法对害虫防治效果,对表 6-50 数据进行方差分析结果表明:药物、方法对试验结果的死亡率有极显著的影响,而浓度有显著影响(表 6-51)。为比较不同水平的差异显著性,再进行多重比较,结果如表 6-52 所示。

表 6-51　方差分析表
Tab. 6-51　Reavlts of Varianle analymen

变差来源	离差平方和	自由度	均方	均方比
药物	306.7	2	153.37	306.74**
方法	122.48	2	61.84	122.48**
浓度	50.70	2	25.35	50.7
剩余	0.99	2	0.50	
总和	480.91	8		

说明:$F_{0.01}(2,2)=99$;
　　　$F_{0.05}(2,2)=19$;
　　　$F_{0.02}(2,2)=9$。

表 6-52　多重比较分析表
Tab. 6-52　Multiple computiseont analymen

因素	X_i	$X_i-\overline{X}_1$	$X_i-\overline{X}_2$
药物	$\overline{X}_2=82.5$	12.5**	0.2
	$\overline{X}_3=82.3$	12.3**	
	$\overline{X}_1=70.0$		
处理方法	$\overline{X}_2=83.5$	8.0*	7.6*
	$\overline{X}_3=75.9$	0.4	
	$\overline{X}_1=75.5$		
浓度	$\overline{X}_2=79.9$	5.0*	-0.1
	$\overline{X}_3=80.0$	51.1*	
	$\overline{X}_1=74.9$		

说明:$F_{0.01}(2,2)=3.4$。

表 6-52 分析结果表明:三种农药中,以氧化乐果防治效果最好,甲胺磷最差;三种处理方法中,以注射法为最佳,涂秆法次之,喷雾法较差;三种浓度中,以 1∶20 和 1∶10 两种为最好,1∶0 较差。

对各参试因素进行极差分析结果,药物极差 $R=37.4$,处理方法极差 $R=24.1$,浓度极差 $R=15.3$(表 6-50),由此可知影响试验结果的各因素主次关系为:药物＞处理方法＞浓度,同样由表 1-51 结果可知,正交试验的最佳组合为氧化乐果 1∶20 的注射法。

三、防治意见

竹林一般分布在偏远山区,山上水源缺乏,竹秆红链蚧孕卵期长,各虫态叠置严重,同时虫体外被有蜡质蚧壳,一旦大面积为害竹林、给防治工作带来一定困难,经过试验研究,提出下列综合防治意见。

(一)营林技术措施

对已为害的毛竹林,应加强抚育管理,过密的竹林应适当间伐,特别是已被害严重的植株应砍去,以减少虫口密度,提高毛竹林的抗虫能力。

(二)植物检疫

蚧虫类是一种不活跃的害虫,只有借助风雨,人类生产和其他昆虫而扩大蔓延成远程传播,所以应强调竹材和竹产品的检疫工作,将害虫控制在局部地区,阻止其扩散蔓延。

(三)生物防治

瓢虫对蚧虫的发生有抑制作用,在毛竹林中保留少量的阔叶树,将为瓢虫等天敌创造有利的生存条件,利用瓢虫来捕食各虫期的蚧虫,致使蚧虫为害在经济阈值之内。

(四)化学防治

经试验研究结果,大面积受害的毛竹林,可采用化学防治,应选用最佳组合,即用氧化乐果1∶20倍液对竹秆基部进行注射,该法方便易行,成本低、效果好,竹农容易接受。

　　本项研究承蒙三明市三元区林委、中村林业站的大力支持,陆登广、魏开炬同志参加部分外业及资料收集工作,谨此致谢。

参考文献

[1] 杨平澜.中国蚧虫分类概要.上海:上海科学技术出版社,1982,122～124

[2] 陈华豪.林业应用数理统计.大连:大连海运出版社,1988,148～150,285～291

[3] 林毓银.蠕须盾蚧的防治试验研究.福建林学院学报,1987,7(3):17～24

福建竹类部分科研成果鉴定

Identification of Fujian Bamboo some Research

一、野生福建酸竹林改为笋用林研究

Study on Transformation of Uncultivated *Acidosasa Notata* Stand into Shoot use

完成单位：福建林学院

主要完成人：郑清芳、郑隆鹏、刘玉宝、姜必亮、何荣彬

组织鉴定单位：福建省教育委员会

鉴定日期：1994 年 6 月

（一）成果简要说明及主要技术指标

1. 福建酸竹（*Acidosasa notata*（Z. P. Wang et G. H. Ye）S. S. You），群众又称撕竹、甜笋竹，其笋味甘甜、松脆可口，不含涩味，营养丰富。据分析，其蛋白质含量高达 3.9%，比一般竹笋平均含量（2.89%）高 38%，所含蛋白质水解后产生 17 种氨基酸，其中 8 种为人体所必需，2 种为半需氨基酸，每克鲜重中钙磷铁含量分别达 19.6 mg、113 mg 和 0.84 mg，其中磷含量比一般笋高达 66%。但这种笋用竹种在其分布区内仍处在野生状态，人们把它当作杂竹处理。本课题对福建酸竹进行系统的研究，基地设在顺昌县际滨村，利用其野生资源，在研究其生物学、生态学特性的基础上，提出切实可行的营林技术措施，直接改造为高产稳产笋用竹林，初步确定了丰产技术模式，对今后较大面积开发利用福建酸竹提供科学理论依据和成功的丰产经验。

2. 本课题首次系统地、详细地观察、研究福建酸竹的一系列生物学、生态学特性。如，福建酸竹的群落类型与演替，生物量的结构、单株叶面积指数、地上竹笋、竹秆与地下竹鞭的生长规律，并加上数量化的分析与表示，有助于加深对结论的认识与理解，亦为福建酸竹栽培提供理论依据。

3. 从福建酸竹群落类型调查中看到，在常绿阔叶林、杉木林、马尾松林下常发生有成片的福建酸竹，其上层乔木郁闭度在 0.6 以下，福建酸竹高大粗壮生长正常，说明福建酸竹有一定的耐荫性，可以用来营造多层次的混交林，建立一种多功能、高效益的生态林业模式。

4. 通过对丰产措施进行三种立竹度、三种年龄结构和三种土壤管理模式的三因素三水平正交试验，在方差分析的基础上对试验前后背景数据进行相关分析、组成分分析和多元分析，综合结果表明：福建酸竹笋用林的适宜立竹度为 600～800 株/亩，年龄结构以 1～4 年生竹比例各占 25% 为宜，土壤管理以阶梯增土法较好，这种笋用林的管理模式在改造仅有 4 年的竹林其最高亩产量可达 600 公斤以上。

5. 从地下竹鞭生长规律可知深鞭生大笋的科学理论，从而率先采用阶梯增土法土壤管理模式，每年从梯壁削土，就地增土，促鞭深生大笋，大大提高竹笋的质与量达到高产稳产，效益显著。从试验结果的数据分析表明阶梯增土法是笋用竹生产技术最关键措施之一。对山地笋用竹林是一个切实可行的有效措施，该项技术是一个创新。

（二）推广应用前景

野生福建酸竹林，沿南平至龙岩铁路沿线及其以北地区皆有分布，是在中亚热带生长的

一种高产优质笋用竹种,亦即我省南平地区、三明地区、龙岩地区皆有分布,如顺昌际滨村就有2 000亩野生林,建瓯房道曹源村亦有1 000多亩,南平市亦有不少成片生长,应用该课题成果,则改造后每亩福建酸竹林可产笋1 000斤,每斤以1元计,每亩笋产值1 000元,加上每年可伐竹秆200根,每根以0.5元计可出售100元,总之改造每亩野生福建酸竹林可获1 100元收入,比毛竹经济收入高2~3倍,如在改造野生福建酸竹林的同时,营造人工林4~5年之后,每亩至少收入1 000元。如发展1 000亩,则年收入达1 000 000元,对振兴农村经济,加快农民奔小康是一种极好的途径。

福建酸竹是中小型散生竹种,在山区大面积发展,亦具有生态效益与社会效益。

(三)鉴定意见

1. 该课题从本省丰富的竹类资源中选择发掘优质高产的福建酸竹笋用竹种。其笋味清甜可口,营养丰富,蛋白质和磷含量分别比一般竹笋高38％和66％。并利用野生资源,通过培育措施,直接改造成高产稳产的笋用竹林,对今后较大面积开发利用福建酸竹提供科学理论依据和成功的经验,其选题方向正确。

2. 该课题在研究观察福建酸竹的生物学、生态学特性,植物群落的基础上开展定位试验,其技术路线先进、科学,设计方案周密,措施切实可行。

3. 该课题通过多年试验观察记载,资料齐全,并能运用数理统计方法进行数据处理,所得结论正确。

4. 试验结果表明,经营福建酸竹笋用林的立竹度为600~800株/亩,年龄结构以1~4年生竹比例各占25％;土壤管理方式以阶梯增土法等,其最高产量亩产可达600公斤以上。

5. 阶梯增土法促进深鞭长大笋,从而大大提高竹笋的质与量,达到高产、稳产、效益显著,技术有创新。

6. 福建酸竹有一定的耐荫性,能在一定郁闭度(0.6)以下的杉木,马尾松和阔叶树林中正常生长,可以建立一个多功能高效益的立体林业模式。

7. 该课题能注意采用科研与生产、示范与推广、开发与利用相结合方式,边研究边推广,取得明显的效益。

8. 该项目在研究,开发利用福建酸竹方面填补了空白,在国内居领先水平。

二、黄甜竹生物学特性与丰产栽培技术研究

Study on Biological Characteristics and High Yield Cultivation Technique of *Acidosasa educis*

完成单位:福建林学院

主要完成人:郑清芳、刘玉宝、翁金珊、陈美龙、陈君强、郑郁善

组织鉴定单位:福建省科委

鉴定日期:1999年10月13日

(一)简要技术说明及主要技术性能指标

本研究立项项目名称为福建特优笋用竹——黄甜竹丰产技术研究,属福建省科协资助项目,编号为90-Z-95。黄甜竹是酸竹属一个新近发表的新种,仅分布于福建的闽清、闽侯、永泰、连江、古田、尤溪等县,其笋味甜美,口感好,不含涩味,为广大群众喜食。为及早开发

我省特有笋用竹种,我们立项研究,合同要求指标为:(1)人工种植 50 亩;(2)丰产技术措施;(3)四年后亩产笋 400 斤,六年后达 1 000 斤;(4)笋鞭生长规律;(5)分布与群落类型。经七年研究,已达性能指标有,调查研究了野生或半野生天然黄甜竹的分布、群落类型、出笋规律,笋营养成分分析,地下鞭根系统生长规律等生物学、生态学特性,并于 1991 年开始人工造林 80 亩,其中莆田黄龙林场 40 亩,连江陀市林场 20 亩,闽侯白沙林场 20 亩,造林四年后成林并投产,亩产笋四年后达 400 斤,六年后逐渐增至 1 000 斤,并总结出一套丰产技术措施,其最佳模式为:初植密度 70 株/亩,立竹度 700±50 株/亩,年龄结构 1~4 年各占 25%。土壤管理方式为阶梯增土法最优。

黄甜竹为新近发表的新种,仅分布福建的福州地区及其附近,他省没有分布,仅浙江林科所从福建闽清引去少量竹苗试种,生长良好,经文献检索,见有浙江林科所的《笋用良种黄甜竹引种报告》一文,其他几篇文章均是郑清芳指导的研究生或与之合作者从基地总结的文章,至于国外没有该竹种,也无人研究,可以说本研究为目前最全面最系统的较深入研究,其成果的创造性与先进性有:(1)最全面最系统地研究黄甜竹的生物学特性与生态学特性,包括分布、群落类型、演替规律、出笋成竹规律、笋体营养成分测定,地下鞭根系统结构;(2)首次测定黄甜竹笋用林叶绿素含量、叶面积指数及各器官的水分含量;(3)首次系统地研究黄甜竹笋用林丰产培育技术模式;(4)首次研究黄甜竹早出高产技术;(5)首次研究黄甜竹笋用林水文效益等生态效益。本研究成果证明:人工营造黄甜竹笋用林,四年即可成林投产,并能收回造林成本,笋用林亩产笋 1 000 斤,经济收益 1 500~2 000 元/亩,加上竹林盘根错节,水文效应好,大大减少水土冲刷,有很好的经济、生态、社会效益,可大力推广应用,为山地综合开发,振兴农村经济,加速奔小康做贡献。

(二)推广应用前景与措施

应用本研究成果可在福建、浙江、江西等省营造人工黄甜竹笋用林,宜选择坡度平缓山地,土层深厚,富含腐殖质的土壤,造林后四年即可成林、投产,并收回造林投资成本,笋用林建成后亩年产笋 1 000 斤,每斤以 1.5~2.0 元计,每亩收入 1 500~2 000 元,七年后竹秆变粗,再加集约经营产量可望更高,如采用早出高产技术,使竹笋从三月份提前在春节前后出笋,不仅产量增加而且笋价较高,其经济效益更为可观。

对福建较大面积的野生黄甜竹林,可采取砍杂翻土、留养伴生树种等措施,改建为黄甜竹笋用林或竹阔、竹松混交林,建立立体林业模式,不仅不影响水土流失,还有一定笋产量,既有经济效益又有生态效益。

(三)鉴定意见

1998 年 10 月 12 至 13 日,福建省科委邀请专家在莆田市召开"福建特优笋用竹——黄甜竹丰产技术研究"(90-z-95)鉴定会,与会专家认真评审意见如下:

1. 黄甜竹是福建特有的优质高产笋用竹种,其生长快、产量高,笋味清甜可口,营养丰富,经济效益好。课题组经过七年的研究,总结出整套丰产技术体系,为今后开发利用黄甜竹提供科学依据和成功的经验;对于我省中、小径竹栽培竹种,发展山区经济,为山区群众脱贫致富奔小康开辟出一条新途径。

2. 课题组对黄甜竹群落演替规律、地下地上结构特点、叶面积指数和叶绿素含量及营养成分测定、林分生物量结构特征进行了系统研究国内未见所报,具有创新性。

3. 课题组对黄甜竹造林技术进行了试验研究,提出的密度控制、竹龄结构、土壤管理等丰产栽培技术可操作性较强,具有一定的推广应用价值。

4. 试验结果表明,经营黄甜竹笋用林用丰产林最佳模式为:初植密度 1 050 株/hm² 丰产林密度控制在 10 500 株/hm²,其中 1~4 年竹各占 25%,土壤管理以阶梯增土法为最好,一般种植四年可成林投产,在高产期采用早出笋高产技术,可以提高产量和经济效益。

综上所述,该课题立题方向正确,试验设计科学,技术路线合理,资料齐全,数据可信,全面完成了合同规定的各项任务,该研究成果居国内领先水平。

建议:1. 课题组对黄甜竹丰产技术应进一步深入研究并加大推广力度。

2. 鉴于该项目在生物学特性方面研究全面、深入,建议把成果题目改为"黄甜竹生物学特性与丰产栽培技术研究"。

三、观赏竹引种及利用研究

Study on the Introduction and Utilization of Ornamental Bamboo

主要完成单位:龙岩市林业科学研究所

主要完成人:邓恢、赵永建、黄素兰、郑清芳、廖宝生

组织鉴定单位:福建省林业厅

组织鉴定时间:1997 年 12 月 31 日

成果水平:国内同类研究先进水平

成果登记号:97375

获奖情况:2000 年福建省科技进步三等奖

(一)成果内容、关键技术和技术经济指标及效益

通过引进及发掘当地天然资源,共收集了 73 种观赏竹,建立了一个品种较齐全的观赏竹园。经过深入研究这些观赏竹生物学特性生长规律分类学特征,并对各观赏竹的秆、叶、形态、生长势测评和量化处理后,运用计算机进行方差分析、聚类分析、主成分回归分析等,综合评价出 I 类优良观赏竹种 8 个、II 类优良观赏竹种 14 个,可供园林绿化重点选择与推广应用。课题围绕"观赏竹利用"问题,分别从"观赏竹在园林绿化设计中的归类应用"、"观赏竹资源的利用"、"观赏竹材性的分析与应用探讨"、"观赏竹在防护林、水保林营造中的利用"、"观赏竹在营建生态农业园中的应用"等八个方面进行了研究,为今后推广和开发利用这类宝贵资源提供了依据。研究表明:花吊丝竹、四季竹是非常优良的笋用竹种,可望在适生区取代绿竹、早竹,成为最具竞争力的笋用竹种;四季竹、实肚竹、霞山坭竹、水竹等竹种,由于其根系生长、适应性佳等一些独特的生物学特性,可成为营建防护林、水土保持林、河堤护岸林以及沼泽地造林的最理想竹种,具有广泛的应用前景;粉单竹、青丝黄竹、花竹是优良的竹编工艺竹种,具有广阔的开发前景;最适于营建纸浆林的竹种有霞山坭竹、撑篙竹、妈竹、白节勒竹、慈竹、花眉竹以及硬头黄竹。

(二)推广应用情况、前景及适用范围

几年来,龙岩市园林处、东肖森林公园、江山旅游区、龙硿洞风景区、梅花山自然保护区及莆田、漳州、三明、泉州等地几十个单位先后从我所观赏竹园调走 50 多种观赏竹种,用于城镇园林绿化建设。"观赏竹在营建高优生态农业园中的应用"技术分别在新罗区小池、龙

门、曹溪镇推广应用,取得显著的效益。把观赏竹园中的实肚竹、四季竹、黄纹竹、花吊丝竹等引种到长汀水土流失区、龙津河上游矿区推广种植,取得良好效果。

四、毛环竹高产林结构体系和栽培技术系列研究

Series Study on High Yield Forest Structure and Cultivation Technology of *Phyllostachys meyeri*

主要完成单位:松溪县竹业工作站、福建林学院

主要完成人员:徐道旺、郑郁善、陈少红、林声祯、郑清芳

组织评审单位:福建省林业厅

组织评审时间:1997 年 11 月

成果水平:国内同类研究领先水平

获奖情况:1998 年福建省科技进步三等奖

(一)成果内容、关键技术和技术经济指标及效益

研究毛环竹枝、秆、叶结构及地上与地下部分生物量结构,并建立回归模型,为评价毛环竹林生产力提供参考;研究毛环竹竹鞭分布、生长发育规律,为确定土壤管理措施提供依据;系统地研究发笋规律,分析了笋重和地径、笋长的关系,并测定分析笋营养成分;应用密度效应新模型研究了毛环竹密度效应,用线形规划方法研究毛环竹林的年龄结构,此外还测定了叶面积指数,并进行科学评价;运用相关分析和组成分析方法找出了影响毛环竹产量的主导因子,为毛环竹高产林培育提供了科学依据;深入研究了毛环竹涵养水源功能;系统研究了毛环竹丰产栽培的生态学特性,总结出完整且适用于生产的造林、抚育管理等配套技术措施,平均每公顷产笋量达 12 t,最高达 20~25 t,每公顷年产值平均为 1.3 万元,最高达2.11万元。

(二)推广应用情况、前景及适用范围

毛环竹是优良的笋材两用竹种,其竹笋鲜美可口,营养丰富,竹材是竹编、厘竹、造纸的优良原料,具有广阔的市场前景。毛环竹适应性广、易造林、成林快、产量高、效益好,具有很好的开发前景。已在闽北地区推广应用 1 500 公顷,每 hm² 产笋量提高 4 000 kg 以上,竹材增加 1 000 kg 以上,每年新增产值 600 万元以上。本成果可在平均气温 15~22 ℃,年降水量超过 1 400 mm,最低气温−12 ℃以上,最高气温 42 ℃以下的广大地区推广应用。

五、几种高产优质笋用竹引种栽培试验研究

Experimental Study on the Introduction and Cultivation of Several Bamboo Shoot Used with High Yield and Quantity

完成单位:福建尤溪林业科技推广中心、福建林学院

主要完成人:朱勇 郑清芳 阮传成

组织鉴定单位:福建省林业厅

鉴定日期:1994 年 6 月

获奖情况:福建省林业厅科技进步三等奖

从浙江引入高产竹种早竹、角竹、红哺鸡竹、白哺鸡竹、花哺鸡竹并开发利用本省优质高

产的笋用竹黄甜竹、台湾桂竹、绿竹等进行合理搭配,栽植 5 年表现良好,并已郁闭成林可以投产。由这些竹种组成高产优质四季笋用林经营模式,是目前笋用林经营的最佳生产模式之一。

六、亚热带中小型竹林可持续经营技术研究

Study on Sustainable Management Technology of Subtropical Medium and Small Bamboo Forest

　　主要完成单位:福建农林大学

　　主要完成人员:郑郁善、郑清芳等

　　组织评审单位:福建省科技厅

　　组织评审时间:2002 年 12 月

　　成果水平:国际先进水平

　　获奖情况:2003 年福建省科技进步二等奖

　　成果内容、关键技术和技术经济指标及效益:本研究根据福建省发展中小型竹子生产需要,课题组经多年来的研究已形成许多创新性成果,并在各地推广应用后取得很高的经济效益,为尽快将这些成果转化为生产力,所以提出鉴定要求。本研究创造性地提出了中小型竹子可持续经营技术、林分改造、丰产林分结构经营管理的关键技术,建立中小型竹林可持续经营理论与技术体系。

第七篇　山茶科(Theaceae)、冬青科(Aquifo-liaceae)部分属种的研究

The Seventh Chapter　Study on Part Genus and Species of Theaceae and Aquifoliaceae

茶属、红楣、木荷、厚皮香、柃木、紫茎、冬青属七条目[①]

Camellia, Common anneslea, Schima, Nakedanther ternstroemia, Japanese eurye, Chinese stewartia and *Holly*

一、茶属 *camellia*

茶属,学名 *Camellia L.*,又称山茶属,山茶科。本属约 220 种,主要分布于中国(190种)、印度、马来西亚。

本属主要树种除油茶外,还有以下几种。

(一)茶树 C. *sinensis*(L)O. Ktze

常绿灌木或小乔木。芽鳞多数,覆瓦状排列。单叶互生,边缘有锯齿,叶柄短。花单生或 2～4 朵聚生、腋生或顶生。两性。萼片与苞片常混淆,萼片大小不等。花瓣白色、红色或黄色。基部相连,雄蕊多数,2 轮排列,外轮花丝连合,着生于花瓣基部,内轮花丝分离,花药丁字着生,子房上位,3～5 室,花柱基部合生。蒴果,室背开裂,连轴脱落。种子 1 至多数(见图 7-1)。11—12 月开花,次年 10 月果熟。叶供制茶,有强心利尿的功效,根入药,能清热解毒,种子榨油可供食用或作润滑油。中国长江流域及其以南各省均有种植。日本、尼泊尔、印度、中印半岛皆从中国引种栽培。中国利用茶叶的历史十分悠久,据史书记载,早在殷商时期,就知道用茶叶作药,周代以后就以茶叶为饮料,成书于汉初的《尔雅》称茶

图 7-1　茶树

---

① 郑清芳,原文发表于《中国农业百科全书林业卷》。

为"槚",汉王褒《僮约赋》有"武阳买茶"之语。从植物地理分布或栽培历史看,无论茶树(原种)或普洱茶(变种)都原产于中国。

(二)金花茶 *C. chrysantha* (Hu) Tuyama

因花金黄色而得名。常绿灌木或小乔木,高2～6 m,胸径可达16 cm。树皮灰黄色至黄褐色,近平滑,嫩枝淡紫色,无毛,有光泽。叶革质,长圆形,长8～22 cm,先端尾状渐尖或急尖,基部楔形或钝圆,边缘有骨质小锯齿,无毛,表面深绿色,背面淡绿色,散生黄褐色小腺点,叶柄长1～1.3 cm。花深黄色,单生叶腋或近顶生,花梗长1 cm,苞片5片,萼片5片,宿存,花瓣8～10个,肉质。具蜡质光泽,大小不等。雄蕊多数,数轮排列于花冠筒部,内轮花丝粗,离生,其余不同程度连合。子房无毛,花柱3～4条。果球形或三角状球形,直径3.5～5 cm,高2.5～3 cm,果皮厚3～5 mm,每室有种子1～2颗,种子近球形或不规则而具棱角。11—12月开花,次年10月果熟。产中国广西,生于常绿阔叶林中。越南也有。花深黄色,为园林观赏价值较高的珍稀植物,亦可与其他茶花进行杂交,可望培育出花色更多彩的新品种。叶治痢疾和外洗烂疮,也可泡茶作饮料;花治便血和妇女月经过多,花浸提液黄色,可作食用染料;种子榨油,可供食用及工业原料;木材结构细致,供雕刻等细木工艺之用,为中国一级重点保护植物。

(三)茶花 *C. japonica* L

又名山茶,为中国珍贵树木之一,常绿小乔木或灌木,树冠卵形,树皮光滑,嫩枝无毛,叶椭圆形,长7～10 cm,宽2.5～6 cm。边缘有细齿,上面暗绿色,有光泽,下面绿色,无毛;叶柄5～15 mm。无毛,花大,顶生或成对腋生,径5～10 cm,苞片及萼片9～10片,野生种花瓣6～7片,基部合生,浅红色,花丝连合成短管,子房3室,花柱3裂,蒴果近球形,径3～4 cm,产中国山东、浙江、江西、四川。日本、朝鲜亦有分布。为名贵的观赏树种,栽培品种遍布全球各大洲。已有1 000多年栽培历史,目前栽培品种有15 000个以上,花色艳丽,有深红、白、粉红及杂色,并多为重瓣,种子含油率45%。油可食用及供工业用,花为收敛止血药。对二氧化硫和硫化氢具较强的抗性,适生于温暖湿润气候,深厚肥沃排水良好的酸性(PH 4～5)黄壤、红壤。花期长,2、3、4月均为盛花期。

二、红楣 common anneslea(茶梨)(中国高等植物图鉴)

学名 *Anneslea fragrans* Wall,又称茶梨,猪头果,山茶科,茶梨属(该属约6种,中国全产)。常绿乔木,高4～15 m,叶厚革质,簇生枝顶,椭圆形或长圆状披针形,长6～11 cm,宽3.5～5.5 cm,先端钝尖或短渐尖,基部楔形,近全缘。稀具波状钝齿,上面光滑,下面有稀疏黑色斑点,叶柄长1.5～3 cm。花乳白色,径1.3～1.5 cm,花梗长2～6 cm,苞片三角状卵形或卵形,边缘膜质。微具腺毛,花瓣5片,基部连成管,雄蕊多数,着生花冠基部,花药基生,药隔具长尖头,子房半下位,2～3室。浆果近球形,径2～2.5 cm,熟时上半部开裂,花萼宿存,果梗长3～6 cm。种

图 7-2　红楣

子具红色假种皮,见图 7-2。产中国江西、福建、湖南、广东、广西、贵州、云南,缅甸、泰国、老挝、尼泊尔等国也有分布,常混生于海拔 500～1 200 m 灰化红黄壤山区常绿阔叶林中,在云南常散生于思茅松林中。木材淡黄色,结构匀细,可作家具及车旋用材。

三、木荷 schima

学名 *Schima superba* Gardn et Champ,因系木本,花似荷花,故名木荷,又称梅树、荷木,山茶科,木荷属(该属约 30 种,分布于印度尼西亚、印度、马来西亚至中国,中国约 19 种)。常绿乔木,高达 30 m,胸径 1 m。树皮深褐色,块状开裂。小枝暗灰色,皮孔明显。顶芽被灰白色柔毛。叶革质,椭圆形或倒卵状椭圆形,长 10～12 cm,宽 2.9～5 cm,边缘具钝锯齿,叶柄长 0.6～1.8 cm。花白色,呈短总状花序,腋生或集生枝顶。花梗长 1.2～4 cm,萼片 5 片,边缘有细毛。蒴果近球形,径约 1.5 cm,熟时 5 裂。种子扁平,边缘有翅。花期 5—7 月,果熟期 9—11 月,见图 7-3。

图 7-3　木荷

木荷的木材结构均匀,纹密,材质稍重,加工容易,经充分干燥后少开裂,不易变形,为纺织工业纱锭、纱管及其他旋刨细木工的上等用材,亦为交通、建筑等用材。树皮可提取单宁。树冠浓密,可阻隔树冠火,中国南方林区多作防火线树种。树干端直,对毒气有抗性,可作环保树种。叶及根皮可作药用。

四、厚皮香 nakedanther ternstroemia

学名 *Ternstroemia gymnanthera* (Wight et Arn.) Sprague.,山茶科,厚皮香属(该属约 100 种,分布于亚洲、非洲和南美,中国产 20 种)。常绿小乔木,高 3～15 m。树皮黄绿色,具突出皱纹。小枝轮生或多次分叉。叶薄革质,倒卵形,长 5～8 cm,宽约 2.5～4 cm,全缘,稀有不明显钝齿,上面有光泽,下面干时淡红色;叶柄长 8～15 mm,花淡黄色,有香味,数朵聚生枝梢,苞片 2 片,卵状三角形,萼片 5 片,卵圆形或长圆形,边缘有腺齿,花瓣 5 片。基部连合,柱头顶端三浅裂。果实浆果状,球形,径 1～2 cm,花期 6 月,果熟期 10 月。

产中国西南、华南、华东及湖南、湖北。日本、印度、朝鲜也有分布,生于海拔 500～3 500 m 的山

图 7-4　厚皮香

地林中。喜温暖湿润凉爽的气候和背阴潮湿的酸性黄壤或棕壤。根系发达,抗风力强。用

种子或扦插繁殖。10月采种,去油质种皮,洗净阴干沙藏。2—3月条播,扦插在6—7月进行,木材遇空气氧化后呈红色。结构细致,作雕刻、车旋、车辆、家具等用材。种子含油率约20%,可作油漆、润滑油及肥皂原料。叶、花可入药。树皮可提取栲胶及染料,树冠浓绿,圆形,枝平展。叶厚、光亮、初冬绿叶转红,系美丽的观赏树。对二氧化硫、氯气、氟化氢等有较强的抗性,可作为环保绿化树种(见图7-4)。

五、柃木 japanese eurye

学名 *Eurya japonica Thunb.*,又称海岸柃,山茶科,柃属(该属约130种。分布于东南亚和东亚,中国产80多种)。常绿灌木,高1~3 m。嫩枝有棱,无毛或有疏毛。叶互生,革质,椭圆形到长圆状披针形,长3~6 cm,宽1.5~2 cm,边缘具细齿,叶柄长约3 mm。花单性,雌雄异株,白色,1~2朵腋生,萼片卵圆形,长约1.5 mm,花瓣5片,基部稍连合,雄花有雄蕊12~15个,花药基生,子房3室,花柱长1.5 mm。浆果球形,径约3~4 mm。产中国浙江、台湾,日本、朝鲜亦有分布。生于山坡阴湿处,为酸性土上常绿阔叶林下常见的灌木。枝入药,能清热消肿;果作染料;枝叶烧成灰,灰汁可作染媒剂,见图7-5。

图7-5 柃木

六、紫茎 chinese stewartia

学名 *Stewartia sinensis* Rehd et Wils,因茎皮紫红色而名紫茎。山茶科,紫茎属(该属约11种,分布于东亚和北美,中国6种)。落叶灌木或小乔木,高6~10 m。嫩枝有柔毛。顶芽有芽鳞。叶纸质,互生,椭圆形,长4~8 cm,宽2.5~3.5 cm,先端渐尖,基部楔形,边缘有细锯齿,下面疏被长柔毛;中脉在上面凹下,下面突起;叶柄长5~8 mm,带紫色。花白色,单生叶腋,叶状苞片2片,卵圆形,长约1.5 cm,萼片5片,卵圆形,外侧有短柔毛,花瓣5片,倒卵形。雄蕊多数,花药丁字着生,子房上位,5室,被长柔毛。蒴果球形,径约2 cm,木质。种子周围有翅,顶端微尖。产中国安徽、浙江、江西、福建、湖北、湖南、四川海拔900~1 800 m山地林中。种子油可食用,亦可制肥皂或润滑油,根果可入药。为中国三级重点保护植物,见图7-6。

图7-6 紫茎

七、冬青属 *holly*

学名 *Ilex*,冬青科。本属约400多种,分布于美洲、亚洲、欧洲、大洋洲,中国约140多种。乔木或灌木。单叶,互生,稀对生,常绿或落叶,有齿缺或有刺状锯齿。花单性异株,有时杂性,为腋生的聚伞花序或伞形花序;萼片、花瓣和雄蕊通常4片;子房上位,3至多室,每室有下垂的胚珠 1～2 颗,中轴胎座。果实浆果状,球形。有些种类的木材可供雕刻和家具用,有些种类可供观赏用,有些种类的叶煎汁可作纸浆的糊料。根通常供药用。

(一)冬青 *I. purpurea* Hassk.

又称冻青,四季青。常绿乔木,高 4～20 m,胸径 55 cm。树冠卵圆形。嫩枝浅绿色,具棱。叶薄革质,椭圆形至披针形,稀为卵形,边缘具圆钝锯齿,上面有光泽,叶柄长 5～15 mm。花淡紫红色,有香气,雄花和雌花分别排列成二歧聚伞花序,腋生;总花梗长 7～14 mm。核果椭圆形,长 10～12 mm,深红色,见图 7-7。花期 4—6月,果 11—12 月成熟。分布于中国江苏、江西、福建、湖北、湖南、广西、广东、贵州、四川,日本亦有分布,常混生于阔叶林中。种子繁殖。播种前需进行层积催芽。叶含原儿茶酸 $C_7H_6O_4$ 及原儿茶醛 $C_7H_6O_3$,对金黄色葡萄球菌及绿脓杆菌有抑制作用,可治上呼吸道感染,急性胃肠炎,外用治烧烫伤。树皮可作强壮剂。木材坚韧,结构细,切面光滑,可作细木工材料。叶四季常青,果秋冬红色,为优良庭园观赏树种。对二氧化硫抗性强,并有防尘耐烟功能,可作城市工矿绿化树种。

图 7-7 冬青

(二)毛冬青 *I. pubescens* Hook. et Arn.

常绿灌木,高 3 m。枝近四棱,密生短粗毛。叶纸质或膜质,长卵形、卵形或椭圆形,长 2～5.5 cm,宽 1～2.5 cm,下面疏被粗毛,边缘有稀疏小尖齿,齿尖具短芒、稀全缘;叶柄长 2.5～5 mm,密被短毛。花淡紫色或白色。果卵状球形,径 4 mm,熟时红色。产于中国安徽、浙江、江西、福建、台湾、湖南、广东、广西,常生于山坡灌丛或林缘。根含黄酮甙,叶含齐墩果酸及乌索酸(ursolicacid),均可入药,有降压和抑菌作用,主治心绞痛、心肌梗死、血栓闭塞性脉管炎、咽喉炎,扁桃体炎等。枝叶煎成胶液能加强纸浆黏性。

(三)大叶冬青 *I. latifolia* Thunb.

又称苦丁茶(福建)。常绿乔木,高达 20 m。小枝具纵棱、无毛。叶厚革质,长圆形或卵状长圆形,长 8～17 cm,宽 4.5～7.5 cm,先端短而尖,基部宽楔形至圆钝,边缘具疏锯齿;叶柄长 1.5～2 cm。花多数排成假圆锥花序。果球形,径约 7 mm,红色或褐色。花期 4 月,果11 月成熟。产于中国华东和华南,日本亦有分布,常生于阔叶林中。嫩叶可为茶叶代用品,能清热除烦,止痢解渴。树皮可入药。木材可作旋切材。

(四)大果冬青 *I. macrocarpa* Oliv.

落叶乔木。有长枝与短枝,小枝有明显皮孔。叶纸质,卵形或卵状椭圆形,长 5～1.5 cm,宽 3～7 cm,边缘有细锯齿,两面无毛或幼时被稀疏的微毛;叶柄长 5～15 mm。花白色,有香气;雄花序近簇生于 2 年生枝上,或单生于长枝叶腋或基部鳞片内,具 1～5 花,雌花单生叶腋,花梗长 6～14 mm。果球形,成熟时黑色,径 12～14 mm;柱头宿存;分核 7～9 颗,两侧压扁,具条纹及沟槽。果 10 月成熟。产于中国西南,华南及安徽,湖北、湖南等省;生于山地林中。

(五)枸骨 *I. cornuta* Lindl.

常绿灌木或小乔木,高 3～4 m。树皮灰白色,平滑。叶硬革质、光滑、长圆形,长 4～8 cm,宽 2～4 cm,顶端有硬刺,边缘具尖刺 1～2,叶柄长 2～3 mm。花黄绿色,簇生 2 年生枝上。果球形,鲜红色,径 8～10 mm;柱头盘状;分核 4,倒卵形或椭圆形,表面具洼穴,近两端有小沟。花期 4—5 月,果 9 月成熟。产中国江苏、浙江、福建、湖北、湖南、广东、广西,生山坡、谷地、溪边阔叶林或灌丛中。叶、果实可入药。种子油可制肥皂。树皮作染料或煎胶。树叶奇特,可为庭园观赏树。

中国厚皮香亚科 Ternstroemoideae Melchior 部分属种[①]

Part Genus and Species of Ternstroemoideae（Theaceae）in China

花两性或单性,径常不及 2 cm,如大于 2 cm 则为下位或半下位子房;雄蕊(5～20),1～2 轮,花药长圆形,常有尖头,基着,花丝短。浆果或闭果。

2 族,我国均产。

一、杨桐族 Adinandreae Melchior

叶两列,稀多列。花 1～4 朵,腋生;萼片与花瓣互生;花丝离生。果小,果皮薄。种子小。

约 8 属。我国约 5 属。

（一）杨桐属 Adinandra Jack

常绿小乔木或灌木。顶芽锥形,常被毛。叶二列,革质,有时厚纸质。花两性,单生或双生叶腋;花梗下弯,稀直立;苞片 2,萼片 5,宿存;花瓣 5,白色;雄蕊 15～60,着生于花瓣基部,花丝常连合,稀分离,花药比花丝长,长圆形,基着,外向开裂,有硬毛;子房 3～5 室,每室胚珠多数,花柱不裂或顶端 3 裂。浆果。种子多数细小。

约 80 余种,分布于亚洲和美洲热带和亚热带。我国约 19 种,产于南部及西南部。

分种检索表

1. 顶芽被柔毛;嫩枝被毛或初被毛,后脱落无毛,子房被毛。
 2. 叶长 20 cm 以上,宽 4 cm 以上,上面中脉被柔毛 ………… 1. 大叶杨桐 A. megaphylla
 2. 叶长不及 15 cm,上面中脉无毛。
  3. 叶下面被红色腺点,两面网脉明显且稍凸起,具锯齿;花柱被毛………………………………
   ………………………………………………………………… 2. 海南杨桐 A. hainanensis
  3. 叶下面无腺点,两面网脉不明显。
   4. 花柱被毛。
    5. 花瓣外面无毛;内轮萼片三角状卵形,先端尖。
     6. 叶全缘;花梗长 2～2.5 cm;花丝上半部被柔毛 ………… 3. 杨桐 A. millettii
     6. 叶缘上半部有锯齿,花梗长 2.5～3.5 cm,花丝除顶端与花药连接处有疏毛外均无毛
      ………………………………………………………………… 4. 台湾杨桐 A. formosana
    5. 花瓣外面被毛;内轮萼片卵形,先端钝 ……………… 5. 四川杨桐 A. bockiana
   4. 花柱无毛。
    7. 嫩枝、顶芽、叶下面均被疏散长柔毛,有时叶缘具缘毛。
     8. 花瓣外面无毛 ……………………………………………… 6. 粗毛杨桐 A. hirta
     8. 花瓣外面中间部分被平伏长绢毛 ……………… 7. 毛杨桐 A. glischroloma

[①] 郑清芳,原文发表于《中国树木志》第三卷 3114～3139。

7. 嫩枝、顶芽、叶下面均被平伏柔毛。

9. 叶厚革质,长圆形,全缘;叶柄长 0.8～1.5 cm ………… 8. 无腺杨桐 *A. epunctata*

9. 叶革质,长圆状椭圆形,有锯齿;叶柄长 3～5 mm ……… 9. 毛柱杨桐 *A. lasiostyla*

1. 除顶芽先端被平伏微柔毛外,余无毛;子房无毛;叶椭圆形,叶缘上半部有锯齿……………
……………………………………………………………… 10. 亮叶杨桐 *A. nitida*

1. 大叶杨桐(两广乔灌木植物名录)、大叶黄瑞木(拉汉英种子植物名称)

Adinandra megaphylla Hu.

常绿乔木,高达 15 m。嫩枝被黄褐色柔毛。顶芽密被黄锈色绢毛。叶长圆形或长圆状披针形,长 16～28 cm,宽 4～7 cm,先端渐尖,基部圆或宽楔形,具锯齿,中脉在上面有凹槽并被短柔毛,侧脉两面明显,下面疏被紧贴柔毛,后渐脱落;叶柄长 1～1.5 cm。花单生于叶腋;花梗长 1.5～3 cm,下弯,密被紧贴柔毛;苞片长卵形;萼片宽卵形,密被紧贴柔毛;花瓣被毛;子房 5 室,被毛,花柱长 9 mm,下半部被毛。果球形,径 1～2 cm。

产于云南、广西、广东南都;生于海拔 1 000～1 800 m 山区常绿林中,越南也有分布。

2. 海南杨桐(海南植物志)、赤点红淡(中国高等植物图鉴)、赤点黄瑞木(拉汉英种子植物名称)

Adinandra hainanensis Hayata.

常绿乔木,高达 25 m。顶芽密被黄褐色平伏柔毛。嫩枝被贴伏短柔毛,后渐脱落。叶长圆状椭圆形或长圆状倒卵形,长 6～13 cm,宽 3～5.5 cm,先端短渐尖,基部楔形,具锯齿,中脉在上面下陷,侧脉和网脉两面均明显,下面被暗红色腺点,初被柔毛,后渐脱落;叶柄长 0.5～1 cm。花白色,1～2 朵腋生,花梗长 7 mm;萼片卵圆形,密被柔毛;花瓣长圆状椭圆形,长 7～8 mm,基部连合,被毛;子房 5 室,被毛,花柱被毛。果球形,径 1～2 cm,被毛;果梗长 2 cm。花期 2～5 月。

产于广东、海南、广西。

在海南中部山地海拔 1 000 m 以下山地,鸡毛松、青钩栲、阴香林中,云南杨桐和厚壳桂、多花山竹子、鹅掌柴等混生,为第 2～3 层林木。

3. 杨桐(江西)、黄瑞木(福建)、毛药红淡(中国高等植物图鉴)、毛药黄瑞木(拉汉英种子植物名称),见图 7-8

Adinandra millettii (Hook. et Arn.) Benth. et Hook. f. ex Hance〔(*Cleyea millettii* Hook. et Arn.〕.

小乔木,高约 5 m。嫩枝及顶芽疏被短柔毛。叶长圆状椭圆形,长 4.5～9 cm,宽 2～3 cm,先端骤尖或短渐尖,基部楔形,全缘,有时上部具细齿;幼叶下面被平伏柔毛,后渐脱落;叶柄长 3～5 mm。花白色,单生于叶腋;花梗长 2～2.5 cm,下弯;苞片早落;萼片三角状卵形,先端尖,边缘有小腺点和睫毛,外面疏被平伏短柔毛;花瓣卵状披针形,雄蕊 25,花药密被白色柔毛;子房 3 室,被毛。果近球形,径约 1 cm,熟时紫黑色。花期 4—5 月,果期 7～8 月。

产于福建、浙江、江西、广东、广西、安徽、湖南、江苏等地,生于海拔 100～1 250 m 的山区疏林内或灌丛中,越南也有分布。

木材供建筑、枕木、车船、家具等用。

图 7-8

1~2:杨桐 *Adinandra millettii* Benth. et Hook. f. ex Hance

3~9:台湾杨桐 *Adinandra formosana* Hayata

1. 果枝;2、4. 花;3. 花枝;5. 苞片;6. 花瓣;7. 花纵剖;8. 雄蕊;9. 果

4. 台湾杨桐(见图 7-8)

Adinandra formosana Hayata.

常绿小乔木。叶卵状长圆形或倒卵状椭圆形,长 6~8 cm,宽 2.5~3.2 cm,先端尖或钝;上半部具锯齿,侧脉 7~8 对;叶柄长 3~4 mm。花单生于叶腋,花梗长 2.5~3.5 cm,苞片卵状披针形,萼片同形,花药有毛,子房 3 室。果近球形,径 7~8 mm。

产于台湾,生于山区林中。

5. 四川杨桐(中国树木分类学)、四川红淡(中国高等植物图鉴)、川黄瑞木(拉汉英种子植物名称),见图 7-9

Adinandra bockiana Pritz. ex Diels.

小乔木,高 4 m。嫩枝及顶芽密被黄锈色疏柔毛。叶长圆状椭圆形或椭圆形,长 6~12 cm,宽 3~4.5 cm,先端短渐尖,基部楔形,全缘,下面被疏柔毛,中脉及边缘更密;叶柄长 2~8 mm,被粗毛。花 1~2,腋生;花梗长 1 cm;萼片卵形,先端钝,外被疏短柔毛;花瓣外被柔毛;子房 3 室,被毛,花柱无毛。果近球形,径 7~8 mm。

产于广西、贵州、四川,生于海拔 500~1 100 m 山区常绿林中。

图 7-9

1～2：四川杨桐 *Adinandra bockiana* Pritz. ex Diels
3～9：大萼杨桐 *Adinandra glischroloma* Hand. -Mzt. var. macrosepala Kob.
1、3. 果枝；2. 果；4. 花；5. 雌蕊

湖南杨桐(中国树木分类学)、尖叶川黄瑞木(中国高等植物图鉴)

Adinandra bockiana Pritz. ex Diels var. acutifolia (Hand. -Mzt.)Kob. (Adinan- dra acutifolia Hand. -Mzt.)

嫩枝及叶下面疏被平伏柔毛,老时近无毛。叶先端长渐尖；花梗长 1～1.5 cm,疏被柔毛；苞片早落；萼片长圆形,先端钝,具小尖头,外疏被平伏短柔毛；花瓣长圆形,外面中部密被柔毛；子房被微柔毛；花柱无毛。花期 5—6 月,果期 8—9 月。

产于广东、广西、福建、江西、湖南、贵州,生于山区林中。

木材黄褐色,纹理直,结构细；适于雕刻、玩具、笔杆、工艺品等用材。茎皮纤维可代麻,制绳索和编制麻袋,亦可制人造棉。

6. 粗毛杨桐、粗毛黄瑞木(拉汉英种子名称)

Adinandra hirta Gagnep.

常绿乔木,高达 15 m。小枝被黄褐色绒毛。芽被锈色绒毛。叶椭圆状披针形或长圆形,长 8～15 cm,宽 2.5～5 cm,先端渐尖,基部楔形或圆,全缘,叶下面密被黄锈色长柔毛,边缘有长睫毛,上面中脉凹陷,下面凸起,密被长柔毛,侧脉稍明显；叶柄长 2～5 mm,被疏毛。花梗长 0.8～1 cm；苞片卵形；萼片宽卵形,长 8 mm,外被柔毛；花瓣卵状披针形,长 1

cm,无毛;子房被毛,花柱被毛。果卵球形,径 1～1.2 cm,被疏长柔毛。

产于云南、广东、广西,生于海拔 700～1 700 m 山区密林中。

7. 毛杨桐(中国树木分类学)、两广杨桐(拉汉英种子植物名称)

Adinandra glischroloma Hand－Mzt.

小乔木。嫩枝及芽被黄褐色疏长柔毛。叶长圆状椭圆形或倒卵状椭圆形,长 7～13 cm,宽 2.5～4 cm,先端渐尖,基部楔形,下面密被长柔毛,沿中脉及边缘更密,有时略伸出叶缘外,中脉在上面微凹,侧脉两面明显;叶柄长 3～8 mm,密被长柔毛。花 2～3 朵,腋生,稀单生,径约 1 cm;花梗长 0.6～1 cm,被长柔毛;苞片早落,萼片卵状三角形,长 6～7 mm;花瓣宽卵形,长 1 cm,先端尖;子房 5 室,花柱长约 1 cm。花期 4—5 月。

产于广东、广西,生于海拔 600～1 300 m 山区常绿林中。

大萼杨桐、大萼黄瑞木(拉汉英种子植物名称)、大萼红淡(中国高等植物图鉴),见图7-9

Adinandra glischroloma Hand. -Mzt. var. *macrosepala* (Metc.)Kob.

小乔木,高约 5 m。嫩枝及顶芽密被黄褐色长柔毛。叶长圆形或倒卵状椭圆形,长 8～14 cm,宽 3～5 cm,先端尖或短渐尖,基部楔形或宽楔形,上面无毛,下面密被黄褐色长柔毛,近中脉及边缘密被毛;叶柄长 0.8～1 cm,密被柔毛。花 1～3 腋生;花梗长 0.6～1.8 cm;萼片宽卵形,长 1～1.5 cm,先端尖,被长柔毛;花瓣宽卵形,被毛;子房 5 室,被毛,花柱长约 1 cm,被毛。果卵球形,径 1.5 cm,被疏粗毛。

产于福建、浙江、江西、广东、广西、湖南,生于海拔 250～1 300 m 山区林下阴湿地或灌丛中。

8. 无腺杨桐(海南植物志)

Adinandra epunctata Merr. et Chun.

乔木,高达 18 m。嫩枝及顶芽密被黄褐色柔毛。叶长圆形,长 5～10 cm,宽 2～3 cm,先端尖,稀钝,下面疏被平伏柔毛,后渐脱落,全缘,中脉在上面凹下,侧脉稍突起;叶柄长 0.8～1.5 cm,被平伏柔毛。花单生于叶腋;花梗长 7 mm,密被黄褐色长柔毛;苞片卵形,长 4 mm,宿存;萼片卵形,长 5 mm,外密被长柔毛;花瓣长圆形,长 6～7 mm,先端圆,外面被毛;子房 3 室。花柱被毛。果卵球形,长约 5 mm。种子 9～10。花期 1—3 月。

产于海南,生于海拔 1 000 m 左右的阴湿林中。

9. 毛柱杨桐

Adinandra lasiostyla Hayata.

常绿乔木。嫩枝及顶芽密被黄锈色柔毛。叶长圆状椭圆形,长 8～13 cm,宽 2～5 cm,下面被黄褐色毛,中脉和网脉上更密,先端尖,具细锯齿;叶柄长 3～5 mm。花单生于叶腋;花梗长 3～5 mm,被毛. 下弯;苞片早落;萼片近圆形,外面被毛;花瓣外面被毛,子房 3 室,花柱长 1 cm,下半部被毛,柱头钝。果球形,径 5 mm,被毛。

产于台湾,生于海拔 2 300～2 800 m 山区林中。

10. 亮叶杨桐、亮叶黄瑞木(拉汉英种子植物名称)

Adinandra nitida Merr. ex Li.

小乔木;除顶芽上部疏被白色短柔毛外,全株无毛。叶椭圆形,长 9～12 cm,宽 3～4 cm,先端渐钝尖,基部楔形,上半部具细钝齿,上面中脉和侧脉明显突起;叶柄长 1.2～1.5

cm。花单生于叶腋;花梗长 1.2 cm;苞片窄椭圆形,长 5 mm,宿存;萼片大小不等,长卵形,长约 1 cm,先端短尖,边缘有睫毛;花瓣长圆形,基部连合;雄蕊多数;一轮,花药及花丝被疏毛;子房 3 室,无毛,花柱顶端 3 裂。果球形,径 1.3 cm;果梗较粗,长 2～2.5 cm。花期 6 月,果期 8—10 月。

产于广东、广西、云南、贵州,生于山区常绿林中。

(二)红淡比属 *Cleyera Thunb.*

常绿乔木或灌木。顶芽大,长锥形,无毛。叶二列,互生,革质。花两性,单生或 2～3 朵簇生叶腋;苞片 2,小或缺;萼片 5,边缘有纤毛,覆瓦状排列;花瓣 5,基部稍连合;雄蕊约 25,花药较花丝短,被毛,花丝离生;子房上位,无毛,2～3 室,每室胚珠多数,花柱长,2～3 裂,柱头细。浆果,熟时黑色,花萼和花柱宿存。种子少数,胚乳肉质。

约 16 种,分布于亚洲及北美。我国约 12 种,产于西南、东南。

分种检索表

1. 叶下面被红色腺点。
  2. 叶全缘,侧脉两面均不明显;果长卵形 ··················· 1. 隐脉红淡比 C. obscurlnervia
  2. 叶缘有锯齿,侧脉在叶上面稍明显;果球形。
    3. 叶厚革质,基部圆钝,侧脉约 20 对以上;萼片长圆形,先端圆,有小尖头··············
    ··· 2. 厚叶红淡比 C. *pachyphylla*
    3. 叶革质,基部楔形,侧脉约 9 对;萼片卵圆形,先端圆,微凹··············
    ······ ··············· 3. 凹脉红淡比 C. Incornuta
1. 叶下面无红色腺点。
  4. 果长卵形;叶倒卵形或倒卵状长圆形,先端钝圆 ··········· 4. 倒卵叶红淡比 C. obovata
  4. 果球形;叶椭圆形或倒卵形,先端短尖··················· 5. 红淡比 C. *japonica*

1. 隐脉红淡比(拉汉英种子植物名称),见图 7-10

Cleyera obscurinervis (Merr. et Chun) H. T. Chang.

乔木,高达 16 m;全株无毛。叶椭圆形、倒卵状椭圆形或倒卵形,长 6～10 cm,宽 3～4 cm,先端钝尖或微凹,基部楔形,全缘或上部稍有钝齿,边缘稍反卷,下面被红色腺点。中脉在上面平或微凸,侧脉两面不明显;叶柄长 0.6～1.2 cm。花 1～2 朵,腋生,花梗长 1.5 cm,直立;萼片卵圆形,有短睫毛。果长卵形,长 0.6～1.5 cm,果梗长 1.2～1.8 cm。花果期全年。

产于海南、广西,生于海拔 600～1 000 m 山区密林中。

2. 厚叶红淡比(拉汉英种子植物名称)、**厚叶肖柃**(两广乔灌木植物名称)

Cleyera pachyphylla Chun ex H. T. Chang.

常绿乔木,高约 8 m;全株无毛。叶长圆形或椭圆形,长 7～13 cm,宽 2.5～5 cm,先端尖或骤短尖,基部宽楔形或近圆,疏生细锯齿,中脉上面平或微凹,侧脉两面明显,约 20 对以上,叶下面被暗红腺点;叶柄粗,长 0.8～1.5 cm。花 1～3 朵腋生;花梗长 1.2 cm;萼片长圆形,长 6～8 mm,有睫毛,革质,先端略尖;花瓣椭圆形,长 1.2 cm,子房 3 室,花柱顶部 2～3 裂。果近球形。

产于浙江、江西、湖南、福建、广东、广西,生于山区常绿林中。

图 7-10 隐脉红淡比(果枝)*Cleyera obscurinervia* H. T. Chang

3. 凹脉红淡比(拉汉英种子植物名称)、肖柃(两广乔灌木植物名称)

Cleyera incornuta Y. C. Wu.

常绿乔木,高达 15 m。叶椭圆形,长 6~10 cm,宽 3~4 cm,基部楔形,具锯齿,中脉上面微凹或平,侧脉约 9 对,在上面凹陷,叶下面疏被红色腺点;叶柄长 1~1.5 cm。花 1~3 朵腋生,花梗长 2 cm;萼片卵圆形,质薄,先端圆且微凹,有睫毛;花瓣长圆形;子房 3 室,花柱顶端 3 裂。果近球形。

产于广东、广西、云南、贵州,生于山区常绿阔叶林中。

4. 倒卵叶红淡比

Cleyera obovata Chang.

小乔木,高约 5 m。小枝无毛。叶倒卵形或倒卵状长圆形,长 3~6 cm,宽 1.3~2.8 cm,先端钝,基部楔形,全缘,边缘反卷,侧脉上面不明显;叶柄长 1~1.2 cm。花单生于叶腋,萼片近圆形。果卵状圆锥形,长约 1.5 cm,顶端渐狭;果梗长 1.8~2.8 cm;宿存花柱长 7 mm。

产于广东、广西,生于山区常绿林中。

5. 红淡比(拉汉英种子植物名称)、杨铜(中国高等植物图鉴)、红淡(中国树木分类学),见图 7-11

Cleyera japonica Thunb.

常绿小乔木,高达 12 m;全株无毛。叶椭圆形或倒卵形,长 4~10 cm,宽 2.5~4.5 cm,先端钝尖,基部楔形,全缘,边缘稍反卷,中脉在上面微凸;叶柄长 0.8~1 cm。花单生或簇

图 7-11 红淡比(果枝)*Cleyera japonica Thunb*

生于叶腋；花梗长 1~1.5 cm；萼片 5，卵圆形，有睫毛；花瓣长圆形；花柱长 8 mm，先端 3 裂。果近球形，径 7~9 mm。

产于长江以南各地，西至云南，东至台湾；生于东部海拔 800 m 以下、西部 2 500 m 以下山区林中。朝鲜、日本、印度、缅甸也有分布。

齿叶红淡比

CLeyera japonica Thunb. var. *lipingensis* (Hand. -Mzt.)Kob.

嫩枝较粗。叶长圆形或椭圆形，长 5~9 cm，宽 1.5~4 cm，先端尖，基部楔形，具锯齿，中脉上面平或微凸。花梗长 1~1.5 cm，萼片圆形。果近球形，径 8 mm。

产于四川、贵州、广西、湖南、湖北、台湾，生于山区常绿林中。

(三)猪血木属 *Euryodendron Chang*

常绿乔木。顶芽小，被毛。单叶，互生排成多列，薄革质，具锯齿。花两性，小，单生或 2~3 朵簇生于叶腋；苞片 2，宿存；萼片 5，大小不等，覆瓦状排列，花瓣 5，基部略连合；雄蕊 25，排成 1 轮，花药卵形，先端尖，被长丝毛，2 室，纵裂，花丝线形，无毛，着生花瓣基部；子房上位，3 室，每室胚珠 12，花柱短，柱头不裂。果为浆果状，每室种子 4~6。

1 种，产于广东和广西。

猪血木(中山大学学报)

Euryodendron excelsum Chang.

常绿乔木，高达 25 m，胸径 1.5 m；树皮灰褐色。顶芽被短柔毛。嫩枝细，无毛。叶长椭圆形,长 5~11 cm,宽 2~4.5 cm,先端钝尖,基部楔形,具细密锯齿,侧脉 5~6 对,上面下陷,近叶缘连结,网脉两面均明显;叶柄长 3~5 mm。花白色,径 5 mm;花梗长 3~5 mm;苞片宽卵形,长约 1 mm;萼片近圆形,长约 2 mm,外面被丝毛,先端圆,有睫毛;花瓣椭圆形或倒卵形,长 4 mm;雄蕊长短不等,花药被丝毛;子房球形,花柱长 2~3 mm。果球形,径 2.5~3 mm,具宿萼。

产于广东、广西,生于山区常绿林中。

木材坚硬,可供造船、建筑等用材。

(四)柃属 *Eurya Thunb*

常绿灌木或小乔木。嫩枝圆或具 2~4 棱。叶革质,二列,具锯齿。花小,单性,雌雄异株,1 至数朵腋生,有短梗;小苞片 2;萼片 5,覆瓦状排列,宿存;花瓣 5,基部稍连合;雄花有雄蕊 5~28,1 轮,花丝与花瓣基部合生或几分离,花药基着,2 室,药室不分隔或具 2~9 分隔,药隔顶端具小尖头,退化子房常显著;子房上位,3~5 室,胚珠每室 3~60,花柱 5~2,宿存。果浆果状。种子每室 4~20,黑色或褐色,有光泽,被细蜂窝状网纹。

约 140 种,分布于亚洲热带、亚热带及太平洋诸群岛。我国约 80 种,产于长江、秦岭以南。

分种检索表

1. 嫩枝及顶芽被毛,或仅顶芽被毛。
 2. 嫩枝圆。
 3. 嫩枝被柔毛或短柔毛,或仅顶芽被短柔毛。
 4. 叶基部耳形、心形或微心形。
 5. 叶卵形或椭圆形,长 4~8 cm;花柱顶端 3 裂 ……………… 1. 单耳柃 E. weissiae
 5. 叶长圆状披针形、卵状披针形,长 5~12 cm;花柱 4~5,分离………………
 ……………………………………………………………2. 华南毛柃 E. ciliata
 4. 叶基部楔形或圆形。
 6. 叶倒卵形或椭圆形,先端钝或尖,长 3 cm 以下。
 7. 叶长 1~2 cm,先端钝尖或微凹;雄蕊 5 ……………… 3. 钝齿柃 E. crenatifolia
 7. 叶长 2~4 cm,先端圆或微凹;雄蕊 20 ……………… 4. 滨柃 E. emarginata
 6. 叶披针形或披针状椭圆形,先端渐尖,长 3 cm 以上。
 8. 嫩枝密被张开柔毛。
 9. 子房和果实无毛,花柱长 2~2.5 mm ……………… 5. 岗柃 E. groffii
 9. 子房和果实被毛,花柱长 3~4 mm。
 10. 叶披针形或卵状披针形,长 3~6 cm,基部圆;萼片卵形…………………
 ……………………………………………………6. 二列叶柃 E. distichophylla
 10. 叶长披针形,长 6.5~9 cm,宽 1.5~2.5 cm,基部楔形;萼片圆…………………
 ……………………………………………………7. 贵州毛柃 E. kweichowensis
 8. 嫩枝被短柔毛。
 11. 嫩枝黄褐色;萼片卵形,先端尖,无毛;果卵状椭圆形…………………
 ……………………………………………………8. 尖萼毛柃 E. acutisepala
 11. 嫩枝红褐色;萼片圆,先端常微凹,下面被短柔毛;果卵形…………………
 ……………………………………………………9. 毛果柃 E. trichocarpa

3. 嫩枝与顶芽被微毛。

　　12. 小枝细;叶窄椭圆形或椭圆状披针形,先端长渐尖或尾尖;花柱长 2～3 mm……
　　　　　　　　　　　　　　　　　　　　　　　　　　　　10. 细枝柃 E. loquiana

　　12. 小枝稍粗;叶椭圆形或长圆形,先端钝或突短尖;花柱长 1～2 mm。

　　　13. 顶芽被疏短柔毛;叶长 3～5 cm,近全缘或上半部有细齿……………………
　　　　　　　　　　　　　　　　　　　　　　　　　　　11. 钝叶柃 E. obtusifolia

　　　13. 顶芽被微毛;叶长 4～10 cm,有锯齿 ……………12. 微毛柃 E. hebeclados

2. 嫩枝有 2 棱。

　　14. 嫩枝被微毛;叶倒卵形,先端近圆,微凹;萼片边缘无纤毛;雄蕊 5～6 枚……
　　　　　　　　　　　　　　　　　　　　　　　　毛岩柃 E. saxicola f. puberula

　　14. 嫩枝被短柔毛,或仅顶芽被短柔毛;叶倒卵形或倒卵状椭圆形,先端钝或短渐尖
　　　　　　　　　　　　　　　　　　　　　　　　　　14. 米碎花 E. chinensis

1. 嫩枝及顶芽均无毛。

　　15. 嫩枝圆。

　　16. 叶干后下面淡绿色;花药有格;花柱 3,浅裂 …………15. 格药柃 E. muricata

　　16. 叶干后下面暗褐色;花药无分格;花柱 3,分离 ……16. 黑柃 E. macartneyi

　　15. 嫩枝有 2～4 棱。

　　17. 嫩枝有 2 棱。

　　18. 叶倒卵形,先端圆,常微凹 …………………………13. 岩柃 E. saxicola

　　18. 叶非倒卵形,先端短渐尖,稀钝尖。

　　19. 叶倒卵状披针形,长2～3.5 cm ………………17. 从化柃 E. metcalfiana

　　19. 叶椭圆形或倒卵状椭圆形,长 4 cm 以上。

　　20. 萼片具纤毛,花柱长不及l mm ………………18. 短柱柃 E. brevistyla

　　20. 萼片无纤毛,花柱长 1 mm 以上。

　　21. 叶侧脉在上面凸起,叶干后下面常红褐色;萼片革质,干后褐色;花柱长
　　　 1 mm……………………19. 窄基红褐柃 E. rubiginosa var. attenuata

　　21. 叶侧脉在上面平或微凹,常不明显,叶干后下面淡绿色;萼片膜质,干后淡绿
　　　 色;花柱长 2.5～3 mm …………………………20. 细齿叶柃 E. nitida

　　17. 嫩枝有 4 棱;叶厚革质,长圆形或椭圆形,长 4～7.5 cm;花药不分隔;子房球
　　　 形;花柱 3 浅裂 …………………………………………21. 翅柃 E. alata

1. 单耳柃(植物分类学报)

Eurya weissiae Chun.

灌木,高 3 m。嫩枝及顶芽被长柔毛。叶椭圆形或卵形,长 4～8 cm,宽 2～3.5 cm,先端短渐尖,基部耳形、抱茎,侧脉和网脉在上面凹下,下面被长柔毛;近无柄。雌花萼片卵形,被短柔毛;子房卵形,无毛;花柱长 0.5～1 mm,顶端 3 裂。果卵球形,径 3～4 mm.

产于江西、福建、湖南南部、广东、广西、贵州等地区,生于山区海拔 350～1 200 m 林内或灌丛中。

2. 华南毛柃(植物分类学报,见图 7-12)

Eurya ciliata Merr.

图 7-12
1～3：华南毛柃 *Eurya ciliata* Merr.
4～6：岗柃 *Eurya groffii* Merr.
1. 果枝；2、5. 花；3、6. 果；4. 花枝

　　小乔木，高达 8 m。嫩枝密被黄褐色长柔毛。芽被黄锈色长绢毛。叶长圆状披针形或卵状披针形，长 5～12 cm，宽 1.5～3.5 cm，先端渐尖，基部微心形或圆，具细锯齿，上面侧脉凹下，叶下面被金黄色腺点及黄褐色长柔毛；叶柄极短。花白色；萼片卵形，有毛，革质，干后褐色；雄花花瓣长圆形，雄蕊 22～28，药室有分隔；子房卵形，被长毛，花柱 4～5，分离，长 5～7 mm。果球形，径约 6 mm，密被长柔毛。

　　产于福建、广东、海南、广西、云南，生于海拔 400～1 300 m 山区林中，越南也有分布。

3. 钝齿柃

Eurya crenatifolia (Yamamoto) Kob.

　　灌木。嫩枝被柔毛。顶芽被毛。叶倒卵状长圆形或宽椭圆形，长 1～2 cm，宽 0.5～1.5 cm，先端钝尖，微凹，基部楔形，边缘稍反卷，具钝齿；叶柄长 1～2 mm。萼片圆形，雄蕊 5；子房无毛，花柱 3 深裂。

　　产于台湾，生于山区林中。

4. 滨柃（拉汉英种子植物名称）

Eurya emarginata (Thunb.) Makino.

　　灌木，高 1.5 m。小枝被短柔毛。芽被柔毛，后渐脱落。叶倒卵状椭圆形或倒卵形，长 2～4 cm，宽 1.2～1.6 cm，先端钝，微凹，基部楔形，下面被疏柔毛，后脱落，边缘反卷，具锯

齿,侧脉上面凹下,下面凸起;叶柄长 1～2 mm。雄花萼片圆,无毛,雄蕊 20,药室有分格;雌花子房球形,花柱长 0.5～1 mm,顶端 3 浅裂。果扁球形或近球形。

产于福建、浙江、台湾,生于滨海地区灌丛中,日本、朝鲜也有分布。

5. 岗柃(植物分类学报),见图 7-12

Eurya groffii Merr.

小乔木,高达 5 m。嫩枝被黄褐色长柔毛。顶芽被丝毛。叶披针形,长 5～10 cm,宽1.2～2.2 cm,先端渐尖,基部宽楔形或楔形,下面被长柔毛,中部以上具微细锯齿;叶柄长不及 1 mm。雄花萼片卵形,长 1.5 mm,被短柔毛,花瓣倒卵形,长 3.5 mm,雄蕊 20;雌花萼片卵形,长 2 mm,略被短柔毛,后脱落,花瓣披针形,长 2.5 mm。子房卵形,花柱 3 裂,长 2～2.5 mm。果球形,径 3～3.5 mm。花果期 2—11 月。

产于福建、广东、广西、贵州、四川、云南,生于海拔 50～2 000 m 山区林缘或灌丛中,越南、印度尼西亚也有分布。

在云南南部思茅、西双版纳,西南部临沧、德宏海拔 800～1 500 m 干旱山地,岗柃和余甘子、算盘子、紫珠、毛叶柿等组成灌木林,为伴生树种。

6. 二列叶柃(植物分类学报),见图 7-13

Eurya distichophylla Hemsl.

图 7-13

1～5:毛果柃 *Eurya trichocarpa* Korthals
6～9:二列叶柃 *Eurya distichophylla* Hemsl.
1. 花枝;2、8. 雄蕊;3、9. 雌蕊;4. 萼片;5. 果;6. 果枝;7. 花

小乔木,高达 5 m。嫩枝与顶芽均被黄褐色长柔毛。叶披针形或卵状披针形,长 3～6 cm,宽 0.8～1.5 cm,先端渐尖,基部圆,两侧略不对称,具细锯齿,反面被长柔毛;叶柄极短或近无柄。花 1～2,腋生;雄花萼片卵形,先端尖,革质,有毛,花瓣长 2～2.5 mm,雄蕊 15～18;雌花子房被长柔毛,花柱长 3～5 mm,顶端 3 裂。果球形,径 4～5 mm。花期 11 月到翌年 2 月,果期 3—6 月。

产于福建、广东、广西、湖南、江西,生于海拔 480～1500 m 山谷、林下、溪边。

7. 贵州毛柃(植物分类学报)

Eurya kweichowensis Hu et L. K. Ling.

小乔木,高达 6 m,顶芽及嫩枝密被黄褐色张开柔毛。叶长圆状披针形或长圆形,中部以上常较宽,长 6.5～9 cm,宽 1.5～2.5 cm,先端渐尖或尾状,尾长 1～1.5 cm,基部楔形,具细密锯齿,下面疏被短柔毛;叶柄长 2～3 mm,被短柔毛。雄花萼片近圆形,长约 2 mm,膜质,外面疏被短柔毛或几无毛,花瓣倒卵状长圆形,长 3.5～4 mm,雄蕊 15～18,药室 4～6 分隔;雌花子房卵形,被柔毛,花柱长 4～4.5 mm,顶端 3 裂。果椭圆形,长 5 mm,疏被柔毛。

产于湖北、广西、贵州、云南、四川,生于海拔 600～1 700 m 山区林中阴湿地或山谷溪旁。

8. 尖萼毛柃(植物分类学报)

Eurya acutisepala Hu et L. K. Ling.

小乔木,高达 7 m。嫩枝黄褐色,与顶芽均被黄褐色短柔毛。叶长圆形或倒披针状长圆形,长 5～8 cm,宽 1.4～1.8 cm,先端长渐尖,基部宽楔形或楔形,具细密锯齿,下面疏被短柔毛;叶柄长 2～3.5 mm,被短柔毛。雄花萼片卵形或长卵形,长 2 mm,先端尖,花瓣倒卵状长圆形,长 4 mm,雄蕊约 15,药室具 5～7 分隔;雌花萼片卵形或长卵形,长 1.5 mm,顶端尖,花瓣窄长圆形,长约 3 mm,子房卵形,密被柔毛,花柱长 2.5～3 mm,顶端 3 裂。果卵状椭圆形,径 3.5～4 mm,被疏柔毛。

产于湖南、江西、福建、广东、广西、贵州,生于海拔 500～1 500 m 山区林中、山谷、溪旁湿地。

9. 毛果柃(植物分类学报),见图 7-13

Eurya trichocarpa Korthals.

小乔木,高达 10 m。嫩枝红褐色,与顶芽均被短柔毛。叶长圆形或倒披针状长圆形,长 5～10 cm,宽 2～3 cm,先端长尾尖,基部楔形,下面被平伏柔毛;叶柄长 3～4 mm。雄花萼片圆形,长约 2 mm,花瓣卵圆形,长 4 mm,基部合生,雄蕊 13～15,药室有分隔;雌花萼片卵圆形,长 1 mm,顶端钝,外面被短柔毛,有纤毛,花瓣披针形,长 2.5 mm,子房被短柔毛,花柱顶端 3 浅裂。果卵形,径约 4 mm,被疏毛。花果期夏秋季。

产于福建、广东、广西、云南、贵州、湖南,生于海拔 500～1600 m 山区常绿林中。越南、老挝、缅甸、泰国、印度尼西亚和菲律宾也有分布。

10. 细枝柃(广西植物名录)、短尾叶柃(海南植物志),见图 7-14

Eurya loquiana Dunn.

小乔木,高达 5 m。嫩枝与顶芽均被短柔毛。叶窄椭圆形或椭圆状披针形,长 4～9 cm,宽 1.5～2.5 cm,先端长渐尖,基部楔形,具钝齿,叶柄长 3～4 mm。萼片卵形,外被微毛;雄花花瓣倒卵形,长 3.5 mm,雄蕊 10～15;雌花花瓣椭圆形,长 3 mm,子房卵形,花柱长 2～3 mm,顶端 3 裂。果球形,径 3～4 mm。花期 11—12 月,果期翌年春夏季。

图 7-14 细枝柃 *Eurya loquiana* Dunn
1. 花枝;2. 雌花;3. 果

产于长江以南各地,生于海拔 500～1 700 m 山区,喜阴湿,为沟谷阔叶林和杉木林下常见灌木。

11. 钝叶柃(植物分类学报)

Eurya obtusifolia Chang.

灌木,高 1～2 m。嫩枝被微毛。顶芽被疏短柔毛。叶长圆形或椭圆形,长 3～5 cm,宽 1.5～2.5 cm,先端钝,基部宽楔形或楔形,近全缘或上半部具细齿,侧脉上面稍明显;叶柄长 1～2 mm。雄花萼片卵形或长卵形,外面常被短柔毛,有纤毛,雄蕊 10;子房球形,花柱长 1～2 mm,顶端 3 浅裂。果球形,径约 3 mm。

产于湖北、湖南、贵州、四川,生于山区常绿林下或灌木丛中。

12. 微毛柃(植物分类学报)

Eurya hebeclados L. K. Ling.

灌木,高 2～3 m。嫩枝与顶芽均被微毛。叶长圆状椭圆形或椭圆形,长 4～10 cm,宽 1.5～4 cm,先端短渐尖,基部楔形,具细锯齿;叶柄长 2～4 mm,被微毛。花白色;萼片近圆形,外被微毛,边缘干后膜质,具纤毛;雄花花瓣倒卵圆形,雄蕊 13～18;雌花花瓣倒卵形或匙形,长 2 mm,子房卵状圆锥形,3 室,花柱长约 1 mm,3 深裂。果球状,径 4 mm。花期 12 月。

产于华东和广东、湖南、贵州,生于海拔 1 700 m 以下山谷、溪边或灌丛中。

13. 岩柃(植物分类学报)

Eurya saxicola Chang [*Eurya hwangshangensis* Hsu].

265

灌木,高1～2 m;全株无毛。嫩枝有2棱。叶倒卵形,长1.5～3 cm,宽0.8～1.5 cm,先端钝,有微凹,基部楔形,边缘反卷,具细锯齿,侧脉及网脉上面明显凹下;叶柄长2～3 mm。雄花萼片近圆形,长1 mm,花瓣倒卵形,长1.5 mm,雄蕊5～6;雌花子房3室,花柱长0.5 mm,3浅裂。果球形,径2～2.5 mm。

产于安徽、福建、广西,生于海拔1 600～2 000 m山区林缘或灌丛中。

毛岩柃(变型)

Eurya saxicola f. *puberula* Chang.

嫩枝和顶芽被微毛,嫩枝2棱或圆。

产于广东、广西、湖南、福建,生于海拔1 500～2 000 m山区灌丛中。

14. 米碎花(岭南学校)、叶柃(科学),见图7-15

图7-15 米碎花 *Eurya chinensis* R. Br
1. 花枝;2. 果枝;3. 果

Eurya chinensis R. Br.

灌木,高约1.5 m。嫩枝有2棱,被短柔毛。叶倒卵形或卵状椭圆形,长2.5～4 cm,宽1.3～1.8 cm,先端短渐尖,基部楔形,具细锯齿,侧脉上面有时凹下;叶柄长2～3 mm,被短柔毛。萼片卵形;雄花花瓣倒卵形,雄蕊15;雌花花瓣长圆形,子房无毛,花柱长1.5～2 mm,顶端3裂。果球形,熟时黑色,径2～4 mm。花期12月至翌年5月,果期8—10月。

产于江西、福建、台湾、广东、广西、湖南,生于海拔800 m以下荒山、灌丛、林缘、河边或路旁。越南、缅甸、印度、斯里兰卡、印度尼西亚也有分布。

15. 格药柃(拉汉英种子植物名录)、乌子、硬壳柴(浙江),见图 7-16

Eurya muricata Dunn (*Eurya huiana* Kob. f. *glaberrima* Chang).

图 7-16　格药柃 *Eurya muricata* Dunn
1. 果枝;2. 雄蕊;3. 雌蕊;4. 果

　　小乔木,高达 5 m;全株无毛。嫩枝粗圆。叶椭圆形,长 6.5～12 cm,宽 2～4 cm,先端渐尖,基部楔形,具钝锯齿,侧脉上面明显;叶柄长 3～5 mm。萼片圆形,革质;雄花花瓣倒卵形,长 4.5 mm,雄蕊 15～20,药室有分隔;雌花花瓣长 2.5～3 mm,子房无毛,花柱长 1.5 mm,3 浅裂。果球形,径 4～5 mm。

　　产于江苏、安徽、浙江、江西、福建、广东、湖南,生于海拔 100～860 m 山区林缘或林下。

16. 黑柃(植物分类学报)

Eurya macartneyi Champ.

　　小乔木,高达 7 m。嫩枝圆。叶椭圆形或长椭圆形,长 6～11 cm,宽 2.5～3.5 cm,先端渐尖,基部楔形,上半部具细锯齿,叶干后下面暗褐色;叶柄长 3～4 mm。花黄色;雄花萼片圆形,革质,边缘有腺状突起,花瓣倒卵形,长 5～6 mm,雄蕊 17～24,花药无分隔;雌花萼片卵形,长 2～2.5 mm,花瓣倒卵形,长 4 mm,子房 3 室,花柱 3,分离,长 1.5～2.5 mm。果卵圆形,径 4～5 mm。花果期 2—8 月。

　　产于江西、湖南、广东、广西,生于海拔 160～1 000 m 山谷、林地、溪旁。

17. 从化柃(两广乔灌木植物名称)

Eurya metcalfiana Kob.

　　灌木,高达 3 m;全株无毛。嫩枝有 2 棱。叶倒卵状披针形或倒卵状窄椭圆形,长 2～3.5 cm,宽 0.8～1.5 cm,先端短渐尖,基部楔形,具细锯齿,侧脉 7～10 对,上面有时凹下;

叶柄长约 1 mm。雄花常单生于叶腋,萼片卵圆形,长约 3 mm,花瓣长 5 mm,雄蕊 15;雌花萼片卵圆形,子房长卵形,花柱长 0.25~1 mm,顶端 3 裂。果长卵形,径 3~4 mm。

产于江西、福建、广东、湖南,生于海拔 750~1 600 m 山区、溪边、山谷。

18. 短柱柃（植物分类学报）

Eruya brevistyla Kob.

小乔木,高达 7 m。嫩枝 2 棱,除顶芽被纤毛外,其余均无毛。叶椭圆形或倒卵状椭圆形,长 5~9.5 cm,宽 2~3.5 cm,先端渐尖,基部楔形,具锯齿,侧脉在上面凸起;叶柄长 2~7 mm。萼片圆形,有纤毛;雄花花瓣卵形,长 3~4 mm,雄蕊 10~15;雌花花瓣长 2~2.5 mm,花柱 3,分离,长不及 1 mm。果球形,径 3~4 mm,无毛。

产于福建、江西、广东、广西、贵州、云南、四川、湖南、湖北、陕西,生于海拔 500~2 600 m 阴坡湿地。

19. 窄基红褐柃

Eurya rubiginosa Chang var. *attenuata* Chang（*Eurya nitida* Kob. var. *rigida* Chang）.

灌木,高达 5 m;全株无毛。嫩枝 2 棱。叶椭圆形或长圆状椭圆形,长 4~8 cm,宽 1.5~3 cm,先端渐钝尖或微凹,基部楔形,边缘反卷,具钝齿,叶干后下面红褐色,侧脉上面凸起;叶柄长 2~3 mm。雌花萼片近圆形;子房球形,花柱长 1 mm,顶端 3 裂;果球形,径 3~4 mm。花期冬季。

产于华东、华南和湖南、云南,生于海拔 150~1 700 m 山区林下。

20. 细齿叶柃（拉汉英种子植物名录）、柃（植物分类学报）,见图 7-17

Eurya nitida Kob.

图 7-17　细齿叶柃 *Eurya nitida* Kob.
1. 花枝;2. 果枝;3. 雌蕊;4. 果

小乔木;全株无毛。嫩枝 2 棱。叶椭圆形或长圆状椭圆形,长 4~6 cm,宽 1.5~2.5 cm,先端渐尖,基部楔形,具钝锯齿,侧脉上面不明显或微凹;叶柄长 3 mm。雄花萼片近圆形,长 1.5~2 mm,花瓣倒卵形,长 3.5~4 mm,雄蕊 14~17;雌花萼片卵形,膜质,长 1~1.5 mm,花瓣长圆形,长 2~2.5 mm,花柱长 2.5~3 mm,顶端 3 裂。果球形,径 3~4 mm。花期夏季,果期冬季。

产于长江流域以南各地,生于海拔 1 300 m 以下山区林中。越南、缅甸、印度、斯里兰卡、菲律宾和印度尼西亚也有分布。

21. 翅柃(植物分类学报)

Eurya alata Kob.

灌木,高 2 m;全株无毛。嫩枝有 4 棱。叶椭圆形或长椭圆形,长 4~7.5 cm,宽 1.5~2.5 cm,先端渐钝尖或微凹,基部楔形,具细锯齿,侧脉上面常凹下;叶柄长 3~4 mm。萼片卵形;雄花花瓣倒卵形,长 3~3.5 mm,雄蕊 15,药室无分隔;雌花花瓣长圆形,长 2.5 mm,子房球形,花柱长 1 mm,顶端 3 浅裂。果球形,径 3~3.5 mm。

产于秦岭以南各地,生于海拔 380~1 500 m 山区林中。

二、厚皮香族 Ternstroemieae Melchior

叶多列。花腋生,两性,稀单性;花丝合生;每室 2~10 胚珠;果皮厚;种子较大。

3 属,我国 2 属。

(一)厚皮香属 Ternstroemia Mutis ex L. f.

常绿乔木或灌木。小枝粗。芽鳞多数,覆瓦状排列。单叶互生,常聚生枝顶,革质,全缘。花两性,稀单性,单生于叶腋;苞片 2;萼片 5,覆瓦状排列,常具腺齿,宿存;花瓣 5,基部合生;雄蕊多数,2 轮,贴生于花瓣基部,花药基着,花丝合生;子房上位,2~4 室,每室 2~5 胚珠,柱头不裂或 2~3 裂。果为浆果状,果皮革质,不裂或不规则开裂。种子马蹄形,有胚乳。

约 100 种,分布于中南美洲、亚洲、非洲。我国约 16 种,产于长江以南。

分种检索表

1. 叶革质或薄革质,下面无红色腺点。
 2. 果球形或扁球形。
  3. 花梗长 0. 8~1.5 cm;果径约 1 cm;叶倒卵形或倒卵状椭圆形,长 5~8 cm……………………………………………………………………… 1. 厚皮香 *T. gymnanthera*
  3. 花梗较粗,长 2~3 cm;果径 2~2.5 cm;叶椭圆形或倒卵状椭圆形,长 7~10 cm……………………………………………………………… 2. 大果厚皮香 *T. insignis*
 2. 果长卵形或椭圆形。
  4. 叶椭圆形、倒卵状椭圆形,先端短渐尖;果长卵形,顶端尖,果梗细,长 1. 5~2 cm……………………………………………………………… 3. 亮叶厚皮香 *T. nitida*
  4. 叶倒卵形,先端圆、突尖或微凹;果椭圆形,两端钝,果梗稍粗,长 1 cm…………………………………………………………………… 4. 小叶厚皮香 *T. microphylla*
1. 叶厚革质,下面被红色腺点,叶倒卵形、近圆形或倒卵状椭圆形;果球形或扁球形,径 1.5 cm ……………………………………………… 5. 厚叶厚皮香 *T. kwangtungensis*

1. 厚皮香(植物名实图考)、猪血柴(浙江)、秤杆木(四川),见图 7-18

Ternstroemia gymnanthera(Wight et Arn.)Sprague[*Cleyera gymnanthera* Wight et Arn.].

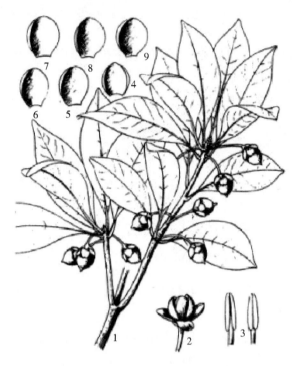

图 7-18　厚皮香 *Ternstroemia gymnanthera* Sprague
1. 果枝;2. 花;3. 雄蕊;4. 萼片;5~9. 花瓣

常绿小乔木,高达 5 m。叶倒卵形、倒卵状椭圆形,长 5~8 cm,宽 2.5~4 cm,先端尖,基部楔形,全缘或略具钝齿,下面干时淡红色,中脉上面凹下,侧脉不显;叶柄长 0.8~1.5 cm。花淡黄色;花梗长 0.8~1.5 cm;苞片 2,卵状三角形;萼片卵圆形或长圆形,柱头顶端 3 裂。果球形,径约 1.2 cm。花期 4—8 月,果期 7—10 月。

产于长江以南各地,生于海拔 1 500 m 以下山地,日本、朝鲜、印度也有分布。

在广西东兴十万大山和龙州大青山海拔 700 m 以下沟谷地区,狭叶坡垒、乌榄、梭子果林中,厚皮香和锯叶竹节树、黄丹木姜子、风吹楠、单穗鱼尾葵等组成中下层林木,为优势树种;土壤为砂页岩发育的砖红壤性土,有机质含量较丰富。在海南岛海拔 1 000 m 以上山地,厚皮香和陆均松、栲树、五列木、厚壳桂等组成山地雨林,为伴生树种。

凹脉厚皮香(变种)、阔叶厚皮香(中国树木分类学)、梅木(广东阳春)

Ternstroemia gymnanthera(Wight et Arn.)Sprague var. *wightii*(Choisy)Hand. - Mzt.[*Ternstroemia japonica* Thunb. var. *wightii* Choisy].

小乔木,高约 5 m。叶椭圆形或宽椭圆形,稀倒披针状椭圆形,长 4~9 cm,宽约 3 cm,先端短尖,基部楔形,全缘或顶部具钝齿,中脉上面凹下;叶柄长 1~1.3 cm。花梗长 1~1.5 cm;苞片窄披针形,具腺齿;萼片长圆形,顶端圆;子房球形,花柱粗,柱头 2 裂。果球形,径 1 cm。

产于华南、西南,生于山区林中。

2. 大果厚皮香(拉汉英种子植物名称)

Ternstroemia insignis Y. C. Wu.

乔木,高达 13 m。小枝无毛。叶椭圆形或倒卵状椭圆形,长 7～10 cm,宽 2.2～7 cm,先端短渐尖,基部楔形,两侧不对称,全缘,边缘稍反卷,有时具不明显小锯齿,中脉上面凹下,侧脉上面平;叶柄长 1.5～3 cm。花梗粗,长 1.5～2 cm;苞片 2,卵形,长 6 mm;萼片圆形,长和宽约 1 cm,边缘有腺点;花瓣倒卵形,长 1.5～1.7 cm,宽 1～1.5 cm。果球形,稀椭圆形,径 2 cm;果柄粗,长 2.5～3 cm。

产于广西、贵州、云南,生于山区常绿林中。

3. 亮叶厚皮香(两广乔灌植物名称)

Ternstroemia nitida Merr.

小乔木,高约 7 m;全株无毛。叶椭圆形、倒卵状椭圆形,长 6～10 cm,宽 2～4 cm,先端短渐尖,基部楔形,全缘,上面中脉凹下;叶柄细,长 1～1.2 cm。花单生于叶腋,白色;花梗长 1.5～2 cm;苞片三角形,长 2 mm;萼片大小不等,长圆形,长 5 mm;花瓣卵形,长 7 mm。果长卵形,长 1～3 cm;果梗长 1.5～2 cm。

产于云南、广西、广东、湖南、福建、江西、浙江,生于海拔 500～1 000 m 山区常绿林中。

散孔材,木材红色,纹理直,结构细,材质重,适于制家具、雕刻等用。

4. 小叶厚皮香(两广乔灌植物名录)

Ternstroemia microphylla Merr. (*Ternstroemia pseudoverticillata* Merr. et Chun).

常绿灌木,高 1～2 m。小枝细,稍有棱。叶集生枝端,倒卵形、倒卵状椭圆形,长 2.5～5.5 cm,宽 1.2～2.5 cm,先端圆、突尖或微凹,基部楔形,全缘或上部具微细锯齿,中脉上面凹下,侧脉不明显;叶柄长 2～3 mm。花梗长 6 mm;苞长卵形,长 2 mm;萼片大小不等,圆形,径 3～4 mm。果椭圆形,长 1 cm。

产于福建、广东、广西及其沿海岛屿,生于丘陵山区林中。

5. 厚叶厚皮香(两广乔灌植物名称)

Ternstroemia kwangtungensis Merr.

小乔木,高约 5 m;全株无毛。小枝粗。叶厚革质,倒卵形、近圆形或倒卵状椭圆形,长 6～11 cm,宽 2.5～7 cm,先端钝或尖,基部楔形,下延,全缘,下面被暗红褐色腺点,中脉和侧脉上面平;叶柄粗扁,长 1～3 cm。花梗粗,长 1.5～2 cm;苞片三角状卵形,长 3 mm;萼片长圆形,长 7～8 mm。果球形,径 1.3～1.5 cm。

产于广东、福建、江西、湖南,生于海拔 1 000～1 600 m 山区疏林中。

(二)茶梨属 *Anneslea Wall.*

常绿乔木。小枝粗。顶芽圆锥形。单叶互生,革质,簇生于枝顶。花两性,单生于近枝端叶腋或集成假伞房花序状;苞片 2;萼片 5,肉质;花瓣 5,基部合生;雄蕊 30～40,花药 2 室,纵裂,药隔顶端有长尖头,花丝下半部合生;子房半下位,2～3 室,每室胚珠多数,自室顶下垂,花柱长,顶端 3 裂。果为浆果状,顶端具宿存萼片。种子长圆形,有假种皮,无胚乳。

约 6 种,分布于亚洲热带及亚热带。我国 3 种,1 变种,分布于西南、华南和福建、台湾。

分种检索表

1. 叶披针形、长圆状披针形或椭圆形,先端短渐尖或钝尖,有时具钝齿,中脉上面平或微凸;

花瓣 2,白色 ·· 1. 茶梨 A. *fragrans*
1. 叶长圆状倒卵形,先端圆钝,全缘,边缘反卷;花瓣淡红白色 ·······················
······································· 2. 海南茶梨 A. *hainanensis*

1. 茶梨(中国高等植物图鉴)(红楣)(中国农业百科全书)、安纳士树(中国树木分类学)、胖婆娘(云南),见图 7-19

Anneslea fragrans Wall.

图 7-19　茶梨(红楣)*Anneslea fragrans* Wall.
1. 花枝;2. 花;3. 花去花瓣及萼片;4. 雄蕊;5~9. 萼片;10. 花去萼片,示花瓣基部合生成管

乔木,高达 15 m;树皮不裂,全株无毛。叶簇生枝顶,椭圆形、长圆状披针形,长 6~13 cm,宽 3.5~5.5 cm,先端钝尖或短渐尖,基部楔形,近全缘,有时具不明显波状钝齿,稍反卷,下面疏被黑色斑点;叶柄长 1.5~3 cm。花乳白色,径 1.3~1.5 cm;花梗长 2~6 cm;苞片三角状卵形,长 4~4.5 mm;萼片卵形,长 1~1.5 cm,边缘膜质;花瓣长约 2 cm,宽 5~6 mm,基部连成管状;花丝长 5 mm,着生于花瓣基部。果近球形,径 2~2.5 cm,熟时上部开裂;果梗长 3~6 cm。种子具红色假种皮。花期 3—4 月,果期 10—12 月。

产于云南、贵州、广西、广东、福建、江西、湖南,生于海拔 300~1900 m 山区常绿阔叶林中,多为第二层林木。缅甸、泰国、老挝、尼泊尔也有分布。

在云南滇中高原南缘山地和南部海拔 1 300~1 900 m 山区,以小果栲、截果石栎为优势树种的常绿阔叶林中,茶梨和西南木荷、刺栲、云南黄杞、银木荷等混生,为伴生树种。

散孔材,浅黄色,细致均匀,纹理斜,较硬重,切削面光滑,强度中,抗腐性中等;可作建筑、家具、车旋、铅笔杆等用材。树皮和叶药用,能消食健胃,治消化不良、肠炎、肝炎。

披针叶茶梨、披针叶红楣(中国高等植物图鉴补编)

Anneslea fragrans Wall. var. *lanceolata* Hayata.

乔木。小枝淡灰褐色。叶披针形或长圆状披针形,长 10～13 cm,宽 3～3.2 cm,先端短渐尖,基部楔形,全缘,稍反卷;叶柄长 2～3 cm。短伞房花序,顶生。果椭圆状,径 1～1.2 cm;宿萼长 5～8 mm,果梗长 2.5～3 cm。产于台湾南部,生于山区林中。

2. 海南茶梨(拉汉英种子植物名称)、海南红楣(海南植物志),见图 7-20

Anneslea hainanensis (Kob.) Hu.

图 7-20　海南茶梨 *Anneslea hainanensis* Hu
1. 花枝;2. 果

乔木,高达 20 m;全株无毛。小枝粗。叶长圆状倒卵形,长 12～16 cm,宽 5～8 cm,先端圆钝,稀钝尖,基部宽楔形,全缘,边缘反卷,中脉上面下凹,侧脉 13 对;叶柄粗,长 2.5～3.5 cm。花红白色至红色;花梗长 2 cm;萼片不等长,宽卵形,长 5～7.5 mm;花瓣倒卵状长圆形,基部连合成管,长 2.5 mm;雄蕊 38,花丝长 2～3 mm,带红褐色,花药 4 mm,尖头长达 2 mm。果椭圆状,径 1.5～2 cm。种子长圆形,红色。

产于广东、海南、广西,生于山区密林中。

散孔材,黄红色,纹理直,结构细,材质重;适于建筑、家具等用材。

第八篇　福建珍稀、濒危、特有树种及生物多样性的保护

The Eighth Chapter　The Rare, Endangered, Endemic Species and Biodiversity Protection in Fujian

福建发现濒危植物——秃杉[①③]

郑清芳　林来官[②]

A Plant in Imminent Danger Discovered in Fujian——*Taiwania flousiana* Gaussen

摘要：本文报导福建新发现的濒危植物——秃杉，这一发现不仅丰富了福建植物资源，而且对研究古植物区系、古地理、冰川期气候和福建植物区系具有重要的科学价值。秃杉树体高大，生长迅速，可作为福建山地的重要造林树种。

Abstract：This paper reports the discovery of an endangerde plant in Fujian The discovery not only enriches the plants resources in Fujian, but also provides important scientific value in studying palaeoflora, palaeogeography, ice age of alluviumperiod and flora of Fujian.

This species is very big and high and straight, and it can grow very quickly, it can be used as an important forest plant of the mountain areas in Fujian.

最近在古田县和屏南县采到我国古老的濒危植物——秃杉，它属于杉科（*Taxodiaceae*）台湾杉属（*Taiwania*），是我国特有属，全属共 2 种，即台湾杉（*T. cryptomerioides* Hayata）和秃杉（*T. flousiana* Gaussen），这两种都是国家一级重点保护植物。这一发现增添了福建植物的新资料，对研究福建的植物区系有重要的科学价值。本种在《福建植物志》第一卷修订本中未予记载，现补述如下。

---

① 原文发表于《福建林学院学报》1994，14（1）：53～54
② 林来官，福建师范大学教授，福建植物志主编。
③ 补注：近年经有关专家研究把秃杉并入台湾杉，两者系同一个种。但近年已降为国家二级重点保护树种。

秃杉(图 8-1 所示)，土杉(中国高等植物图鉴)

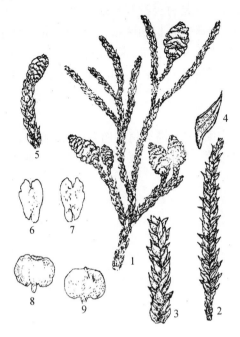

图 8-1　秃杉 *Taiwania flousiarta* Gaussen
1. 球果枝；2. 枝叶一段；3. 幼树的枝叶；4. 鳞片叶放大；5. 雌球花枝；6~7. 种鳞腹背面；8~9. 种子腹背面

Taiwania flousiana Gaussen in Trav. Lamb. Lab Forest. Toulouse 1,3(2):6,1939；中国科学院植物研究所，中国高等植物图鉴 1:314，图 627,1972；郑万钧、傅立国，中国植物志 7:290，图版 67,1~11,1978；郑万钧等，中国树木志 1:311，图 70,1983；中国科学院昆明植物所，云南植物志，4:66 图版 21:6~16,1986；傅立国，中国植物红皮书——稀有濒危植物，1:152，彩照 153,1992——*Taiwania yunnanensis* Koidz. in Acta Phytotax. Geobot. 11:138,1942.

大乔木，高 5.2~38.5 m，胸径 16.0~189.8 cm，树皮淡褐灰色，裂成不规则长条状，内皮红褐色，叶四棱状钻形，排列较密，长 2~5 mm，两侧宽 1.0~1.5mm，顶端尖，尖头稍向内弯，横切面四棱形，高宽几相等；幼树或徒长枝的叶钻形，长 0.6~1.5 cm，两侧扁，顶端尖，直伸或微向内弯，四面均有气孔线；球果短圆锥形或长圆形，直立，长 1.0~1.6 cm，直径 0.7~1.0 cm；种鳞 22~30 对，中部种鳞最大，宽倒三角形，扁平，长约 7 mm，上部宽约 8 mm，先端宽圆，中央有突起短尖头，通常背面尖头下方的腺点稍明显或不明显，种子长圆形或长圆状卵形，扁平，两侧具膜质窄翅，连翅长 4~7 mm，宽 3~4 mm，上下两端有缺口。球果 10—11 月成熟。

福建目前仅发现于古田杉洋乡和屏南路下乡，生于海拔 600~800 m 的村庄附近，长势良好，球果成熟正常，种子能萌发，但萌发率较低。据目前调查，古田杉洋乡有大树 2 株，其中 1 株，高 16 m(已断梢)，胸径 189.8 cm；另 1 株高 30 m，胸径 157.6 cm，冠幅 18.5 m，枝下高 4.4 m；附近还有幼壮龄树 4 株，最小那株高 5.2 m，胸径 16 cm。屏南路下乡也有大小不等 15 株，其中最大的 2 株，高分别为 38.5 m 和 31.0 m，胸径分别为 182.7 cm 和 148.3

cm,冠幅分别为 21.7 m 和 19.5 m,树龄约为数十年至五百年,较小者显然是由其中 2 株母树的种子天然更新而成,或有可能是村民挖野生幼树移植在墓旁或水沟边。

秃杉是古老的孑遗树种,对研究古植物区系、古地理、第四纪冰期气候和杉科的系统发育等都有着重要的科学价值,为优良的建筑、家具用材,且生长迅速,可为福建山地的重要造林树种。建议保护已有的母树,研究其生物学和生态学特性,迅速繁殖,推广造林。

参考文献

［1］中国科学院植物研究所主编. 中国高等植物图鉴(第一版). 北京:科学出版社,1972,315
［2］郑万钧主编. 中国树木志第一卷(第一版). 北京,中国林业出版社,1983,311

刺桫椤的新分布与南平局部气候特点①②

New Distribution of *Alsophila Spinulosa*(Hook) Tryon and Characteristics of Regional Climate in Nanping

Abstract：This paper describes the new distribution of *Alsophila Spinulosa*(Hook.) Tryon found in Nanping，and analyses the characteristics of its regional climate from he viewpoint of flora and topography.

　　最近在南平附近石佛山发现国家一级保护植物刺桫椤［*Alsophila spinulosa*（Hook）Tryon］，据不完全统计有 45 株，其中最高的达 6 m，胸径 23.89 cm，生长旺盛。刺桫椤又名树蕨系白垩纪末，第三纪早期冰川的孑遗植物，起源古老，是研究植物分类和分布的珍贵种类，历年来由于乱砍滥伐，现在资源极少，保护它和进一步研究其生境是非常重要的。

　　刺桫椤一般生长在气候温热、湿润的热带、亚热带地区。我国的云南、广东、广西、福建南部均有分布，最近在四川也有发现。根据《福建植物志》第一卷里记载的本省至今发现的地方有：从南部的漳浦、南靖、永定、平和、华安、长泰、安溪、福清到闽江口附近的闽侯县和福州鼓山等地有零星分布，海拔达 500 m。从有生长刺桫椤的地方分析，可推断它要求较适条件是：年均气温 19～20 ℃，一月平均气温 10～12 ℃，七月平均气温 29 ℃，极端最低温 0 ℃以上，极端最高气温 39 ℃，≥10 ℃积温 6 500 ℃。南平位于本省中部偏北，闽江上游沙溪，富屯溪和建溪的汇合处，属中亚热带，年平均气温 19.3 ℃，一月平均气温 9.1 ℃，七月平均气温 28.4 ℃，极端最高气温 41.0 ℃，极端最低气温−5.8 ℃，≥10 ℃积温 6 156 ℃，平均降水量 1 669 mm，平均蒸发量为 1 413 mm，降水量超过蒸发量，形成冬秋多雾，年日照 1 709.9 h，是全省少日照区的中心。年均湿度为 79%。像这样极端气温较低，日照时间又短的地方，一般说对刺桫椤的生长是不利的，但事实却正相反。为什么会出现这种现象，只能从本地刺桫椤生长的位置及周围植被情况来分析。

　　这次所发现刺桫椤的生长位置是在石佛山下的一小溪边，小溪的出口正是近建、沙溪的汇合处，山谷显"V"形，开口朝闽江，分布海拔在 360 m。石佛山是茫荡山脉的一支脉，茫荡山脉位于市区的西北面，最高峰为 1 364.4 m。整个山体地形地貌复杂，多为悬崖峭壁、峡谷深壑。本区内植物种类繁多，据近年来的多次调查，共采得木本植物 104 科，250 属，603 种，有 40 多种珍贵树种，如观光木，长序榆，钟萼木，银钟花，伞花木，香果树，银杏等。在调查的同时还发现 10 种新种，如黄枝润楠，茫荡山润楠，南平矮竹等。在沟谷处具有高大的藤本植物，如小叶买麻藤，白背瓜馥木，冠盖藤，蛇藤等。山榕附生其他树上呈绞杀现象，尖尾榕、山榕等能老杆开花，秦氏厚壳桂和一些壳斗科植物还具有板根，最宽可达 25 cm，林下有大型叶草本，如海芋，野芭蕉等。如我们在生长刺桫椤附近所做的秦氏厚壳桂——柏拉

---

　　①　戴宗疃、郑清芳原文发表于《福建林学院学报》1988，8(1)，37～42。

　　②　补注：近年来刺桫椤被列为国家二级重点保护植物。

木——刺头复叶耳蕨样方(表 8-1)。在刺桫椤生长较集中的地方也做一样方。

表 8-1

群落名称	秦氏厚壳桂——柏拉木——刺头复叶耳蕨
调查地点	南平溪源庵,海拔 165～190 m
土壤种类	山地红壤,表土层厚 12～15 cm。乔木层盖度 0.85,灌木层盖度 0.35,草本层盖度 0.55,总盖度 0.9

层次	植物名称	株数	多度 %	盖度 %	频度 %	高度(m) 最高	高度(m) 平均	胸径(cm) 最大	胸径(cm) 平均	备注
乔木	秦氏厚壳桂 *Crypocarya chingii*	36	75.0	54.1	100	16	8.8	42	15.4	
	黄枝润楠 *Machilus versicolora*	3	6.3	11.7	50	23	19.7	29	25.1	
	拟赤杨 *Alniphyilum fortunei*	3	6.3	8.5	50	20	15.0	24	21.4	
	毛拷 *Castanopsis fordii*	1	2.1	14.1	25		12.0		48.0	
	竹柏 *Podocarpus nagi*	1	2.1	4.8	25		9.5		28.0	
	酸枣 *Choerospondias axillaris*	1	2.1	4.8	25		17.0		28.0	
	猴欢喜 *Sloanea sinensis*	1	2.1	1.0	25		8.0		13.0	
	凉伞树 *Heteropanax fragrans*	1	2.1	0.9	25		10.0		12.0	
	山杜英 *Elaeocarpus sylvestris*	1	2.1	0.1	25		8.0		4.0	
灌木	柏拉木 *Blastus cochinchinensis*	34		17.5	100		3.3		1.7	
	红车木 *Syzygium rehdcrianum*	13		6.0	50		2.2		1.65	
	粗毛榕 *Ficus hirta*	4		1.5	25		1.5		1.26	
	毛茶 *Camellia edithae*	4		1.2	25		1.5		1.26	
	毛冬青 *Iiex pubescens*	1		0.5	25		2.5			
	尖尾榕 *Ficus langkokensis*	1		0.4	25		1.2			
幼树	秦氏厚壳桂 *Cryptocarya chingii*	13	2.6	1.8						
	竹柏 *Podocarpus nagi*	2	1.2	1.2						
	茜草树 *Aidia cochinchinensis*	3	1.10							
	栲树 *Castanopsis fargesii*	2	2.4	2.25						
	多花山竹子 *Garcinia multiflora*	1	2.1							
草本	刺头复叶耳厥 *Arachniodes exilis*		*cop*2				0.5		0.26	
	铁线厥 *Adiantum capillusseneris*		*cop*1				0.03		0.22	
	紫金牛 *Ardisia japonica*		*sol*				0.15		0.08	
	紫麻 *Oreocnide frutescens*		*sol*						0.06	
	蛇藤 *Acacia pennata*		*sol*				0.20		0.17	
	茜草 *Rubia cochinensis*		*sol*				0.40		0.35	
	山姜 *Alpinia japonica*		sol				0.60		0.40	

在海拔 330 m,150 m² 的样方内有刺桫椤 7 株,最高 6 m,最大胸径 23.59 cm,平均高 4.43 m,总盖度为 0.8,乔木层为秦氏厚壳桂,黄枝润楠,水团花等,层盖度 0.4;灌木层除刺桫椤外,还有掌叶榕,巨萼柏拉木,柳叶山茶,层厚度 0.4,草本层主要是山姜、海芋、边缘鳞盖蕨等。层外植物主要是瓜馥木,藤黄檀,龙须藤等(表 8-2)。本群落乔木层比较稀疏,所以还是以刺桫椤生长形成小生境为主。从这些现象可以看出具有南亚热带沟谷雨林的迹象。

表 8-2

群落名称	刺桫椤、边缘鳞盖蕨
调查地点	南平石佛山、沟谷东南向,海拔 330 m
土壤情况	样方面积(10×15)m²。乔木层盖度 0.6,灌木层盖度 0.3,草本层盖度 0.2,总盖度 0.8

层次	植物名称	株数	多度%	盖度%	高度(m) 最高	高度(m) 平均	胸径(cm) 最大	胸径(cm) 平均	备注
乔木	秦氏厚壳桂 *Crypocarya chingii*	3	33	25	7.0	10.0	13.16	17.20	
	水团花 *Adina pilulifera*	4	44	20	7.0	5.0	16.64	17.52	
	黄枝润楠 *Machilus versicolora*	1	11	8		12.0		18.15	
	福建山樱花 *Prunus campanulata*	1	11	6		6.5		10.51	
灌木	刺桫椤 *Alsophila spinulosa*	7	41	35	4.43	6.0	15.74	23.89	
	粗毛榕 *Ficus hirta*	3	18	10					
	巨萼柏拉木 *Blastus dunnianus*	4	24	5					
	柳叶山茶 *Camellia salicifolia*	2	12	3					
	尖尾榕 *Ficus langkokensis*	1	6	10		4.0		7.33	
草本	海芋 *Alocasia macrorrhiza*			15					
	边缘鳞盖厥 *Microlepia marginata*			35					
	金毛狗厥 *Cibotium barometz*			15					
	山姜 *Alpinia japonica*			4					
层外	香港瓜馥木 *Fissistigma uonicum*								
	藤黄檀 *Dalbergia hancei*								
	香花崖豆藤 *Millettia dielsiana*								
	南五味子 *Kadsura longepedunculata*								
	龙须藤 *Bauhinia championii*								
	广东山葡萄 *Ampelopsis cantoniensis*								

出现这种现象可以从南平的地势来分析,南平属中亚热带,位于闽中大谷地的最低处,以闽江及其三大支流为界,大致可分为:东北部系鹫峰山脉的西南坡,以低山为主。北部山地为武夷山向东南延伸的支脉南端,从西北蜿蜒入境后,折为北东走向,直逼溪岸,直通南部是到玳瑁山脉的北坡,以中低山为主。西部低山丘陵,尤以丘陵为突出。这样形成北高南低的地势。北面南下的寒流受到武夷山的阻挡大大减弱,到近南平时又受到茫荡山再次阻挡,使寒流来时降温缓慢,南面低山又有闽江暖流侵入,使整个南平气候差异悬殊,从气象资料上分析,可见中部谷地为夏长冬短,温热潮湿的气候,西南部向闽中春秋长夏冬短,温热湿润的气候过渡,东北部往鹫峰山即显冬长夏短,温凉潮湿的山地气候转化。刺桫椤生长的地方正是中部谷地,沟谷呈"V"字形,开口正朝闽江,根据高大山体能挡寒流和暖流影响的规律,在这样的沟谷里往往形成暖流迂回,多雾温热湿润的小气候,从而适应于刺桫椤及其他一些南亚热带植物的生长。

参考文献

[1] 裘佩熹. 黄山的蕨类植物. 黄山植物研究. 上海:上海科学技术出版社,1965,60~99

[2] 中国植被编辑委员会. 中国植被. 北京:科学技术出版社,1980

〔3〕林来官.福建植物志(第一卷).福州:福建科学技术出版社,1983

〔4〕林来官.福建的珍稀植物.武夷科学(第二卷).福州:福建技术出版社,1982,36～42

〔5〕王景祥.试论浙江省森林植物区系.植物分类学报.北京:科学技术出版社,1986,24(3):165～173

〔6〕孙繁福.九层乡发现桫椤植物群.森林与人类.北京:中国林业出版社,1986,(4):12

福建特有植物及其保护与利用[①]

郑清芳　蔡为民　陈世品

Protection and Utilization of Endemic Plants in Fujian

一、绪　言

福建地处亚热带地区,水热条件优越,植物种类众多,有100多种属福建特有植物,其中有的是我国珍贵濒危植物,有的是具有特殊用途:粮、油、医药、建筑用材树种,还有的植物在科学上具有研究的价值。保护利用这些特有植物资源,是关系到造福子孙后代的大事。

如何保护、发展和合理利用珍稀特有树种是资源利用所必须注意的问题,珍稀特有树种的分布区有限,居群不多,植株亦较稀少,或者虽有较大的分布区,但亦只是零星存在,造成这种状况除了病虫害、火灾及植物本身生活力衰退等自然因素外,最主要的是人为因素,诸如大面积砍伐森林、开荒垦殖、过度放牧等等。

地球上的植物是不可再生的,灭种就等于一个独特的种质资源的绝对消失。据估计,一个植物种的灭绝不可避免地引起10~30个其他生物种受到威胁或灭绝。植物资源的消失,就是其种质和遗传多样性的消失,对人民的生产、生活是一个极大的损失。因此,保护植物和植被,特别是保护、发展和利用这些珍稀特有植物,对人类而言是个极其重要的问题,实际上保护植物,也就是保护人类自己的生存与发展,它对改善自然环境、维护良性生态系统,保护植物资源的长久利用,加速经济持续发展,以及开展科学研究,丰富人类生活等方面,都具有极为重要的意义。

二、福建的特有植物

福建特有植物是指其分布仅在福建省境内的植物,它代表着福建省自然地区或生境植物区系的特有现象。据初步调查福建特有植物有113种,分属于39科,其中包括蕨类植物9科30种,裸子植物2科2种,被子植物26科81种,如:樟科的茫荡山润楠,壳斗科的永福石栎,突脉青冈,梅花山青冈,金缕梅科的闽半枫荷,蔷薇科的小叶野山楂,枫树科的细齿密叶枫,杜鹃科的武夷杜鹃,福建岩须,桃金娘科的白果蒲桃,柿科的福州柿,竹亚科的武夷方竹等等。

三、福建特有植物的开发利用

福建特有植物因数量少尚未引起人们的重视,有的已为人们利用,有的人们还未加以研究,现就人们已有利用的列举如下。

(一)建筑用材及薪炭材

壳斗科的突脉青冈,上杭锥,永福石栎等木材坚硬,为优良的建筑用材;木兰科的福建含

---

①　原文发表于《现代育林》第10卷第1期,1994/9(台湾刊物)。本文稍加修正。

笑树体高大,干形圆满,木材纹理美观,为优良的板材。梅花山青冈木材坚硬,其木炭硬而有火力,是优良的薪炭用材及水土保持的好树种;沙黄松生长快,材质好,含松脂少,为良好的造纸用材。

(二)淀粉植物

壳斗科黑锥、上杭锥的果实,含有多量的淀粉,可食亦可作酿酒原料。

(三)药用植物

闽半枫荷,长尾半枫荷根供药用,治风湿跌打,行血消肿止痛,产后风瘫等症。目前资源少,应大力发展栽培为药用林。福建马兜铃,民间多用以治中暑、腹痛、蛇伤,根有止痛之效。福建细辛,民间多用以治感冒、蛇伤等。

(四)观赏植物

可供观赏的植物种类较多,有观花的福建特有植物,如福建绣球化、福建含笑(有清香)、武夷杜鹃、黑叶杜鹃等。观叶的有福建特有的蕨类植物,如福建剑蕨、珠叶凤尾蕨,秋季变红的有细齿密叶枫,武夷枫。观果有福州柿、建宁野鸦椿。观树形有南平倭竹等。

(五)竹制品及竹笋

藤枝竹是优良的篾用竹种,为制竹席、竹帽、编制各种工艺品的优良材料;福建酸竹和黄甜竹其笋味清甜鲜美,是散生竹中味最优者,产量高,是优良的不可多得的笋用竹种,很有发展潜力。

重视开发与保护福建特有植物,为工农业生产提供优异的种质资源,为市场提供更多的商品,这对国民经济的发展、人民生活的提高,都具有很大的作用。

四、福建特有植物的保护

保护福建特有植物,防止植物种质资源消失灭绝,是一个涉及多方面的复杂问题。在加强宣传,通过各级林业、牧业、医药、外贸、供销社等部门制定规则,共同管理,协调保护与利用的矛盾;依靠所制定的自然资源保护法规来保证植物资源不受严重破坏的前提下,根据省情以及珍稀特有植物本身的特点,发展与保护这些珍稀特有植物。

建立自然保护区,并加强管理。自然保护区主要是以保护森林生态系统和珍稀特有植物种质资源为目的,为全省的植物种质资源提供其有利的保护条件,成为发展与保护这些珍稀特有植物的基地。

根据省情特点,实行以保护为主,养护更新和开发利用协调发展的方针,以达到增殖资源,确保永久利用,促进经济建设的目的,制定野生植物和珍稀特有植物资源的保护与发展规划。

要做好珍稀特有植物物种资源的收集、保存和繁殖工作,开展引种试验研究和生产示范推广工作。建立珍稀特有植物的保护与繁殖示范基地,推动物种保护工作的开展。同时,要建立特有树种科学研究的协作网以及特有树种保护的监测网。组织物种保护研究协作组,进行学科的综合性研究,并与全省的珍稀特有植物的主要栖息地所在的县环境监测机构加强联系,成为全省物种保护的监测网,以保证物种保护工作的开展。

建立特有树种迁地保存和引种驯化基地,即建立福建特有树种基因库拯救和保存全省特有树种,广泛收集和发掘野生植物种源。迁地保存和引种繁殖这些珍贵的自然资源,研究这些特有树种的遗传变异和生长发展规律。开发利用植物资源,直接供为农、林、园艺、医药、环保等生产实践参考。

建立以特有树种为主体的园林生态示范工程,把特有植物推广到生产中去。选择一个公园或一个风景区,甚至一条文化街道。按照自然生态布局,建立生态示范工程,发挥特有植物直接为经济建设、人民生活及宣传普及特有植物科学知识作用。

广泛开展珍稀特有树种资源的宣传教育,提高人民对珍稀特有自然资源保护的认识,共同采取保护特有植物资源的措施,更有效地做好保护资源工作。

持续深入地开展科学研究。研究珍稀特有树种的种群消长规律,威胁性病虫害,天然更新或人工促进天然更新,恢复和扩大种群数量,并进行定位观测进行生态系统研究。

附:福建省特有植物名录

(一)蕨类植物

莲座蕨科

1. *Angiopteris lingii* Ching　假脉莲座蕨　产龙岩、永安福清、守德

瘤足蕨科

2. *Plagiogyria chinensis* Ching　武夷瘤足蕨　产武夷山

凤尾蕨科

3. *Pteris cryptogrammoides* Ching　珠业凤尾蕨　产厦门、永安

蹄盖蕨科

4. *Allantodia metteniana* var. *fauriei*（Christ.）Ching　小叶短肠蕨　德化、武夷山

5. *Athyrium fujianense* Ching　福建蹄盖蕨　产武夷山

6. *Athyrium rotundilobum* Ching　圆片蹄盖蕨　产武夷山

金星蕨科

7. *Cyclosorus nanpinensis* Ching　南平毛蕨　产南平

8. *Cyclosorus rupicola* Ching et Hsing　石生毛蕨　产德化

9. *Cyclosorus angustus* Ching　狭羽毛蕨　产厦门、沙县

10. *Cyclosorus parvifolius* Ching　小叶毛蕨　产厦门、龙溪

11. *Cy. excelsior* Ching et Hsing　高大毛蕨　产福州、鼓山

12. *Cy. decipiens* Ching　光盖毛蕨　产建阳

13. *Cy. fraxinifolius* Ching et Hsing　涔藁毛蕨　产南靖

14. *Cy. dehuaensis* Ching et Hsing　德化毛蕨　产德化、南靖

15. *Cy. grandissimus* Ching ct Hsing　大毛蕨　产德化

鳞毛蕨科

16. *Cysrtomium conforme* Ching et Hsing　福建贯众　产连城

17. *Polystichum gymnocarpum* Ching　无盖耳蕨　产武夷山

18. *Dryopteris cordipinna* Ching　心羽鳞毛蕨　产福州

19. *D. wuyishanensis* Ching　武夷山鳞毛蕨　产武夷山

20. *D. confertipinna* Ching et Hsing　密羽鳞毛蕨　产德化

21. *D sino-erythrosora* Ching et Hsing　华红盖鳞毛蕨　产德化

22. *D. sanmingensis* Ching　三明鳞毛蕨　产三明

23. *D. dehaensis* Ching　德化鳞毛蕨　产诏安、福州、德化

24. *D. gushanica* Ching et Hsing　鼓山鳞毛蕨　产福州鼓山

25. *D. Nanpingensis* C. Chr. et Ching　南平鳞毛蕨　产南平

26. *D. pseudouniformis* Ching　假同型鳞毛蕨　产武夷山

27. *D. huanganshanensis* Ching　黄冈山鳞毛蕨　产武夷山

三叉蕨科

28. *Ctenitopsis sinii*（Ching）Ching　亮鳞轴脉蕨　产厦门、武夷山

水龍骨科

29. *Colysis liouii* Ching　长柄线蕨　产建瓯

剑蕨科

30. *Loxogramme fujiangsis* Ching　福建剑蕨　产建瓯

（二）裸子植物

松科

31. *Pinus massoniana* var. *shaxianensis* D. X. zhou.　沙黄松　产沙县

杉科

32. *Cunninghamia lanceolata* f. *squamata* Q. F. zheng(ined)　松皮杉　产龙岩

（三）被子植物

榖斗科

33. *Castanopsis lamontii* var. *shanghangensis* Q. F. Zheng　上杭锥　产上杭、将乐、华安

34. *Castanopsis nigrescens* Chun et Huang　黑锥　产龙岩、连城、上杭、沙县、永安、武夷山

35. *Lithocarpus yongfuensis* Q. F. Zheng　永福石栎　产漳平

36. *Lithocarpus chrysocomus* var. *zhangpingensis* Q. F. Zheng　漳平石栎　产漳平

37. *L. uveriifolius* var. *ellipticus*（Mctc.）　卵叶玉盘柯　产南平

38. *Cyclobalanopsis elevaticostata* Q. F. Zheng　突脉青冈　产漳平、宁德、南靖

39. *Cy. meihuashanensis* Q. F. Zheng　梅花山青冈　产上杭、德化

40. *Cy. minxiensis* Q. F. Zheng sp. nov.（ined.）　闽西青冈　产长汀、华安、安溪（未正式发表）

榆科

41. *Ulmus elongata* L. K. Fu et C. S. Ding　长序榆　产南平，浙江亦有分布

42. *Celtis biondii* var. *heterophylla*（Levl）Schneid.　异叶紫弹　产厦门、同安、长乐、福州

荨麻科

43. *Pellionia radicans* f. *puberula* W. T. Wang　毛茎赤车　产南平

44. *P. grijsii* Hance　福建赤车　产南靖、平和

45. *Boehmeria densiglomerata* W. T. Wang　密球苎麻　产南靖、永安

46. *B. formosana* Hay. var. *fuzhouensis* W. T. Wang　福州苎麻　产福州

川苔草科

47. *Terniopsis sessilis* H. C. Chao　石蔓　产福州、长汀、永安、南平、连城、南安

48. *Cladopus fukianensis*（H. C. Chao.）H. C. Chao　福建川苔草　产长汀

49. *C. chinensis*（H. C. Chao）H. C. Chao　中国川苔草　产长汀

马兜儿铃科

50. *Aristolochia fujianensis* S. M. Huang　福建马兜铃　产宁德

51. *Asarum fujianensis* J. R. Cheng et C. S. Yang　福建细辛　产南平

蓼科

52. *Polygonum opacum* Samuclsson　暗子蓼　产全省各地

木阑科

53. *Michelia fujianensis* Q. F. Zheng　福建含笑　产三明、南平、顺昌、南靖

54. *Michelia amoenna* Q. F. Zheng　悦色含笑　产长汀、南平

樟科

55. *Machilus versicolora* S. Lee　黄枝润楠　产南平，广西亦有分布

56. *Machilus mangdangshanensis* Q. F. Zheng　茫荡山润楠　产南平

　　Machilus fukiensis H. T. Chang ex S. Lee　闽润楠　产福清（注：2013 年采到标本）

十字花科

57. *Sisymbrium fujianensis* L. k. Ling　福建大蒜芥　产泉州清源山

金缕梅科

58. *Hydrangea chungii* Rehd　福建绣球　产南平、武夷山

59. *Hyarangea lingii* Hoo.　林氏八绣球　产永春、德化、永安、将乐、南平、顺昌、武夷山

60. *Semiliquidambar cathayensis* Chang var. *Fukienensis* Chang　闽半枫荷　产南靖、漳平

61. *Semiliquidambar caudata* Chang　长尾半枫荷　产沙县

62. *Corylopsis multiflora* var. *parvifolia* Chang　小叶瑞木　产南平、武夷山、光泽

蔷薇科

63. *Prunus fokienensis* Yu　福建樱桃　产武夷山、古田

64. *Maddenia fujianensis* Y. T. Chang　福建假稠李　产武夷山

65. *Rubus pararosuefolius* Metc.　南平空心泡　产南平

66. *Rubus fujianensis* Yu et Lu.　福建悬钩子　产武夷山

67. *Crataequs cuneata* f. Tong Chung- Changii（Mete）　小叶野山楂　产福清、长乐、福州

68. *Photina fokienensis*（Fr.）Fr. ex Card.　福建石楠　产古田、武夷山、光泽

楝科

69. *Toona rubiflora* C. J. Tsang　红花香椿　产南靖

豆科

70. *Uraria fujianensis* Yang et Hueny　福建狐尾豆　产沙县

大戟科

71. *Mallotus philippinensis* var. *reticulatus*（Dunn.）Metc.　齿叶粗糠柴　产南靖、

长泰、福清、泰宁、南平

冬青科

72. *Ilex fukienensis* S. Y. Hu　福建冬青　产南平、武夷山、永安

73. *Ilex ficifolia* f. *dalyunshanensis* C. J. Tseng　毛硬叶冬青　产德化

74. *Ilex ningdeensis* C. J. Tseng.　宁德冬青　产宁德

75. *Ilex. serrata* var. *sieboidii*(Miq)Rehd.　无毛落霜红　产南平

省古油科

76. *Euscaphis japonica* var. *jianmingensis* Q. J. Wang　建宁野鸦椿　产建宁

枫树科

77. *Acer confortifolium* var. *serrulatum*(Dunn.)Fang　细齿密叶枫　产厦门、仙游、莆田

78. *Acer lingii* Fang　福州枫　产福州

79. *Acer laikuanii* Ling　将乐枫　产建阳

80. *Acer wuyishanicum* Fang et Tam　武夷枫　产建阳

椴树科

81. *Tilia scalenophylla* Ling　建宁椴　产建宁

82. *Corchoropsis tomentosa* var. *micropetala* Y. T. Chang　小花田麻　产武夷山

山茶科

83. *Camellia lanceisepala* L. K. Ling　披针萼莲蕊茶　产泰宁龙湖乡

杜鹃科

84. *Rhododendran piceum* Tam.　黑叶杜鹃　产南平

85. *Rh. florulentum* Tam.　繁花杜鹃　产龙岩

86. *Rh. rufescens* Tam.　茶绒杜鹃　产龙岩、德化、永安

87. *Rh. apricum* Tam.　上杭杜鹃　产上杭

88. *Rh. apricum* var. *falcinellum* Tam　镰叶杜鹃　产安溪、德化

89. *Rh. wayishanicum* L. K. Ling　武夷杜鹃　产武夷山

90. *Rh. loniceraeflorum* Tam.　忍冬杜鹃　产安溪

91. *Cassiope fujianensis* L. K. Ling ct G. S. Hoo　福建岩须　产南平

桃金娘科

92. *Syzygium album* Q. F. Zheng　白果蒲桃　产云霄

柿科

93. *Diospyros cathayensis* var. *Foochowensis* (Mete) S. Lee　福州柿　产福州

灰木科(山矾科)

94. *Symplocos fukienensis* Ling　福建灰木(山矾)　产清流、建瓯、寿宁

竹亚科

95. *Bambusa lenta* Chia　藤枝竹　产南安、晋江

96. *Acidosasa notata*(wang et ye) S. S you　福建酸竹　产南平、顺昌、龙岩、建瓯

97. *Acidosasa chienouensis*(wen) C. S Chao et Wen.　粉酸竹　产建瓯,湖南亦有分布

98. *Acidosasa edulis*(wen)Wen　黄甜竹　产福州、永泰、古田、连江

99. *Pseudosasa gracilis* S. L. Chen et G. Y Sheng 纤细茶秆竹 产上杭、永安

100. *Oligostachyum glabrascens*（Wen）Keng f. et Wang 屏南少穗竹 产屏南

101. *O. oedogonatum*（Wang）Q. F. Zheng et K. F. Huang. 肿节少穗竹 产武夷山、尤溪、德化

　　　O. yonganensis Y. M. lin et Q. F. Zheng. 永安少穗竹 天宝岩保护区附近

102. *Pleioblastus sanmingensis* S. L Chen et G. Y. Shang 三明苦竹 产三明

103. *Pl. wuyishangensis* Q. F. Zheng et K. F. Huang. 武夷苦竹 产武夷山

104. *Chimonobambusa setiformis* Wen 武夷方竹 产武夷山

105. *Shibataea fujianica* H. Y. Zhou 福建倭竹 产南平、武夷山

106. *Sh. nanpingensis* Q. F. Zheug et K. F. Huang 南平倭竹 产南平、沙县、宁德

107. *Sh. lanceifolia* C. H. Hu 狭叶倭竹 产武夷山

108. *Indocalamus tongchunensis* K. F. Huang et Z. L. Dai 同春箬竹 产漳平

109. *Yushania wayishanensis* Q. F Zheng et K. F. Huang 武夷玉山竹 产武夷山

110. *Y. longiauritu* Q. F. Zheng et K. F. Huang 长耳玉山竹 产德化、戴云山

111. *Y. longissima* K. F. Huang 长鞘玉山竹 产武夷山

福建省生物多样性及其保护措施[①]

郑清芳

Biodiversity and its Protection Measures in Fujian

一、前 言

生物多样性(Biological diversity)是指所有来源的形形色色生物体是地球上所有生命形式的总称,是 40 亿年以来生物进化的结果,它包括几百万不同种类的植物、动物和微生物,以及它们所拥有的基因,和由这些生物与所在地环境所构成的生态系统。因此生物多样性包括三个层次的概念,即物种多样性、遗传多样性和生态系统多样性。

在近代,由于社会经济的发展和人口的猛增,人类对自然资源的滥用和环境恶化,已使生物绝灭的速度比自然绝灭率高达 1 千倍,而一种植物的灭绝常导致 10～30 种生物的生存危机。据世界自然和自然资源保护联盟(IUCN)估计,世界上已知约 25 万种高等植物已有 2～2.5 万种即 1/10 处于受严重威胁状态。据哈佛大学的生物学家 Edward wilson 估计,最少每年有 5 万种无脊椎动物,每天有 140 种由于热带雨林破坏而趋于灭绝。由于各地毁林,每天至少有 1～2 种鸟和哺乳动物或植物被灭绝,全球生物多样性的消失现象正在加剧。种内遗传变异性状与整个自然生态系统的消失速度比物种灭绝速度更快,全球热带雨林在 80 年代初每年毁林 1 140 万公顷,至 80 年代末每年上升到 1 700～2 000 万公顷,拥有全球 50％的物种的栖息地——热带雨林比原有面积减少一半。大部分国家的森林均成片断化,被退化的土地所围绕,损害了森林维护野生生物种群和重要生态学过程的能力。为此,生物多样性的保护是近年来国际社会十分关注的重大问题。1989 年国际自然和自然资源保护联盟(IUCN)在庆祝成立 40 周年之际,提出今后 10～40 年内生物多样性保护是主要从事工作。1990 年 J A Mcneely 等出版了《保护世界生物多样性》,一书。1992 年,世界资源研究所(WRI)、IUCN 和联合国环境规划署 UNEP 出版了《全球生物多样性策略》,对世界生物多样性保护具有重大指导意义。特别令人振奋的是生物多样性保护已得到各国政府的重视,1992 年 6 月 1 日—12 日,在巴西里约热内卢召开的联合国环境与发展大会,153 个国家和地区首脑签署了联合国《生物多样性公约》,生物多样性问题已被联合国环境署确认为与全球气候变暖,臭氧层破坏和有害废物转移并列的 4 个全球环境问题之一。我国也在大会上签了字,成为《公约》的成员国,国际环境与发展大会后国务院正式批准制定了《中国生物多样性保护行动计划》,并于 1994 年对全世界公布,这说明我国政府对这个问题的高度重视。作为一个动植物学工作者,一位林业工作者,我们今后肩负有重任,根据《全球生物多样性策略》一书中明确提出"保护研究持续利用"的方针,我们将在生物多样性的"挽救、研究和持续利用"方面发挥作用。生物多样性的保护不再是被动的保护,而是把挽救与持续利用相

---

① 作者为福建省野生动物保护协会第三届学术研讨会的征集论文。

结合,挽救与恢复相结合。根据《世界保护策略》一书特别指明,首先,生物多样性的保存是保护的三个主要基础之一;第二,要维持基本的生态学过程和生命维持系统;第三是确保物种和生态系统的持续利用。

省林业厅于 1995 年召开了全省林业局局长(林委主任)会议,刘德章厅长做了《深化改革加快发展,努力建立比较完备的林业生态体系和比较发达的林业产业体系》的主题报告,正式提出"九五"期间我省将规划建设造福子孙的生物多样性工程的战略目标,包应森书记就工程的规划设计做了具体的部署。我们科学工作者、林业工作者应大造社会舆论,广泛宣传生物多样性工程意义的同时,着手调查研究,制定规划,认真参与实施工作。

二、生物多样性及其保护的意义

(一)生物种多样性是人类生存和发展的基础

生物多样性是指动物、植物及微生物种类的丰富程度。物种资源是农、林、牧、副、渔各业经营的主要对象,对人类的衣食住行提供了必要的生活资料,如丰富的植物资源为人类提供了粮食、油料、蔬菜、果品等;野生动物资源是许多国家人民的主要食物来源。作为工业原料,植物提供了木材、纤维、纸张、香料、橡胶、松脂等大量产品,动物的皮毛革羽是做御寒服装的高级原料,在出口贸易中占重要地位。野生动植物的药用价值尤其重要,我国传统的中草药如人参、天麻、贝母、三七、杜仲等来自野生植物,而犀牛角、羚角、鹿茸、麝香、虎骨、熊胆等取自野生动物。随着医学的发展,许多生物新的医药价值将不断被发现。例如发现红豆杉可提取紫杉醇用以治癌。

野生生物对现代科学技术的发展具有特殊的贡献,许多发明创造是来自生物的启示。如仿生学,即源于一些鸟、兽、昆虫等,一些物种引爆人们的灵感,或成为人智能的仿制原型,如依据响尾蛇的红外线自动用热定位来确定捕捉物位置的原理,成功设计了导弹引导系统;根据昆虫平衡棒具有保持航向不偏离作用的原理,制造了控制高速飞行器和导弹航向稳定作用的振动陀螺仪;北极熊的毛是高效能的吸热器,这一发现为设计防寒服装和制造太阳能导热器提供了线索等。

(二)遗传多样性是改良生物品质的源泉

遗传多样性即基因多样性。在某种意义上,一个物种就是一个独特的基因库。物种的多样性孕育着基因的多样性,但却不可能包含基因多样性,因为基因多样性的表现是多层次的、多水平的。一个物种是由若干个体所组成的,即种群,一般认为种群中没有两个个体的基因组合是完全一致的。群体遗传学认为,物种是由许多生理或生态的群体构成,这些群体显示了丰富的遗传变异,使一个物种实际包含有成百上千个不同的遗传类型,如水稻、菊花都有上千个品种或品系。这种种内遗传变异的多态性不仅表现在外部的表现型上,而且表现在染色体的数目、结构、形态和行为上,甚至表现在分子水平上,即蛋白酶的多态现象和DNA 分子的多态性。所以,遗传多样性可认为是种内或种间表现在分子、细胞和个体三个水平上的遗传变异度。这种变异度是生命进化和适应的基础,变异越丰富,物种对环境的适应能力愈强,物种进化的潜力也越大。

遗传多样性对农、林、牧、渔业生产具有重要的现实意义。有人认为,一个基因可影响一个国家或地区的兴衰,如水稻、小麦的矮秆基因改变了其传统的栽培方法,使水稻、小麦的产量在全世界许多地区大大提高;澳大利亚的绵羊,经过长期杂交育种的改良,形成了羊毛绒毛质优、产量高、纺织性能好的优良羊种,使"澳毛"闻名于世,促进了该国的经济繁荣。一些农作物的原始种群、野生亲缘种和传统地方品种,常具有适应性广、抗病力强等优良特性,人们常利用这些特性培育高产、优质、抗病的作物品种,这方面成功的例子不胜枚举,我国利用野生稻基因培育杂交水稻就是其中一例。

(三)生态系统多样性是物种遗传多样性的保证

生态系统具有极其多样化的类型。根据环境条件和生物区系,地球表面可分为陆地、淡水、海洋、岛屿等生态系统,陆地生态系统又可再分为森林、草原、荒漠、冻原等生态系统,森林生态系统又可再分为热带雨林、热带季雨林、常绿阔叶林、落叶阔叶林、针叶林等生态系统;每一森林类型还可按地区、海拔高度、森林结构、群落类型、关键物种及生态特点等一分再分。生态系统内部始终进行着生物物种之间的能量流动以及生物群落与环境之间的物质循环,这是维持物种生存和进化的必要过程。保护生态系统的多样性维持系统中能量和物质运动的过程,保证了物种的正常发育与进化过程以及物种与其环境间的生态学过程,从而保护了物种在原生环境下的生存能力和种内的遗传变异度。由此可见,生态系统是由生物群落和生物群落环境这两个基本的要素组成,而生物群落是生态系统的核心。由于生物群落是由若干生物物种所组成,因而,丰富多彩的生态系统是物种多样性和遗传多样性存在的保证。

三、我国生物多样性与保护现状

(一)我国生态系统多样性与保护现状

我国国土辽阔,南北受温度影响,形成热带、亚热带、暖温带、温带和寒温带等气候带;东西受湿度影响,形成湿润、半湿润、半干旱和干旱的气候带;全国各地的多山、高原地形又在许多地区形成垂直气候带。自然条件的复杂性形成生态系统的多样性。据研究,我国森林生态系统就有 16 个大类,约 185 类型。我国热带雨林面积虽然很小,但热带雨林和季雨林生态系统也有 19 个类型,亚热带常绿阔叶林就有 34 类型生态系统;其他的亚热带森林生态系统还有 51 类型;温带森林有 57 个类型。我国还有 4 个大类草原,7 大类荒漠和各类高山植被,形成约 460 多个类型的生态系统,其中草原有 56 个类型,荒漠有 79 类型。

保护生态系统多样性的有效途径是建立各类自然保护区,对此,我国政府也给予了一定的重视,我国自然保护区的建设始于 50 年代,1956 年首先在广东鼎湖山建立了以保护南亚热带季雨林为主的自然保护区;1958 年和 1960 年又分别在西双版纳和长白山建立了以保护热带雨林和温带森林生态系统的保护区。80 年代以来,自然保护区建设发展迅猛,到1990 年,全国已建立自然保护区达 600 处,面积达 300 104 ha,占国土面积的 3%,使相当一批具有代表性、典型性和多样性的自然生态系统得以保存。在这些保护区中,有森林、草原、荒漠、高原、高山、湿地、海洋与海岛、地质地貌等各种生态系统类型,其中森林与野生动物生态系统类型的保护区较多,占 70%左右;并有长白山、武夷山、梵净山、鼎湖山、卧龙、锡林郭勒、博格达峰等 7 个自然保护区被联合国教科文组织列入"世界生物圈保护区"网,对保护全球生物多样性作出了贡献。此外,我国还建有各种生态系统类型的风景名胜区和森林公园 500 多个,使中华大地上相当一批自然荟萃得到有效保护,初步形成全国生物多样性保护网络。

（二）我国物种多样性与保护现状

中国是世界上少数几个物种最丰富的国家之一,动植物区系各占世界动植物区系的10％左右。我国分布有高等植物约470科,3 700余属30 000种,其中特有属200个,特有种1 000种左右,其中水杉、银杉、银杏等是我国特有的珍稀孑遗植物。在丰富的植物资源中,已发现中草药植物400多种,香料植物350种,油脂植物800多种,酿酒和食用植物约300种。我国野生动物种类繁多,已发现兽类430多种,占全世界种类的10.72％,其中大熊猫、金丝猴、白唇鹿是闻名世界的我国特有动物;我国有鸟类1 183种,占世界14％,是世界上鸟种类最多的国家;我国还有淡水鱼类800余种,近海鱼类1 500多种,爬行类约380种,两栖类约230种;无脊椎动物约100万种以上,其中昆虫达15万种。我国微生物种类也极其丰富,我国已分离出酵母26个属,3 000多株,占世界酵母总数的40％;已知的真菌达7 000种,仅为估计总数的10％,绝大多数微生物种类尚有待于发现。

我国在50年代末就开始提出保护珍贵树木和动物,但直到80年代才引起重视。80年代初,国家环境保护局等部门组织科研力量在全国进行了广泛的动植物受威胁现状调查。1984年国务院环委会公布首批珍稀濒危保护植物名录,共354种,1987年修订为389种;1991年出版了《中国植物红皮书》(第一册);国务院环委会还于1987年公布了《重点保护野生动物名录》共206种;1988年底颁布了《野生动物保护法》和附录的保护动物名录,共257种。

我国物种保护的措施主要是就地保护和迁地保存,就地保护即建立自然保护区,已建保护区中约有30％是以物种为保护对象,如贵州赤水沙椤和道真银杉保护区,广西上岳金花茶保护区,四川卧龙、王朗、陕西佛坪等14处大熊猫保护区,等等。其他一些濒于灭绝的野生动物,如长臂猿、东北虎、海南坡鹿、金丝猴、扬子鳄、丹顶鹤、朱鹮、褐马鸡都已建有专门的保护区。

近十年来,国家环境保护局已投资600多万元用于物种迁地保存项目。

在广东和广西建立了木兰科植物金花茶引种基地,在杭州、南京、九江、郑州、沈阳等地建立了地区性珍稀濒危植物引种保存中心,昆明、西宁两地的引种中心也在建设之中;还在北京、甘肃张掖、安徽铜陵建立了麋鹿苑、蓝马鸡繁殖场和白鳍养护场。林业部也投资在安徽宣城、黑龙江海林、四川卧龙、陕西洋县建立扬子鳄、猫科动物、大熊猫、朱鹮繁殖中心或站,还在江苏大丰、新疆吉木萨尔、甘肃武威开展了麋鹿、野马和高鼻羚羊国外引进项目。全国28个动物园,60多个植物园以及一些树木园都不同程度地进行了野生动植物的迁地保存工作。目前,全国已建有野生植物引种保存基地255个,野生动物人工繁殖场277个。

（三）我国遗传多样性与保护现状。

我国极其丰富的野生物种本身就是一个个遗传基因库。更重要的是我国具有悠久的历史和古老的文明,我国劳动人民在5 000多年的农业生产活动中,驯化了许多品质优良的栽培作物和家畜动物。我们主要栽培作物水稻、小麦、棉花、大豆等都有成百上千个品种,同工酶分析表明,这些品种间都存在着明显的遗传变异,我国主要家畜如猪、羊、鸡等,也都有数十乃至上百个品种,仅猪就有100多个品种。

但是,一方面由于巨大人口压力,近几十年来毁林开荒、毁草开荒、围湖造田等,使野生动植物因栖息地日益缩小而遭到生存威胁,而某一物种上的灭绝或其种群数量的减少都意味着遗传多样性的减少;另一方面,由于社会经济的发展和科学技术的进步以及人们一味追求高产品种的育种目标等,使我们祖先遗留给我们极其丰富的家畜和作物品种资源受到削弱,随着外来品种的引进和高产品种的专业化种子生产使家畜作物的遗传多样性也发生深刻的变化,一批我国特有的地方性古老、土著品种逐渐消失,乃至灭绝,如优良的九斤黄鸡已濒于灭绝。

保护家畜、作物遗传多样性一直是我国农业育种科学领域的一项重要任务。中国农业科学院和各省(自治区、市)农业科学院一般都建有作物和家畜品种资源研究所研究室,开展品种资源的收集和遗传育种研究。全国各地还建立了一批作物品种资源库,对作物种子进行长期的低温保存。在动物方面,一批具现代化管理水平的动物细胞和动物精子库、配子库、胚胎库已在建设中或业已启用,用超低温技术保存野生和家养动物的精液、胚胎和组织培养物。中国科学院昆明动物研究所结合我国西南地区动植物资源丰富的特点,建立了颇具规模的野生动物细胞库,迄今已收集保存了包活昆虫、鱼类、两栖类、爬行类、鸟类和哺乳动物在内的野生动物细胞株 198 件,隶属 192 种动物,其中 26 种是我国特有或珍稀濒危动物,如滇金丝猴、中国麂、毛冠鹿、赤斑羚等

四、生物多样性受威胁的原因

生物多样性受威胁的原因是多种多样的,归根到底是如何协调人口增长、经济发展与生物多样性保护和利用问题。由于经济发展的需要,加快城市建设,使栖息地破坏或改变,对生物多样性造成不同程度的影响;农业上盲目毁林开垦,围湖造田都将破坏自然生态系统;为了提高农业产量往往推广单一的高产品种,使许多适应于当地生长而产量较低的品种逐渐减少,对遗传资源的保存和未来的品种改良造成很大的威胁;在林业上过度采伐,人工林树种的单一化,正如福建多年来各地建起采伐场,把地带性中亚热带常绿阔叶林进行大量砍伐,大面积营造杉木、马尾松,而亚热带常绿阔叶林是生物多样性最丰富的植被,一旦砍伐,使生物多样性趋于贫乏,许多珍稀、濒危、特有动植物受到极大的威胁,有的已趋于灭亡的边缘;对生物资源的利用往往不考虑其今后能否继续生存与发展的后果,对野生动物的滥捕乱猎,野生经济植物过度采集,使某些种数量天天下降,趋于濒危,南方红豆杉是优良的特等用材,多用于雕刻,木材价格高,各地为了经济的考虑,想方设法进行砍伐;鸟刚栎是硬阔叶树,往往生长在悬崖陡陂石壁上,是良好的水土保持林,因其木炭硬而价格高,日本客商深入山区去收购,又如杨桐(山茶科的红淡)是日本风俗上的一种迷信品,亦在福建浙江一带大量收购;这些必然造成自然资源的破坏灭绝。由于植被的破坏引起水土流失,土壤侵蚀,肥力减退,正如杉木二代不如一代生长好,毛竹纯林不能集约经营往往瘦小变黄,木麻黄防风林二代更新不起来,这些都是经营单一树种所造成的。因单一树种特别针叶树自肥能力差,失去过去地带性植被中生态系统多样性的功能。此外,工业发展所产生的废水、废气及废弃物的污染,特别是酸雨的影响,亦对生物多样性的保护造成威胁。所以在经济发展的同时,应注意环境保护,才能减轻对生物多样性的威胁,使生物资源得以持续利用。

五、福建生物多样性工程建设的主要对策

(一)制定工程规划

组织力量进行调查规划,对我省生物多样性现状及存在问题进行一次本底调查,尽快查清对各种珍稀、濒危、特有的动植物资源的分布、栖息地种群数量及其变动、濒危原因等,然

后制定工程规划方案。

（二）建立和扩大自然保护区

保护生物多样性的最有效方法是就地保护，亦即建立各种不同保护类型的自然保护区，建全现有保护区的管理工作，根据我省生物多样性的要求在原有保护区的基础上，增加一些新的不同类型自然保护区。如沿海防护林保护区，水源涵养林保护区，淡水水域保护区以及构成地带性植被中各类优势树种保护区，如构成亚热带常绿阔叶林有米槠、甜槠、黑锥、拉氏栲、钩栗、栲树、青冈等等组成的纯林或混交林，各种珍稀濒危特有生物物种自然保护区，面积较小的可建立保护点。

（三）建立各类专类园

重视迁地保存，建立各类专类园。圈养物种和野生动物则以迁地保存为好，应建立各种类型的植物园、树木园、动物园、水族馆、植物专类园。

1. 竹类园

目前虽有福州树木园竹类区、厦门万石公园竹类区、莱舟林场竹子园、华安竹种园，但规模都过小，生境亦不当。应在福州附近南屿林场、德化戴云山或闽南南靖、平和等地分别选1～2处，建立丛生竹和散生竹收集中心，不仅保护福建特有竹种而且引种全国优良的竹种，为发展竹类生产提供种苗。

2. 福建珍稀濒危特有植物园

收集福建的珍稀濒危特有的植物，全省建立1～2个迁地保存中心，研究其生物学特性、繁殖方法及利用价值，妥善保存物种及其基因。

（四）改变耕作制度，提倡封山育林，人工促进天然更新

为了保持森林生态多样性，更多地保存珍稀濒危树种，应该变耕作制度，改全面炼山为小块状整地，森林砍伐应改皆伐为择伐，改人工造林为封山育林，或人工促进天然更新。

（五）建立封禁林，禁止砍伐常绿阔叶林

目前，我省地带性植被中亚热带常绿阔叶林及南亚热带雨林大部分已受砍伐或人为破坏多成次生林，剩下少部分处于交通不便的山地、陡坡，不仅蓄积量不多，而且砍伐后会引起严重的水土冲刷，应列为封禁林，作水源涵养林并结合保护其生物多样性，而国家生产所需的木材本着节约精神，或以竹代木，或国外进口。绝不能把仅剩下极少部分富含生物多样性的小片阔叶林砍光，致使物种和基因的灭绝。

（六）多渠道筹集资金，建立生物多样性保护的管理机构

生物多样性的保护，亦就是保护人类自己，所以是项社会的事业。在省人民政府内成立必要的管理机构，该机构可委托林业厅代管，并有足够的专职编制人员（不可向各单位借人当作临时机构）制定生物多样性保护的方针及法令，然后以政府名义向社会多渠道筹集资金，如环保、农林牧副渔各行业等部门，都必须提供一定资金，这样才能进行有效的保护。

（七）加强生物多样性科研工作

在生态系统多样性方面，要进一步开展我省生态系统多样性的调查以及各类型生态系统中生物种类、多度及群落特征的调查；研究生态系统多样性的结构与功能、生物群落的动态变化和与环境的关系；研究生态系统多样性保护网络的建立和永续利用的合理经营技术，

还要研究生物多样性中心的确定技术和标准。

要加强生物区系的调查,加强受威胁物种的濒危状态和保护现状的调查,编辑各类生物图志和受威胁动植物红皮书;要加强珍稀濒危植物的生物学、生态学和行为学的研究、建立物种保护的生态监测网络和数据库;还要加强生物资源的开发价值研究,特别是生物物种在药用方向的潜在价值研究;同时还要研究生物资源开发利用的管理政策。

在遗传多样性的研究方面,要研究物种群体结构的多样性,了解物种天然群体内和群体间遗传变异,要进一步收集和保存家畜和作物品种资源,开展家畜和作物的野生祖型和亲缘种的遗传学研究,为培育更多的优良品种提供基因材料;要进一步研究野生生物和家畜、作物种质的保存技术,建立更多的现代化"种质资源库";还要研究品种多样性对增加农业生产稳定性的作用。

(八)加强科研队伍建设

我省生物多样性的研究力量是十分薄弱的,特别是从分类学研究人才更是后继无人。在此之前,我省师大、厦大、农林医高校及一些生物所、植物所尚有一批从事动植物分类的专家教授。他们已为我们做了不少工作,如编写省植物志、鱼类志、福建昆虫志等等,并培养一些人才,如研究生、毕业生,但不受社会的重视,有不少的研究生,都到社会上经商改行了,研究低等植物的人更少,但就是少量人亦得不到足够的研究经费。所以应考虑生物多样性保护的研究经费,除在各高校及研究所外,必须成立专门研究机构并组织自然保护区科技人员进行科研工作。

(九)如何贯彻生物多样性的保护、研究、持续利用的方针

对野生生物的持续利用问题,当前的情况不是滥用就是不许或不敢利用,要通过研究不同物种种群动态和生物学生态学特性和繁殖方法等,制定持续利用的办法,建立相应的发展基地:如南方红豆杉不仅木材是雕刻良材,而且可提取紫杉醇用以治癌。据全国统计,全国所有含紫杉醇的8~9种红豆杉,全部砍伐下来制药,亦只能治疗14万人,所以必须建立基地,种植红豆杉,必须研究其生物学、生态学特性。它种子不易发芽或发芽期延1~2年之久,此树又耐荫,不能在炼山山地造林,可在一定郁闭度马尾松林或杉木林或阔叶林下种植,以满足人们对其木材和制药之急需。

同样原理,我们把现保护多样性较差的针叶林,加以林分改造,把一些耐荫的珍稀濒危特有树种培育成大苗,进行林冠下造林,加以适当人工抚育,促使成多树种混交林。

特别是地带性植被中优势种,如米槠、栲树、格氏栲、黑栲、青冈类、细柄阿丁枫及福建特有树种等,可引入针叶林,建成针阔叶混交林。使其回归大自然,演替为常绿阔叶林,不仅保存发展了珍稀乡土树种,而且丰富了林业生态系统。

福建应重点保护野生植物建议名录①

Suggested List on the Protection of Wild Plants in Fujian

1. 中国宽叶粗榧(*Cephalotaxus sinensis* var. *latifolia*),三尖杉科(Cephalotaxaceae)植物,省Ⅰ级保护,产于武夷山(黄冈山、香炉峰),古老珍稀植物,对研究闽北植物区系有价值,亦可研究其提取生物碱治癌。

2. 窄冠福建柏(*Fokienia hodginsii* f. nov.),柏科(Cupressaceae)植物,省Ⅰ级保护,产于沙县虬江乡村尾、渡头苗圃及凤凰山公园,树冠窄圆柱形,分枝角小(35°)且短,为优良观赏树及混交的伴生树种,该新变型是可遗传的基因,应予以保护。

3. 沙黄松(*Pinus massoniana* var. *shaxianensis*),松科(Pinaceae)植物,省Ⅰ级保护,产于沙县,有一片约200多亩沙黄松疏林,为马尾松在福建的一个新变种,心材黄红色,生长比马尾松快,为优良的工业原料林新树种,应加保护及繁殖。

4. 南方铁杉(*Tsuga chinensis* var. *tchekiangensis*),松科(Pinaceae)植物,省Ⅰ级保护,产于武夷山、泰宁、上杭,我国特有的第三纪孑遗珍贵用材树种,适生较高海拔,资源稀少。

5. 长苞铁杉(*Tsuga longibracteata*),松科(Pinaceae)植物,省Ⅰ级保护,产于德化、上杭、连城和永安(1 350 m有纯林),我国特有的第四纪孑遗的珍贵树种,对研究植物区系和铁杉属系统分类有科学价值,为中山以上的造林树种,但资源稀少。

6. 穗花杉(*Amentotaxus argotaenia*),红豆杉科(Taxaceae)植物,省Ⅰ级保护,产于建阳、浦城、永安、大田、上杭、永定、南靖、平和,我国特有古老珍稀树种,母树不多,已处渐危状态,材质细密供雕刻,树姿秀丽作观赏树。

7. 福建冬青(*Ilex fukienensis*),冬青科(Aquifoliaceae)植物,省Ⅰ级保护,产永安、南平、武夷山,福建特有,分布区狭小,资源稀少,有灭绝危险。

8. 猫儿刺(*Ilex perngi*),冬青科(Aquifoliaceae)植物,省Ⅰ级保护,产于武夷山黄冈山顶1 900~2 100 m,我国特有,在福建仅在黄冈山,资源少。

9. 宁德冬青(*Ilex ningdeensis*),冬青科(Aquifoliaceae)植物,省Ⅱ级保护,产于宁德,福建特有,分布区窄少,资源稀少。

10. 短柱树参(*Dendropanax brevistylus*),五加科(Araliaceae)植物,省Ⅰ级保护,产于南靖、龙岩、华安、永安、德化、仙游、福州,福建准特有树种,江西亦有,模式标本采自德化,对研究福建植物区系有一定科学价值。

11. 糙叶楤木(*Aralia scaberula*),五加科(Araliaceae)植物,省Ⅱ级保护,产于光泽(500~700 m的林缘灌丛中),福建特有,分布区窄少,应保护以免濒于灭绝。

12. 福建马兜铃(*Aristolochia fujianensis*),马兜铃科(Aristolochiaceae)植物,省Ⅰ级保护,产于宁德(200 m山坡灌丛中),福建特有,同属的种有药用价值,分布区窄少,应加以保护。

13. 福建细辛(*Asarum fujianensis*),马兜铃科(Aristolochiaceae)植物,省Ⅱ级保护,产

---

① 该名录系郑清芳向福建省林业厅正式上报的建议名录。

于永春、福州、闽侯、顺昌、南平、邵武、松溪、政和、龙岩、连城,福建特有,民间制成细辛入药,能活血止痛,消肿解毒,主治蛇伤、胃痛、牙痛。

14. 西桦(*Betula alnoides*),桦木科(Betulaceae)植物,省Ⅰ级保护,产于建瓯万木林保护区,我国特有,在福建稀少,目前仅发现几株,对研究福建植物区系有科学价值。

15. 华南桦(*Betula austrosinensis*),桦木科(Betulaceae)植物,省Ⅰ级保护,产于永安天宝岩保护区,我国特有,福建罕见,仅有几株,对研究福建中部植物区系有科学价值。

16. 阿里山鹅耳枥(*Carpinus kawakamii*),桦木科(Betulaceae)植物,省Ⅱ级保护,产于连城500 m以上山坡向阳处(未见标本),我国特有,仅分布台湾山脉及连城,分布区窄小。

17. 茶绒杜鹃(*Rhododendron rufescens*),杜鹃科(Ericaceae)植物,省Ⅰ级保护,产于龙岩、德化、永安、三明,福建特有。

18. 武夷杜鹃(*Rhododendron wuyishanicum*),杜鹃科(Ericaceae)植物,省Ⅰ级保护,产于武夷山皮坑1 200~1 400 m山地密林中,福建特有,分布区窄小。

19. 忍冬杜鹃(*Rhododendron loniceraeflorum*),杜鹃科(Ericaceae)植物,省Ⅰ级保护,产于安溪,福建特有,分布区窄小。

20. 黑锥(*Castanopsis nigrescens*),壳斗科(Fagaceae)植物,省Ⅰ级保护,产于龙岩、连城、上杭、沙县、永安、德化、泰宁、邵武、武夷山,福建特有珍贵用材树种,目前大量被砍伐破坏,是闽西北主要森林树种,应严加保护,坚果可食。

21. 格氏栲(吊皮锥)(*Castanopsis kawakamii*),壳斗科(Fagaceae)植物,省Ⅰ级保护,产于三明、永安、漳平、武平、永定、德化、长泰,三明小湖已建有保护区,珍贵用材树种及粮食树。

22. 上杭锥(*Castanopsis lamontii var. shanghangensis*),壳斗科(Fagaceae)植物,省Ⅰ级保护,产于上杭步云乡(圭竹坪)、将乐龙栖山里山、永安天宝岩海拔1 100~1 200 m处,福建特有,珍稀用材林,分布区窄小,资源稀少。

23. 突脉青冈(*Cyclobalanopsis elevaticostata*),壳斗科(Fagaceae)植物,省Ⅰ级保护,产于宁德支提寺后山,漳平同春生产队800 m山地林中,福建特有,珍稀用材树种,木材坚硬,目前漳平群众把大树砍作锄头柄,破坏严重,急需保护。

24. 福建青冈(*Cyclobalanopsis chungii*),壳斗科(Fagaceae)植物,省Ⅰ级保护,产于永泰、永安、尤溪、沙县、将乐、漳平、永定、龙岩,闽清已建有保护区,珍贵用材树种,资源稀少,多被砍伐利用,应严加对天然林保护,提倡造林(人工)。

25. 梅花山青冈(*Cyclobalanopsis meihuashanensis*),壳斗科(Fagaceae)植物,省Ⅰ级保护,产于上杭梅花山油波纪山顶成群落,1 700 m,福建特有,珍贵高海拔山地水源涵养树种,资源稀少,分布区窄小,应严加保护。

26. 倒卵叶青冈(*Cyclobalanopsis obovatfolia*),壳斗科(Fagaceae)植物,省Ⅰ级保护,产于平和大芹山顶(1 400 m),珍稀山地水源涵养树种,平和大芹山顶矮林已受全毁,未知是否已再萌生,注意保护。

27. 永福石栎(*Lithocarpus yongfuensis*),壳斗科(Fagaceae)植物,省Ⅰ级保护,产于漳平同春、永安,生于800~1 000 m,福建特有,为新发现新种,分布区窄小,资源稀少,珍贵用材,应严加保护。

28. 漳平石栎(*Lithocarpus chrysocomus var. zhangpingensis*),壳斗科(Fagaceae)植物,省Ⅰ级保护,产于漳平同春,仅剩一株,福建特有,分布区窄小,资源极少,应严加保护。

29. 卷毛石栎(*Lithocarpus floccosus*)，壳斗科(Fagaceae)植物，省Ⅰ级保护，产于南靖、武平(江西寻乌亦有)，珍贵树种，分布区窄小，资源极少。

30. 乌冈栎(*Quercus phillyraeoides*)，壳斗科(Fagaceae)植物，省Ⅰ级保护，产于上杭、仙游、德化、大田、沙县、将乐、南平、永安、浦城，生于山顶、溪边、陡峭山崖上，珍贵用材及水源涵养树种，近来日本到本省大量收购乌冈栎炭，到处索查并砍伐破坏，应严加禁止。

31. 茅栗(*Castanea sequinii*)，壳斗科(Fagaceae)植物，省Ⅱ级保护，宁化安运有一片群落，建瓯、武夷山、建阳、浦域、将乐亦有，坚果可食，为木本粮食树，我省成群落不多，对研究福建植物区系及群落有科学价值。

32. 福建酸竹(*Acidosasa notata*)，禾本科(Graminae)植物，省Ⅰ级保护，产于南平、顺昌、武夷山、建瓯、龙岩等地，福建特有优质高产笋用竹种，笋味甜脆可口，居笋之冠，对野生福建酸竹应加保护，切勿当杂竹清除。

33. 黄甜竹(*Acidosasa edulis*)，禾本科(Graminae)植物，省Ⅰ级保护，产于古田、尤溪、闽清、闽侯、永泰、连江，福建特有优质高产笋用竹种，可大力推广种植，对野生竹种应严加保护。

34. 武夷方竹(*Chimonobambusa setiformis*)，禾本科(Graminae)植物，省Ⅰ级保护，产于武夷山大竹岚，福建特有珍稀的一个新竹种，分布区窄小，资源极少，应严加保护。

35. 建瓯酸竹(*Acidosasa chienouensis*)，禾本科(Graminae)植物，省Ⅰ级保护，产于建瓯万木林保护区，仅在湖南及福建建瓯发现，分布区窄小，资源极少。

36. 三明苦竹(*Pleioblastus samingensis*)，禾本科(Graminae)植物，省Ⅰ级保护，产于三明、永春、平和，福建特有珍稀竹种，资源少。

37. 短穗竹(*Brachystachyum densiflorum*)，禾本科(Graminae)植物，省Ⅰ级保护，产于邵武将石保护区，我国特有的单属种植物，分布江苏、安徽、浙江，分布区窄小，福建仅在邵武发现，对研究竹类系统分类有科学意义，又可为绿化树(已列入珍稀濒危植物)。

38. 闽半枫荷(*Semiliquidambar cathayensis* var. *fukienensis*)，金缕梅科(Hamamelidaceae)植物，省Ⅰ级保护，产于南靖、漳平，福建特有，为国家保护植物半枫荷的一个变种，分布区窄小，资源极少，亦有药用价值，应予以保护。

39. 细柄半枫荷(*Semiliquidambar chingii*)，金缕梅科(Hamamelidaceae)植物，省Ⅰ级保护，产于屏南、南平、建阳、松溪、武夷山，在福建分布区窄小，资源稀少，应予以保护，对研究金缕梅科分类有科学价值。

40. 长尾半枫荷(*Semiliquidambar caudata*)，金缕梅科(Hamam elidaceae)植物，省Ⅰ级保护，产于沙县，福建特有，分布区窄小，资源极少，临于濒危，应严加保护。

41. 台湾野核桃(*Juglans cathayensis* var. *formosana*)，胡桃科(Juglandaceae)植物，省Ⅰ级保护，产于建瓯、浦城、武夷山、泰宁，核桃已列国家Ⅱ级保护，该变种在福建分布区窄小，资源极缺，应列省级保护。

42. 青钱柳(*Cyclocarya paliurus*)，胡桃科(Juglandaceae)植物，省Ⅰ级保护，产于永定、平和、永春(牛姆林保护区)、建宁、泰宁、武夷山，我国特有，在福建分布区窄小，资源稀少，该树种生长快，是用材树及园林绿化树，并对研究本省植物区系有价值。

43. 沉水樟(*Cinnamomum micranthum*)，樟科(Lauraceae)植物，省Ⅰ级保护，产于南靖安溪、永安、沙县、清流、南平、建瓯、武夷山，是珍稀的速生用材树种，叶可提香精，木材代樟木,亦是台湾与大陆间断分布种,对研究福建植物区系有价值。

44. 浙江桂(*Cinnamomum chekianense*),樟科(Lauraceae)植物,省Ⅰ级保护,产于南平、建瓯、邵武,珍贵用材,资源稀少,群众往往剥其皮作肉桂代用品,资源破坏严重,应严加保护。

45. 香桂(*Cinnamomum subavenium*),樟科(Lauraceae)植物,省Ⅰ级保护,产于南靖、福州、三明、宁化、南平、武夷山,珍贵树种,叶提炼香料及医药上杀菌剂,皮油供化妆及牙膏用香料,叶可为调味配料,群众往往整株剥皮破坏。

46. 茫荡山润楠(*Machilus mangdangshanensis*),樟科(Lauraceae)植物,省Ⅰ级保护,产于南平后坪,福建特有珍稀植物,模式标本采自南平,资源稀少,至今模式树被破坏,尚未找到更多的树。

47. 黄枝润楠(*Machilus versicolora*),樟科(Lauraceae)植物,省Ⅰ级保护,产于南平,珍稀用材树种,分布区窄小,资源极少,应严加保护。

48. 绒毛小叶红豆(*Ormosia microphylla*),豆科(Leguminosae)植物,省Ⅰ级保护,产于龙岩、永安,珍稀贵重用材树,心材红色,花纹美丽,分布区窄小,资源比红豆树更缺,应严加保护,并积极繁殖造林。

49. 香槐(*Cladrastis wilsonii*),豆科(Leguminosae)植物,省Ⅱ级保护,产于武夷山、浦城,我国特有,木材供车船用材,又可提黄色染料,根、果药用,对研究蝶形花科分类、东亚—北美间断分布及闽北植物区系有价值。

50. 粘木(*Lxonanthes chinensis*),亚麻科(Linaceae)植物,省Ⅱ级保护,产于南靖、华安、福州,渐危种,对研究亚麻科系统发育、植物区系有价值。

51. 双色鞘花(杉寄生)(*Elytranthe bibracteolata*),桑寄生科(Loranthaceae)植物,省Ⅰ级保护,产平和、屏南、大田等地生长不好的老杉木树上,珍贵药用植物,全株可治关节炎,群众一发现即连杉皮剥下供药,破坏严重,应合理利用。

52. 福建含笑(*Michelia fujianensis*),木兰科(Magnoliaceae)植物,省Ⅰ级保护,产于三明、永安、沙县、顺昌、建瓯、邵武,福建特有,古老孑遗的珍稀树种,又是优良速生用材和观赏绿化树种,对野生母树应严加保护。

53. 悦色含笑(*Michelia amoenna*),木兰科(Magnoliaceae)植物,省Ⅰ级保护,产于长汀红山、南平,福建特有,花紫色,为优良绿化树种,分布区窄小,资源稀少。

54. 乐东拟单性木兰(*Parakmeria cotungenesis*),木兰科(Magnoliaceae)植物,省Ⅰ级保护,产于永定、长汀、龙岩、三明、永安、沙县、顺昌、南平、建瓯、武夷山,我国特有的寡种属,珍贵稀少树种,优良用材,花大美丽可为绿化树种,花杂性,心皮退化为1至数枚,对研究木兰科分类有价值。

55. 红花香椿(*Toona rubiflora*),楝科(ceLiaceae)植物,省Ⅰ级保护,产于南靖和溪村,福建特有,新种发表后,在村前的模式标本树已被砍伐破坏,该种生长快速,材质优异,应大力发展。

56. 白桂木(*Artocarpus hypargyreus*),桑科(Moraceae)植物,省Ⅱ级保护,产于南靖、平和、华安、漳州、漳平、连城、德化、永安、三明、永泰、福清、仙游,珍稀树种,优良用材,资源稀少。

57. 福建樱桃(*Prunus fokienensis*),蔷薇科(Rosaceae)植物,省Ⅰ级保护,产于古田、武夷山,生海拔 800 m 以下,福建特有,分布区窄小,资源稀少。

58. 福建假稠李(*Maddenia fujianensis*),蔷薇科(Rosaceae)檀物,省Ⅰ级保护,产于武

夷山黄冈山海拔 1 700 m 处,福建特有,分布区窄小,资源稀少。

59. 福建悬钩子(*Rubus fuiianensis*),蔷薇科(Rosaceae)植物,省Ⅱ级保护,产于武夷山,福建特有,分布区窄小,资源稀少。

60. 秃叶黄皮树(*Phellodendron chinense* var. *glabriusculum*),芸香科(Rutaceae)植物,省Ⅰ级保护,产于武夷山,珍稀药用树种,资源稀少。

61. 盾叶涧边草(*Peltoboykinia tellimoides*),虎耳草科(Saxifragaceae)植物,省Ⅱ级保护,产于武夷山黄冈山、香炉石海拔 1 200~1 800 m 处,我国稀有植物,资源极少,是研究中国—日本植物区系的珍贵资料。

62. 福建山矾(*Symplocos fukienensis*),山矾科(Symplocaceae)植物,省Ⅰ级保护,产于清流大岭、建瓯万木林、寿宁,福建特有,稀有种,分布区窄小,资源极少。

63. 卷毛山矾(*Symplocos ulotricha*),山矾科(Symplocaceae)植物,省Ⅱ级保护,产于永定、莱洲、龙岩倒岭、南靖和溪,我国特有种,分布区窄小,资源稀少,对研究福建植区系有价值。

64. 密花梭罗(*Reevesia pycnantha*),梧桐科(Sterculiaceae)植物,省Ⅱ级保护,产于永泰、三明、将乐、建宁、宁化、建瓯、武夷山,我国特有,稀有种,对研究福建植物区系有价值。

65. 银钟树(*Halesia macgregonii*),安息香科(Styracaceae)植物,省Ⅰ级保护,产于上杭、永安、建瓯、建阳、闽侯(芹石)、武夷山(三港、黄溪州、黄冈山)、浦城、光泽,我国特有珍稀植物,资源极少,供建筑用材及庭园观赏,对研究东亚—北美植物区系有价值。

66. 银鹊树(*Taplscia sinensis*),省沽油科(Staphyleaceae)植物,省Ⅰ级保护,产于建阳、武夷山、建宁、泰宁,我国特有的孑遗树种,对研究亚热带植物区系及省沽油科系统分类有价值,木材作胶合板,树皮作纤维材料,是优良绿化树种。

67. 八瓣糙果茶(*Camellia octopetala*),山茶科(Theaceae)植物,省Ⅰ级保护,产于上杭、龙岩、德化、永安、沙县、三明、南平、古田、屏南、建瓯、泰宁、武夷山、松溪、浦城,具有大花及大果,是重要的油科和观赏植物,应作重要的种质资源加以保护。

68. 长瓣短柱茶(*Camellia grisii*),山茶科(Theaceae)植物,省Ⅰ级保护,产于宁化、建宁、泰宁、沙县、南平、建瓯,我国特有,种子能提食用及工业用油,花大而洁白供观赏,据说花有微香,可作珍贵遗传育种的基因资源加以保护。

69. 狭基巢蕨(*Neottopteris antrophyoides*),铁角蕨科(蕨类)(Aspleniaceae)植物,省Ⅰ级保护,产于南靖南坑新罗大队,杂木林中有零星分布,我省稀有蕨类,分布区极窄,资源极少,群众用以观赏,资源破坏严重,应加以保护。

70. 大鳞巢蕨(*Neottopteris antiqua*),铁角蕨科(蕨类)(Aspleniaceae)植物,省Ⅰ级保护,产于安溪、连城,附生林下石上或树上,我省稀有蕨类,分布区窄小,资源少,群众可用观赏,资源破坏严重,应严加保护。

"福建特有树种"及其基因库的建立

郑清芳　郑世群[①]　林立匡[②]

Establishment of Endemic and Gene Library in Fujian

福建特有树种是指仅产在福建的木本植物(本文暂不含特有竹类),亦可以说是新中国成立前后国内外的植物工作者在福建采集到的新种。这些新发现物种十分适应当地的环境条件,所以一般来说都是生长良好的树种,其中如突脉青冈等是优良的用材树种,梅花山青冈或倒卵叶青冈又是抗风耐瘠薄、生长在山顶、涵养水源的植物,政和杏、小叶山楂等又是福建特有的果树和药材,福建绣球、南平杜鹃等又是美丽的园林绿化植物。对这些福建特有的树种,它们存在着优异的种质基因,我们必须及时地加以保护,绝不可让它们绝灭消亡。必须在福州或某地建立一个"福建特有树种"的基因库,保存它们的优良种质基因,并加以认真研究。如发现它们有特殊用途,即可扩大繁殖,逐步在福建推广。它们将对福建提高森林素质、美化福建、建设美丽中国起着巨大的作用。

1993 年,台湾各大学由路统信、胡大为、李明仁、郭幸荣等教授组成林业教育考察团,初次到南平福建林学院进行学术交流,其中带队的路统信先生带走了作者写的《福建特有植物及其保护与利用》一文初稿,他认为很重要,第二年经本人同意后,在台湾《时代育林》刊出。时隔 20 多年了,福建尚未建立"福建特有树种"基因库。经过 2012 年作者亲临福建各地复查,发现某些福建特有种类大大减少了。除了《中国植物志》外文版出版后把一些鉴定有误的树种予以归并,如红花香椿现名为 *Toona fargesii*,而不是曾沧江教授的 *Toona rubriflora*、漳平石栎并入杏叶石栎,齿叶粗糠柴并入粗糠柴,建宁野鸦椿并入野鸦椿等之外,而真正的福建特有植物,如茫荡山润楠的模式树被人滥伐,已找不到幼树或幼苗,白果蒲桃亦只剩下 1 株,永福石栎只找到了 3 株能结果的大树。这些说明,必须立即行动起来,建立一个基因库来妥善保护福建特有树种的优质基因,防止灭绝。作者愿在有生之年,对建立"福建特有树种基因库"贡献自己的一份力量。可喜的是,近几年,许多植物工作者又在福建发现不少新的物种,如永安青冈、政和杏等。初步统计共有 30 多种,现将福建特有树种介绍如下。

1. 沙黄松(见 377 页彩插 8:图 1)

Pinus massoniana Lamb. var. *shaxianensis* D. X. Zhou.

1989—1990 年,应沙县林科所周东雄同志的邀请,来到沙县富口柳坑一个约有 200 多亩的山凹,察看生长在这里的一片高大的松林。但它显然与一般马尾松有不同之处,针叶粗短,果鳞鳞脐有凸起的刺。有人说似油松,我觉得与我在南京林学院进修时看到的一种黄松很相似,所以初步鉴定为沙黄松。后周东雄同志又把该种标本寄往北京植物研究所,经裸子植物专家傅立国先生审核,结果确认是一个新变种。于是周东雄先生对其生长情况、材质、

---

①　郑世群:福建农林大学林学院博士、副教授。

②　林立匡:永泰林业局,兼任福州狮子林景观绿化工程公司经理。

纤维长度、得浆率、遗传性状等作了一系列研究,并于1991年在《植物研究》上作为马尾松一个新变种正式发表。

本变种与原变种的区别在于树干通直,树皮红褐色,裂成鳞状薄片脱落,枝条较疏,斜展,冬芽圆锥形,红褐色,微被蜡层,球果较窄长,卵状椭圆形,长5～9 cm,直径2～3 cm;种鳞楔形,鳞脐隆起或凹陷,具凸起的尖刺;种子黑褐色,近卵圆形,长约9 mm,种翅长25～30 mm。

沙黄松具有树干通直,速生高产,材质优良,晚材纤维长,含脂量低和纸浆得率高等特性。是优于马尾松的建筑用材树种和造纸工业的优质原料树种。可作为长江以南低海拔山地营造短轮伐期用作造纸林基地和改造马尾松用材林的主要树种。

可惜的是该片200多亩生长高大的松林被砍伐,至今这些大树没有了。听说有人曾种植研究,目前须进一步调查鉴定,并采种育苗,保护其优质基因。

2. 武夷桦(见377页彩插8-图2)

Betula wuyiensis Xiao Jiabin.

该种为肖家斌先生在武夷山发现的一个新种,于2006年在《南京林业大学学报(自然科学版)》正式发表。

该种与亮叶桦 *B. luminifera* H. Windl. 相似,但叶缘具刺芒状规则单锯齿,叶下面仅基部疏生腺点;雌花序2～4枚排成总状,果苞中裂片矩圆形或近菱形,顶端突尖或钝,易于区别。

产武夷山,生于370～730 m的次生阔叶林中。

此种木材材质良好,可作家具和高档地板,树皮、枝叶含芳香油。

3. 上杭锥(见377页彩插8-图3)

Castanopsis lamontii Hance var. *shanghangensis* Q. F. Zheng.

与鹿角锥 *C. lamontii* Hance 区别在于上杭锥的叶较小,卵状椭圆形、椭圆形至椭圆状披针形,长8～17 cm,宽3.5～6 cm,先端尾状渐尖至渐尖,侧脉较少(9～10对),果序轴较细,径0.5～0.6 mm;壳斗卵球形,较小,连刺直径25～35 mm,壳斗壁较薄,厚1.2～2 mm,刺较纤细但密生。上杭锥的壳斗形状、大小及它较密的刺,显示它有可能是甜槠(*C. eyrei*)与鹿角锥(*C. lamontii*)或是罗浮锥(*C. fabri*)的一种杂交种。

产上杭,生于海拔约1 000m山地常绿阔叶林中。华安贡鸭山、永安天宝岩亦有发现。经2012年复查,模式标本树尚在,唯附近有片阔叶林,其混生性状正像杂交种一样,具不太稳定的特征,现《中国植物志》外文版并入鹿角锥。作者认为可能是一个自然杂交种,存有许多不可多得的种质基因,应列入特有植物加以保护。

4. 永福石栎(照片见封面上右图,或见377页彩插8-图4)

Lithocarpus yongfuensis Q. F. Zheng.

本种与屏金柯 *L. pakhaensis* A. Camus 相近似,不同点在其一年生小枝和花序轴具灰白色糠秕状鳞秕,叶柄较短,长1 cm,坚果较大,近球形,直径20～22 mm,果脐较小,直径8～9 mm。

本种为郑清芳同志在漳平永福发现的一个新种。2012年作者又到采到模式标本的现场复查,发现仅剩下三株能结实的大树,且果实大部分在树上就被松鼠偷吃,几乎采不到完好种子,但庆幸树下有些小苗,想法拯救还有希望。

5. 突脉青冈(照片见封面上中图,或见 377 页彩插 8-图 5)

Cyclobalanopsis elevaticostata Q. F. Zheng.

本种为郑清芳同志发现的新种,1982 年正式发表在《植物分类学报》,模式标本采自宁德。

本种与细叶青冈 *C. myrsinaefolia* (Blume) Oerst. 及长果青冈 *C. longinux* (Hay.) Schottky 近似,但本种冬芽较细长,有绢状长柔毛,叶缘下部以上有尖锯齿,近基部全缘,叶背淡绿色,无白粉,中脉在叶面明显凸起;叶柄较长,长 1～2.5 cm;壳斗有 5～8 条环带,环带圆齿状缺裂;坚果椭圆形至倒卵状椭圆形,直径 1～1.2 cm,长 1.5～2.2 cm。

产宁德、漳平、南靖,生于海拔 600～1 000 m。

1996 年,福建林学院木材学教师林金国在作者的带领下前往宁德采集试材,经测定结果如下:突脉青冈木材气干密度 0.719 g/cm³,综合强度中等,干缩率低,其均值比青冈、卷斗青冈、福建青冈小,木材强度大,耐磨,耐冲击,耐水湿,而且径向、弦向花纹美丽,是良好的室内装潢木材,特别是可开发为地板木。

作者在发现之后认为,它可以作为福建的主要造林树种,适宜作为海拔 700～800 m 以上中山造林树种。可在全省大力推广,并作必要的宣传。首先,宁德林业局以刘金顺(现为高级工程师)为首的组成育苗研究小组,育出一批健壮苗木,并在屏南古峰林场试种,至今已有 20 多年了。据宁德林业局盖新敏说,古峰林场新造的一片突脉青冈已有 24 年,平均胸径 24 cm 左右,最大的一株胸径有 27 cm,平均每年胸径能长 1 cm 左右。证实了该硬阔叶树属速生高产树种,可以在全省海拔稍高处推广。据林业站一个同志说,尤溪、柘荣有两批人来采种,至少这二县亦有人工林。

在狮子林景观绿化公司的支持下,2012 年作者到模式标本产地复查,原有大树尚在,并幸运地遇到高产年(一般 3～4 年丰产一次),采到种子可育苗 20 000 株,2013 年底可上山造林。

6. 梅花山青冈(照片见封面上左图)

Cyclobalanopsis meihuashanensis Q. F. Zheng.

本种与倒卵叶青冈 *C. obovatifolia* (C. C. Huang) Q. F. Zheng 近似,其不同在于叶下面仅有易脱落的平伏柔毛及白色蜡粉层,无星状鳞秕,壳斗无柄,或仅有 0.5～1.5 mm 的短柄。

本种在 1979 年由郑清芳先生在上杭梅花山油婆纪(海拔 1 600 m)的山顶阔叶矮林中采到模式标本,从其生境可以看出,梅花山青冈是能在中山山顶生长的一种抗风、耐瘠的阔叶树,其中大树胸径可达 40 cm,高约 10 m,但因山顶风太大,其枝条在山顶只敢抬头 3～4 m 高,其巨大的树干是躺在山脊上的,可见该树种抗风耐瘠薄的程度。该种可为山顶造阔叶林带帽、减少水土冲刷,是一种优良的水源涵养树种。据调查,德化石牛山亦有大片这种森林。

但《中国植物志》外文版把它并入倒卵叶青冈(平和大芹山有一片林,已被全部破坏,已改植茶叶,采不到标本),作者认为,不管如何归并,该种是优良的山顶抗风耐瘠的水源涵养树种。

7. 永安青冈(见 378 页彩插 8-图 7)

Cyclobalanopsis yonganensis (L. Lin & C. C. Huang) Y. C. Hsu & H. W. Jen.

本种是福建师大林来官教授在永安天宝岩海拔 1 000～1 400 m 中山上采的一个新种,并与华南植物园的黄成就先生于 1991 年在《广西植物》用 *Quercus yonganensis* L. Lin et

Huang 正式发表,后来在编壳斗科植物志时,西南林学院徐永椿与北京林学院任宪威两位教授组合成上列学名。

本种与青冈 *Quercus glauca* Thunb. 的区别在于本种的叶片较狭且长,侧脉较多,叶柄较长,叶背面、雌花序轴及小苞片均无毛,坚果无灰白色粉霜,果脐较大。本种的亲缘种是多脉青冈 *Q. multinervia* (Cheng et T. Hong) H. C.,但后者的叶柄长稍稍超过 2 cm;壳斗为上宽下窄的漏斗状,坚果的果脐径稍大于 6 mm,有所区别。

8. 福建含笑(照片见封面下中图,或见 378 页彩插 8-图 8)

Michelia fujianensis Q. F. Zheng.

本种由福建林学院郑清芳同志在三明市发现,是 1981 年在《植物研究》正式发表的一个新种。

本种与醉香含笑 *M. macclurei* Dandy 相近似,但不同在于其叶长圆形或窄倒卵状椭圆形,长 6~11 cm,宽 2.5~4 cm,顶端尖,基部圆形,叶柄较短,长 1~1.5 cm,果梗较短,长 5 mm,花被片 15~16 枚。本种的叶倒卵状椭圆形,叶背被平伏灰白色或褐色长柔毛,雄蕊群超出雌蕊群的上面,花药分离,心皮圆球形,被柔毛,雌蕊群柄长仅 1 mm,密被毛等特征可与本属的其他种区别。

产三明、永安、沙县、顺昌、南平、建瓯、南靖、德化,生于海拔 500 m 以下的山坡林中。

《中国植物志》外文版中由福建含笑 *Magnolia fujianensis* (Q. F. Zheng) Figlar、美毛含笑 *Michelia caloptila* Y. W. Law & Y. F. Wu、七瓣含笑 *M. septipetala* Z. L. Nong 几种归并成,因郑清芳同志命名的福建含笑发现最早,所以仍用其名。其中,美毛含笑和七瓣含笑产江西。另据网上资料,中科院华南植物所存有广东(蕉岭)、中科院植物所存有西藏(墨脱)类似福建含笑标本。

作者认为不管《中国植物志》外文版把这几种归并入福建含笑是否正确,但其中名及学名仍用福建含笑,虽然分布较分散但在福建的数量较多,所以我认为福建含笑分布中心还是在福建,应该说是福建的特有树种或称准特有树种。

福建含笑树体通直高大,木材质量良好。1997 年经福建林学院木材学教师林金国测试:木材气干密度为 0.473 g/cm³,基本密度为 0.414 g/cm³,综合强度中等,冲击性能好,花纹细腻,耐水湿,为良好的板材及室内装饰材。

作者认为福建含笑可列为福建主要造林树种,并于 1991 年在三明采有一批种子,在西芹林场育苗。1993 年与南平地区林业局种苗站张仁好和建瓯南雅林业站范辉华等同志合作,在建瓯南雅建立一片试验林,约 1 000 多株,分福建含笑纯林和福建含笑×杉木混交林进行试验对比。10 年时测定福建含笑平均高 9 m 多,平均径与杉木相似,但显然在混交林中福建含笑比杉木有优势,但福建含笑纯林显得比混交林差一些,说明福建含笑对土壤及空气中湿度要求较高(照片见彩插 4—5 图 2,3)。随后来舟林场姜顺兴先生要建立阔叶树标本园,我告诉他去三明模式标本产地采种,姜先生派工人前往三明,采得一些种子。现来舟林场有小片福建含笑纯林,并已开花结果。近十多年,建瓯发展较多,因种源大树多在建欧的房道等地,附近采育场就造福建含笑林约有 1 000 多亩。

9. 福建木兰(见 378 页彩插 8-图 9)

Magnolia fujianensis R. Z. Zhou.

据报道本种与长叶木兰 *M. paenetalauma* 相近,但本种叶革质,两面亮绿色,无毛;叶下面网脉凸起;花柄较长,花蕾、花柄均绿色,无毛,花被片较大,长 4～4.5 cm,倒卵状匙形而不同。

产南平来舟林场 300～500 m 山地林中。模式标本存于中科院华南植物所标本室。

据悉周仁章先生系华南植物所木兰科专家刘玉壶处的一名工作人员,该种是他鉴定并发表的一个木兰科新种。但据来舟林场现场长康木水反映,来舟林场没有发现有这种树,周仁章先生有到过林场,除参观树木园外,还看一些它们采的标本。记得有一次它们从西芹林场采得一份标本,是否他定为福建木兰未确定。我们在林学院原院址及附属的西芹林场有一类木莲属的树种,该种是从外部调来的,所以对这个问题尚须进一步研究与落实,必须前往广州看模式标本后再研究。

10. 茫荡山润楠(见 378 页彩插 8-图 10)

Machilus mangdangshanensis Q. F. Zheng.

该新种于 1983 年由游水生先生在南平后坪采得,1984 年游水生同志和作者又采得模式标本 84004 号,模式标本存福建农林大学植物标本室。

该种主要识别特征在于:小枝顶芽芽鳞疤痕有 5～6 环;叶倒卵状长圆形或倒披针状椭圆形,长 12～20 cm,宽 3.8～7 cm;圆锥花序顶生,长 5～8 cm;花被裂片两面疏被灰黄色微绢毛,宿存花被长 7 mm。

该新种前 10 年就发现模式树被人滥伐,随后附近找到 2～3 株小树,但没有培育成功,已濒临灭绝状态,须派一些人到后坪进一步清查,如果找不到就证实已灭绝了。

11. 闽润楠(见 378 页彩插 8-图 11)

Machilus fukienensis Hung T. Chang ex S. K. Lee et al.

该新种由中山大学张宏达教授根据存某标本室中的唐瑞金 13826 号采自福清及其附近的标本,鉴定为闽润楠新种,后由中国樟科专家李树纲教授等正式发表,《福建植物志》出版前,我们亦到模式产地采集,未发现,原因是附近城市扩展,植物多有破坏。近几年,我们在福清灵石山林场发现了该植物,但为数不多,可采种育苗。

本种近似于产于广东的广东润楠 *M. kwangtungensis* Yang,但不同之处在于:本种的叶长椭圆形,上面初时有小柔毛后变无毛,下面密被柔毛,侧脉每边 6～8 条;果序稍长大。

闽润楠株形中等,冠形美丽,可为园林绿化树种。

12. 汀州润楠(见 378 页彩插 8-图 12)

Machilus tingzhourensis M. M. Lin.

本种与华润楠 *M. chinensis* (Champ. ex Benth) Hemsl. 相似,但本种叶背及花序被微柔毛,果扁球形,花被裂片缩存,可以区别。

本新种是近几年由长汀林业局林木木先生(已退休)在上杭上园山,600 m 高的森林中采到的新种,于 2005 年正式在《植物研究》发表。2012 年,作者去长汀调查,林木木先生赠我一株幼树带回福州种植予以保存。

13. 福建绣球(见 379 页彩插 8-图 13)

Hydrangea chungii Rehd.

该新种是由美国人 Rehd[Alfred Rehder(1863—1949)]鉴定的一种新植物,为了纪念原厦门大学植物学家钟心煊教授,所以命名采用种加词为 Chungii,于 1931 年正式发表。后亦有人叫心煊绣球,产南平三千八百坎、武夷山等地。该植物花序外围有几枚具白色(后变粉蓝色)大花瓣的不孕性花,中间是正常的小花,正像"蝴蝶戏珠",非常美观,可为园林绿化观赏花卉。

14. 福建假稠李(见 379 页彩插 8-图 14)

Maddenia fujianensis Y. T. Chang.

该新种属蔷薇科植物,是厦门亚热带植物所张永田研究员发现并正式在《广西植物》发表的一个新种。

本种与假稠李 *M. hypoleuca* Koehne 很相近,但后者花序具密集花,花序轴、总梗、花柄及花托外面密生柔毛,易于识别。

产武夷山黄岗山,海拔 1 700 m,生湿润的疏林中。

15. 九仙莓(见 379 页彩插 8-图 15)

Rubus yanyunii Y. T. Chang & L. Y. Chen.

该标本是由泉州林业局林彦云高级工程师在德化九仙山采到的,疑是新种,后经厦门亚热所张永田研究员和陈丽云同志正式发表,为了纪念林彦云同志,故其种加词采用 yanyu-nii。

本种与亲缘种光果悬钩子及中南悬钩子不同之处为雌蕊密被灰白色绒毛,花单朵顶生或与叶对生,易于区别。与前者的不同是植物偶有(几乎没有)有柄腺体,叶缘有锯齿(而光果悬钩子叶缘具重锯齿,雌蕊无毛),与后者的区别是花白色(而中南悬钩子花瓣为玫瑰红色,雌蕊淡红色,无毛)。

产德化、上杭,生于 700～1 600 m 林缘或灌丛中。

16. 小叶野山楂(见 379 页彩插 8-图 16)

Crataegus cuneata Sieb. et Zucc. var. *tangchungchangii* (F. P. Metcalf) T. C. Ku & Spongberg, Flora of China 9:114. 2003. ——*Crataegus tangchungchangii* F. P. Met-calf in Lingnan Sci. J. 11(1):13, 1932.

本种原是美国人 F. P. Metcalf 在 1932 年(福州协和大学植物研究室工作)为了纪念其同事唐仲璋教授而命名的,原认为是一个新种,但在《中国植物志》外文版中被 T. C. Ku 和 Spongberg 等组合为野山楂的变种。

与野山楂的区别在于叶倒卵状椭圆形,较小,长 2～4 cm,宽 1～2 cm,顶端圆形或近圆截形,基部向着叶柄渐狭,除了近顶部有数枚锯齿外,全缘,极少有与具三浅裂的叶片同时存在,两面无毛。伞房花序无毛或仅萼筒有稀疏易脱落柔毛。

产福清、长乐、福州,200～1 500 m,生山坡灌木丛中。

小叶野山楂耐干旱贫瘠土壤,果含糖分及蛋白质、多量维他命 C 及柠檬酸等,可以生食或制果酱、酿酒,又可入药,有健胃消食、降肝火湿热、强心、降高血压等。植株可美化绿化,又可作绿篱,亦作果树的砧木,为育种不可多得的优异种质资源。

17. 福建石楠(见 379 页彩插 8-图 17)

Photinia fokienensis (Finet & Franchet) Franchet ex Cardot.

该种在标本室中原先由 Finet 和 Franchet 定为光叶石楠的一个新变种,至 1920 年由法国 Cardot 代为正式发表,为一个新种,并采用 *fokienensis* 为种加词。

本种与中华石楠 *P. beauverdiana* Schneid. 相近,但本种叶片披针形或长圆披针形,边缘有密生细锐锯齿,伞房花序具少数花,全部无毛,可以区别。本种初归为光叶石楠 *P.*

glabra (Thunb.) Maxim. 的变种,且把著者误为 Hemsley,但后者叶片厚革质,锯齿较钝,花序具多花,花瓣有毛,易于区别。本种外形与小叶石楠 *P. parvifolia* (Pritz.) Schneid. 相近,除具短的总梗和较长的叶柄外与后者难于区别。

产古田、武夷山、光泽,500～700 m,生山谷林中。模式标本采自古田,浙江也有。

18. 政和杏(见 379 页彩插 8-图 18)

Armeniaca zhengheensis J. Y. Zhang et M. N. Lu.

福建以前没有发现有杏出现,该新种由辽宁省果树科学研究所张加延先生和政和县农业局吕亩南先生于 1999 年在《植物分类学报》上发表。

本种与梅的区别在于前者树形高大,一年生枝红褐色;叶片下面全面厚被白色长柔毛。果实黄色,味甜;核长椭圆形,核面粗糙,无孔穴。花期明显迟。与杏的区别在于前者叶片长椭圆形至长圆形,先端渐尖至长尾尖,基部常截形,下面厚被灰白色长柔毛。核棱圆钝,不具龙骨状侧棱,核面粗糙,具纵沟。

分布于福建政和县外屯乡稠岭山中,海拔 780～940 m 处。现有多株 240～300 年生半野生大树,大年树株产果 150～200 kg。

果味甜可食,核仁可入药,有润肠通便、去痰清肺热、去斑润唇之功效,亦可泡制成坚果食(注意有小毒不宜多吃),植株作果树砧木,亦用为育种的材料。

19. 红花香椿(见 380 页彩插 8-图 19)

Toona fargesii A. Chevalier.

本种原是厦门大学曾沧江教授在南靖和溪发现的新种,但在《中国植物志》英文版中取学名 *Toona fargesii* A. Chevalier,并作说明:"*Toona rubriflora*" (C. J. Tseng, Acta Sci. Nat. Univ. Amoiensis 9:303. 1962) belongs here but was not validly published because two gatherings were indicated as types (Vienna Code, Art. 37.2).

红花香椿是生长快速、材质优良、软硬适中、纹理细腻的一种阔叶树种,可作福建各地区主要造林树种,以营造混交林为佳。该种分布全省各地,据说越南亦有,来舟林场所提供的毛红椿树苗就是这个种。

20. 福建冬青(见 380 页彩插 8-图 20)

Ilex fukienensis S. Y. Hu.

该新种是美国的胡秀英女士(华人)定名的。

本种的尾状渐尖叶和雄花序与疏齿冬青 *I. oligodonta* Merr. et Chun 相似,但后者小枝、花序被微柔毛,叶片较狭,且主脉在叶面隆起而不同。

产永安、南平、武夷山,生于海拔 650～900 m 的山地丛林或林中沟谷地。模式标本采自南平。

枝叶可入药,治疗呼吸道感染或急性肠炎,果秋冬季熟时红色,为优良的庭院绿化树种,有抗二氧化硫的功效,亦能防尘耐烟,为城市工矿绿化树种。

21. 宁德冬青(见 380 页彩插 8-图 21)

Ilex ningdeensis C. J. Tseng, 植物研究 1(1～2):19. 1981.

该种是厦门大学曾沧江教授根据郑清芳 43 号(模式)定的新种。

本种叶形与倒卵叶冬青 *I. formosae* (Lose.) Li 接近,但本种细枝及叶(中脉及叶柄)密生黑色微柔毛,叶背有腺点等,易于区别。

产宁德,800~1 400 m。生于山坡林中或林缘。

22. 平和冬青

Ilex pingheensis C. J. Tseng,植物研究 9(4):29. 1989。

该种是厦门大学曾沧江教授于 1989 年发表的一个新种。

本种与珊瑚冬青 *I. corallina* Franch. 很近似,主要区别是本种的叶厚革质,长圆状披针形或椭圆状披针形,长 3~6 cm,宽 1.5~2.5 cm,叶先端渐尖,基部楔形,侧脉 5~7 对,网脉显著。

产平和,生 900 m 的疏林中。

23. 楚光冬青(见 380 页彩插 8-图 22)

Ilex chuguangii M. M. Lin,植物研究 33(3):257~259. 2013.

本种与台湾冬青 *I. formosana* Maxm 相似,但本种叶面被细微柔毛,沿中脉较密;侧脉在上面稍凹陷,在下面不明显。果有细微柔毛;宿存花柱薄盘状,平坦或微凹等特征,可以很好区别。

本种是长汀林业局林木木先生(已退休)在上杭梅花山 1 200 m 的溪边采到的新种,于 2013 年正式在《植物研究》发表。

24. 德化假卫矛(见 380 页彩插 8-图 23)

Microtropis dehuaensis Z. S. Huang & Y. Y. Lin,广西植物 28(4):458,2008.

该种是泉州林业局高工林彦云在德化九仙山采集的,并与戴云山自然保护区主任黄志森高工(现调任德化林业局副局长)联合发表的。

本种与福建假卫矛相近,但叶长圆状披针形或椭圆状披针形,先端渐尖或尾状,有时镰状弯向一侧,花序 3~4 次二歧分枝,花序梗长 1.8~2.8 cm,纤细,花 5 数,易于区别。

25. 龙岩杜鹃(繁花杜鹃,见 380 页彩插 8-图 24)

Rhododendron florulentum Tam. 植物研究 2(4):80.1982.

中科院谭佩祥研究员对福建产杜鹃花属的定名前后有变化,最后应根据他在《中国植物志》外文版的定名为准。

产福建西南部、龙岩、南平。生于山坡灌丛或杂木林内。模式标本采自龙岩。

《中国植物志》外文版中由下列 2 种并入:褐色杜鹃 *R. hepaticum* P. C. Tam,黑叶杜鹃 *R. piceum* P. C. Tam.。生于山坡灌丛和混交林中,产福建中部、西南部,广东东北部(蕉岭)。

繁花杜鹃 *R. florulentum* Tam. 不同于广东杜鹃 *R. kwangtungensi* Merr. et Chun 之处在于:本种的雄蕊比花柱长,花序密集,每花序有花 12~14 朵,花萼裂片明显,三角形,春发叶卵形至椭圆状卵形。产龙岩。

黑叶杜鹃 *R. piceum* P. C. Tam. 近似溪畔杜鹃 *R. rivulari* Hand-Mazz.,但幼嫩部分无粘质,春发叶较小,卵状长圆形,顶端短渐尖,叶柄细长,花冠筒直立,圆柱状。产三明。

26. 茶绒杜鹃(上杭杜鹃,见 381 页彩插 8-图 25)

Rhododendron apricum P. C. Tam,植物研究 2(4):79. 1982;Flora of China 14:445. 2005.

中科院谭佩祥研究员对福建产杜鹃花属的定名前后有变化,最后应根据他在《中国植物志》外文版的定名为准。

产龙岩、德化、永安、上杭、安溪。

《中国植物志》外文版中由下列几种并入:

上杭杜鹃 *R. apricum* P. C. Tam 近似茶绒杜鹃 *R. rufescens* P. C. Tam,但叶面在放大镜下可见小疣瘤,两面干时黄褐色,花萼分裂,裂片三角形,花冠裂片长圆状倒卵形,花药顶端截平。产上杭,400~500 m。

镰叶杜鹃 *R. apricum var. falcinellum* P. C. Tam 叶顶端常具近镰状短尖头,花序的花较少,有时 3~5 朵。产安溪、德化。

茶绒杜鹃 *R. rufescens* P. C. Tam 与广东杜鹃有近缘,不同处在于:春发叶较小(长3.5~4.2 cm),椭圆形,偶卵形,背面被短柔毛,杂以细糙伏毛,花萼(边缘)截形,偶多少呈波状,花冠裂片狭长圆形,非长圆状椭圆形。产三明、永安、德化、龙岩。

茶绒杜鹃 *R. rufulum* P. C. Tam.(《中国植物志》)与广东杜鹃相似,但本种的叶较小,常长 2~5 cm,椭圆形或狭椭圆形,有时卵形,被红褐色短刚毛,花萼裂片边缘截形;花冠裂片狭长圆形,非长圆状椭圆形,易于区别。

所以由《中国植物志》中的茶绒杜鹃 *R. rufulum* P. C. Tam. 加上杭杜鹃 *R. apricum* P. C. Tam、褐色杜鹃 *R. hepaticum* P. C. Tam、镰叶杜鹃 *R. falcinellum* (P. C. Tam) P. C. Tam 4 种并入。产福建西部及西南部,生于 480~750 m 的混交林缘或疏林中。模式标本采自三明。

27. 武夷山杜鹃(见 381 页彩插 8-图 26)

Rhododendron wuyishanicum L. K. Ling. 福建植物志 4:233,图 179.1990.

本种的主要特征是花小,单朵顶生,雄蕊 5 枚等,易与其他各类区别,它和细花杜鹃 *R. minutiflorum* Hu 很相似,区别在于本种的花仅单朵顶生,绝无 2 朵以上组成花序,花冠外面无毛,花梗和果梗通常均为芽鳞所遮盖,叶片成长后通常无毛,中脉在两面微凸,侧脉 3~4 对,在下面明显等易于识别。

产武夷山皮坑。生于 1 200~1 400 m 的山地密林中。

该种为福建师范大学生物系林来官教授在武夷山采集到的一个新种。

28. 南平杜鹃(见 381 页彩插 8-图 27)

Rhododendron nanpingense Tam,植物研究 2(4):82. 1982.

近似紫花杜鹃 *R. mariae* Hance,不同处为:叶厚而小,春发叶椭圆形或长圆状椭圆形,长 4~5.5 cm,夏发叶长 1.5~2 cm,边缘被缘毛,侧脉常不明显,花萼裂片不明显的钝三角形,花丝基部以上被微柔毛。

本种与毛果杜鹃 *R. seniavinii* Maxim. 相近,但不同在于叶下面被毛较薄;花冠管外面无毛,花冠裂片无紫色斑点;花柱短于部分雄蕊,无毛,易于区别。

产福建中部。模式标本采自南平。

29. 福建岩须(福建锦绦花,见 381 页彩插 8-图 28)

Cassiope fujianensis L. K. Ling et G. S. Hoo,福建植物志 4:241,1990

主要特点是叶交叉对生,背面有 1 个深沟槽,向上伸达离叶顶端不远处,边缘具宽的膜质边,膜质边的顶端也是钝形,以及花丝无毛等,易与其他种区别。

产福建南平桐坑,生于 1 000~1 100 m 的岩隙间。

该种标本是福建林职院何国生教授在桐坑外公路上遇到一位采草药的农民,从布袋中得到一份新奇标本,经林来官教授鉴定,系杜鹃花科岩须属一个新种,所以联名正式在《福建植物志》上发表。但该新种仅有那份模式,《福建植物志》出版前,林来官、郑清芳、何国生三人到南平桐坑寻找,最终亦没找到,看来尚须进一步调查研究。

30. 白果蒲桃(照片见封面下左图,或见 381 页彩插 8-图 29)

Syzygium album Q. F. Zheng,福建植物志 4：101,1990；Flora of China 13：353. 2007.

本种与香蒲桃 *S. odoratum*（Lour.）DC. 相近,但嫩枝干后红褐色,叶较大,长 5～9 cm,宽 1.5～3 cm,侧脉每边 11～14 条,彼此相隔 3～4 mm,果较大,直径 0.8～1.2 cm 等,根据这些特点易于区别。

产云霄,生于常绿阔叶林中。该种生长快,木材坚硬,是很有发展前景的一个物种。

该新种为作者在《福建植物志》上正式发表,2012 年,作者特地前往云霄产地,在学生们的帮助下,仅找到一株大树,胸径约 80 cm 左右,此种情形趋于灭绝边缘,必须立即建立基因库,把该新种种质资源加以保护。

31. 福州柿(见 381 页彩插 8-图 30)

Diospyros cathayensis A. N. Steward var. *foochowensis* (Metc. et Chen) S. Lee,中国植物志 60(1)：92. 1987；福建植物志 4：316. 1990. ——*D. foochowensis* Metc. et Chen in Lingnan Sci. Journ. 14：617. 1935；L. Chen, 1. c. 14：682. 1935；et 1. c. 15：119. 1936；陈嵘,中国树木分类学,新一版,981. 1959.

本变种与乌柿(原变种)的主要区别在于：叶椭圆形、狭椭圆形至倒披针形,下面无毛或仅被微毛,侧脉 5～10 对,果时宿萼有直脉纹,但较短,长仅 0.5～1 cm。

产福州乌石山和鼓山,生于石山林中。

《中国植物志》外文版中并入乌柿 *Diospyros cathayensis* Steward。

该种先是由美国人 F. P. Metcalf(1923—新中国成立前)（协和大学工作人员）及陈嵘先生鉴定为福州柿新种,并正式发表,后李树纲在编写《中国植物志》时降为 *D. cathayensis* 的一个变种。作者认为外文版的处理意见未必正确。

32. 福建山矾(福建灰木,见 382 页彩插 8-图 31)

Symplocos fukienensis Ling,植物分类学报 1：218. 1951.

产清流、建瓯、寿宁。生于海拔 200～900m 的山坡林中或沟谷林缘以及灌丛中。模式标本采自清流。

该种是林镕先生在福建发现并命名的山矾科一种新种,它生长快速,树体高大而直立,现宁德林业系统有人在研究并做推广试验。

33. 山棕(见 382 页彩插 8-图 32)

Arenga engleri Becc.

该种由意大利植物学家 Odoardo Beccari(1843—1920)定名,于 1889 年正式发表。

产永泰、莆田、福清交界处,生于 900 m 以下的开阔地、林下沟谷边。厦门、漳州、泉州、福州各公园有栽培,亦产于台湾及琉球群岛。

棕榈科在福建的野生种仅有山棕一个种,而且雄株开花时极香,所以园林界亦有人称香棕,是自然分布极狭窄的一个种,今天园林界正在大力推广应用之中。

35. 闽西青冈(照片见封底上下)

Cyclobalanopsis minxiensis Q. F. Zheng et S. Q. Zheng ex L. Zheng et al.

该种是生长特快的青冈属一个新种,它具有耐旱、耐阴、耐瘠的一种硬阔叶树。在干旱瘠薄土壤,且严重水土流失的长汀河田,30 年生胸径 30 厘米,而在南平土层厚而疏松的土壤,20 年生胸径 40 厘米。实是不可多得的优良种质资源,应建立保护基地,大量繁殖加以大力推广。(具体形态特征及其他详见本节第一篇第 1—2 页)

第九篇　园林绿化与花卉
The Nineth Chapter　Landscape and Flower
福州市可露地栽培的几种美丽三角梅①
Some Species of Bougainvillea Bare Cultivated in Fuzhou

三角梅品种多，花美丽、喜阳光、耐干旱、易种植，但有些品种在福州市易受冻。退休后，看到福州市有许多优美的三角梅品种，于是试用扦插繁殖技术，并在福州青芳园露地栽培成功。

现介绍给大家，供福州市园林绿化及个人阳台种花参考。

赛玛　*Bougainvillea peruviana* 'Thimma'

斑叶红衣王后
Bougainvillea buttiana 'Scarlet Queen Variegated'

柔森卡　*Bougainvillea buttiana* 'Rosenka'

晚霞
Bougainvillea buttiana 'Afterglow'

迈瑞菲扎枢克
Bougainvillea glabra 'Meriol Fitzpetrick'

马哈拉
Bougainvillea buttiana 'Mahara'（复瓣花）

樱花
Bougainvillea buttiana 'Cherry Blossom'（复瓣花）

①品种中名、学名由厦门植物园周群同志提供，特此感谢！

311

福州青芳竹种园①②
Qingfang Bamboo Garden in Fuzhou

一、青芳园简介

青芳园亦称青芳竹种园，是专业从事福建省绿化用观赏竹苗圃基地，其中心基地建于2002年最先在福州市闽侯县南屿镇溪坂村，面积有4公顷多（约60多亩）。园区划分有观赏竹标本区，观赏竹生产区和观赏竹苗成品区三部分，是集教学、科研、生产和销售四位一体的综合性基地，此后，又在省内各地辟有附属基地10多处。

"宁可食无肉，不可居无竹"，竹类自古以来为中国园林绿化最具有观赏品位的园林植物。本园从国内外引入最具有观赏价值的竹种80多种，建立观赏竹标本区（亦称做观赏竹品种园），供长期观察及科学实验，从中筛选出最适合为竹篱、竹墙、行道竹、地被竹、及景观竹林等不同功能的优美的观赏竹种，初步已筛选有青芳竹、毛竹、绿槽毛竹、青竹、翠竹、青丝黄、金玉竹、紫青皮、平安竹、唐竹和倭竹等适合福建生长的优美竹种；并生产有大量的成品苗，经多年的研究已能做到"一年四季皆可种植"、"全冠移植"和"一次造景到位"快速绿化的景观效果。

本园由福建农林大学郑清芳教授负责技术指导，长期和国内外竹类专家、竹类生产同行及各地的园林景观设计师等进行技术经验交流，并经本园反复试验研究，大大满足广大园林绿化单位及个人的需求，使观赏竹扩散到各地园林绿化中，达到"不可居无竹"的优美的生态环境。

二、青芳竹种园主要的几种观赏竹种及其在园林绿化上的应用

1. 青芳竹（省林业厅新大楼旁）
Oligostachyum sulvatum

2. 江南竹（路边一角）
Acidosasa giganiaca

---

① 文内有些竹种中名为商品名。
② 林靖、连巧霞、郑蓉、郑清芳 . 原文发表于《福建林业》2013. 6. 总第169期。

3. 紫竹（福州熊猫中心）
Phyllostachys nigra

4. 毛竹（旗山武夷民居绿化）
Phyllostachys edulis

5. 绿槽毛竹（福州青芳竹种园工作室前）
Phyllostachys edulis cv. viridisulcata

6. 青竹（福州青芳园）
Phyllostachys prominens

7. 翠竹（福州森林公园路边）
Phyllostachy reticulate

8. 唐竹（大儒世家销售部）
Sinobambusa tootsik

9. 南平倭竹（福州熊猫中心）
Shibataea nanpingensis

10. 白纹维谷笹
Sasa glabra f.albo-striata

11. 金玉竹（公园一角）
Dendrocalamus minor var. amonenus

12. 美丽箬竹（福建农大中华园）
Indocalamus decorus

13. 青丝黄（福州青芳园）
Bambusa eutuldoides var. viridi-vitata

14. 平安竹（公园一角）
Bambusa tuldoides cv. swolleninternode

三、竹园管理工作室

（一）牌照

1. "青芳园"——书法家张大钧书（福州）

2. "南南合作"国际花卉技术培训班教学实习点（牌照）

3. "青芳竹种园"奖状

（二）幽篁工作室

1. 字画

2. 郑清芳教授在记事

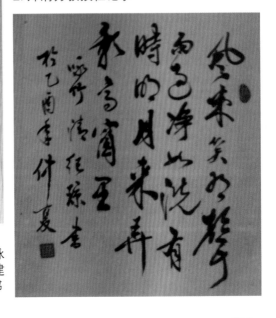

3. 熊文愈教授为《潇湘竹子诗词》代序——书法家郑炳森（莆田）书

4.（清）纪琼《咏竹》——书法家郭建国（江西林业厅）书

四、来青芳园部分参观者的照片和诗词

1. 与原省政协副主席陈家骅教授等合影

2. 与"南南合作"花卉技术培训班及园内工人合影

3. "南南合作"培训班部分成员在龟甲竹前合影（2006）

4. 与原福建林学院院长俞新妥教授等合影

5. 汪霖晨（福建农林大学教授）梅花引——赏《青芳竹园》赋赠郑清芳同志

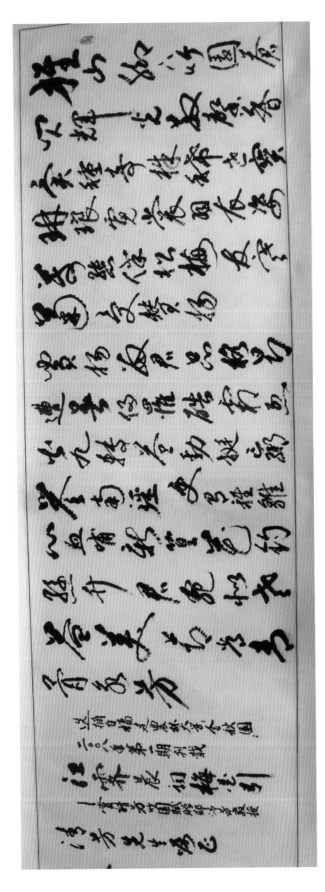

旗山脚下竹园苍，散馨香，异种奇株，稀世宝琳琅。

霓裳羽衣姿万态，友寒菊，伴松梅，遭暑侵，罹酷霜，益署南疆。

赞扬数君品格品，花约丝君宛似，更有稚雏，心血哺新篁。

老益美，节常青，骨永芳。

——书法家段建全（福建长汀人）书

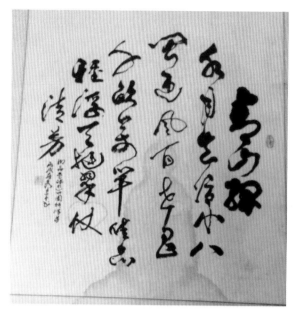

青山绿水月生凉，八闽迎风百世昌
千亩万竿佳品种，浮天挺翠仗清芳

6. 邓明秀教授
（原农大图书馆馆长）

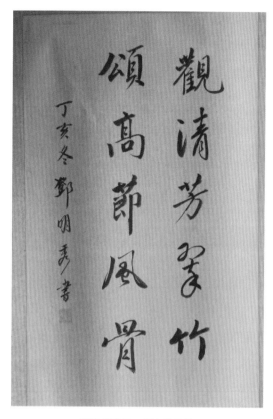

观清芳翠竹，颂高节风骨

7. 林铮教授（福建农林大学园艺学院教授）

满江红
——记南屿观光竹园

隐隐旗山斜照里，浮青记绿，原来是达观居士钻研翠竹。潇洒拂云纷斓慢。参差滴露凝碧玉。按特征分，有良方，循规律，或散生或成簇，金丝带，刚劲节。有标签显示注明科属，品种繁多皆有据，珍奇怪异能归缩，为园林事业立新功，无量佛。

——书法家黄清华书（侨居新加坡）

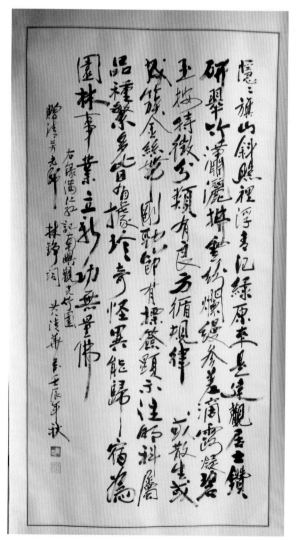

莆田赤港生态观赏竹园[①]

郑清芳　林　靖　蒋盛国　连巧霞　郑　蓉　吴建华[②]
李　勇[②]　林　栩[②]　姚　健[②]　陈宝如[②]　许庆贤[②]

Ecological and Ornamental Bamboo Garden in Putian Chigang

一、简介

　　赤港生态观赏竹园位于莆田市涵江区赤港高新技术开发区内,即原赤港华侨农场办公楼后面,占地面积仅3 000 ㎡。2008 年开始筹建,2009 年5月建成。本园由福建农林大学教授郑清芳(已退休)规划设计,林靖等人施工,种植26 个中外珍贵的观赏竹品种,采用移植全冠大苗,一次性造景到位,仅在一年之内成功建成国内少见的袖珍型观赏竹园,并发挥其生态、观赏、休闲、教学、健身等功能。园内可见到竹秆奇特的龟甲竹、人面竹、平安竹,青竹、树冠塔形优美的青芳竹,色彩各异的紫竹、黄金竹、青丝黄、湘妃竹,株型矮小的美丽箬竹、菲白竹、菲黄竹,其中有省内或国内的特产,亦有曾从日本等外国引入,除外尚有园路、娱乐场地、休闲游憩的长廊,鹅卵石步道,天然的石椅石桌,艺术的石雕等设施。每个竹种用石块刻有名牌(中文、拉丁学名)。整个竹园划分为动静功能分区,将竹文化与休闲游憩、健身教育等功能有机的结合起来,并选取苏东坡的"宁可食无肉,不可居无竹",郑板桥的"求人不如求己"等名家名句,结合舜帝二妃的"染竹成斑",中国二十四孝之一的"孟宗哭竹"以及"竹林七贤"等传说典故,应用石雕艺术,书法家誊写的对联等形式,表达了中国历史文人墨客对竹子的钟爱,弘扬了中国竹文化。

二、赤港生态竹园植物配置图

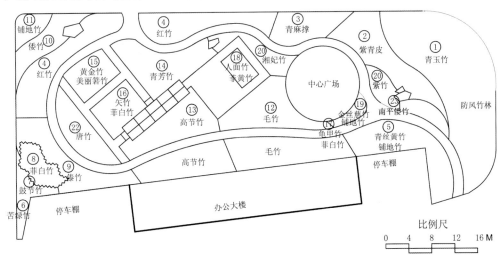

---

① 文内竹种中名有些取用商品名。
② 吴建华:莆田赤港国家级高新技术开发区书记;李勇:莆田赤港华侨农场场长;林栩:莆田赤港高新区工程师;姚建:原华侨农场副场长;陈宝如:莆田石雕专家(高级工程师);徐庆贤:莆田市博物馆馆长、书画家。

三、赤港生态竹园种植的部分竹种及其效果照片

2. 南平倭竹
Shibataca nanpinensis Q.F.Zheng et.K.F.Huang

1. 赤港生态竹园入口处景观
左侧为青丝黄竹
Bambusa eutuldoides var. *Viridi–vitata*
两门柱对联为革命先烈方志敏词：心有三爱奇书骏马佳山水　园栽四物青松翠竹白梅兰

3. 金丝慈竹（学名见地上石牌）
（下同）

4. 龟甲竹

5. 青麻撑竹

6. 紫青皮竹

7. 青芳竹

8. 黄金竹（上）+ 美丽箬竹（下）

9. 唐竹（左）+ 泰竹（右）

10. 湘妃竹

11. 毛竹（孟宗竹）

12. 红竹

四、弘扬中国竹文化

（一）石雕塑像及其诗词

宋诗人苏东坡及其三绝句

石碑刻有：

宁可食无肉，
不可居无竹。
无肉使人瘦，
无竹使人俗。
人瘦尚可肥，
俗士不可医。

郑板桥（清）及其诗词
①《篱竹》
一片绿阴如洗，护竹何劳荆杞。
仍将竹做篱笆，求人不如求己。
②《咏竹》
一节复一节，千枝攒万叶。
我自不开花，免撩蜂与蝶。
③《题竹（画）》
新竹高于旧竹枝，全凭老干为扶持。
明年再有新生者，十丈龙孙绕凤池。

舜帝二妃（娥皇，女英）

"染竹成斑"
石碑刻有：
斑竹又称湘妃竹，是湖南宁远县附近的特产，传说舜帝南巡，死于湘江旁，其二妃娥皇，女英闻讯赶来，她俩伤心地放声大哭，其泪水洒在湘江旁的竹子上，留下了斑斑泪痕，从此以后此地就有了斑竹。

"竹林七贤"

石碑刻有：晋魏间七个文人名士的总称，《魏氏春秋》：嵇康与陈留阮籍，河内山涛，河南向秀，籍兄子咸，琅琊王戎，沛人刘伶相与友善，常于竹林中聚会，吟风弄月。

右边七个石椅代表竹林七贤，示意他们曾在此竹林中聚会过。

《醉兴》
——李白诗词

塑像基部刻有：
江风索我狂吟，
山月笑我酣饮。
醉卧松竹梅林，
天地藉为衾枕。

"孟宗哭竹（笋）"
石碑写有：

毛竹亦称孟宗竹。传说中国二十四孝之一的孟宗，是三国时吴国的一个司马太守。在一个冬天，其母病在床，提出要吃竹笋，孝子孟宗就到竹林中去找。因为天寒地冻、冰雪盖地，一片白茫茫，哪有竹笋可见，怎么亦找不到，急得淌下了热泪，融化了脚下的冰雪，露出一个竹笋，这就是孟宗哭竹（笋）的故事。后这故事又传入日本，日本人就把能长冬笋的毛竹叫孟宗竹。

（二）盆景："岁寒三友"——松竹梅

岁寒三友指松、竹、梅三种植物。它们因在寒冬时节仍可保持顽强的生命力而得名。

松树——四季常青，姿态挺拔，叶密生而有层云簇拥之势，即在万物萧疏的隆冬，依旧是郁郁葱葱，精神抖擞。象征着青春常在和坚强不屈的品格。

竹——高雅、纯洁、虚心、有节之象征，特别其叶经冬不凋，清秀又潇洒，具有坚强不屈的品格。

梅花——在大雪纷飞、溯风凛冽的严寒时节，万木凋零，独有梅花在冰中孕蕾，雪里开花，傲然凌风而挺立，它是傲寒斗雪的英雄。正如毛主席《卜算子·咏梅》诗中所曰"已是悬崖百丈冰，犹有花枝俏，俏而不争春，只把春来报"，这里说明梅花不贪求春天的温暖舒适，不畏严寒、苦斗冰霜，在凛冽的寒风中昂首怒放，为百花迎来了风和日丽的春天，这就是梅花坚强不屈的高尚品格。

松、竹、梅被世人合称"岁寒三友"，一方面表示三者都有冰清玉洁、傲立霜雪、坚强不屈的高尚品格，另一方面，亦可视为三者都具有常青不老，有强盛的生命力，这样"岁寒三友"就逐渐演变成了雅俗共赏的吉祥图案，而今亦是艺术盆景，绘画的题材。

（三）盆景："四君子"——梅、兰、竹、菊

梅、兰、竹、菊合称四君子，它们都具有清雅淡泊的形象，一直为世人所钟爱，成为一种人格品性的文化象征。它们都有顽强不屈的品性，如梅能在冰中孕蕾，在雪中开花，它一身傲骨，象征着超凡脱俗的品格；兰，空谷幽香，孤芳自赏。古人曰："兰花生于幽谷，不以无人而不芳，君子修道立德不为穷困而改节。"而宋代王贵学曾赞曰："挺挺花卉中，竹有节而啬花，梅有花而啬叶，松有叶而啬香，唯兰兼有之。"的确因兰有花有香有叶，所以人们推崇兰花为"花中君子"；菊花开于晚秋，并有浓香，故称"晚艳"，"冷春"，它不仅不畏严霜，不辞寂寞，而且具有凌霜自行，不趋炎附势的高贵品格；竹，又是高风亮节，中直，虚空，它临冬不凋筛风弄月，潇洒一生而无怨无悔，奉献自己的一切。中国人民以深厚的民族文化精神为背景，把梅兰菊竹，占尽春夏秋冬，称之为"四君子"，正表现文化对时间秩序和生命意义的感悟，把它们内在的精神品性升华为永恒无限之美好，让人们向他们学习。

五、竹片对联

1. 抱节元无心，凌云如有意（长廊两侧柱上）
2. 竹影横窗知月上，花香入户觉春来。（同上）
3. 自坐清风听万竹，相期曲水会群贤。（同上）
4. 手亲怜我种，心久学君虚。（同上）
5. 幽篁终岁绿，神州四季春。（同上）
6. 引春风满座，扫石拜多时。（同上）

六、赤港生态观赏竹园的功能

（一）普及人们的植物科学知识

　　游人对各竹种拍照，提高对竹种认识。

（二）休闲、游憩的好去处

　　居民每日早晨或下午带着小孩在竹园中游玩、休息，老人三五人聚在一起，过着幸福的生活。

（三）园林教学及培训班基地

　　每年至少一期，有时二期，即"南南合作"国际花卉技术培训班中观赏竹及其栽培技术的教学基地。

（四）健身跳舞的好场所

（五）创造人们宜居的好环境

　　赤港生态观赏竹园处在两个大楼之间的空地，过去曾是垃圾填埋的地方，污染四周的空气。建竹园之后，垃圾的臭味没了，夏天阴凉，冬天有竹林挡风而温暖，空气新鲜，风景美丽，是个宜居的好环境。2013年以原林业部副部长蔡延松为首的全国绿化模范城市验收团来该园验收，得到他们的赞扬与肯定。

中国兰花及其栽培技术①
Chinese Orchid and its Technology of Cultivation

一、国兰的概念

兰花属于兰科植物，它是高等植物中一个庞大的家族，全世界约有 730 属 21500 多种，至于各个种内园艺栽培品种那就更多了。古今中外人们都把兰花视为最美丽、最珍贵、最富有观赏价值的花草。

兰花的生长方式有三种：地生兰、气生兰和腐生兰。生长于土壤中的兰花称为地生兰；附生在树干上或岩石上，靠其根从空气中取得水分与养分称气生兰或附生兰；寄生于腐殖质土中，植株无叶绿素的叫腐生兰。

中国兰花简称国兰，是指产于中国兰属（Cymbidium）中花有香味的地生兰，如春兰（Cymbidium goeringii），蕙兰（Cymbidium faberi），建兰（Cymbidium ensifolium），寒兰（Cymbidium kanran），墨兰（Cymbidium sinense），莲瓣兰（Cy.Tortisepalum）。这些兰花在中国栽培历史悠久。

在中国常把来自异邦的东西往往称之为"洋"或"番"；对于那些来自外国的兰花，俗称"洋兰"。如：卡特利亚兰（Cattleya），蝴蝶兰（Phalaenopsis），石斛兰（Dendrobium），文心兰（Oncidium），兜兰（Paphiopedilum），等等。它们大部分分布在赤道中心或南北回归线附近的热带、亚热带地区，在亚洲分布有泰国、印度尼西亚、缅甸、新加坡、菲律宾、马来西亚、巴布亚新儿内亚、中国南方及喜马拉雅山南部等。

在美洲分布的有巴西、秘鲁、墨西哥、巴拉圭、厄瓜多尔、哥斯达黎加等，在非洲分布的有马达加斯加岛和南非等，这些洋兰只能生长在温暖多湿的气候，在中国栽培必须要有温室或暖棚设备。

中国幅员辽阔，有多种气候和复杂多样的生态环境，在被称为洋兰的兰种中，在中国亦发现有不少野生的原生种，如石斛属的原生种在中国南方发现有 60 多种，福建省就有 2~3 种分布。

二、国兰主要栽培的原生种及园艺品种

1. 春兰（Cymbidium goeringii）

单花，少有一葶二花的，花苞片长于子房连花梗，叶 4～6 片丛生，狭带形，长 20～60 厘米，宽 6～12 毫米，花期 2—5 月。分布于广东、广西、湖南、湖北、河南、云南、贵州、四川、台湾、浙江、安徽、江苏等省区，日本、朝鲜亦有，福建产于南靖、安溪、南平、顺昌等地。

名贵的品种有：

（1）大富贵（郑同荷）
萼荷花瓣型，唇瓣大而短，外卷，有 2 个红色斑点。

（2）宋梅
萼为梅花瓣形，棒心花瓣紧抱蕊柱，唇瓣短小，有一至多个红色斑点。

① 作者在"南南合作"花卉栽培技术培训班讲稿。

（3）龙字

萼为水仙瓣型，棒心花瓣半打开，唇瓣有三条倒品字形红条斑。

（4）蕊蝶

奇瓣型，萼为竹叶型，棒心花瓣变为唇瓣，三个唇瓣成品字形排列，唇瓣长，反卷，有红斑。

（5）云南雪素

多花型，花葶高出叶面，着花 3 ～ 5 朵，花全为雪白色，极香。

（6）唐紫苞

普通花型，萼为竹叶瓣型，紫红色，唇瓣白色，反卷，有两条红斑。

2. 蕙兰（*Cymbidium faberi*）

叶 6 ～ 10 片丛生，带形，质硬，直立性强，长 25 ～ 80 厘米，叶中脉明显透明，叶缘有粗锯齿。花序有花 6 ～ 12（18）枚，唇瓣上有发亮小乳突，花期 4 月，分布于湖北、河南、云南、四川、台湾、江西、浙江、安徽、陕西。福建产于漳州、泰宁等地。

各地有许多变种和变型，但以江浙产的为佳，较耐寒，如大别山蕙兰作庭院栽培可耐 0 ～ -15℃。优良品种有以下几种：

（1）程梅

萼梅瓣型，花序 8 ～ 10 朵，唇瓣龙吞舌，中有 1 红斑。

（2）江山素

萼水仙瓣型，素心，大卷舌，唇瓣黄绿色。

3. 建兰（*Cymbidium ensifolium*）

叶2～6丛生，带形，较柔软，弯曲，薄革质，略有光泽，长30～50（80）厘米，宽1～1.3厘米，叶缘有不明显钝齿，花序较叶为短，高20～40厘米，具花4～10朵，唇瓣无发亮小乳突。

花期7—10(12)月，分布广东、广西、云南、贵州、四川、台湾、江西、浙江等省区，印度东北部，泰国日本亦有，福建产于上杭、尤溪、建阳等地。建兰的品种以福建产最佳，其变种素心兰（*Cymbidium ensifolium* var.*susin*）最香并最受人们的喜爱。

建兰的优良品种如下：

（1）永安素
Cymbidium ensifolium
cv. "yongansu"

(2) 大凤尾素
Cymbidium ensifolium
cv. "dafengsu"

(3) 小龙岩素
Cy.ensifolium cv.
"xiaolongyansu"

(4) 安溪素
Cy.ensifoliu cv.
"Anxisu"

（5）十三太保
Cy.ensifolium cv.
"Shisantaibao"

6) 铁骨素
Cy.ensifolium cv.
"Tiegusu"

(7) 龙岩素
Cy.ensifolium cv.
"Longyansu"

(8) 大叶铁骨素
Cy.ensifolium cv.
"Dayetiegusu

(9) 永福素
Cy.ensifolium cv.
"Yongfusu"

(10) 大贡素
Cy.ensifolium cv.
"Dagongsu"

(11) 十八学士
Cy.ensifolium cv.
"Shibaxueshi"

（12）上杭素
Cy.ensifolium cv.
"Shanghangsu"

(13) 鱼魣兰
Cy.ensifolium cv.
"Yuzhen"

(14) 金丝马尾
Cy.ensifolium cv.
"Jinsimawei"

(15) 荷花素
Cy.ensifolium cv.
"Hehuasu"

（16）大青
Cy.ensifolium cv.
"Daqing"

（17）彩心建兰
Cy.ensifolium
cv. "Caixin"

（18）四季兰红梗种
Cy.ensifolium cv.
"Sijihonggengzhong"

4. 寒兰（*Cy.ensifolium kanran*）

叶 3～7 片丛生，直立性强，长 35～70 厘米，宽 1～1.8 厘米，花序长于叶或等长，具花 5（7）～12 朵，中部以上苞片长超过 1 厘米，萼片宽线形，长超过 4 厘米，秋冬开花。

分布于广东、广西、湖南、湖北、云南、四川、台湾等省区，福建产于平和、建阳、顺昌等地。

寒兰栽培品种较少，有以下几种：

（1）素心寒兰
Cy.kanran cv.
"suxinhanlan"

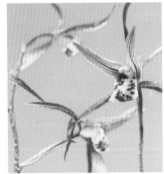
（2）紫寒兰
Cy.canran cv.
"zihanlan"

（3）青寒兰
Cy.kanran cv.
"Qinghanlan"

(4) 青紫寒兰
Cy.kanran cv.
"Qingzihanlan"

5. 墨兰 (*Cymbidium sinense*)

叶 3 ～ 5 片丛生，直立性强，长 60 ～ 80 厘米或更长，宽 1.5 ～ 3.5 厘米，具花 5(7) ～ 20 朵，冬春开花。分布于广东、广西、云南、四川、台湾等省区，福建各地都有。

（1）落山墨
Cymbidium siensis
"Luoshanmo"

(2) 白墨兰
Cymbidium siensis cv.
"Albojucumdisisimum"

（3）尤溪墨兰
Cymbidium siensis cv
"pureosepalum"

（4）长汀墨兰
Cymbidium siensis cv.
"Atopureum"

三、兰花的自然变异

（一）兰花的叶艺变异

1. 兰花叶尾上的艺

①扫尾艺：叶尾出现从叶尖，向叶内走向的长短不齐或疏或密丝状散射线，其颜色多为黄色或者白色。

②爪艺：
在叶尾尖端边缘出现色艺，叶尾像鸟爪。

春兰扫尾

墨兰达摩白爪艺

③深爪艺

叶尾尖端出现比爪艺略长略宽的艺。

④冠艺

叶尾出现占 1/3 以上的深爪扫尾艺。

⑤鹤艺

在冠艺的基础上整个叶尾均有色艺，且呈鹤嘴状。

墨兰闪电

墨兰达摩冠艺

墨兰鹤之华

2. 兰花叶边上的艺（覆轮艺）

指整株兰中每片叶从叶尾沿两边缘延伸至叶基或 2/3 以上长度的色艺。

3. 兰花叶面的艺

中透艺：色艺成片出现在叶片中间，且涵盖中叶脉及副叶脉。只留叶尾钳爪或钳帽式叶边绿覆轮，叶中零星绿绒或绿斑。

中缟艺：缟原意为白绢，引申为织物、织物上的线纹。兰叶中间（不出叶尾）出现色绒或黄或白，像织物的丝绒。

中斑艺、中斑缟艺：兰叶中间（不出叶尾）出现色块，常与色线叠织出现。色块较多者称中斑艺，缟线较多者称中斑缟艺。

片缟艺（晃艺）：兰叶中间的缟与斑连片自上而下延伸出现，有时半边自上而下连片；有时 1/3 左右在一边或在中间自上而下连片，其艺如日晃动，称片缟或晃艺。

斑艺：兰叶中间出现斑点状、点块状的色艺不规则分布形成斑斑点点的色艺称黄斑、白斑、青苔斑、虎斑、蛇皮斑。

曙艺：其斑大而成片，其色艺从纯白到纯黄到夹杂小绿斑遍布叶片大部分，如曙光初透。

建兰银边大贡（白覆轮）

春兰血野（白中透艺）

春兰春晓
（黄覆轮艺、缟艺—片缟艺）

建兰福隆
（白中斑缟艺）

春兰彩霞
（片缟艺复色花）

春兰黄虎
（黄虎斑艺）

春兰草花蛇
（园尾蛇皮斑艺）

建兰蓬莱之花
（斑艺）

墨兰白扇
（白曙斑艺）

（二）兰花花色的变异

A 红色花

春兰面部彩红
（右色娇艳）

春剑红衣仙子
（飞肩水仙瓣）

莲瓣兰壁龙星梅
（梅花瓣）

春剑苋朱砂
（荷瓣花）

B 白色花

春兰白花梅瓣

莲瓣兰一线天

春剑白菏

建兰雪王

C 绿色花

春兰红宝石

春剑玉海棠
（梅瓣花）

建兰绿瓣花

寒兰彩霞
（花色青绿兜舌大）

D 紫色花

E 黄色花

春兰紫荷

寒兰紫彩
（五彩寒兰）

春兰黄朵香金桃偶

春剑聚黄花

F 黑色花

G 水晶花

春兰奇花黑珍珠

春剑卷瓣黑爪花

墨兰银灰燕

春兰大覆轮晶

H 复色花

春兰碧玉冠

春兰钟氏荷
（团瓣花色娇羞）

春剑唐三彩

建兰复色花天荷

（三）色花色艺

花有花艺，花艺有色艺（花瓣中叶艺那样的色纹、色斑。此类花花瓣上的色纹、色斑与底色之间的色彩对比鲜明，有别于一般复色花）及形艺（即蝶花）。

a 色艺

春兰曙光（黄爪花）

春剑中透复色花

b 形艺（蝶花）

兰花中捧瓣或萼瓣部分或全部舌瓣化或类舌瓣化形成的形与色的飞翔的蝴蝶，故称蝶花。

外蝶

萼瓣形状和色斑舌瓣化或类舌瓣化，如春兰文山彩蝶。

内蝶

捧瓣的形状和色斑舌瓣化或类舌瓣化，过去有人称蕊蝶，凡中间部分蝶花者，包括三心蝶、四心蝶均称为内蝶，如春兰星虎。

（四）奇花 多瓣多舌多鼻花

建兰多瓣多舌奇花

墨兰大屯麒麟

似牡丹、菊花、睡莲、玉兰花形奇花

春兰子母碟

子母花是从萼瓣或花瓣基部长出的小花

春兰奇树

树形花是萼瓣增多且远离捧瓣和舌瓣呈互生排列，有时在萼瓣前端又长出小花

四、杂交兰 Hybrid orchid

为了改良国兰花瓣狭小，色彩不够多样的缺点，近年来人们采用杂交育种的方法，有的用有香的地生兰与同属大花的附生兰进行杂交，培育出有香的新品种，如下列几个品种：

1. 台北小姐
Cymbidium Hybrid,
"Miss Taibei"

2. 韩国小姐
Cymbidium Hybrid,
"Miss South Korea"

3. 中国龙
Cymbidium Hybrid,
"Chinese dragon"

4. 绿翡翠
Cymbidium Hybrid,
"Lvfeicui"

5. 大花蕙兰（无香）
Cymbidium Hybrid

6. 大花蕙兰（无香）
Cymbidium Hybrid

福州青芳园内建有小兰花圃

五、中国兰花的欣赏

概括古今兰界，从科学和艺术的角度来审观兰花，多从香、色、姿、韵四个字入手。

（1）香

兰花之香清而不浊，淡而纯正，同时还是一种神秘的幽香，（东周）孔子曰："与善人居，如入芝兰之室，久而不闻其香，即与之化兮。"（明）余同麓《咏兰》诗曰："手培兰蕊两三栽，日暖风和次第开。坐久不知香在室，推窗时有蝶飞来。"说明兰花的幽香所在，到底兰花之香是什么成分，至今亦未能用人工合成兰香。

为此，人们常用"国香""香祖""王者之香""天下第一香"来形容兰花之香，而同一属中（*Cymbidium*）还有较大的花，但多是无香之兰种，正如洋兰一样，花色虽好，有些人并不感兴趣。

（2）色

中国人赏兰多倾向于崇尚自然，从静感方面欣赏兰花天然之美。他们认为"浓处味常短，淡中趣独真",喜爱兰花那种恬淡素雅,清心似水的风韵,所以千百年来人们只是发掘自然变异的兰花品种,特别是色单纯的素心型,如建兰的素心兰变种,白墨素,绿墨素等。老年人多数具此观点,恰与欧美人士赏兰观点迥然不同。他们大多着重于表现和满足自我,喜爱五彩纷呈,鲜艳夺目的洋兰,使自己的感官得到热烈的刺激反应,以抒发其奔放型的灵性,让文化生活显得更为动感。

故他们对中国兰花的兴趣不浓,其实近年来不少中国人对红色、复色的品种甚感兴趣,诸如培养出开桃红色的"桃姬",开水红色的"玉姬"和开深红色的"朱砂墨"(皆为墨兰之品种),以及墨兰中线艺品种,它们绿色叶片间有黄白色条纹甚为美观。此种多元化精美化赏兰心态亦在发展之中。

(3) 姿

欣赏国兰整株的姿态美,宋代王贵学曾赞曰:"挺挺花卉中,竹有节而啬花,梅有花而啬叶,松有叶而啬香,唯兰独兼之。"的确国兰有叶有花有香,是种耐人欣赏的花卉,从体态看亦是非常优雅,它骨格俊秀,无花之时,叶片疏密有致,气宇轩昂,临风摇曳,婀娜多姿,开花时多数品种花葶高出叶面,各花葶之间刚柔兼备,顾盼呼应,显得异常端庄素雅。张学良将军有首《咏兰》诗曰:"芳名誉四海,落户到万家,叶立含正气,花妍不浮华,常绿斗严寒,含笑度盛夏。花中真君子,风姿寄高雅。"

(4) 韵

指国兰的神韵,从表面上看来相当抽象,实际上是香、色、姿的升华,是外表美和内在美的和谐统一。具体地说就是人们在欣赏国兰时在脑海中产生的联想和内在感情的抒发,在美学上称为意境美。自古以来中华民族长期受礼义道德,诚实谦让,艰苦卓绝,奋发进取的熏陶,人们养成固有的哲学观、道德观和审美观。

尽管国兰的样貌并不惊人,也无浓妆艳抹的姿色,但从古人关于"兰生于幽谷,不以无人而不芳,君子修道立德,不为穷困而改节"等论述,被世间视为高洁、典雅、淡泊、傲骨的象征,不少人把国兰推崇为"花中君子",对文学艺术和社会生活产生了很大影响。过去凡属美好之事常以兰花比喻,如歌颂真挚的友谊,谓之"兰谊",赞美优秀作品称"兰章",把兰品与人品连在一起,并当之为"养心之花"。

中国人养兰注重陶冶情操,培养美德,古代曾有诗云:"虽无艳色如娇女,自有幽香似德人。"把兰花视为德花,要养德就得养兰,养兰更能养德,当养兰人生活上遇到烦恼时可以从兰花那种"遭霜雪而不凋,历千年而不殒"的气质中吸取振奋力量。

据说曾有一位实业家,性情暴躁常训斥下属,有时甚至殴打妻儿。一位知心朋友劝他养兰,他遂建起一个兰圃,亲自侍弄,果真与兰日久生情,从中得到启迪,逐渐变得人平气和,家庭和睦,改善了人际关系,促进事业更为兴旺。

六、国兰的栽培技术

(一)兰花的生长条件

1. 光

光照对兰株生长的好坏至为重要,光照不足兰株软弱徒长,光照过强,叶被晒黄或晒焦。兰花要求半阴的生长环境,即 50% ~ 70% 的遮光率就够,具体品种不同对光要求亦有差异,冬春季可适当增加 20% 光照,更利于兰花生长。

2. 温度

附生兰(包括多数的洋兰)多生长在暖热地区,一般冬季白天要求 12℃~ 16℃,晚间可稍低至 8℃～12℃，地生的国兰，冬季生长在稍低气温下，白天须 10℃～12℃，晚间 5℃～10℃，适温生长常在 25℃～30℃。

因各品种不同所要求的温度亦不一样，如生长在较高海拔和较寒冷环境的蕙兰和春兰，其理想的栽培温度在 15℃～25℃，超过 30℃～35℃对兰花生长不利；而生长于较低海拔的墨兰，温度低于 5℃，就会影响其生长。故在广东、广西等地，要培养好春兰和蕙兰，夏天要有必要的降温措施，然而在北方培植墨兰则在冬季必须要有防寒措施。

3. 空气湿度

国兰 4—9 月为生长期，湿度要求在 80% 以上，冬季为半休眠期，湿度可降至 50% 左右，北方湿度不高，可套塑料袋或摆放水盆，水缸来增加空气湿度，有条件可用电动加湿器，或自动喷雾器来增加空气湿度。

4. 水分

兰花是比较耐旱的植物，它叶面有角质及凹陷的气孔，并有假鳞茎贮存一定的水分；但生长期间适当的水分还是需要的，关键是肉质的兰根要求土壤（基质）疏松，通气好，排水良好，如水分过多易引起烂根或感染病害，甚至死亡。

5. 通风

国兰喜欢通风透气的环境，通风不良会使兰花患病虫害，或叶尖枯焦，所以兰圃一定要保持通风透气，特别是炎热的夏天温室一定要打开通气窗，有条件者，可用电动排气，或用电扇来人工加强通风条件。

（二）兰花植料选择

过去种国兰的植料因地方习惯而有不同，如广东多采用塘泥打成粒状碎块种兰，江浙一带多用山泥（森林土），北京用草炭土伴一些砂，武汉习惯采用放置一年以上的煤渣或火烧土，但现今种兰已逐步抛弃过去传统的方法，运用陶粒、火山石（石砾）、木炭、椰糠、树皮等材料，按一定的比例配用。

（三）栽植方法与步骤

采用易排水的塑料兰盆（大规模生产用塑料袋），先填上豆粒大的石砾或打碎的砖块至盆底的 1/3 处，把要栽的兰株用母、食两指倒拿着放在水龙头下，慢 水冲洗后，再拿至盆中合适的位置；把配好的植料（豆粒大小）倒入盆中达盆 4/5 处，注意要使兰苗居中，其上下在一定的深度，并轻轻压实；再用较大植料填到距盆缘 1.5 厘米处，以把假鳞茎全埋入植料中为度，然后充分摇动盆具，使兰根与植料紧密结合一起。

（四）兰花的水肥管理

1. 浇水

浇水是国兰栽培管理中重要的一个环节，一般要根据天气、季节、品种和条件设备等因素而有不同，所以浇水是件难事，必须亲自实践多年，累积一定经验，才能更好的掌握.

因国兰的祖先长期生长在空气湿度较高的山野间，那里的空气湿度达到 80% 以上，但兰根又是肉质根，土壤（或基质）过湿会引起烂根及病害，我们栽兰的环境要尽量仿效原山野那种环境的湿度，所以国兰应设置在树下，如在棚内应有微形喷雾的设备。如在家庭阳台养兰，必须有遮阴设备，并在地上排放水缸、水槽以增加水分向上蒸发成较高空气湿度，夏天、晴天时还应在叶面或地面洒水，但注意切勿把水洒入兰苗的新芽之心，以免渍水腐烂。

兰花浇水可分洒水及淋水两种：

（1）洒水是使叶面及盆具湿为度，其次数除春夏雨水较多的天气外，一般每日洒 1～2(3)次，尤其夏天炎热的天气，但看品种不同洒水有差异，春兰少洒，墨兰多洒。

（2）淋水是从植料灌入，因苗根肉质水分过多易腐烂，所以淋水次数不宜过多，一般每隔 5～7

天一次，春天阴雨频繁可每隔7～10天淋水一次，夏天炎热每2～3天淋水一次，冬季气温低可每10天淋水一次，北方室内有暖气的每隔2～3天淋一次。

浇水的来源，最好采用雨水、河水或不含矿物质的软水，PH值最好是5.5～6.5，至于城镇的自来水，因多有漂白粉，必须用桶贮存1～2天后等氯气散失后才能用来给兰花浇水。

2. 施肥

(1) 施肥原则

兰花在人工栽培过程必须施肥，除施氮磷钾三大要素外，还要需钙、镁、铁、锰、锌、硼等微量元素，兰花施肥的原则："因兰制宜，看苗定肥，宁淡勿浓，适时薄施"。

(2) 肥料种类

有机肥：牛马蹄、羊角、豆饼、骨粉、贝壳、花生麸、草木灰，家禽羽毛、人畜尿。这些有机肥除豆饼、花生麸辗成粉末可直接入兰盆面上外，其他有机肥必须用瓦缸密封，加水发酵，3个月后才能使用。

无机肥、尿素、硫酸钾、复合肥、过磷酸钙、磷酸二氢钾及许多微量元素。

目前，国外生产有较高级的有机肥，化肥及含有微量元素的专用肥，有的可促生根，有的促长叶，有的促开花。例如美国生产的"花宝"、英国的"丰多乐"、瑞典的"绿大素"等，而国内亦有生产许多肥料的新产品问世，如"魔肥"、"好看多"等。以上都值得推广应用。

(3) 施肥方法

兰花施肥可分基肥、追肥及根外追肥三种：

基肥：多在定植兰前施于盆底的植料中，多采用已发酵的有机肥液，冲清水10～15倍施于盆底的植料中，或用晒干的牛粪、猪粪、碎骨、蚬壳、草木灰等施入盆底的植料中，但栽植时注意兰苗的根切勿直接触到有机肥。现在栽兰多不用泥土，故不必用基肥，直接以追肥代之。

追肥：把腐熟的有机肥去渣而得液加清水20～30倍成淡肥，可施入盆的植料中（切勿施在叶面上），一般每月可施一次；如用化肥则浓度应更低一些，如硫酸铵、尿素1克要冲水1000倍，一般亦是每月施一次，最好把施有机肥和化肥隔月交替使用，使兰花得到更全面的养分。

根外追肥：目前普遍应用最佳的配方：尿素1克，磷酸二氢钾1克混合后，加水1000倍，待完全溶解后用喷壶喷到兰花叶面上，每半个月喷1～2次。

(4) 施肥应注意的事项

国兰生长期皆可施肥，但冬季进入休眠状态可不施或少施。阴雨天气或夏天气温高于30℃以上，不宜施肥，在施用根外追肥前，先把兰叶用清水喷洒一次，除去叶面灰尘，等水干后，再进行根外追肥。以观叶为主的线艺兰花，不宜多用氮肥，应增施磷钾肥，以防线艺消退。

七、兰花的病虫害防治

（一）病害

1. 炭疽病 *Orchid.anthracnose* 或 *Orchid spot*

兰叶出现椭圆形病斑，由小至大，由黄至黑，尤以在高温过湿的环境加上不通风易生此病，防治法即应剪去病叶，集中烧毁，加强通风，减少水湿，可用多菌灵800倍液或炭疽福美600倍液或甲基托布津800倍液，或百菌清500倍液喷射，每10～15天喷一次，连续2～3次即可抑制。

2. 黑腐病 *Orchid black rot*

用药棉吸出芽心的水分，用1%波尔多液或代森锌600倍液，或百菌清500倍液喷射，10～15天一次，连喷3次。

3. 根腐病 *Orchid root rot*

倒去兰盆中植料，剪除烂根败叶，用0.1%高锰酸钾溶液浸入15分钟，取出洗净凉干，再用"促根生"稀释3000倍，浸透30分钟，重新载入在新酌植料中。

4. 白绢病 *Orchid southern blight*

病菌从假鳞茎及叶基部入浸，接着危害根部，叶片自下向上发黄干枯，发病初期应立即更换新的植料，并用五氯硝基苯500倍喷浇，或灭菌丹或多菌灵600倍液，把病株浸泡20分钟后用清水冲洗晾干，再用"促根生"稀释清水3000倍，浸透20分钟，并重新载植。

（二）虫害

1. 介壳虫

亦称"兰虱"，有以下几种：盾蚧、条斑粉蚧、褐圆蚧、红蚧等害虫为害，可用40%氧化乐果1000倍液或5%的马拉硫磷800倍液或用50%敌百虫250倍液喷射2～3次。

2. 蚜虫

有桃蚜、棉蚜等可用20%乐果乳油加水500倍或50%辛硫磷乳油加水2000倍，喷射2～3次，即可杀灭。

3. 螨类

常见的有红蜘蛛，可用螨必死可湿性粉剂加水1000倍或用杀螨松加水1000倍喷杀。

4. 蓟马

成虫和若虫体型细长，黑褐色，危害兰花叶片及花朵，可用40%乐果混合25%滴滴涕乳剂加水100倍液喷杀。

参考文献

[1] 陈心启，吉占和编著. 中国兰花全书. 北京：中国林业出版社，2003年.

[2] 李少球，胡松华，鲁章编著. 中国兰花. 广州：广东科技出版社，1994年.

[3] 吴应祥编著. 中国兰花（第2版）. 北京：中国林业出版社，2000年.

[4] 傅立国，陈潭清，郎楷永等. 中国高等植物（第四卷）[M]. 青岛：青岛出版社，2000：222～239.

[5] 李仁韵编著. 兰韵. 合肥：安徽科学技术出版社，1999年.

[6] 陈俊愉，程绪珂主编. 中国花经. 上海：上海文化出版社，2002年.

对中国国花、国树的讨论[①]

Discussion on National Flower and Tree to China

一、中国花卉植物资源丰富

我国地域辽阔,气候土壤多样,有寒温带、暖温带、亚热带和热带,植物种类丰富。世界各国广泛栽培的园艺作物许多起源于中国,有些亦是中国花卉植物直系的后代,有些是与中国农家种有着某种亲缘关系,故中国素有世界园林之母的美称。有以下几个方面可以证明:

(一)花卉植物种类繁多

中国西南山区是我国园林植物种质资源的重要宝库,仅初步统计云南的园林观赏植物达 1 734 种,其中杜鹃科、兰科、报春花科、龙胆科均超过 1 000 种以上,由于中国花卉资源如此丰富,所以各国竞相向中国引种。

E. H 威尔逊在中国湖北、四川、云南一带历时 11 年的大采集,采有大量的树木标本和园林观赏植物种子,著有《中国——园林之母》一书,该书说:"中国园艺植物资源丰富,无与伦比,可以毫不夸张地说:中国是观赏植物种质资源的中心,有观赏价值的种类不下数千种。"

现举例说明我国观赏植物占世界总种数的百分比(表 9-1)。

表 9-1

观赏植物	国产种数	世界总数	占百分比
金粟兰 *Chtoranthus*	15	15	100%
山茶属 *Camellia*	195	220	89%
猕猴桃 *Actiniaia*	53	60	88%
报春 *Primula*	390	450	86%
丁香 *Syringa*	25	30	83.3%
杜鹃 *Rhododendrm*	650	800	81%
绣线菊 *Spirala*	70	90	77%
栒子 *Cotoneaster*	60	80	75%
荚迷 *Viburnum*	90	120	81%
木兰科 *Magnol iaceae*	73	90	81%
百合 *Lilium*	60	100	60%
中国兰花 *Cymbium*	25	40	62.5%
秋海棠 *Begonia*	90	500	30%
蔷薇 *Rosa*	100	150	66.6%
凤仙花 *Impatiens*	150	500	30%
牡丹、芍药 *Paeonia*	15	33	45.5%
菊花 *Dendranthema*	35	50	70%

[①] 作者在福建林学院一次讲座的讲稿。

（二）品种复杂

中国十大名花：牡丹、梅、月季、杜鹃、茶花、兰花、荷花、菊花、君子兰、腊梅（水仙、芍药），花卉有3 000多年历史的栽培。

（1）菊花在明朝李时珍记载时已有300多个品种，现有4 000个品种以上，有单瓣型、复瓣型、扁球型、球型、正型、外翻型、勾环型、垂珠型、松针型、龙爪型、毛刺型、托桂型等。

（2）梅花有231品种。直枝梅类：江梅型、宫粉型、朱砂型、玉蝶型、绿萼型、洒金型；照水梅类（var. pendula）：照水型、双粉照水型、骨红照水型、残雪照水型、白碧照水型；杏梅类（var. bungo），龙游梅类（Var. tortuosa）。

（3）杜鹃花属有650种，既有万紫千红、五彩缤纷的落叶杜鹃类，又有千姿百态、变化万千的常绿杜鹃类，有几种矮小者如矮小杜鹃（Rhododendron pumilum）高仅20 cm；平卧杜鹃（R. prostratum）高5～10 cm，又有大树杜鹃R. giganteum高达25 m，径围2.6 m。

（三）特有种属多

新生代第三纪以前，全球气候温暖、湿润、林木茂密，当时银杏科有15个属以上，而水杉则广泛分布于欧亚地区直到北极附近，到了新生代第四纪冰期降临，大冰川由北向南运行，中欧又多属东西走向山脉，以致北方树种为大山梗阻，而全受冻而绝灭，所以中欧树种之所以稀少即为此因。我国也发生山地冰川，但有不少山区未受冰川影响而形成植物"避难所"。一些古老的树种在其他地方早已灭绝而在中国还存在，如被誉为我国三大活化石之一的除银杏尚在之外，1940年之后又发现水杉（杉科）。在广西、湖南边界也发现银杉（松科），1980年以来设法繁殖。英国皇家植物园曾不惜以一架三叉戟飞机的昂贵代价，要求交换我国的一株银杉苗。

类似中国特有树种还有水松、金钱松、穗花杉、白豆杉、鹅掌楸、台湾杉、青檀等等。另外，还有珙桐（鸽子树）喜树、观光木（木兰科）、蜡梅（蜡梅科）、金钱槭、梅花、牡丹、黄牡丹、月季、香水月季、大花香水月季、栀子花、南天竺等。

中国劳动人民长期培育的珍奇品种有：黄香梅、红花檵木、红花含笑、重瓣杏花。

茶属皇后——金花茶Camellia chrysantha，最早期是胡先骕在广西发现，1964年发表，列为国家一级保护对象，已传入日本、美国及澳大利亚。日本有一位茶科专家——津山尚，他深入印度支那半岛，多年亦未找到，结果他写了《幻想的黄色山茶历险记》。

中国金花茶的发现引起了世界的极大兴趣，它是使茶花色彩更加丰富的育种材料，许多国家曾向中国要种子，但由于国人保护意识不强，终于在1979—1980年把这一国家一级保护植物种子寄给澳大利亚、日本、美国。

二、选取国花国树的意义

国花是民族精神的神圣化身，是一个民族高尚品质的集中反映和文化传统的优秀精华。

世界各国多有国花（植物），当作一个国家的象征，如英国的月季、日本的樱花、加拿大的糖槭、苏联的向日葵、荷兰的郁金香、泰国的睡莲等，这种做法之所以不胫而走，主要是各国人民乐于用一种大家最喜爱的花卉或树木来代表他们的国家，他们对国花有了传统的民族感情，加上每个国家的国花各有特色，分别具有独特的观赏效果和经济价值，大多数栽培历史悠久，与人民的生产、生活、文学艺术等有着千丝万缕的联系，所以各国多有选取国花。

又如:法国国花——香根鸢尾(金百合),象征纯洁、自由、乐观、幸福。

希腊国花——油橄榄,表示吉祥、丰收、纯洁、和平和光明磊落。

西班牙国花——安石榴,似烈火通红。

坦桑尼亚国花——丁香花(桃金娘科)。

法属奔巴岛有 360 万株,桑给巴尔 100 万株丁香,占国际市场 80%,原产荷属印尼马鲁古岛。

阿根廷的国花——赛波花(宁死不屈的婀娜伊)。

传说有位印第安族姑娘——婀娜伊以甜润的歌喉赢得了人们的爱戴,受西班牙殖民者的侵略,她代父(酋长)带领部族浴血奋战,终因力不敌众被敌人绑在一株赛波花树上行火刑,当时赛波花当即怒放红花,从此,赛波花成为坚贞不屈、贞洁高尚的婀娜伊的化身,成为阿根廷民族的象征。

郁金香是荷兰、土耳其、匈牙利、伊朗的国花。它是婀娜多姿的古老名花,灿烂夺目,芳香扑鼻,有的如玛瑙,有的似象牙,有的像珊瑚,有的似琥珀,人们看作美丽庄严和华贵的郁金香,原产我国青藏高原,至今那里还生长着不少野生郁金香,据说 2 000 多年前它便流传到中亚细亚一带。

郁金香是历史上最富传奇性的花,它竟然使荷兰倾国倾城地爱慕,千百万人为它而欣喜若狂,继而为它倾家荡产,甚至使全国经济陷入瘫痪——因狂热地投机买卖。

16 世纪一位奥地利驻土耳其大使,看到亚洲产有美丽的郁金香,把它球茎带回维也纳,这就传入欧洲。接着,奥地利宫廷一个荷兰籍花匠把它带到荷兰(1570 年),使荷兰人看到鲜艳的色彩,华贵而幽雅的容貌,爱得发狂如痴如醉,有钱人便派人到土耳其高价购买,举国上下莫不狂热地以据有郁金香而感到莫大荣幸。上流社会欣赏郁金香是最风雅,又是最花钱的事情,名门淑女出嫁都要手持一束郁金香。由于稀罕名贵引起投机生意,有人发财。1634 年荷兰当局全部经济投入买卖,人们把存有郁金香当黄金财富的标志。1635 年,几株价高一万英磅比黄金贵,有人卖房买花,一幢漂亮讲究的别墅仅出售价 3 株郁金香,简直成了花中之王,一个优良品种球茎,最贵一株一万三千荷兰盾。但好景不长,1637 年花价大落,成千上万人破产,使当时荷兰的经济陷入困境。

保加利亚的国花——玫瑰。

玫瑰 300 万朵花约 4 000 公斤花瓣,才能提炼 1 斤玫瑰油,其价比黄金贵 5～6 倍,保加利亚年产约 2 000 公斤玫瑰油。

绚丽芬芳雅洁的玫瑰,象征着保加利亚人民勤劳智慧和酷爱大自然的精神,它遍身皮刺是保加利亚人民在奥斯曼帝国、德国法西斯者面前英勇不屈,坚忍不拔的化身。

玫瑰谷里的玫瑰节,每年 6 月第一个星期日,在巴尔干山脉南麓两条支脉之间登萨河两岸长 100 公里宽 15 公里一片 300 公亩的花海,一群玫瑰姑娘向客人赠花环撒花瓣,直升机撒香水,使人们沉浸在香海之中,客商、姑娘及腰系铜铃的老人跳舞,表示驱邪,祈祷上帝保佑玫瑰丰收。

三、国花、国树应具备些什么条件

(1)本国原产,分布广,适应性强,适宜在全国绝大部分地区露地栽培,或盆栽很普遍。

(2)花卉植物的特性、容貌、色彩等不仅形象美,而且能使人联想到它具有某种性格,足以代表这个国家民族的象征,又是广大人民所喜爱的。

（3）有许多掌故传说,名人诗词佳作。

四、中国的国花问题的讨论

我国花卉植物资源丰富,享有"世界园林之母"的美称,许多名花如梅、兰、竹、菊、牡丹、月季、玉兰、杜鹃、山茶、腊梅、荷花、百合、报春,都是由我国传遍全球,但我们这样的一个百花的故乡,却对国花问题长期未有明确的规定。

我国之有国花大致自清代末年开始,那时确定国花是牡丹,到民国时期约在30年代,有人提出以梅花作国花,并在南京明孝陵布置了梅花山,在学术上最先系统介绍的是当时在重庆中央大学任教的曾勉教授,他于1942年写了英文专刊《梅花——中国国花》。新中国成立后未再提国花的问题,现在应是确认的时候,所以《植物杂志》自1982年第一期发起讨论国花以来,得到了新华社、中央电视台、北京广播电台、北京晚报和《大众花卉》的积极响应,一直讨论到1983年3月底为止。

有人建议下列花可为国花,他们的理由如下:

（一）杜鹃为国花

中国有650种占全世界81%,除新疆、宁夏外全国都有分布,它生命力强,栽培易,花色多样,杜鹃花与鸟同名,又正是杜鹃鸟啼时开花,成彦雄诗曰"疑是口中血,滴成枝上花";白居易诗:九江三月杜鹃(鸟)来,一声催得万枝开,细看不似人间有,花中此物是"西施"。井冈山上的杜鹃花血一般的红,使人联想革命先烈以鲜血凝成的江山,他们为社会主义沥尽心血,为革命献出生命,让我们以映山红那样火一般的心来振兴中华。

（二）兰花为国花

中国兰花以素雅著称,并有悠久的栽培历史,花香沁人,有"天下第一香"的雅号,中国兰花具有"高尚"、"淡雅"、"朴实无华"的品格。

（三）桂花为国花

香气清远有"一树桂花十里香"的美称。品种繁多:分金桂、银挂、丹桂、四季桂等类型,其下品种有157种之多。桂花多于秋季开金色花。有喜庆丰收的气氛,用途广,作"甜香"的化妆品及食品。

（四）莲花(荷花)为国花

（1）"出淤泥而不染,濯清涟而不妖。"它不怕狂风暴雨和烈日酷暑,花朵妖媚,叶片巨大,它象征着我国人民的坚定、高尚、纯洁的品质。

（2）有顽强的生命力,千年古莲还能生根、发芽、开花、结果,我国从辽东半岛普兰店的泡子村发现古莲子,它已1 000余年了,经精心培育于1953年夏天第一次开淡红色的花。

中日友谊莲:1963年日本大贺一郎把日本千叶发掘2 000年前古莲结实后送给郭老,中日两国古莲子进行杂交,成功地培育出"中日友谊莲"。1967年在日本第一次开花,1979年邓演超访日,大贺的得意门生坐板本分根送给邓,祝"友谊之花"在中日土地上茁壮成长,开花、结果。

（3）荷花全身是宝,瓣可入药,莲藕可食,叶亦有多种用途,象征它把全部献给人民,有大公无私的传统品格。

（五）菊花为国花

品种繁多,有 3～4 000 个品种,有大立菊、悬崖菊、千头菊、塔菊、案头菊及菊花盆景。

品质高尚,本性刚强,独立寒秋,气质高洁,清香悠远,适应性强,栽培繁殖容易,抗 SO_2 美化净化空气。

（六）牡丹为国花

栽培历史悠久约有 1 500 年以上。

秦汉时代就发现根皮(丹皮)药用价值,南北朝就大面积栽培,1 300 年前隋朝已为观赏植物并定为国色。唐代诗人李正封诗曰:"国色朝酣酒,天香花染衣。"故早有"国色天香"之美称。

花大色多,花形多样,单瓣,荷花形、葵花形、玫瑰形、扁球形、圆球形、锈球形等 300 多品种以上。唐朝开元时首都长安每年春末观看牡丹花会,有"车马若狂"之势。白居易诗曰:"花开花落二十日,一城之人皆若狂。"牡丹雍容华贵、艳冠群芳,被视为"花中之王",被列为"中国名花之最"。传说:牡丹抗拒武则天的蛮横命令,独自不开放,故有洛阳牡丹甲天下的佳话。据李汝珍《镜花缘》五回中说:"一个隆冬腊月,大雪纷飞,女皇武则天游园扫兴而归,便下令催花,而唯独牡丹不予理会,武后大怒,下令贬押洛阳,而牡丹到洛阳后却怒放,彩辉四射,花繁色艳,她又下令架火焚毁,可是经烈火锤炼花变更艳,到北宋时已甲天下,并与扬州芍药齐名。"故有"不独芳姿艳质足压群葩,而劲骨刚心尤高出万卉"。牡丹富丽大方,仪态端庄,秀韵多姿,艳而不媚,香而不腻,是按照我国人民传统的审美观点培育发展起来的名贵花卉。

五、梅花

大雪纷飞,朔风凛冽,隆冬的严寒紧紧地封锁着大地,万木凋零独有寒梅在冰中孕蕾,雪里开花,傲然凌风挺立。是它傲霜斗雪的英雄——梅花,打破了早春的沉寂,给人们带来了无限的希望。

中华民族是一个勤劳勇敢坚强刚毅的民族,梅花表现了民族高品格和骄傲,所以辛亥革命后于 1929 年它被中华民国尊为国花,而且它的五枚花瓣,代表着最大的汉满蒙回藏五个民族,象征着全国人民的大团结。

（一）中国人民栽培梅花历史悠久

(1)据说黄帝时代就有筑台赏梅的韵事,说明我国是世界最早植梅国家。

(2)据可靠史书记载,三千多年前我们祖先就种梅花,1975 年在河南安阳西北,发掘了一座公元前 1300—公元前 1100 年殷代(商代后期)的古墓,在距今 3 200 多年前的文物中,有一个青铜鼎里有不少梅核,可见那时梅已成为调味品与盐亦进上了筵席。

后来《书经》里曾经记载了一段商王殷高宗任命傅说做宰相的事,殷高宗劝傅说:"国家对你的需要真像烧菜需要葺梅一样呀!"这充分说明,铜鼎里梅核是多么珍贵的物品。汉朝开始植观赏梅花,南北朝时南京扬州是植梅盛地,杭州西湖的孤山唐代已驰名,宋代范成大不单咏梅种梅,还编《梅谱》记有 9 个品种,为世界最早一部梅花专著。

（二）梅是中国特产名花

具有顽强的生命力,梅花原产秦岭,大巴山、岷山和西藏东部地区(西南),那里至今还有野梅花,而今通过引种可露地栽培遍及华东、华中、华南、西南广大地区及华北东北、西北的南部地区,并在北京露地安家落户。只要不是过于干旱和酷冷,梅对其环境皆能适应,易于栽培。而国外植梅历史很短,1474 年梅花才由中国传到朝鲜,以后又传到日本,到本世纪由日本传到美洲。

(三)寿命长

浙江天台山国清寺的大殿左侧有一株植于隋朝的梅,相传是建寺那年灌顶和尚亲手栽种的,已有 1 300 多岁了,它仍然树干苍劲,生机勃勃,每当花开,获如大雪盖顶,疏枝横空,别有姿色。另外杭州超山一株"宋梅"已有 700~800 年寿命,亦仍虬枝老曲,苍劲挺秀,生意益然。

(四)品种多

有 200~300 个品种的风姿多态,根据它的枝姿、花形、花色、香气而分;赏梅的诀窍:贵稀不贵密,贵老不贵嫩,贵瘦不贵肥,贵含不贵开。

梅花易于造型,为树桩盆景好材料,我国之梅桩造型颇具独道之处,成都梅花多取自然枝条宜稀不宜繁,安徽的游龙梅,苏州的劈梅(将老树一劈为二,上连下离)、屏风梅、疙瘩梅。

(五)风韵与幽香

风韵:梅的风韵是它年高枝稀的特点。

爱梅成癖的北宋诗人林和靖(林逋 967—1028 年)在他有名的《山园小梅》的诗句里写道:"疏影横斜水清浅,暗香浮动月黄昏。"他写出了横斜疏瘦,老干苍枝,生意益然,诗情画意的风韵。林和靖隐居杭州西湖孤山,种梅养鹤,因老来不娶,无子,为后人留下"梅妻鹤子"的佳话。

幽香:是百花中不可多得的,南宋杰出诗人杨万里(1129—1206)在梅花下遇小雨的诗写道:"初来亦觉香破鼻,顷之无香亦无味。虚疑黄昏花欲睡,不知被花熏得醉。"这是描写梅花幽香的凝神之作。即今广东大余岭罗浮山的梅岭,苏州邓慰和之墓地,杭州西湖的孤山,钱塘"十里梅海"的超山,无锡的梅园,武昌东湖的梅岭,南京的梅花山,皆是游人云集的赏梅胜地。

(六)内在的美:坚贞不屈

梅花的可贵,还在于它不畏冰刀雪剑,在严寒中吐香争艳,它与坚毅不拔的劲松,袅娜多姿的翠竹,并称为"岁寒三友",梅是"春天的使者",它最早给人们送来了春天的喜讯。陆游(1125—1210)吟咏梅花诗:"向来冰雪凝严地,力翰春回竟是谁。"梅花透过冰雪严寒,满怀信心地看到春回大地的灿烂明天,元末诗人杨维桢(1296—1370)描绘了梅花的斗争的美,"万花敢向雪中出,一树独先天下春"。它象征着中国人民坚贞不屈的高贵品质。

毛主席《卜算子·咏梅》:"已是悬崖百丈冰,犹有花枝俏,俏也不争春,只把春来报。"

梅花不贪求春天的温暖、舒适,不畏寒冷,苦斗冰霜,在凛冽的寒风中昂首怒放,为百花迎来了风和日丽的春天。陈毅同志亦咏过梅,诗曰:"隆冬到来时,百花迹已绝,红梅不屈服,树树立风雪。"它曾经鼓舞过多少人的斗志,向敌人展开坚决的斗争。

(七)梅用途多样

食用梅:果制梅干、盐梅、梅醋、梅精、梅酒、梅酱,加工成"陈皮话梅"及"酸梅汤"是开胃食品及清凉饮料,梅花瓣可作"梅花粥"。

中药:乌梅有敛肺、濯肠、生津、去蛔的功效,炖鸡、烧肉如投入数枚青梅可使易烂而美味。

木材:可作名贵的工艺品,如雕刻、制工具小把柄。叶、根、梗可入药。

花观赏:梅园、孤梅、盆梅(树桩盆景)、切花,每逢新春佳节,正值早梅吐艳,结合修枝,剪几枝红梅插瓶中,馨香盈室,韵性格高,生机勃勃,喜气洋洋,为人们欢度春节增添乐趣。

《植物杂志》国花讨论小结

《植物杂志》自1982年第一期发起讨论国花以来,得到新华社、中央电视台、北京广播电台、《北京晚报》和《大众花卉》的积极响应,截至1983年3月31日,《植物杂志》收到4 000余封来信,来稿总计票7 203票,其中梅花2 894票、牡丹1 369、菊花1 205、莲花206、杜鹃157、兰花80、蜡梅70、山茶67、桂花44、桃花37。30票以下为棉花、君子兰、水仙、芙蓉、雪莲、迎春、茉莉。10票以下为芍药、葵花、鸡冠花、金银花、马蹄莲、石榴、银杏、仙丹、仙人掌。3票以下为:玉兰、苦买菜、大丽花、油菜、马兰、百合、扶桑、美人蕉、枣、刺槐、海棠、杏、葡萄、苹果、桑、木槿、山楂。

来信来稿包括各阶层人士,四川读者朱纵舫同志说:"选国花本身就是建设社会主义物质文明和精神文明、美化人民思想感情的事物,征选国花、爱花与爱国联系起来,美的启迪,又促进精神文明建设。"河北大学副校长贾泉河来信说:"花的品格情操,使人产生无声的精神力量,鼓舞人民为党的事业奋勇前进。"

喜爱梅花的读者最多,他们说:"梅花是中国之花,是春信之花,是我国特产,是民族和英雄的象征。梅之美丽、清香、挺拔,顶寒傲雪,五湖四海为家,传芳几千年,植遍河山几万里,是中华的魂魄,代表中华民族气节,迎来春色满人间。"甘肃张掖一中阁丽同学说:"梅不娇气,她好比能经受艰辛万苦的劳动人民,能在大雪中坚强地开放,把自己身上的鲜花,都散发在大自然中。"安徽安庆方玉先同志写一首诗:"百花四季各争奇,许多从中选一枝,桃李无聊炫艳丽,海棠空有弄骚姿,牡丹高贵身娇弱,霜菊坚贞景不宜,独爱玉梅真雅洁,临风斗雪报春期。"

这次选国花,似神州大地人民欢腾,许多来信的字里行间都洋溢着热爱祖国、热爱党的炽热感情,反映着美化环境,追求美好未来的强烈愿望。

六、关于国树的选择

与评选国花之同时,《森林与人类》开展国树的讨论。结果:松树居第一,银杏为第二。(详细资料略。)

七、选取国花国树的启示

(一)花是精神文明不可缺少的

五彩缤纷的花卉,它千姿百态的外在美,不仅给人以美的陶冶和极大的享受,还有内在美。

(1)花能代表人类的许多感情,真挚的友谊,纯洁的爱情,崇高的敬仰。

(2)花体现了人类的许多精神,坚忍不拔,傲然不屈,神圣贞洁。

(3)花象征了人类的许多愿望、幸福、和平、自由、民主、健康欢乐。

（二）美学观念

花开在人类的生活中，花更开在人类的心灵中，选取国花启示我们，在建设社会主义精神文明的今天，我们不仅要追求外在的美，更要追求内在的美，不仅追求形象的美，更要追求精神的美，只有这样才是真正符合人类的美学观念。

爱花者不仅要赏花更应会种花，要学好生物科学亲自动手，做个社会主义新园丁，把祖国打扮得更美丽，这就是我们林业工作者的伟大又光荣的任务。

附 录
Appendix

郑清芳教授简介

Brief Introduction of Professor Qingfang Zheng

郑清芳教授任教于福建农林大学,1973—1987年任福建林学院(现福建农林大学)林学系和经济林系副主任,曾任中国林学会树木学分会1～3届理事、中国竹业协会理事、福建植物学会理事、福建竹业协会理事、福建林学会造林委员会顾问、福建省动植物保护协会常务理事,是一位有贡献、有影响、德高望重的树木学家和竹类专家。

郑清芳教授的故乡在素有"文献名帮"、"海滨邹鲁"之誉的福建莆田。这一方热土以其丰富的文化底蕴和多姿多彩的自然景观,孕育了众多的文人学士,也培养了郑教授从小热爱大自然,立志"科学报国"的决心。

1934年5月郑清芳出生于涵江苍前村一个贫困的农民家庭。1949年初中毕业后虽考入公立的莆田一中,但却因家中无力供应其寄宿学校的生活费而没上成,幸好附近的涵江私立中学为了稳住高材生,防止人才流失,准他按莆田一中待遇就读。1952年高中毕业后考入福建农学院林学系,校址在福州魁岐,那里面临闽江,背靠鼓山,环境优美,加上政府供应伙食,从农村走出来的他已经十分满足。在四年学习期间,他埋头勤学,孜孜不倦从课堂上寻真知,当时课程都没有教材,学生只能在课堂上记笔记,课后再到图书馆找一些参考书补充笔记。由于笔记记得认真、详细、内容丰富,有一位高年级学生参加留苏考试,还特地把他的课堂笔记借去复习。

1956年他以优异的成绩毕业后留校,为了工作之需要任了一年的测量学助教。当年就加入中国共产党,从此他把科学理想和共产主义理想融合在一起,更加发奋工作。1958年下放劳动锻炼,先分配到将乐县,而后被委任负责农学院在南平溪后的一个教学基点。1959年农学院林学系迁往南平成立福建林学院,1960年从教学基点回到学校。1961年学校按林业部意图新办一个"高精尖"的专业——生物物理专业,他被送往北京河北园林化分校参加"同位素在林业上的应用"培训班的学习,三个月后回校开课。那时正年轻力壮、雄心勃勃,一边教《同位素应用》课程,一边自己动手搞科研,1964年刊登于《原子能科学与技术》的《$Co^{60}\gamma$射线对林木幼苗生育影响的初步研究》一文就是他的处女作。不久,生物物理专业下马,学生转到林业专业,他到植物组任树木学助教。

1963年派往南京林学院进修树木学一年,南林的树木学教研室是著名树木学家郑万钧教授经营几十年的教研室,那里不仅有学识渊博的教师,而且有一个树木标本室,标本室里存有不少由许多著名分类学家采集并正确鉴定的宝贵的树木标本。在那里,他在洪涛教授的指导下与研究生们一起学习植物拉丁语、植物分类研究法、国际植物命名法规等课程,受益匪浅,这些为以后的教学和科研生涯奠定了扎实的基础。

在"文化大革命"中,福建林学院是个重灾户,1970年整个学校撤散,被生产建设兵团接收。他带着妻子和两个不满10岁的孩子下放到沙县南阳林场,与工人们一起管理油茶林,抚育除草,采收油茶果等。在下放期间不忘他的专业,经常上山观察树木生物学特性,有时与卫生院中医一起上山采草药,增加了不少植被的见识,提高了实践能力。后期被调往24兵团团部工作。1972年,福建农林大学成立,林学系在三明荆东上课。1973年他任林学系副主任。1975年农林大学又分开,林学系属福建林学院仍回到南平老校址办学。1976年接受学校委托创办经济林系,并任系副主任(主持工作)。当时,新系创办于生活艰难的三明莘口林场沙溪阳工区,实行场系结合。当时他不仅要管教学,还要管林场生产。为了抓好新系的工作,一方面向省里争取资金,用来建教室、宿舍和学生实习基地,另一方面,到位于荆东的农学院去借用教师,以解师资不足燃眉之急,忙得不亦乐乎。

党的十一届三中全会以后,科学春天使科研工作又复苏了,也为郑清芳教授的科研生涯展开了金光大道。1979年由福建师范大学林来官教授牵头,联合各高校有关人员,承担了省科委下达的福建省植物资源调查和编写《福建植物志》的工作。他分工参加了植物二组的科考工作,并负责福建植被的主要科如壳斗科、樟科、竹亚科、桃金娘科、木樨科、柿科等的编写工作,有计划地到各地采集标本及搜集资料。多年的研究和实践经验的积累使他在树木分类上有扎实的基础,工作起来得心应手。首次系统研究了福建壳斗科植物,撰写了《福建壳斗科分类与2个新种2个新变种》,该文于1979年在全国植物学会成都会议上交流,博得与会同行专家的高度赞扬。编志及科考工作延续时间长,从1980年开始一直到1995年,《福建植物志》已出齐六卷。

1979年经济林系迁回福建林学院本部并入林学系,被任命为林学系副主任,并担任《树木学》的教学工作。1981年被借用浙江林学院代课一学期。期间除了开展课堂教学,带学生们到杭州植物园及浙江天目山进行教学实习,圆满地完成了教学任务外还到浙江各地去调查植物,并重点采集竹类标本,特别是在杭州植物园及安吉竹种园,采集了大量的竹类标本带回福建林学院,并对每份标本进行逐一鉴定,为以后开展福建竹类调查打下基础。回校后向省里争取到开展福建竹类调查的资金,从1982年起指导本科毕业生的毕业设计,带领学生连续多年有计划地调查福建各地区竹类资源,采集大量标本,结合原有武夷山自然保护区科考的竹类标本,经鉴定发现了不少新种。

学识渊博、工作出色的他于1988年晋升为教授,1989年开始招收经济林硕士研究生。研究生的研究方向是经济树木的分类和分布,除了给每个研究生开树木学研究专题外,还讲授植物拉丁语,植物分类研究法(包括国际植物命名法规)等数门课程,而这些课程研究生较难自学,教学任务较重。共培养了5名硕士研究生,为了缓解树木学研究方向人才短缺困境,面临退休还坚持招收研究生,最后招收的研究生,到退休后两年才毕业,这种不计个人得失忘我工作的作风是年轻人学习的楷模。

退休后,未肯高眠成老态,更将旧卷续新篇,加倍努力工作。结合林业生产实践和培养研究生的需要,对长汀圭龙山自然保护区、永泰藤山自然保护区、尤溪九阜山自然保护区、安溪云中山自然保护区、莆田老鹰尖自然保护区等植物资源与植被进行调查,有的还为它们完成了申请拟建保护区的调查报告。此外,为福清灵石山森林公园、莆田瑞云山森林公园进行了植物调查及植物挂牌工作,在老家莆田大洋乡替瑞云山森林公园建立了南方红豆杉、伞花木等国家 I、II 级保护植物的保护点,并建有观赏竹园,珍稀濒危植物园和梅花园等专类园,以增加森林公园的内涵。在科研方面,将未发表的资料进行整理成文,继续发表文章。目前又致力于濒临灭绝的福建特有植物的保护工作,如他正式命名发表的 14 个新种中,茫荡山润楠已难以找到,白果蒲桃只有 1 株大树,这些树种急待抢救。为此他联合莆田市林业局拟好申请建立福建特有植物基因库(迁地保存)的科研报告上报。他还计划成立一个民营研究所,租用林地繁殖珍稀、濒危及特有植物苗木,建立基因库。

郑清芳教授树木树人五十年是拼搏奋斗五十年、无私奉献五十年、成果丰硕五十年,在科研和教育领域里作出了突出的贡献,具体表现在下列几个方面。

一、跑遍八闽大地,正式发表新种和新变种、新变型共 17 个

郑清芳教授热爱大自然,对植物和树木情有独钟,从小就对此产生浓厚的兴趣,最终一生结缘。半个世纪以来,他不辞辛劳地爬山越岭,风餐露宿,足迹遍布八闽大地。福建省内的山山水水,如被誉为"华东第一高峰"的武夷山主峰黄岗山(海拔 2 158 m),"闽中屋脊"戴云山(海拔 1 856 m)、闽西的梅花山、将乐的龙栖山等几乎省内所有高山无不留下郑清芳教授的忙碌身影。从事野外调查和采集工作只能在崎岖山路行走,往往是哪里树多,就往哪里钻。其间,路远迢迢的艰辛、绝壁险滩的阻隔、虫蛇猛兽的威胁自然不言而喻,内中的风霜雨露和酸甜苦辣更是外人所无法体会到的。有一次调查,从漳平出发途经漳平的永福、南靖的和溪、平和的芦溪、永定的下洋,最后到达永定,历经四个县,跋涉数百里,采集了大量的植物标本,对福建木本植物进行系统的分类和鉴定,特别是对组成福建植被的主要植物类群,如壳斗科、樟科、木兰科、桃金娘科、柿科、木樨科、竹亚科等有较深入的研究。发现并正式命名了福建含笑、突脉青冈、茫荡山润楠、白果蒲桃、南平倭竹等共计 17 个新种(含新变种),这不仅在树木分类上具有重要的科学价值,而且丰富了我国植物资源,增添了世界植物新资料。

二、调查福建的珍稀和特有植物,为生物多样性保护和自然保护区的建立发展建言献策

当代,生物绝灭的速度空前加速,生物多样性保护具有极其重要的意义,郑清芳教授很早就敏锐地意识到保护珍稀和特有植物的深远意义,特别留意于福建各地的珍稀濒危植物和福建特有植物的种类、分布和状况。经常深入交通不便,人烟稀少的荒山密林和各自然保护区进行调查和科研工作,获得大量的第一手宝贵资料。如发现了本省秃杉在福建省的新分布,以及福建含笑新种等大量珍稀物种,补充和完善了福建省珍稀特有植物资料,他写有《福建特有植物及其保护与利用》《福建产国家保护野生植物名录》《福建重点保护野生植物建议名录》等文章,对福建省的珍稀和特有植物做了较为全面的记述,《福建生物多样性及其保护措施》等文章对福建自然保护区的建设以及物种多样性的保护具有重要的指导作用。郑清芳教授亲自指导和参加了省内十多个自然保护区的自然资源调查和规划建设工作,完成了十余份调查报告,为这些自然保护区的建立和发展提供了重要的本底材料。多次担任福建省自然保护区评审专家,提出对珍稀特有动植物要采取就地保护和迁地保护两种途径并举的措施,除了大力建设自然保护区外,还要加强发展植物园、树木园等,他的想法和建议被广泛认可,对职能部门的决策产生重要影响。"老骥伏枥,志在千里",晚年退休的郑清芳教授对福建省的自然保护事业依然眷恋不已,以近古稀之年仍然时常外出从事自然资源的

考察和研究,实令后辈汗颜折服。

三、理论联系实际,致力于新种和经济竹类的开发利用研究

郑清芳教授牢记并实践邓小平"科学技术是第一生产力"的论断,重视把科学技术及时转化为生产力,在发现新种后,立即着手开发利用。如对新种中具有生长快、树体高大、材质优良的福建含笑、突脉青冈等树种进行采种育苗造林试验,研究结果提出福建含笑、突脉青冈等阔叶树可以作为福建的重要造林树种。提倡营造常绿阔叶林或针阔混交林以改变营造单纯针叶林的弊病,更好地发挥森林的生态效益,使森林得以持续发展,从福建竹类的调查采集和分类入手,发现福建有140多种(包括变种变型)丰富的竹类资源,在编写《福建竹类植物志》的同时对其中经济竹种的栽培技术进行了研究。发现福建特有的黄甜竹、福建酸竹、毛环竹等是优质高产的笋用竹种,并对它们的生物学特性和丰产栽培技术进行深入研究,取得丰硕的成果。还对肿节少穗竹、毛竹、早竹、雷竹、哺鸡竹、其他中小径竹和观赏竹等进行较深入研究。郑清芳教授是福建省最早进行竹类引种和野生经济竹种开发研究的专家,结合引种省外的高产优质竹种,进行系统研究发现,中小径竹能够提供比毛竹更高的产量和更高的经济效益,提倡在全省大力发展中小型竹种的种植,发展"菜竹工程",营造四季笋用竹林等山地综合开发利用。

四、服务于社会生产,为经济发展作贡献

在从事教学和科研工作的同时,郑清芳教授还积极热情地服务于林业建设和社会生产,让自己在祖国的经济建设中发挥光和热。从1988年开始长期在校内外举办的各期竹类培训班上主讲"竹子分类"、"经济竹种及小径竹培育"、"毛竹林丰产技术"、"竹林培育"等课程,培训了一大批地方上的竹类培育技术专门人才。

此外,还在各种植物资源调查培训班和中国TCDC花卉园艺技术国际培训班上授课。郑清芳教授博学多才,主持规划和设计了约十个园林和竹园的绿化项目,其中有"福州海山宾馆绿化设计"、"青州纸厂青山公园绿化设计"、"来舟林场竹类分类园规划设计"等,福建省各地近年来创建的竹园大都是由他来主持设计和引种的。1984—1985年参与了南平、三明、永安、大田等县市的植被调查,完成了大量植被调查报告。1983—1988年代表福建林学院参加长汀河田极强度水土流失第一期治理工程并负责技术指导。由于郑清芳教授在毛竹丰产和竹类经营方面有一套理论和实践的经验,被南平、顺昌、建阳、龙岩、连城和连江等6市县聘为竹类开发利用顾问,经常深入竹区,指导生产实践,给农民讲授科学兴竹,产生良好的经济效益,使掌握了知识的农民在脱贫致富奔小康的目标上找到了捷径。我省顺昌、建瓯二县市跻身于全国十大竹乡,郑清芳教授功不可没。数十年来,郑清芳教授指导和参加了省内十多个自然保护区的植物资源调查工作,写出高质量的植被调查报告,为福建省自然保护区的建立和发展作出了重大的历史性贡献。

五、精湛的论著和高新科研成果丰富了林业宝库

郑清芳教授在树木学和竹类研究上具有高深的理论造诣,先后参与编著了《福建植物志》、《中国树木志》、《中国农业百科全书》林业卷、《福建植被》、《福建生物志》、《福建竹类》、《树木学》南方本等计十多部书。各类期刊杂志发表论文数十篇,郑清芳教授科研成果丰富,达到较高水平,取得显著的效益。主持或参与的各类科研课题有十多项,其中,"亚热带中小径竹林可持续经营技术研究"获省科技进步二等奖,"观赏竹引种及开发利用研究"和"毛环

竹高产林结构体系和栽培技术系列研究"获省科技进步三等奖,"几种高产优质箅用竹种引种试验研究"获林业厅科技进步三等奖,其他还有多项通过鉴定,均达国内领先或国内先进水平。另有多篇文章获得各类优秀论文奖。

六、树木树人半世纪,心血浇灌栋梁材

作为一个人民教师,郑清芳教授半个世纪如一日,严谨治学、兢兢业业,培养了大批本、专科生和硕士研究生,还有众多的函授班和培训班学员,真可谓桃李满天下,其中不少已成为独当一面的栋梁之材。半个世纪来,他所讲授过的课程主要有林学各专业本、专科生的树木学、园林树木学、经济竹种及培育,六十年代初期生物物理专业开过放射性同位素应用,给经济林和森林保护专业硕士研究生开的植物拉丁语、树木学讲座,竹类分类及培育、植物分类法研究等课程。他上课不是照搬教材的内容,而是注意结合生活实践,善于用图形或实物来说明问题,因此能够做到生动形象、引人入胜,课堂气氛活跃,教学效果良好。郑清芳教授不仅向学生传授课堂知识,还时刻关心和爱护着学生的健康成长,平时身体力行、以身作则,学生从他那儿学到了很多为人处世的道埋。

郑清芳教授待人谦和、勇于创新、不畏艰难、勇攀科学高峰,为林业事业作出了突出的贡献,推动了我省和我国树木学和竹类研究的发展,也获得了党和人民给予的荣誉:在校内曾多次获得教学和科研先进工作者称号,于 1978 年获"福建省教育战线先进工作者"称号,1996 年获"全省星火标兵"称号,1999 年获"福建省优秀教育世家"称号。郑清芳教授是经济林专业硕士研究生导师,学科带头人,是享受国务院特殊津贴的专家。郑清芳教授严谨的学风、创新的学术思想,正直的人格和高尚的科学道德,永远是广大青年教师和科技工作者学习的榜样。"苍龙日暮还行雨,老树春深更着花",他以自己的光和热与林业战线的健儿一起描绘八闽大地的秀美山川。

《郑清芳文选》编辑组

郑世群执笔

2003 年 11 月

郑清芳教授照片（Photographs）

初中毕业（1949）

高中毕业（1952）

教授（1988）

大学毕业（1956）

讲师（1980）

与杨赐福教授及福建林学院植物组
老师合影（1962）

在四川成都召开的全国植物学会期间与徐永椿、张若
惠、祁承经等教授合影（1979）

在南京林学院进修期间与洪涛教授
及树木教研组老师合影（1964）

在沈阳辽宁大学生物系与"植物分类讲座班"学员合
影（1985）

在北京中
国林科院
拜见恩师
洪涛及师
母李文钿
两位教授

兼任第一、二、三届全国林学会树木学委员会理事（1985年11月）

兼任福建省植物学会理事（照片为第五届会员代表大会合影）（1993）

参加全国第六次树木学会时与深圳仙湖植物园主任陈覃清教授级高工合影

在浙江安吉参加竹产业协会期间与原浙江林业厅厅长程渭三（右1）及原安吉县林业局局长胡正坚（左1）合影（两位皆为浙林干部班毕业）（1997）

与林业部领导及各林业院校教授合影（1994）

与硕士生林益民（右1）及毕业答辩评委合影
（1992）

与硕士生姜必亮（前左3）合影

与硕士生陈松河（左1）及毕业答辩评委合影
（1995年6月）

郑清芳夫妇与研究生合影（1998）
郑世群（后排右1）、熊德礼（后排右2）、梁
光红（后排左1）

借用浙江林学院期间与浙林植物组老师合影（前排左 3 张若惠教授，后排左 1 刘茂春教授）（1981）

借用期间带领浙林干部班学员去天目山教学实习时与学员合影（1981）

与原林学系总支书记傅先庆（现研究员 右 4）和原福建农林大学林学院院长梁一池教授（右 3）合影（2002）

任经济林系副主任（主持工作）期间与首届毕业生（第二小班）学员合影（右 4 为经济林系书记傅先庆同志）（1979）

1999 年获得省"优秀教育世家"光荣称号

与全国竹子专家周芳纯教授（右1）在顺昌验
收福建酸竹研究项目合影（1994）

与福建师大林来官教授在屏南、古田找到国家
二级保护植物秃杉（台湾杉）(1993)

与《福建植物志》主编林
来官教授在四川峨眉山采
集植物标本时合影

与南林大朱政德教授
在邵武将石自然保护
区合影（1994）

与何健源和危孝棋等同志在武夷山科考
（1984）

参与屏南县林业局开展"四季笋用林"试验研究，照片为该项
目鉴定会评委合影（1996）

在洪长福教授级高工的陪同下到赤山林场了解桉树、相思、木麻黄的生产情况（2012）

为莆田市老鹰尖自然保护区植物调查并协助草拟成立保护区申请报告（2001）

在莆田大洋调查永兴岩的植被（照片右2为当地林业站站长林国芳同志）（2001）

与永泰林业局潭庆忠教授级高工（左2）等调查藤山自然保护区植物（2000）

与泉州林业局林彦云教授级高工（前左3）等参加安溪云中山自然保护区植物调查（2001）

带领硕士生郑世群参加长汀归龙山自然保护区植物调查（2001）

在浙江安吉参加中国竹协第二届理事会时与中国林业部原造林司副司长张志达（福林79届毕业）合影（1997）

在安吉会议期间参加国际竹子友谊林种竹活动（1997）

与原福建省林业厅副厅长吴炳青一起代表福建省参加国际竹子友谊林种竹活动（1997）

参加哈尔滨全国林科硕士研究生培养方案审定会后在太阳岛与湖南林学院何方教授等合影（1991）

在江西参加全国竹乡联谊会与江西省林业厅郭建国（福林64届毕业）合影

参加全国竹乡联谊会时与原江西农大校长杜天真教授（左1）及其商学院院长杨光耀教授（右1）合影

为福州市举办的麻竹培训班上课

受张顺恒高工（后排右2）的邀请到寿宁县大安乡为竹农讲授毛竹丰产栽培技术（1996）

与连江毛竹丰产林鉴定会评委合影（2000）

在永安安砂乡指导糙花少穗竹天然林改为笋用林经营

为南靖省林业试验中心讲授《福建优良种质资源基因库的建立及兰花栽培技术》（2012）

与张国防（现为教授，后排中）在建瓯龙村指导林业生产（1992）

为连城县莲峰乡建立小径竹笋用林基地并亲自进行技术示范

1983—1988年参加长汀河田极强度水土流失第一期治理工程和1996年获省"星火标兵"光荣称号的奖状

郑清芳教授树木树人50年暨70寿辰庆贺会留念

2003.12.13

校领导及亲朋好友的关怀，在福建农林大学举行七十寿辰庆祝会（2003）

在福州青芳园工作室前全
家合影（2007）

陪福师大林来官（前坐轮椅者）、梁
良弼（后排中间）、郑国贤（后排右1）
等教授参观青芳园(2004)

2007—2009 年被聘为福州黎明职业技
术学院园林技术专业主任期间与院长
刘思衡教授合影（2007）

与北京国际竹藤组织范少辉（左 1) 研究员
和郭启荣研究员（右 1) 合影 (2011)

参观北京国际竹藤组织竹类展览馆 (2011)

在莆田大洋与台湾胡大为教授(左 2)讨论"爱
玉子"（桑科）的分布（2004）

与世界木犀属栽培品种登录中心主任向其柏
及其夫人刘玉莲两位教授合影（2013）

在浙江农林大学杨老师（左 1）的
陪同下参观安吉竹种园并与周昌平
主任（右 1）合影（2013）

参观安吉竹种园察看由福建引去的少穗竹
生长情况（2013）

为"南南合作"国际花卉技术培训班
学员讲授《国兰品种及其栽培技术》
（2008）

大学同学回福建农林大学参加
校庆

大学同学陈钟镇教授退休
后侨居澳大利亚（2012）

与高中班主任林维谦先生（右2）
合影（2003）

与高中同学及老师在厦门聚会合影（2003）

与大学同班同学合影（1956）

与陈奇榕教授级高工（右1）及其弟陈奇和（左2）等人合影

与林毓银堂弟林毓楷及其夫人郑玉钗高工合影

与亲戚谢元洪（中排左5，教授级高工）及谢国家（中排左2）、吴金富（中排右1）三家人在福州合影（2012）

在杭州拜访高中老同学浙一医眼科医师蔡祖楠（左2）和浙二医牙科医师江淑贞（左1）两教授（2013）

与书法家段建全先生（右3）及其夫人徐玉璋医生（右2）在福州合影（2005）

与宁德师专林梦藻教授（右3）及书法家黄清华先生（右2）合影（2006）

在莆田赤港"南南合作"培训班学员讲课后与赤港农场场长李勇（右1）等人合影（2011）

与莆田赤港国家级高新技术开发区吴建华书记（左2）等人合影 (2011)

与福州狮子林景观绿化工程公司经理林立匡合影（2013）

与林毓银在福州的高中同学参观福州森林公园

在福州部分大学同学小聚（2001）

与中国林科院邱尔发研究员在北京植物园合影（2012）

参加经济林83届同学30年聚会合影（2013）

郑清芳与父母弟妹合影（1955）

郑清芳与林毓银摄于福州（1959）

母亲九十大寿，在莆田与参加庆贺的部分子孙们合影（2000）

老母亲后期在福州过晚年，寿终百岁（2011）

前往马来西亚与岳父岳母及在外两个小弟等合影

岳父林炳游回国探亲与国内家人合影

参加全国花协桂花分会理事扩大会议后，在扬州个园合影（2013）

为建立福建特有树种基因库而努力

与上海辰山植物园田旗研究员在福清找到闽润楠（2012）

在云霄找到了白果蒲桃幼苗（2012）

与福建林职院何国生教授在南平找到了开蓝色花的福建绣球（2013）

郑教授为特有树种洒水（左为永安青冈，右为汀州润楠）（2013）

林教授为特有树种突脉青冈幼苗拔草（2013）

乐为绿色事业奉献余热的郑清芳教授

Professor Qingfang Zheng Dedicated to Green Career

林水治[①]

　　郑清芳教授原是林学院的树木学老师,从教四十多年中,他对竹类研究造诣很深,尤其对园林观赏竹情有独钟。1999 年退休后他觉得自己身体状况还可以,若能有块地盘,即可继续搞些研究,又能达到动动手脚锻炼身体的目的;另外也考虑到自己儿子已从部队退役,如培养他当助手,将来继承自己的绿色事业,也可为社会主义做贡献。基于这些想法,2002年他在闽侯县南屿镇溪坂村租了一块面积 60 亩的地,自筹资金打了灌溉用的水井,盖起了约 70 m² 的工作室,想方设法从全国各地搜集各种竹苗,创建了青芳园。经过精心规划和几年的辛勤劳动,现在青芳园已初具规模。

　　园内约有四分之三的土地栽培各类园林观赏竹为主,目前已拥有 80 多种,如青芳竹、江南竹、紫竹、红竹、青丝黄、金玉竹、平安竹等,各种竹的冠、干、色各显特色,有的干方形有的圆形,有的干色黄绿有的紫红,有的高挑婀娜,有的高不及膝,一眼望去郁郁葱葱生机盎然。另四分之一的土地培育有许多绿化树苗,如国家二级保护植物的台湾杉、伞花木等。总之,幽静的环境,清新的空气,悦耳的鸟声,混着树木花草散发出的芬香,令人心旷神怡。青芳园现已日益发挥其独特效应,它成为园林花卉专业学生的实习基地之一,也迎来了四面八方的客人,如南京林业大学竹类研究所、浙江林学院、四川林校以及台湾等地的林业专业教授前来交流参观。在实践中他还研究成功了用全冠竹苗移栽快速成林,满足市场绿化需要的栽植方法代替截干移植的传统做法,他在收集挖掘观赏竹的过程中,精心研究,还发现了一些新品种,如花叶实心茶干竹、美浓麻竹等。与此同时他培育的观赏竹苗和珍稀树苗有十多种产品已推向市场,开始得到些经济回报。所以青芳园实际成为集休闲、健身、科研、经济于一体的"个体研究所"。

　　下一步在经济许可或能获得课题经费资助的条件下,他还打算对自己几十年从事科研中所发现的如福建含笑、南平倭竹、闽西青冈等十多种新种建立基因库并开发珍稀植物和乡土树种的绿化工作。

　　郑清芳教授这种退而不休,毕生热爱林业事业、老骥伏枥、乐于奉献余热的精神令人钦佩,值得我们学习。祝愿他健康长寿、心想事成、实现夙愿,创造生命的又一春,拓展竹类种源领略竹业文化。

摘自福建农林大学《金秋园》2008 年第 2 期(总第 77 期)

[①]　原福建林学院林学系总支书记(现已退休)。

访郑清芳教授和他的青芳竹种园

Visting Professor Qingfang Zheng and his Qingfang Bamboo Garden

陈传馨[①]

福建农林大学郑清芳老教授,系原福建林学院林学系和经济林系副主任,国内知名的树木学家、竹类专家。他长期从事高等教育,治学严谨,并善于把丰硕的科研成果用于创办事业、发展生产、服务社会。新世纪初,年近七旬的他退而不休,于 2002 年在闽侯南屿租地创办"竹种园"。历时十年,矢志不渝,受到业内人士普遍赞誉。2012 年 11 月 3 日我慕名到访,受到他和主管林靖先生热情接待。在竹种园,我聚精会神听介绍、观竹景、比竹型、辨竹色、味竹韵,全方位多视角探求竹种奥秘。我作为郑教授的老学友,深为他精心育竹的高尚情怀所动。他独具慧眼的办园思路和独树一帜的办园风格,让我钦佩,听着介绍,看着竹种园,不由肃然起敬。

一、研究竹种筛选 树立品牌形象

福州青芳竹种园位于南屿镇南向,坐落在著名风景区旗山脚下,占地 60 亩。这里原为菜地(部分是水田),土质良好,园内有打深井抽水灌溉,自然条件优越,适宜竹种繁殖。主人引我到办公室稍事休息后,就听林主管介绍说,"竹种园"定位于技术型的福建沿海城市绿化用竹竹圃,坚持以竹类生态习性及形态特征研究为科学依据,通过严格筛选,推出各类竹种,用以生产发展,景观设计等。简单的介绍激起了我对竹类观赏和竹文化探究的浓厚兴趣。

在郑教授引导下,我参观竹园的三个分区。一区为"引种区",共育有观赏为主的竹种 80 种,种源引自本省及浙、赣、粤、滇各省。二区为"生产区",占地面积较大,重点选择观赏价值较高的竹种,通过实施技术改革,培育出"不断挖、不断种"的好竹苗,做到有效循环,提高产量。三区为"成苗区",以对外供应为主,目前较成功的有 20 多种,包括青芳竹、江南竹、青竹、翠竹、红竹、人面竹、平安竹、青丝黄竹等。在竹型选育上,经多年精心筛选,现有适合于竹林、步行道、篱笆、地被等不同景观用的竹苗供应市场。目前,竹种园已在沿海各地设有 6 个生产供苗基地,所开发的竹种目前主要销往本省厦、漳、泉等沿海城市及广东、浙江有关城市。

青芳竹种园的技术优势,在于实现整株(含枝、叶)全冠移植,突破过去砍竹丢梢、竹尾的老法移种,并做到四季宜栽,竹种园还承诺包种包活。技术优势、管理优势和文化优势造就了品牌优势,竹种园的影响力不断加大。前年,省林业厅办公大楼落成后,就引该园生产的青芳竹、江南竹、平安竹三种。这些竹子外型有散生竹高大型和丛生低矮型,成带状篱式布置,美观大方,颇有竹情诗意,常有行人驻足欣赏。

[①] 系福建省老科学技术工作者协会林业分会顾问,原福建林业学校校长。

二、践行教学、科研、生产有机结合

参观"竹种园"后,我暗自感慨,当老师授好课,发表一些论文已属不易,还能把科学理论直接用于创业、生产,才是真正难能可贵啊!我带着问题查阅郑教授《文选》的一些文章,渐获理解。其答案很简单,就是既要"广博学识"还要加上"创新毅力"。

郑清芳同志 1956 年大学毕业后,走上教师岗位。半世纪来,他爱岗敬业,本着"融情、益智"的教学理念,重视因材施教、教学相长,受到历届学生好评。在实验室建设上,他致力于办好树木标本室;在教学研究方面,他参编了《南方树木学》、《经济竹种和培育》等一批实用教材,力求做到教学内容与生产需要相结合。

他热爱自然,醉心于研究植物和树木。数十年来,他挤出时间,到林区、登高山,风餐露宿,足迹遍八闽。特别是他经常深入全省各地自然保护区,采集了大量标本。经过认真鉴定,曾经发现过许多新种或变种,填补了树种分类方面的空缺。改革开放后,清芳同志意识到"科学春天"来临,开展科学研究的信心倍增。他先后参加武夷山"科考"等多项重要的科技调研,参加《福建植物志》、《中国树木志》等编纂工作。他长期潜心调查研究福建特有的观赏和药用植物,并对具有生长快、材性好的福建含笑、突脉青冈等新种通过采种、育苗、造林实验,形成科研成果,直接用于生产。还着手对搜集到的、目前尚未开发的濒临绝种的植物筹建"基因库",为保护生物的多样性做出自己的贡献。

郑教授对竹情有独钟。福建竹林面积虽全国第一,但竹的单产和生产工艺利用却逊于浙江。他认准"竹"是关系国计民生的这个大课题,查清福建拥有竹种(含变种变型)达 140 多种。其中发现福建特有的优质高产笋用竹就有黄甜竹、福建酸竹、毛环竹等。还对肿节少穗竹、雷竹、哺鸡竹等做了深入研究,并参加《福建竹类》等专著编写。他还重视国际和区域交流,先后接待外宾现场参观与技术咨询等活动,共谋竹业发展。在此基础上,他把目光投向调研观赏竹种,倾注全力、呕心沥血创办了他心爱的"竹种园"。

由于老教授在竹类领域研究上有诸多新见解,他的真知灼见受到关注。1985-1988 年应邀担任长汀河田极强度水土流失治理技术指导;九十年代以来,先后被聘任为南平、建阳、顺昌、龙岩和连江等市县的"竹类开发利用"顾问。事实说明,脚踏实地践行"科学技术是第一生产力"这一名言,就能获得丰硕的成果。

三、爱竹颂竹咏竹　弘扬竹文化

我国竹文化底蕴深厚。从史前出现的竹简,即古人在竹片上刻字为书,到纸张的发明,直至近代及现代发展竹材文化、竹食品文化、竹纤维文化、竹工艺文化、竹景观文化等,不断促进民间种竹、用竹、爱竹、咏竹、画竹之风长盛不衰,形成内涵丰富的竹文化。著名的"松竹梅"三友中,竹既具亭亭玉立的风姿,又有俊逸雅致的情调,是文人百姓喜爱的对象。白居易在《养竹记》中写道:"竹本固,固以树德;竹性直,直以立身;竹贞节,贞以立志。"诗人笔下的竹简直就是人格、操守和道德的化身。历代礼赞竹的高风亮节的诗,如今仍受民众推崇。

郑教授除研究竹类的物质层面有成果外,还饶有兴趣探究精神层面的竹文化。在他的"竹种园"办公室里,悬挂多幅咏竹诗词。其中有宋代苏东坡的"宁可食无肉,不可居无竹;无肉使人瘦,无竹使人俗,人瘦尚可肥,俗士不可医"。另一幅为方志敏烈士咏竹的"人有三爱奇书骏马佳山水;园栽四物青松翠竹白梅兰"。还有一幅岁寒三友画。我静坐欣赏,体味"竹种园"气息浓郁的诗情画意。

时值正午,"竹种园"主人邀我到附近"农家乐"用餐。我边品尝乡土美食,边望窗外那片青翠竹林,便情不自禁联想起我自己爱竹的片段经历:那是 80 年代前后,有机会到南方多省林区调研,访问过许多知名的竹乡,参观过著名的蜀南竹海和湖南岳阳等竹观赏地;欣赏过诗人杜甫、柳宗元的颂竹佳作,还得知苏东坡既是大诗人,又是画竹的大师。他诗画俱全,才华横溢,其作品《枯木竹石图》,展现竹多"仰枝垂叶",已成传世佳品。我还联想近年来,从参加竹文化节活动中,品味过武夷漫山皆竹的怡人竹韵和郭沫若游武夷时留下"幽兰生谷季季径,方竹满山绿满坡"情境。今天,面对郑老师和他的福州青芳竹种园,让我忽然感悟到:青芳竹种园本身不就是一种现实的、活生生的竹文化形式吗?竹种园创造了人与自然的和谐相处的舒心环境,让人欣赏了景观竹的诱人魅力,给人一种耐人寻味的精神享受,这本身也就是文化。

下午,我们继续围绕"竹问题"座谈。交流中,郑老师感慨地说道,竹类自古就是中国园林最有品位的园林植物,竹类是上帝赐给中国人的特殊礼物,应倍加珍惜、善加运用。他接着分析说,竹类枝叶繁茂,通过光合作用,带来的氧气高出树木的 20%,生态功能特好。他希望城市空间富有竹类之雅、之奇、之韵,竹类资源能为不断提升城乡建设生态文明水平,发挥特有的作用。

探讨的话题逐渐转到生态文明上。我们达成共识:森林、树木包括竹林,一直是陆地上自然界发挥生态功能与作用的主体。现在,全国人民都在关注生态文明,这个热词内涵深广。对此,我从林学角度浅解:生态文明是指以人与自然、人与人、人与社会和谐共生、良性循环、全面发展、持续繁荣为基本宗旨的文化伦理形态。具体而言,乃是人们对生存环境的观点和看法,是处理眼前和长远、局部和整体、经济和生态、开发和保护、生产和生活、资源和环境等关系的正常理念和必备智能。就林业而言,森林拥有的资源和其具备的生态功能,在建设生态文明全局中,扮演着重要的角色,发挥着不可替代的作用。

摘自《福建林业》2013 年第 1 期(总第 164 期)

要与时间赛跑的郑清芳老教授

Professor Qingfang Zheng Racing Against Time

林水治

郑清芳同志于 1956 年福建农学院林学系毕业后留校任教直至退休,树木树人近半个世纪,桃李满天下,他在树木分类及竹类方面的科研工作硕果累累,先后发现并正式命名 14 个植物新种,还发现了在福建分布的国家一级保护的濒危植物秃杉及珍稀植物等,这些无疑对福建本土的自然保护区建设和生物多样性保护具有重要的指导意义,也增添了我国植物种类乃至世界植物宝库的新资料。

退休后他未肯高眠成老态,更将旧卷续新篇,积极发挥余热,指导并参加了省内多个县市自然保护区的植物资源调查和规划建设工作,去年莆田市荣获全国绿化模范城市的称号,其中一大亮点的"赤港生态竹园"得到国家评审组成员的充分肯定和赞赏,就是由他规划设计的。2002 年他竟自己掏腰包在闽侯县南屿溪坂村租地 60 亩,创办了青芳园,重点从事竹类研究。他不辞辛苦,从全国各地收集了大量品种,进行栽培、可持续经营和开发利用工作,同时兼营珍稀树种如伞花木等的培育生产,集科研、生产、销售于一体,其丰硕成果令人瞩目。南京林业大学竹类研究所、浙江林学院等的专家教授以及台湾客人都慕名前来参观交流。

去年已近耄耋之年的他,在脑海里闪过一个念头,人来到世上不该只是索取享受,还应给后人留点有益的东西。于是他萌生了希望在自己有生之年能建立一个"福建特有树种基因库"的梦想。他认为基因库的建立,对于研究筛选福建优质树种、发展经济、建设生态强省、造福人民都具有积极作用。但是要启动这项工程,前提是必须得有经费有基地,为此他四处奔波,最后得到福州狮子林景观绿化公司的支持(该公司经理系原福建林学院 91 届园林专业毕业生),表示同意配合,他激动不已,立即根据自己在几十年实践中所掌握的福建特有树种的分布资料以及八闽大地从事林业工作的历届毕业生这一人脉资源收集提供的信息,整理出本省特有树种名录共计 33 种,其中如宁德的突脉青冈,其特点是生长快、材质坚硬,堪称福建优良造林树种,大有发展前景;福建冬青具有抗二氧化硫、除尘耐烟的功能,是庭院及城市工矿的优良绿化树种;还有如福清的闽润楠、云霄的白果蒲桃等等都有其特有的价值。为了进一步查清这三十多种特有树种的具体着落地点和生长现状,他不顾自己患有糖尿病及一只眼睛因青光眼几乎失明的病体,一年来跑遍了漳平、长汀、政和、建瓯、宁德等多个县市,深入林区挂着拐杖甚至由同行的同志连扶带拉上高山寻找并进行实地观察鉴定,或挖掘野生苗带回移栽,或采集种子进行育苗,现已收集的树种达 20 种。他满怀信心地说:"趁现在还能动,我要拼老命和时间赛跑,力争两年内把基因库基本建立起来。"他老伴看着他整天像陀螺一样忙个不停,心疼地埋怨到,都这么大的年纪了,何必自讨苦吃,他却笑着说:"苦中有甜,做些事我感到生活很充实。"

郑清芳同志对事业尽心竭力和甘于奉献的精神令人钦佩,他那种生命不息奋斗不止的高尚品质值得我们学习,我衷心祝愿他心想事成,早日实现自己的梦,也衷心祝愿他健康长寿,合家幸福,万事如意。

——摘自福建农林大学《金秋园》2013 年第 3 期(总 49 期)

1. 花叶近实心茶杆竹（新变形）（2013）

2. 闽西青冈果枝及壳斗与坚果

3. 闽闽西青冈[1]、细叶青冈[2]、小叶青冈[3]叶片比较
西青冈[1]、细叶青冈[2]、小叶青冈[3]叶片宏观比较

4. 叶背在 USB 数码显微镜下比较

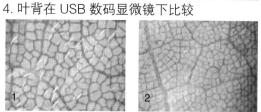

叶背（微柔毛）　　　叶背（无毛）

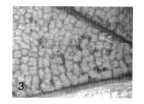

叶背（微柔毛）

叶片正面　　　　　叶片背面

5. 闽西青冈 × 马尾松混交林（长汀）（2013）

1. 在南靖采到黄枝润楠（2012）

2. 黄枝润楠（花枝）

3. 黄枝润楠板材有虎斑纹

4. 邓恩桉（左上角为幼态叶，右下角为花枝）

5. 金叶白千层（黄金香柳）（黄金宝树）
Malaleuca brectaeta F.Muell "Revolution Gold"

1. 建瓯万木林有二人合抱的福建含笑母树

2. 建瓯南雅 福建含笑新造幼林

3. 建瓯南雅福建含笑 × 杉木新造混交林

4. 多头木麻黄 *Cusuarina equisetifolia.* 'Do-tao'

5. 垂枝木麻黄 *Cusuarina glauca* 'Chu-zhi'

福建特有树种附图①

1 沙黄松
pinus massoniana Lamb. var. *shaxianensis* D. X. Zhou

4 永福石栎
Lithocarpus yongfuensis Q. F. Zheng

2 武夷桦 *Betula wuyiensis* Xiao Jia–bin

5 突脉青冈
Cyclobalanopsis elevaticostata Q. F. Zheng

3 上杭锥
Castanopsis lamontii Hance var. *shanghangensis* Q. F. Zheng

6 梅花山青冈
Cyclobalanopsis meihuashanensis Q. F. Zheng

① 部分图片来源于网络和各类出版物。

7 永安青冈
Cyclobalanopsis yonganensis (L. Lin & C. C. Huang)
Y. C. Hsu & H. W. Jen

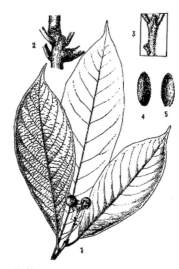

10 茫荡山润楠
Machilus mangdangshanensis Q. F. Zheng

8 福建含笑
Michelia fujianensis Q. F. Zheng

11 闽润楠
Machilus fukienensis Hung T. Chang ex S. K. Lee et al.

9 福建木兰
Magnolia fujianensis R. Z. Zhou

12 汀州润楠
Machilus tingzhourensis M. M. Lin

13 福建绣球（心煊绣球）
Hydrangea chungii Rehd

16 小叶野山楂
Crataegus cuneata Sieb. et Zucc. var.tang chung changii
(F. P. Metcalf) T. C. Ku & Spongberg

14 福建假稠李
Maddenia fujianensis Y.T.Chang

17 福建石楠
Photinia fokienensis (Finet &
Franchet) *Franchet* ex *Cardot*

15 九仙莓
Rubus yanyunii Y. T. Chang & L. Y. Chen

18 政和杏
Armeniaca zhengheensis J. Y. Zhang et M. N. Lu

19 红花香椿
Toona fargesii A. Chevalier

22 楚光冬青
Ilex chuguangii M.M.Lin

20 福建冬青
Ilex fujianensis S. Y. Hu

23 德化假卫矛
Microtropis dehuaensis Z. S. Huang & Y. Y. Lin

21 宁德冬青
Ilex ningdeensis C. J . Tseng

24 龙岩杜鹃（繁花杜鹃）
Rhododendron florulentum Tam.

25 茶绒杜鹃（上杭杜鹃）
Rhododendron apricum P. C. Tam.

26 武夷山杜鹃
Rhododendron wuyishanicum L. K. Ling.

27 南平杜鹃
Rhododendron nanpingense Tam.

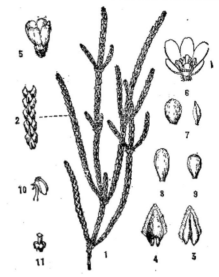

28 福建岩须（福建锦绦花）
Cassiope fujianensis L. K. Ling et G. S. Hoo

29 白果蒲桃
Syzygium album Q. F. Zheng

30 福州柿
Diospyros cathayensis A. N. Steward var. *foochowensis* (Metc. et Chen) S. Lee

福建山矾果及枝叶

福建山矾花枝

31 福建山矾（福建灰木）（大乔木）
Symplocos fukienensis Ling

32 山棕（香棕）
Arenga engleri Becc.

编后语
Postscript

本书的编写，得到福建农林大学、福建省林业厅的领导和林业界的同行、同事及一些好友的大力支持；并借用原福建农林大学常务副校长洪伟教授为《郑清芳文选》的序；教授级高工洪长福提供了近年来福建引种桉树的资料；长汀林木木教授级高工、福清林群星高工、宁德黄飚高工、建瓯郑群瑞高工、德化黄志森高工、永安黎茂彪高工等赠送少量特有树种苗木或种子；福建林职院何国生教授、梅花山保护区吴锦平工程师、上海辰山植物园田旗研究员、云霄方镇福高工、福州森林公园郑品光高工等提供部分照片；福州狮子林景观绿化工程公司林立匡经理对"特有树种基因库建立"予以大力支持；研究生郑世群副教授编写小传、设计封面及提供部分资料；原福建科技报副总编、福建省科普作家协会副理事长林梅芬对部分文章加以润色完善。家人林毓银教授不仅负责照顾家庭、做好后勤，还提供竹类害虫资料，并参与竹类蜡叶标本的采集制作、特有树种种苗收集、育苗等工作；我的子女及亲属们也为本书提供了资料及收转电子邮件、照相、打印等工作；在本书正式出版之际对所有帮助过我的人致以崇高的敬意和衷心感谢！

郑清芳

二〇一三年十一月二日于福州

图书在版编目(CIP)数据

福建特有树种/郑清芳编著. —厦门:厦门大学出版社,2014.5
ISBN 978-7-5615-4991-9

Ⅰ.①福… Ⅱ.①郑… Ⅲ.①树种—福建省 Ⅳ.①S79

中国版本图书馆 CIP 数据核字(2014)第 094146 号

厦门大学出版社出版发行

(地址:厦门市软件园二期望海路 39 号 邮编:361008)

http://www.xmupress.com

xmup @ xmupress.com

厦门集大印刷厂印刷

2014 年 5 月第 1 版 2014 年 5 月第 1 次印刷

开本:787×1092 1/16 印张:20.25

插页:40 字数:616 千字

定价:88.00 元

如有印装质量问题请寄本社营销中心调换